Michael Krieg

Endokrinologie I

in Frage und Antwort

● Hypothalamus ● Hypophyse ● Gonaden ●
● Nebenniere ● Hormonbestimmungen ●
● Funktionstests ●

Koautoren:

H. G. Bohnet · H. J. Breustedt · F. Leidenberger ·
H. Schatz · R. P. Willig

Springer-Verlag Berlin Heidelberg New York
London Paris Tokyo Hong Kong

Prof. Dr. med. Michael Krieg
Arzt für Laboratoriumsmedizin
Institut für Klinische Chemie und Laboratoriumsmedizin
Berufsgenossenschaftliche Krankenanstalten Bergmannsheil –
Universitätsklinik der Ruhr-Universität
Gilsingstraße 14
4630 Bochum 1

ISBN-13: 978-3-540-50954-7   e-ISBN-13: 978-3-642-74609-3
DOI: 10.1007/978-3-642-74609-3

CIP-Titelaufnahme der Deutschen Bibliothek

Krieg, Michael:
[Endokrinologie in Frage und Antwort]
Endokrinologie ... in Frage und Antwort/Michael Krieg. Koautoren H. G. Bohnet ... –
Berlin ; Heidelberg ; New York ; London ; Paris ; Tokyo ; Hong Kong: Springer

1 (1989)
   ISBN-13: 978-3-540-50954-7

Dieses Werk ist urheberrechtlich geschützt. Die dadurch begründeten Rechte, insbesondere die der Übersetzung, des Nachdrucks, des Vortrags, der Entnahme von Abbildungen und Tabellen, der Funksendung, der Mikroverfilmung oder der Vervielfältigung auf anderen Wegen und der Speicherung in Datenverarbeitungsanlagen, bleiben, auch bei nur auszugsweiser Verwertung, vorbehalten. Eine Vervielfältigung dieses Werkes oder von Teilen dieses Werkes ist auch im Einzelfall nur in den Grenzen der gesetzlichen Bestimmungen des Urheberrechtsgesetzes der Bundesrepublik Deutschland vom 9. September 1965 in der Fassung vom 24. Juni 1985 zulässig. Sie ist grundsätzlich vergütungspflichtig. Zuwiderhandlungen unterliegen den Strafbestimmungen des Urheberrechtsgesetzes.

© Springer-Verlag Berlin Heidelberg 1989

Die Wiedergabe von Gebrauchsnamen, Handelsnamen, Warenbezeichnungen usw. in diesem Werk berechtigt auch ohne besondere Kennzeichnung nicht zu der Annahme, daß solche Namen im Sinne der Warenzeichen- und Markenschutz-Gesetzgebung als frei zu betrachten wären und daher von jedermann benutzt werden dürften.

Produkthaftung: Für Angaben über Dosierungsanweisungen und Applikationsformen kann vom Verlag keine Gewähr übernommen werden. Derartige Angaben müssen vom jeweiligen Anwender im Einzelfall anhand anderer Literaturstellen auf ihre Richtigkeit überprüft werden.

2127/3140/543210 – gedruckt auf säurefreiem Papier

Für Sonja und Lilian

Geleitwort

Unter der Federführung meines Schülers Michael Krieg haben Endokrinologen aus Bochum und Hamburg ein praxis- und anwendungsorientiertes Buch vorgelegt, das auf originelle Art und Weise den wissenswerten Tatbestand der Endokrinologie in Frage und Antwort zusammenfaßt. Mich überfällt bei seiner Lektüre eine doppelte Erinnerung: Einmal an die „Praktische Endokrinologie" meines unvergessenen Lehrers Arthur Jores, dessen wissenschaftliches Erbe sozusagen sein Enkel fortführt, und zum anderen an den Beginn meiner Zusammenarbeit mit den damaligen jungen Forschern Krieg, Breustedt, Leidenberger und Willig im Sonderforschungsbereich 34 „Endokrinologie". Beide, das Buch und der Sonderforschungsbereich 34, sind heute Geschichte. Dem Philosophen Hermann Lübbe verdanken wir die Erkenntnis, daß der zeitliche Ablauf der Geschichte durch eine Schrumpfung der Gegenwart, bedingt durch die Dynamik der wissenschaftlich-technischen Zivilisation, gekennzeichnet ist. Für diesen Sachverhalt gibt das vorliegende Buch ein gutes Beispiel: Methoden, die heute Allgemeingut sind, waren damals vor gut 25 Jahren ebenso wenig bekannt wie biologische Gegebenheiten, die der Student jetzt im Unterricht lernt. So warteten z. B. Verfahren der quantitativen Enzym- und Radioimmunologie auf ihre Entdeckung, wie auch verbindliche Angaben über die physiologischen Hormonkonzentrationen im Blut und über ihr Verhalten unter adäquater Belastung häufig fehlten. Die chemischen Kenntnisse der vorkommenden Verbindungen sowie ihrer Regulations- und Wirkungsmechanismen waren eher dürftig. Der Nachweis der Releasing-Hormone stand aus, der Aldosteron-Renin-Angiotensin-Regelkreis war weitgehend unbekannt und der Rezeptorbegriff gerade in einer ersten Veröffentlichung aus dem Arbeitskreis um Elwood Jensen vom Ben May Laboratory in Chicago zur Diskussion gestellt worden.

In dem vorliegenden Buch belegen die Autoren, wie ich meine, in vorbildlicher Weise, daß Faktenfülle keineswegs einer einfachen Darstellung im Wege stehen muß, sondern daß beides, wenn man sein Metier versteht, zum Nutzen des Lesers eine geglückte Symbiose eingehen kann. So geleite das Buch mein Wunsch, daß wissenschaftliche Solidität und spürbare Basisnähe ihm eine gute Prognose eröffnen.

Hamburg, Oktober 1989 *Prof. Dr. Klaus-Dieter Voigt*

Vorwort

Sieht man einmal vom Diabetes mellitus und von Erkrankungen der Schilddrüse ab, so ist die Prävalenz endokrinologischer Krankheitsbilder in einem nicht ausgewählten Patientengut relativ selten. Die meisten in Praxis und Klinik tätigen Ärzte und auch die Studenten werden deshalb nicht täglich mit diesen Erkrankungen konfrontiert, was zwangsläufig zur Folge hat, daß der Kenntnisstand lückenhaft bleiben muß, zumal gerade dieses Fachgebiet in den letzten Jahren vor allem durch eine wesentlich verbesserte laborchemische Analytik expandiert ist.

Das vorliegende Buch versucht, durch knappe Fragen und möglichst kurze Antworten diese endokrinologischen Wissenslücken bezüglich hypothalamisch-hypophysärer, gonadaler und adrenaler Erkrankungen zu schließen. Hierbei werden die Antworten begleitet von zahlreichen, den knappen Text ergänzenden Schemata über hormonelle Regelkreise und anatomisch-funktionelle Gliederungen endokriner Organe sowie von Schemata über diagnostische Stufenprogramme. Der Text wird weiterhin ergänzt durch zum Teil sehr umfangreiche Tabellen, die dem Leser in möglichst umfassender Form Informationen über die relative Häufigkeit der einzelnen Erkrankungen und deren Symptome liefern sollen. Schließlich finden sich in einem gesonderten Abschnitt ausführliche Hinweise über einzelne Hormonbestimmungen und Funktionstests.

Koautoren des Buches sind endokrinologische Spezialisten der Inneren Medizin (H. J. Breustedt, H. Schatz), der Gynäkologie (H. G. Bohnet, F. Leidenberger) und der Pädiatrie (R. P. Willig), um eine ausbalancierte Darstellung aller in diesem Band abgehandelten Formenkreise zu garantieren.

Eine stete und zu großem Dank verpflichtende Unterstützung fanden die Autoren durch die Firma Boehringer Mannheim GmbH, vor allem durch Herrn Professor E. W. Busch und Herrn Dr. A. Hubbuch, deren Engagement es erst ermöglichte, daß das Buch gedruckt werden konnte. Auch dem Springer-Verlag, insbesondere Frau H. Hensler-Fritton, sei an dieser Stelle für die schnelle Bearbeitung herzlich gedankt. Schließlich gilt der Dank meiner Sekretärin Frau L. Wassermann, die mit viel Ausdauer und Geduld die Manuskripte in eine lesbare Form faßte.

Bochum, Oktober 1989 *Michael Krieg*

Inhaltsverzeichnis

I. Hypothalamus – Hypophyse

Hypothalamus – Hypophysenvorderlappen
Allgemeine Endokrinologie

Welche anatomisch-funktionelle Einheit besteht zwischen Hypothalamus und Hypophysenvorderlappen? 1

Welche Hormone gehören zur hypothalamisch-hypophysären Einheit? .. 1

Wie wird die hypothalamisch-hypophysäre Hormonsekretion gesteuert? ... 3

Welche Ursachen können einer hypothalamisch-hypophysären Funktionsstörung zugrunde liegen? 5

Bei welchen klinischen Symptomen muß an eine hypothalamisch-hypophysäre Funktionsstörung gedacht werden? 7

Welche diagnostischen Maßnahmen sind für die Abklärung hypothalamisch-hypophysärer Funktionsstörungen wichtig? 8

Hypothalamus – Hypophysenvorderlappen
Spezielle Endokrinologie

Prolaktin und seine gestörte Sekretion

Was für ein Hormon ist Prolaktin und welche physiologische Rolle spielt es? 9

Wie wird die Prolaktinsekretion gesteuert? 9

Wie häufig ist eine Hyperprolaktinämie? 11

Welche Ursachen können einer Hyperprolaktinämie zugrunde liegen? ... 11

Welche pathophysiologischen Folgen hat eine Hyperprolaktinämie? 14

Bei welchen klinischen Symptomen muß an eine Hyperprolaktinämie gedacht werden? 14

Welche diagnostische Aussagekraft besitzt die Prolaktinbestimmung? ... 14

Welche zusätzlichen Hormonbestimmungen können bei einer
Hyperprolaktinämie sinnvoll sein? 16

Wie ist eine gesicherte Hyperprolaktinämie zu therapieren? 17

Welche Hormonbestimmungen gehören zur Therapieüberwachung? 18

Lutropin (LH)/Follitropin (FSH) und deren gestörte Sekretion

Was für Hormone sind LH und FSH und welche physiologische Rolle
spielen sie? 19

Wie wird die LH/FSH-Sekretion gesteuert? 19

Welche Ursachen können einer gestörten LH/FSH-Sekretion
zugrunde liegen und wie häufig sind sie? 21

Bei welchen klinischen Symptomen muß an eine gestörte, namentlich
an eine mangelnde LH/FSH-Sekretion gedacht werden? 21

Wie sind der sekundäre Hypogonadismus, die HVL-Insuffizienz und das
Sheehan-Syndrom definiert und welcher Symptomenkomplex steht
hinter diesen Erkrankungen? 22

Welche speziellen Syndrome sind dem sekundären Hypogonadismus
zuzuordnen? 23

Welche Hormonbestimmungen und Funktionstests sind für die Abklärung
einer gestörten LH/FSH-Sekretion wichtig, namentlich beim
sekundären Hypogonadismus? 24

Welche diagnostischen Maßnahmen gehören neben den Hormonbestimmungen zur Abklärung eines sekundären Hypogonadismus? ... 25

Wie wird ein sekundärer Hypogonadismus behandelt? 26

Welche Hormonbestimmungen sind als Therapiekontrolle sinnvoll? 26

Pubertät und ihre Störungen

Was löst die Pubertät aus? 26

Welche zeitlichen Abläufe und körperlichen Merkmale kennzeichnen
die normale Pubertät? 28

Welche Stadien durchläuft die normale Pubertätsentwicklung? 32

Wann spricht man von einer Pubertas tarda (Spätreife)
und wie häufig ist sie? 32

Welche Ursachen liegen der Pubertas tarda, welche der ausbleibenden
Pubertät zugrunde? 33

Welche Bedeutung haben Anamnese und körperliche Untersuchung
für die Abklärung einer Pubertas tarda? 33

Welche Hormonbestimmungen und Funktionstests sind zur Abklärung einer Pubertas tarda wichtig? 33

Welche diagnostischen Maßnahmen gehören neben den Hormonbestimmungen zur Abklärung einer Pubertas tarda? 38

Wie wird eine Pubertas tarda bzw. eine ausbleibende Pubertät behandelt? 38

Welche Hormonbestimmungen sind als Therapiekontrolle sinnvoll? 39

Wann spricht man von einer Pubertas praecox (Frühreife) und wie häufig ist sie? 39

Welche Ursachen liegen der Pubertas praecox zugrunde? 40

Bei welchen klinischen Symptomen muß an eine Frühreife gedacht werden? 41

Was versteht man unter inkompletter Ausbildung vorzeitiger Pubertätszeichen? 41

Welche Bedeutung haben Anamnese und körperliche Untersuchung für die Abklärung einer Pubertas praecox? 42

Welche Hormonbestimmungen und Funktionstests sind zur Abklärung einer Pubertas praecox wichtig? 42

Welche diagnostischen Maßnahmen gehören neben den Hormonbestimmungen zur Abklärung einer Pubertas praecox? 43

Wie wird eine Pubertas praecox behandelt? 43

Welche Hormonbestimmungen sind als Therapiekontrolle sinnvoll? 44

Corticotropin (ACTH) und seine gestörte Sekretion

Was für ein Hormon ist ACTH und welche physiologische Rolle spielt es? . 44

Wie wird die ACTH-Sekretion gesteuert? 44

Welche Ursachen können einer gestörten ACTH-Sekretion zugrunde liegen? 46

Wie häufig sind ACTH-Sekretionsstörungen? 47

Bei welchen klinischen Symptomen muß an eine gestörte ACTH-Sekretion gedacht werden? 47

Welche Zusammenhänge bestehen zwischen Morbus Cushing, Cushing-Syndrom, ektopem ACTH-Syndrom und Nelson-Syndrom? .. 47

Welche Hormonbestimmungen und Funktionstests sind für die Abklärung eines ACTH-Exzesses bzw. -Mangels wichtig? 48

Wie kann man abschätzen, inwieweit es durch eine längerfristige
Glucocorticoidmedikation zur ACTH-Suppression bzw. einer
damit einhergehenden NNR-Insuffizienz gekommen ist? 50
Welche diagnostischen Maßnahmen gehören neben den Hormon-
bestimmungen zur Abklärung eines autonomen ACTH-Exzesses
bzw. -Mangels? 51
Wie werden die verschiedenen Formen einer autonomen
ACTH-Sekretionsstörung behandelt? 51
Welche Hormonbestimmungen sind als Therapiekontrolle sinnvoll? 52

Somatotropin (GH, STH) und seine gestörte Sekretion

Was für ein Hormon ist GH und welche physiologische Rolle spielt es? ... 53
Was sind Somatomedine? 53
Wie wird die GH-Sekretion gesteuert? 53
Welche Ursachen können einer gestörten GH-Sekretion
zugrunde liegen? 55
Wie häufig sind GH-Sekretionsstörungen? 55
Bei welchen klinischen Symptomen muß an eine Akromegalie
gedacht werden? 56
Welche Bedeutung haben Anamnese und körperliche Untersuchung
für die Abklärung einer Akromegalie? 57
Welche diagnostische Aussagekraft besitzt die GH-Bestimmung? 57
Welche zusätzlichen Hormonbestimmungen sind bei einer Akromegalie
indiziert? 58
Welche diagnostischen Maßnahmen gehören neben den Hormon-
bestimmungen zur Abklärung einer Akromegalie? 59
Wie wird eine Akromegalie behandelt? 59
Welche Hormonbestimmungen sind als Therapiekontrolle notwendig? ... 60

Wachstum und seine Störungen

Welche hormonellen Faktoren beeinflussen das Wachstum? 60
Welche nicht-hormonellen Faktoren beeinflussen das Wachstum? 61
Welche Kriterien gibt es zur Beurteilung des Wachstums? 61
Welcher Untersuchungsgang gehört zur Abklärung einer
Wachstumsstörung? 61
Wann spricht man vom Hochwuchs und welche Formen gibt es? 63

In welchem Alter und ab welcher Körpergröße sollte ein Hochwuchs abgeklärt werden?	65
Welche Hormonbestimmungen sind beim Hochwuchs indiziert?	65
Wann und wie therapiert man einen Hochwuchs?	66
Welche Diagnostik ist als Therapiekontrolle notwendig?	66
Wann spricht man vom Minderwuchs und welche Formen gibt es?	67
Wie können die einzelnen Formen des Minderwuchses voneinander abgegrenzt werden?	67
Welche Ursachen können einem hypophysären Minderwuchs zugrunde liegen?	71
Bei welchen klinischen Symptomen muß man an einen hypophysären Minderwuchs denken?	71
Welchen Stellenwert hat die GH-Bestimmung zur Abklärung eines hypophysären Minderwuchses?	72
Welche GH-Funktionstests bieten sich an?	72
Welches praktische Vorgehen empfiehlt sich?	73
Welche weiteren Hormonbestimmungen und Funktionstests sind bei einem hypophysären Minderwuchs indiziert?	73
Wie wird ein GH-Mangel behandelt?	74

Thyrotropin (TSH) und seine gestörte Sekretion

Was für ein Hormon ist TSH und welche physiologische Rolle spielt es?	75
Wie wird die TSH-Sekretion gesteuert?	75
Welche Ursachen können einer gestörten TSH-Sekretion zugrunde liegen und wie häufig sind sie?	75
Bei welchen klinischen Symptomen muß an eine gestörte TSH-Sekretion gedacht werden?	77
Welche Hormonbestimmungen und Funktionstests sind für die Abklärung einer TSH-Sekretionsstörung wichtig?	78
Welche weiteren Hormonbestimmungen und Funktionstests sind bei einem TSH-Mangel indiziert?	79

Hypothalamus – Hypophysenhinterlappen
Allgemeine Endokrinologie

Welche anatomisch-funktionelle Einheit besteht zwischen
Hypothalamus und Hypophysenhinterlappen (HHL)? 79

Welche Hormone werden vom HHL sezerniert und welche
physiologische Rolle spielen diese? 80

Wie wird die Hormonsekretion gesteuert? 80

Welche Ursachen können zu einer gestörten Hormonsekretion des
HHL führen und welche Krankheitsbilder lassen sich unterscheiden? .. 80

Bei welchen klinischen Symptomen muß eine ADH-Sekretionsstörung
vermutet werden? 82

Hypothalamus – Hypophysenhinterlappen
Spezielle Endokrinologie

Diabetes insipidus centralis

Wann spricht man vom Diabetes insipidus und wie häufig ist er? 82

Welche Ursachen können einem Diabetes insipidus centralis
zugrunde liegen? 83

Bei welchen klinischen Symptomen muß man an einen
Diabetes insipidus centralis denken? 83

Welche diagnostischen Maßnahmen gehören zur Abklärung
eines Diabetes insipidus? 83

Welchen Stellenwert hat die ADH-Bestimmung zur Abklärung
eines Diabetes insipidus? 85

Welche zusätzlichen Hormonbestimmungen und Funktionstests
sind beim Diabetes insipidus centralis indiziert? 85

Wie wird ein Diabetes insipidus centralis behandelt? 85

Syndrom der inappropriaten ADH-Sekretion (SIADH)

Wann spricht man vom SIADH und wie häufig ist es? 86

Welche Ursachen können einem SIADH zugrunde liegen? 86

Bei welchen Symptomen muß man an ein SIADH denken? 86

Welche diagnostischen Maßnahmen gehören zur Abklärung
eines SIADH? 86

Wie wird ein SIADH behandelt? 87

II. Gonaden (Hoden/Ovar)

Hoden – Allgemeine Endokrinologie

Welche anatomisch-funktionelle Gliederung findet man im Hoden? 89

Welche Hormone werden vom Hoden synthetisiert und an die Blutbahn abgegeben? 89

Wie wird die prä- und postnatale Hormonsekretion des Hodens gesteuert? 91

Welche physiologische Rolle spielt Testosteron? 92

Wie wird die Spermatogenese des Hodens gesteuert? 92

Welche Ursachen können einer Hodenfunktionsstörung, namentlich einem Hypogonadismus zugrunde liegen? 93

Bei welchen klinischen Symptomen muß an einen Hypogonadismus gedacht werden? 93

Wie ist eine Gynäkomastie zu bewerten? 96

Welche diagnostischen Maßnahmen sind für die Abklärung einer Hodenfunktionsstörung wichtig? 102

Hoden – Spezielle Endokrinologie

Primärer Hypogonadismus

Was versteht man unter einem primären Hypogonadismus? 104

Was versteht man unter einem normogonadotropen Hypogonadismus? .. 104

Wie häufig findet sich die Trias Androgendefizit, Infertilität und „Impotenz"? 104

Gibt es ein männliches Klimakterium? 104

Welche Krankheitsbilder lassen sich beim primären Hypogonadismus unterscheiden? 105

Welche extragonadalen Erkrankungen führen häufig zum primären Hypogonadismus? 107

Kann eine Hyperprolaktinämie zum Hypogonadismus führen? 107

Welche Medikamente und Substanzen können zum Hypogonadismus führen? 107

Welche Bedeutung haben Anamnese und körperliche Untersuchung für die Abklärung eines Hypogonadismus? 108

Welche Hormonbestimmungen sind für die Abklärung eines
Hypogonadismus wichtig? 109
Wie wird ein primärer Hypogonadismus therapiert? 109

Infertilität des Mannes

Wann gilt ein Mann als infertil? 110
Wie häufig liegt die Ursache einer kinderlosen Ehe beim Mann? 110
Welche Ursachen sind beim Mann zu berücksichtigen? 110
Trägt starker Nikotingenuß zur Infertilität bei? 112
Welche Bedeutung haben Anamnese und körperliche Untersuchung
für die Abklärung einer Fertilitätsstörung? 112
Welche Hormonbestimmungen sind für die Abklärung einer
Fertilitätsstörung wichtig? 112
Welche diagnostischen Maßnahmen gehören neben den Hormon-
bestimmungen zur Abklärung einer Fertilitätsstörung? 114
Welche Therapiemöglichkeiten gibt es für infertile Männer? 114

Impotenz

Was versteht man unter Impotenz? 116
Wie häufig ist die Impotenz hormonell bedingt? 116
Um welche hormonellen Störungen kann es sich hierbei handeln? 116
Welche systemischen Erkrankungen und Medikamente führen
häufig zur Impotenz? 116
Welche Hormonbestimmungen sind für die Abklärung einer
Potenzstörung wichtig? 117
Wie wird eine hormonell bedingte Impotenz therapiert? 117

Maldescensus testis

Was versteht man unter einem Maldescensus testis, welche Formen
gibt es und wie häufig ist er? 117
Welche endokrinologischen Gesichtspunkte müssen beim Maldescensus
berücksichtigt werden? 118
Sind Hormonbestimmungen im Falle eines Maldescensus testis wichtig? ... 118
Welche Risiken bestehen bei einem Maldescensus testis? 119
Welche Behandlungsformen des Maldescensus stehen zur Verfügung? ... 119

Hodentumoren

Wie häufig sind maligne Hodentumoren? 120
Wie oft ist ein Hodentumor hormonaktiv? 120
Welche Symptomatik weist auf einen Hodentumor hin? 121
Welche Hormonbestimmungen bzw. Tumormarker sind für die
  Abklärung eines Hodentumors wichtig? 121
Wie werden Hodentumoren therapiert? 121
Welche Hormonbestimmungen können der Nachsorge dienen? 121

Ovar – Allgemeine Endokrinologie

Welche anatomisch-funktionelle Gliederung findet man im Ovar? 122
Welche Hormone werden vom reifen Ovar synthetisiert und an
  die Blutbahn abgegeben? 125
Welche physiologische Rolle spielen Östrogene und gestagenwirksame
  Steroide? 125
Wie wird die zyklische ovarielle Hormonsekretion gesteuert? 126
Welche Rückkoppelungen und lokalen Einflüsse bestimmen den Zyklus? . 126
Welche Veränderungen erfährt die GnRH-Freisetzung während
  des Zyklus? 128
Welche Rolle spielt Prolaktin für die normale Ovarfunktion? 128
Wie verändern sich die Blutspiegel von Östradiol, Progesteron,
  LH und FSH während des Zyklus? 128
Wodurch sind Klimakterium und Menopause gekennzeichnet? 131
Welche Ursachen können einer Störung der Ovarfunktion
  zugrunde liegen? 131
Bei welchen klinischen Symptomen muß an eine Ovarfunktionsstörung
  gedacht werden? 134
Welche diagnostischen Maßnahmen sind für die Abklärung
  einer Ovarfunktionsstörung wichtig? 136

Ovar – Spezielle Endokrinologie

Amenorrhoe

Wann spricht man von primärer Amenorrhoe und wie häufig ist sie? 142
Wann spricht man von sekundärer Amenorrhoe und wie häufig ist sie? ... 142

XX Inhaltsverzeichnis

Welche klinische Relevanz hat die Unterscheidung zwischen
primärer und sekundärer Amenorrhoe? 142
Welche Ursachen können einer primären Amenorrhoe zugrunde liegen? ... 143
Welche Bedeutung haben Anamnese und körperliche Untersuchung
für die Abklärung einer primären Amenorrhoe? 143
Welche Hormonbestimmungen sind für die Abklärung einer
primären Amenorrhoe wichtig? 144
Welche zusätzlichen diagnostischen Maßnahmen sind heranzuziehen? ... 145
Wie wird eine primäre Amenorrhoe therapiert? 145
Welche Ursachen können einer sekundären Amenorrhoe
zugrunde liegen? 145
Warum kann ein erhöhter Androgenspiegel zur Amenorrhoe führen? ... 146
Warum kann ein deutliches Über- oder Untergewicht zur
Amenorrhoe führen? 147
Welche Bedeutung haben Anamnese und körperliche Untersuchung
für die Abklärung einer sekundären Amenorrhoe? 147
Welche Hormonbestimmungen sind zur Abklärung einer
sekundären Amenorrhoe wichtig? 148
Welche Stufendiagnostik ist für die Abklärung einer
Amenorrhoe sinnvoll? 148
Wie wird eine sekundäre Amenorrhoe therapiert? 149

Weibliche Sterilität
Wann gilt eine Frau als steril? 149
Wie häufig liegt die Ursache einer kinderlosen Ehe bei der Frau? 150
Welche Ursachen sind bei der Frau zu berücksichtigen? 150
Welches sind die häufigsten hormonellen Ursachen? 151
Kann Rauchen die Fruchtbarkeit beeinträchtigen? 151
Können Lebensalter der Frau und Zeitdauer ihrer ungewollten Kinder-
losigkeit etwas über die Konzeptionswahrscheinlichkeit aussagen? 151
Welche Bedeutung haben Anamnese und körperliche Untersuchung
in der Sterilitätssprechstunde? 151
Welche Rückschlüsse erlaubt die Frage nach der Regelblutung? 152
Was verbirgt sich hinter einem prämenstruellen Syndrom? 152

Was bedeuten die Begriffe „anovulatorischer Zyklus" und
„Corpus-luteum-Insuffizienz"? 155
Welche Hormonbestimmungen sind für die Abklärung einer
Sterilität wichtig? 155
Welche diagnostischen Maßnahmen gehören neben den Hormon-
bestimmungen zur Abklärung einer Sterilität? 156
Welche Therapiemöglichkeiten gibt es für die sterile Frau? 157
Welche Hormonbestimmungen gehören zur Therapieüberwachung? 157

Hirsutismus, Virilismus und Hypertrichosis

Was versteht man unter Hirsutismus, Virilismus und Hypertrichosis? 158
Wie häufig ist ein Hirsutismus/Virilismus? 158
Welche Ursachen können einem Hirsutismus/Virilismus zugrunde liegen? . 158
Gibt es einen idiopathischen Hirsutismus? 159
Welche Bedeutung haben Anamnese und körperliche Untersuchung
für die Abklärung eines Hirsutismus? 160
Welche Hormonbestimmungen sind zur Abklärung eines Hirsutismus
wichtig? 160
Welche diagnostischen Maßnahmen gehören neben den Hormon-
bestimmungen zur Abklärung eines Hirsutismus/Virilismus? 162
Welche Therapiemöglichkeiten stehen zur Verfügung? 162
Welche Hormonbestimmungen sind als Therapiekontrolle sinnvoll? 163

Hormonproduzierende Ovarialtumoren

Wie häufig sind Ovarialtumoren hormonaktiv? 164
Welche Symptomatik bieten hormonaktive Ovarialtumoren? 164
Welche Hormonbestimmungen sind bei diesen Tumoren wichtig? 164
Wie werden Ovarialtumoren therapiert? 165
Welche Hormonbestimmungen können der Nachsorge dienen? 165

Intersexualität

Was versteht man unter Intersexualität und wie häufig ist sie? 166
Was ist ein echter Zwitter, was ein Scheinzwitter? 166
Was determiniert die Genitalentwicklung? 166

Welche Krankheitsbilder gehören zum Formenkreis Intersexualität? 167
Was muß bei einer Hypospadie beachtet werden? 171
Was muß bei einem Mikropenis beachtet werden? 171
Welche diagnostischen Maßnahmen sind für die Abklärung
intersexueller Krankheitsbilder wichtig? 171
Welche Hormonbestimmungen sind wichtig? 171
Welche therapeutischen Grundsätze sollten beachtet werden? 172

Schwangerschaft – Spezielle Endokrinologie

Verlaufsbeurteilung einer Schwangerschaft

Welche Hormonspiegel eignen sich zur Verlaufsbeurteilung
der Schwangerschaft? 173
Warum ist HCG für die Frühschwangerschaft die wichtigste Meßgröße? ... 173
Wann kann mit einem positiven Schwangerschaftstest gerechnet werden? .. 175
Wie verändern sich die Spiegel von 17α-Hydroxyprogesteron,
Progesteron und Östradiol während der Frühschwangerschaft? 175
Welche Gefahr droht bei einer Blutung in der Frühschwangerschaft? 175
Welche diagnostischen Maßnahmen gehören zu jeder Verlaufskontrolle
einer Frühschwangerschaft? 176
Welche Hormonbestimmungen sind bei einer gestörten
Frühschwangerschaft wichtig? 176
Welche Hormonbestimmungen sind in der Spätschwangerschaft wichtig? . 177
Was macht die Östriolbestimmung so aussagekräftig? 177
Was macht die HPL-Bestimmung so aussagekräftig? 178
Welche Bestimmungen eignen sich für die Diagnostik
fetaler Mißbildungen? 178
Was macht die AFP-Bestimmung so aussagekräftig? 178
Wann soll AFP bestimmt werden? 179

Schilddrüse und Schwangerschaft

Wie ist eine Schwangere mit euthyreoter Struma zu führen,
wie einer Struma vorzubeugen? 179
Wie ist eine hyperthyreote Schwangere zu führen? 180
Wie ist eine hypothyreote Schwangere zu führen? 180

Wie sind die Schilddrüsenhormonwerte bei Schwangeren zu beurteilen? 181

Welche Hormonbestimmungen sind als Therapiekontrolle sinnvoll? 181

Welche Schilddrüsenprobleme können nach der Entbindung auftreten? .. 181

III. Nebenniere

Nebennierenrinde – Allgemeine Endokrinologie

Welche anatomisch-funktionelle Gliederung findet man in der Nebennierenrinde (NNR)? 183

Welche Hormone werden von der NNR synthetisiert und an die Blutbahn abgegeben? 183

Welche physiologische Rolle spielt Cortisol? 186

Wie wird die Cortisolsekretion gesteuert? 186

Welche physiologische Rolle spielt Aldosteron? 187

Wie wird die Aldosteronsekretion gesteuert? 187

Welche physiologische Rolle spielen die von der NNR stammenden Androgene? 187

Welche Ursachen können einer gestörten NNR-Funktion zugrunde liegen? 189

Bei welchen klinischen Symptomen muß an eine gestörte NNR-Funktion gedacht werden? 189

Welche diagnostischen Maßnahmen sind für die Abklärung einer NNR-Funktionsstörung wichtig? 193

Nebennierenrinde – Spezielle Endokrinologie

Cushing-Syndrom

Wann spricht man von einem Cushing-Syndrom, wann von einem iatrogenen Cushing-Syndrom? 194

Wie häufig ist ein Cushing-Syndrom und welche Ursachen können ihm zugrunde liegen? 194

Bei welchen klinischen Symptomen muß an ein Cushing-Syndrom gedacht werden? 195

Wie läßt sich eine einfache Adipositas gegenüber der cortisolbedingten Stammfettsucht abgrenzen? 196

Welche Hormonbestimmungen sind für die Abklärung eines
  Cushing-Syndroms wichtig? 196
Welche Schwierigkeiten kann es bei der Befundinterpretation geben? . . . 197
Welche diagnostischen Maßnahmen gehören neben den
  Hormonbestimmungen zur Abklärung eines Cushing-Syndroms? 200
Wie wird ein Cushing-Syndrom therapiert? 201
Welche Hormonbestimmungen sind als Therapiekontrolle notwendig? . . . 201

Primärer Hyperaldosteronismus

Wann spricht man vom primären Hyperaldosteronismus und
  wie häufig ist er? 202
Welche Ursachen können ihm zugrunde liegen? 202
Bei welchen klinischen Symptomen muß an einen primären
  Hyperaldosteronismus gedacht werden? 202
Warum kommt es beim primären Hyperaldosteronismus
  zur Hypertonie, nicht aber zu Ödemen? 202
Welche Hormonbestimmungen sind für die Abklärung eines
  primären Hyperaldosteronismus wichtig? 203
Welche diagnostischen Maßnahmen gehören neben den laborchemischen
  Untersuchungen zur Abklärung eines primären Hyperaldosteronismus? . 207
Wie wird ein primärer Hyperaldosteronismus therapiert? 207
Welche Hormonbestimmungen sind als Therapiekontrolle notwendig? . . . 208

Sekundärer Hyperaldosteronismus

Wann spricht man vom sekundären Hyperaldosteronismus
  und wie häufig ist er? 208
Welche Grundkrankheiten und Medikamente führen gehäuft
  zum sekundären Hyperaldosteronismus? 208
Bei welchen klinischen Symptomen muß an einen sekundären
  Hyperaldosteronismus gedacht werden? 210
Welche Hormonbestimmungen sind für die Abklärung eines
  sekundären Hyperaldosteronismus wichtig? 210
Wie wird ein sekundärer Hyperaldosteronismus therapiert? 211

Adrenogenitales Syndrom (AGS)

Wann spricht man von einem angeborenen, wann von einem
  erworbenen AGS und wie häufig sind beide Formen? 212

Welches sind die häufigsten Enzymdefekte beim angeborenen AGS? 212
Bei welchen klinischen Symptomen muß an ein angeborenes AGS
   gedacht werden? 212
Welche Hormonbestimmungen sind für die Abklärung eines AGS
   wichtig? 217
Wie kann man klinisch unauffällige Konduktoren laborchemisch
   erkennen? 218
Welche pränatale AGS-Diagnostik gibt es? 218
Wie wird ein angeborenes AGS therapiert? 219
Wann und wie werden bei Mädchen die Genitalveränderungen korrigiert? . 220
Welche Hormonbestimmungen sind als Therapiekontrolle notwendig? ... 220

Primäre NNR-Insuffizienz (Morbus Addison)

Wann spricht man vom Morbus Addison und wie häufig ist er? 221
Welche Ursachen können dem Morbus Addison zugrunde liegen? 221
Bei welchen klinischen Symptomen muß an ein Morbus Addison
   gedacht werden? 221
Welche Hormonbestimmungen sind für die Abklärung eines
   Morbus Addison wichtig? 222
Welche diagnostischen Maßnahmen gehören neben den Hormon-
   bestimmungen zur Abklärung eines Morbus Addison? 223
Wie wird ein Morbus Addison therapiert? 225
Welche Hormonbestimmungen sind als Therapiekontrolle notwendig? ... 225

Addison-Krise

Wann spricht man von einer Addison-Krise? 226
Welche Ursachen kommen in Frage? 226
Bei welchen klinischen Symptomen muß an eine Addison-Krise
   gedacht werden? 227
Welche diagnostischen Möglichkeiten bestehen? 227
Können Hormonbestimmungen zur Abklärung einer Addison-Krise
   beitragen? 227
Wie wird eine Addison-Krise therapiert? 227

Nebennierenmark – Allgemeine Endokrinologie

Welche anatomisch-funktionelle Gliederung findet man
im Nebennierenmark (NNM)? 228

Welche Hormone werden vom NNM synthetisiert, gespeichert und
an die Blutbahn abgegeben? 228

Wie werden die Katecholamine abgebaut und ausgeschieden? 230

Welche physiologische Rolle spielen die Katecholamine? 231

Bei welchen klinischen Symptomen muß an eine gestörte
NNM-Funktion gedacht werden? 232

Welche diagnostischen Maßnahmen sind für die Abklärung
einer NNM-Funktionsstörung wichtig? 233

Nebennierenmark – Spezielle Endokrinologie

Phäochromozytom

Was versteht man unter einem Phäochromozytom und wie häufig ist es? .. 234

Bei welchen klinischen Symptomen muß an ein Phäochromozytom
gedacht werden? 234

Welche Hormonbestimmungen sind für die Abklärung eines
Phäochromozytoms wichtig? 235

Welche Einflußgrößen müssen bei der Hormondiagnostik
berücksichtigt werden? 237

Welche diagnostischen Maßnahmen gehören neben der Katecholaminbestimmung zur Abklärung eines Phäochromozytoms? 237

Wie wird ein Phäochromozytom therapiert? 238

Welche Hormonbestimmungen sind als Therapiekontrolle notwendig? ... 238

IV. Praktische Hinweise

Hormonbestimmungen

ACTH (Corticotropin) 239
ADH (Antidiuretisches Hormon; Vasopressin) 239
Adrenalin/Noradrenalin (Katecholamine) im Urin 240
Adrenalin/Noradrenalin (Katecholamine) im Blut 241
Aldosteron im Urin 241
Aldosteron im Blut 242
Cortisol im Blut 243
Cortisol im Urin 243

11-Desoxycorticosteron (DOC)/11-Desoxycortisol (Substanz S) 244
DHEA-S (Dehydroepiandrosteron-Sulfat) 245
FSH (Follitropin) 245
Gastrin 246
Gesamtöstrogene im Urin 246
GH (Somatotropin; STH; Wachstumshormon) 247
HCG (Humanes Choriongonadotropin) 248
HPL (Humanes plazentares Laktogen) 249
17α-Hydroxyprogesteron (17-OHP) 249
Insulin 250
Katecholamine (siehe Adrenalin/Noradrenalin)
LH (Lutropin) 251
Metanephrine (gesamt) 251
Östradiol (E_2) 252
Östriol (E_3) 252
Parathormon (PTH) 253
Plasma-Renin-Aktivität (PRA) 254
Pregnantriol im Urin 254
Progesteron 255
Prolaktin 256
Somatomedin C 256
Testosteron 257
Thyroxin (T_4)/Trijodthyronin (T_3) 258
TSH (Thyrotropin) 259
Vanillinmandelsäure (VMS) 259

Funktionstests

ACTH-Test (Cortisol-Stimulation) 261
Arginin-Test (GH-Stimulation) 261
Bewegungstest (GH-Stimulation) 262
Clomiphen-Test (LH/FSH-Stimulation) 262
Clonidin-Test (GH-Stimulation) 263
Clonidin-Test (Katecholamin-Suppression) 263
Cortisol-Tagesprofil 264
CRH-Test (ACTH-Stimulation) 264
Dexamethason-Hemmtest (Cortisol-Suppression) 265
Furosemid-Test (PRA-/Aldosteron-Stimulation) 265
Gestagen-Test (Entzugsblutung) 266
GHRH-Test (GH-Stimulation) 266
Glukagon-Propanolol-Test (GH-Stimulation) 266
GnRH-Test (LH-/FSH-Stimulation) 267
HCG-Test (Leydigzell-Funktionstest) 268
Heterozygoten-Test (siehe ACTH-Test)
HMG-Test (Ovarstimulationstest) 268
Insulin-Hypoglykämie-Test (GH-Stimulation) 269

Lysin-Vasopressin-Test (ACTH-/Cortisol-Stimulation) 269
Metoclopramid-Test (Prolaktin-Stimulation) 270
Metopiron-Test (ACTH-Stimulation) 270
Oraler Glukosetoleranz-Test (GH-Suppression) 271
Orthostase-Test (PRA-/Aldosteron-Stimulation) 271
Östrogen-Gestagen-Test (Entzugsblutung) 271
Schlaf-Test (GH-Stimulation) 272
TRH-Test (TSH-Stimulation) 272

Sachverzeichnis 275

Koautorenverzeichnis

Bohnet, Heinz G., Prof. Dr. med.
  Arzt für Frauenheilkunde, Institut für Hormon-
  und Fortpflanzungsforschung,
  Lornsenstraße 4, 2000 Hamburg 50

Breustedt, Hans-Jörg, Prof. Dr. med.
  Arzt für Innere Medizin und Endokrinologie, Praxisgemeinschaft
  für klinische Endokrinologie und Reproduktionsmedizin,
  Lornsenstraße 4, 2000 Hamburg 50

Leidenberger, Freimut A., Prof. Dr. med.
  Arzt für Frauenheilkunde, Institut für Hormon-
  und Fortpflanzungsforschung,
  Lornsenstraße 4, 2000 Hamburg 50

Schatz, Helmut, Prof. Dr. med.
  Arzt für Innere Medizin und Endokrinologie,
  Medizinische Klinik und Poliklinik,
  Berufsgenossenschaftliche Krankenanstalten Bergmannsheil –
  Universitätsklinik der Ruhr-Universität,
  Gilsingstraße 14, 4630 Bochum 1

Willig, Rolf Peter, Prof. Dr. med.
  Arzt für Kinderheilkunde, Universitäts-Kinderklinik,
  Martinistraße 52, 2000 Hamburg 20

Hypothalamus – Hypophyse

Hypothalamus – Hypophysenvorderlappen
Allgemeine Endokrinologie

· *Anatomisch-funktionelle Einheit* · *Klinisch wichtige Hormone* ·
· *Steuerung der Hormonsekretion* ·
· *Ursachen, Symptome und Diagnostik von Funktionsstörungen* ·

Welche anatomisch-funktionelle Einheit besteht zwischen Hypothalamus und Hypophysenvorderlappen?

Der zum Zwischenhirn gehörende **Hypothalamus** liegt am Boden des dritten Ventrikels, der **Hypophysenvorderlappen (HVL)**, auch Adenohypophyse genannt, in der Sella turcica. Verbunden sind Hypothalamus und HVL durch den Hypophysenstiel. In ihm verlaufen die blutführenden **Portalgefäße.** Über diese wirken die von Endigungen spezieller Neurone freigesetzten[1] hypothalamischen Hormone auf die Hormonproduktion der Drüsenzellen des HVL ein.

Welche Hormone gehören zur hypothalamisch-hypophysären Einheit?

Bei den **hypothalamischen Hormonen** handelt es sich um Peptide, sog. Liberine und Statine, die die Hormonsynthese und -freisetzung in den verschiedenen Zellen des HVL anregen bzw. hemmen. In **Tabelle 1** sind die klinisch wichtigsten Vertreter in neuer und alter Nomenklatur sowie ihre Abkürzungen und hauptsächlichen Wirkungen aufgeführt. Verwirrend ist, daß die derzeit gebräuchlichen Abkürzungen der alten, nicht der neuen Nomenklatur entstammen.

    Das **Thyroliberin (TRH)** stimuliert die hypophysäre TSH-Freisetzung. Dies wird im TRH-Test zur Abklärung der Schilddrüsenfunktion diagnostisch genutzt. Darüber hinaus stimuliert TRH die Prolaktinfreisetzung. Hypothyreosen mit erhöhter TRH/TSH-Aktivität gehen deshalb oft mit einer Hyperprolaktinämie einher.

---

[1] Hormonfreisetzung, -ausschüttung und -sekretion werden in diesem Buch synonym verwandt. Per definitionem ist in allen Fällen die Inkretion (innere Sekretion) gemeint.

Tabelle 1
Hormone des Hypothalamus und des Hypophysenvorderlappens

Neue Nomenklatur	Alte Nomenklatur	Abkürzung	Hauptwirkung
HYPOTHALAMUS			
Thyroliberin	Thyrotropin Releasing-Hormon	TRH	TSH ↑
Gonadoliberin	Gonadotropin Releasing-Hormon	GnRH	LH/FSH ↑
Corticoliberin	Corticotropin Releasing-Hormon	CRH	ACTH ↑
Somatoliberin	Somatotropin Releasing-Hormon/ Growth hormone releasing hormone	GHRH	GH ↑
Somatostatin	Somatostatin	SS	GH ↓
Prolaktostatin	Prolaktin-inhibierender Faktor	PIF	Prolaktin ↓
HYPOPHYSENVORDERLAPPEN			
Thyrotropin	Thyreoidea-stimulierendes Hormon	TSH	Schilddrüsenwachstum ↑, T_3, T_4 ↑
Lutropin	Luteinisierendes Hormon	LH	♂: Testosteron ↑, ♀: Ovulation ↑, Progesteron ↑
Follitropin	Follikel-stimulierendes Hormon	FSH	♂: Spermatogenese ↑, ♀: Follikelreifung ↑, Östrogene ↑
Corticotropin	Adrenocorticotropes Hormon	ACTH	NNR: Cortisol ↑
Somatotropin	Wachstumshormon/growth hormone/ Somatotropes Hormon	GH STH	Wachstum ↑
Prolaktin	Prolaktin	PRL	Milchsekretion ↑

↑ = Steigerung der Hormonbiosynthese und/oder -sekretion bzw. Stimulation biologischer Prozesse

Das **Gonadoliberin (GnRH)** stimuliert die hypophysäre LH- und FSH-Ausschüttung. Dies wird im GnRH-Test diagnostisch genutzt zur Beurteilung der Sekretionsleistung der gonadotropen HVL-Zellen, wobei die LH-Ausschüttung meist stärker als die des FSH ist.

Das **Corticoliberin (CRH)** stimuliert die ACTH-Sekretion aus den corticotropen HVL-Zellen. Dies wird im CRH-Test zur Differenzierung von Funktionsstörungen der Hypothalamus-HVL-NNR-Achse diagnostisch genutzt.

Das **Somatoliberin (GHRH)** stimuliert sowohl die Synthese als auch die pulsatile Freisetzung des GH. **Somatostatin (SS)** dagegen hemmt nur die GH-Freisetzung, nicht aber die -Synthese. GHRH wird im GHRH-Test zur Differenzierung eines GH-Mangels diagnostisch genutzt. Somatostatin dagegen hat keine diagnostische Bedeutung.

Das **Prolaktostatin (PIF)** hat eine tonisch-inhibitorische Wirkung auf die Prolaktinsekretion. Man nimmt an, daß PIF mit Dopamin identisch ist. In dieser Funktion wäre Dopamin demnach kein Neurotransmitter, sondern ein hypophysiotropes Neurohormon. Neben seinem inhibitorischen Einfluß auf die Prolaktinausschüttung hemmt PIF bzw. Dopamin auch die TSH- und LH-Sekretion.

Bei den **Hormonen des HVL** handelt es sich um ein- oder zweikettige Polypeptide. In **Tabelle 1** sind die klinisch wichtigsten Vertreter in neuer und alter Nomenklatur sowie ihre Abkürzungen und hauptsächlichen Wirkungen aufgeführt. Wie bei den hypothalamischen Hormonen, so besteht auch hier eine Diskrepanz zwischen der neuen Nomenklatur und den gebräuchlichen, aus der alten Nomenklatur abgeleiteten Abkürzungen. Weitere Einzelheiten über die Hormone des HVL finden sich in den speziellen Kapiteln.

Wie wird die hypothalamisch-hypophysäre Hormonsekretion gesteuert?

Stimulierende (+) und hemmende (−) Einflußgrößen zügeln in komplizierten, nur teilweise aufgeklärten Regelkreisen die Hormonproduktion und -sekretion des gesamten Endokriniums. Die bekannten Grundprinzipien sind in **Abb. 1** skizziert.

Der **Hypothalamus** als übergeordnetes neuroendokrines Koordinations- und Steuerungszentrum verfügt über rezeptive Areale, in denen hormonelle sowie andere Impulse aus der Körperperipherie bzw. Umwelt verarbeitet werden. Dies führt zu einer ständigen Modulation der hypothalamischen Hormonproduktion und -sekretion. Weiterhin unterliegt die Sekretion der meisten hypothalamischen Hormone einem **Rhythmus,** indem nur in bestimmten Zeitabständen eine stoßweise (pulsatile) Ausschüttung erfolgt. Diese pulsatile Ausschüttung wird durch Hormone der peripheren Drüsen moduliert. Die hypothalamisch freigesetzten Hormone stimulieren oder hemmen die Sekretion „ihrer" **HVL-Hormone,** die wiederum „ihre" **peripheren Drüsen** stimulieren. Außerdem scheinen einzelne HVL-Hormone in einer sog. kurzen Rückkoppelung (Feedback) die für sie zuständige hypothalamische Hormonsekretion hemmen zu können (1). Vor allem aber hemmen alle **peripher** sezernierten Hormone konzentrationsabhängig die für sie zuständige hypophysäre und hypothalamische Hormonsekretion, was man als langen (2) bzw. ultralangen **negativen Feedback** (3) bezeichnet. **Positive**

Hypothalamus – Hypophyse

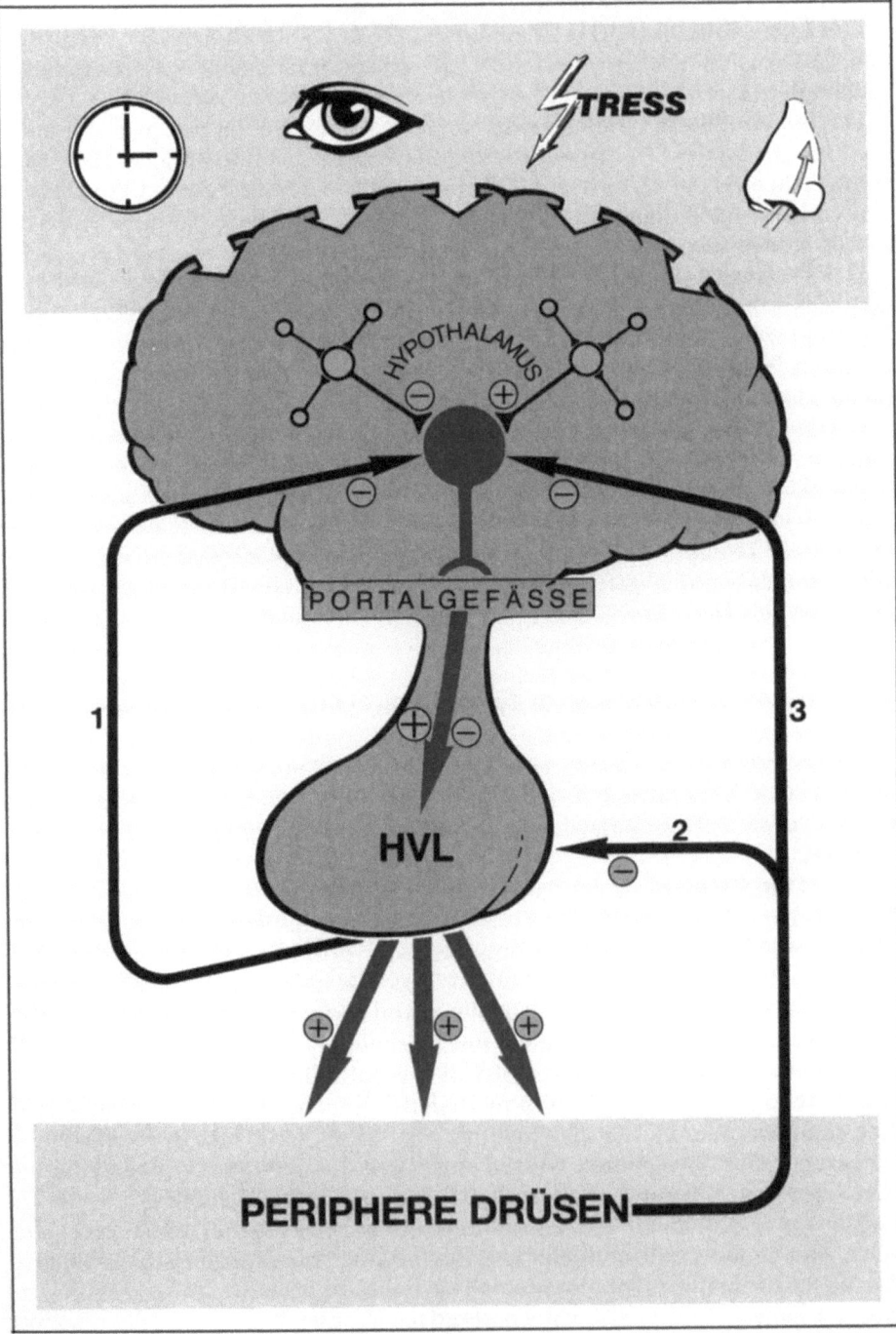

Abbildung 1
Prinzip der neuro-endokrinen Regulation

Feedbacks, die ebenfalls von einzelnen peripher freigesetzten Hormonen ausgehen können, sind in **Abb. 1** nicht berücksichtigt worden.

Die schnelle und bedarfsgerechte Regelung der Hormonsekretion erfolgt vor allem durch die ständige Registrierung von Konzentrationsänderungen, indem abfallende Hormonspiegel den negativen Feedback abschwächen, ansteigende dagegen verstärken. Die Kenntnis dieser kybernetischen Gesetzmäßigkeit hat große diagnostische Bedeutung, da sich hieraus die Indikation für eine gezielte Hormondiagnostik ergibt, deren Ergebnis dann relativ sicher den Ort und die Art der funktionellen Störung in einem endokrinen Regelkreis einzugrenzen erlaubt.

Welche Ursachen können einer hypothalamisch-hypophysären Funktionsstörung zugrunde liegen?

Sehr viele Ursachen kommen in Frage. Sie sind in **Tabelle 2** zusammengefaßt.

Relativ häufig sind **Hypophysenadenome.** Sie entwickeln sich aus normalen HVL-Zellen durch eine diffuse oder noduläre Hyperplasie. Man hat früher aufgrund der Hämatoxylin-Eosin(HE)-Färbung chromophobe, eosinophile, basophile und gemischtzellige Adenome unterschieden und die chromophoben Tumoren als hormoninaktiv angesehen. Heute unterscheidet man mittels immunhistochemischer und elektronenoptischer Untersuchungen zwischen lakto-, somato-, cortico-, thyro- und gonadotropen Adenomzellen. Die diagnostische Überlegenheit gegenüber der HE-Färbung zeigt sich unter anderem darin, daß mehr als 60% der chromophoben, ehemals als hormoninaktiv eingestuften Tumoren Prolaktin sezernieren. Laktotrope Adenome, die allgemein als Prolaktinome bezeichnet werden, stellen mehr als die Hälfte aller Hypophysentumoren.

Ebenfalls relativ häufig ist das primär suprasellär angelegte **Kraniopharyngeom,** das bevorzugt bei Kindern und Jugendlichen vorkommt, indem es in dieser Altersgruppe 10–30% aller sellanahen Tumoren ausmacht. Der Tumor selbst ist hormoninaktiv. Durch seine Ausdehnung besteht aber die Gefahr einer Läsion der Hypothalamus-HVL-Achse (z. B. Hypophysenstielläsion), in deren Gefolge sich beispielsweise eine primäre oder sekundäre Amenorrhoe einstellt.

Neben den tumorösen Ursachen sind der Häufigkeit nach vor allem **emotionale Deprivationen, Medikamente** sowie **physikalische** und **vaskuläre Prozesse** differentialdiagnostisch abzuwägen, insbesondere auch die **Hypophysenstielläsion** nach einem Verkehrsunfall mit Schleudertrauma.

Schließlich sei das **Empty-Sella-Syndrom** erwähnt, das relativ häufig bei neurologisch indizierten Röntgenaufnahmen, CT's und Kernspintomographien des Schädels diagnostiziert wird. Es handelt sich um den Ersatz von hypophysärem Gewebe durch Zerebrospinalflüssigkeit. Die Pathogenese ist unterschiedlich. An erster Stelle steht offensichtlich eine Invagination der Subarachnoidea in den Sellaraum hinein mit Auswalzung des hypophysären Gewebes an den Boden der Sella turcica, ohne daß es aber gewöhnlich zu Zeichen einer HVL-Insuffizienz kommt.

Tabelle 2
Ursachen hypothalamisch-hypophysärer Funktionsstörungen

- **Tumoren**
  - ● Hypophysenadenom
  - ● Kraniopharyngeom
    - ↳ Hypophysenstielläsion
  - ◐ Meningeom
  - o Andere Hirntumoren – Teratoid
    - – Epidermoid
    - – Pinealom
    - – „Zysten"
  - o Metastasen – Mammakarzinom
    - – Bronchialkarzinom
    - – Malignes Melanom
    - – Leukämische Infiltrate

- **Physikalische Ursachen**
  - ◐ Neurochirurgischer Eingriff
  - ◐ Trauma → Hypophysenstielläsion
  - o Nuklidtherapie

- ◐ **Vaskuläre Ursachen**
  - ◐ Hypophysenpfortaderinfarkt
  - ◐ Postpartale Hypophysen(teil)nekrose
  - o Aneurysma
  - o Vaskulitis

- ◐ **Entzündungen**
  - o Autoimmunhypophysitis
  - o Meningitis (z. B. tuberkulös, luetisch)
  - o Enzephalitis

- ◐ **Granulome**
  - o Sarkoidose
  - o Tuberkulose
  - o Gumma
  - o Wegener'sche Granulomatose
  - o Maligne Lymphome

- ◐ **Kongenitale Ursachen**
  - o Idiopathischer Mangel an GH, ACTH, LH/FSH, TSH und/oder Prolaktin
  - o Hypothalamischer Hypogonadismus (Kallmann-Syndrom)

- **Verschiedenes**
  - ● Emotionale Deprivation
  - ● Medikamente
  - ● Kachexie
  - ● „Empty-sella"-Syndrom
  - o Tay-Sachs-Erkrankung
  - o Hämochromatose
  - o Histiocytosis X
  - o Myxödem

● = relativ häufig; ◐ = seltener; o = selten

Bei welchen klinischen Symptomen muß an eine hypothalamisch-hypophysäre Funktionsstörung gedacht werden?

Vom Ort und Ausmaß des organischen Prozesses werden die lokal bedingten subjektiven Klagen und klinischen Zeichen geprägt. So kann es bei prasellären Läsionen in Folge der Nähe des Chiasma opticum zu **Gesichtsfeldausfällen,** bei parasellären Prozessen zu **Augenmotilitätsstörungen** (Sinus-cavernosus-Syndrom) kommen. Kopfschmerzen sind bei allen intrakraniellen Prozessen möglich, aber nicht obligat. Darüber hinaus können alle in **Tabelle 2** aufgeführten Ursachen Symptome einer **endokrinen Über- und/oder Unterfunktion** nachgeordneter Drüsen hervorrufen. Sie werden in den speziellen Kapiteln näher besprochen.

Allgemein ist festzuhalten, daß streng **intrasellär** gelegene endokrin aktive Adenome in Abhängigkeit vom betroffenen Zelltyp zunehmend die Symptomatik eines Hormonexzesses bieten. Gleichzeitig kommt es aufgrund zunehmender Druckatrophie des paraadenomatösen HVL-Gewebes zur Insuffizienz der übrigen hypophysären Hormonproduktion (partielle HVL-Insuffizienz). Der hormonelle Ausfall erfolgt meistens in der Reihenfolge GH, LH/FSH, TSH und schließlich ACTH. Die gleiche Reihenfolge wird auch bei primär nekrotisierenden Prozessen des HVL beobachtet. Die gesamte Symptomatik kann sich unterschiedlich schnell entwickeln. Bei den oft sehr langsam wachsenden HVL-Tumoren tritt sie erst allmählich auf, bei einer traumatischen oder postpartalen Hypophysennekrose dagegen meistens relativ rasch. Dehnt sich der hypophysäre Prozeß nach kranial aus, können die ADH-produzierenden Kerngebiete mit betroffen werden, was dann häufig zum Diabetes insipidus führt.

Liegt der Prozeß, wie beispielsweise beim Kraniopharyngeom, primär **extrasellär,** so fehlt initial meistens eine endokrine Symptomatik. Diese stellt sich erst ein, wenn jener den Hypophysenstiel erfaßt. Bei hypothalamisch begrenzten Läsionen stehen neben dem Diabetes insipidus vor allem die Bulimie (Heißhunger), Störungen des Schlaf-Wach-Rhythmus und andere vegetative Irritationen (Polydipsie, Adipsie, Anorexie, Hypo- und Hyperthermie) im Vordergrund.

Pränatal scheinen embryonal gebildete hypothalamische und hypophysäre Hormone keine wesentliche Rolle für die somatische Entwicklung zu spielen, wie lebend geborene Kinder mit Anenzephalus oder fehlender Hypophyse zeigen. Offenbar reichen die basale Hormonausschüttung der peripher gelegenen fetalen Drüsen sowie die Hormone der Mutter bzw. der Plazenta für die Funktionserhaltung und -entwicklung aus. Die Proteohormone der Mutter spielen für den Feten aber ebenfalls keine Rolle, da sie aufgrund des relativ hohen Molekulargewichts die Plazentaschranke nicht passieren können. Erst postnatal kommt es bei Ausfall der hypothalamischen und/oder hypophysären Hormone zur klinischen Symptomatik.

Welche diagnostischen Maßnahmen sind für die Abklärung hypothalamisch-hypophysärer Funktionsstörungen wichtig?

Zum diagnostischen Basisprogramm gehören neben einer sorgfältigen **Anamnese** und **körperlichen Untersuchung:**

Hormonbestimmungen. Alle klinisch wichtigen Hormone des HVL selbst und der mit dem HVL funktionell verbundenen peripheren Drüsen sind mit ausreichender Präzision und Richtigkeit im Blut bestimmbar. Damit ist meist schon laborchemisch die Frage zu beantworten, ob die Störung primär in der Peripherie oder im hypothalamisch-hypophysären Bereich liegt. Diagnostisch entscheidend ist die Kenntnis über den Stellenwert der einzelnen Hormone in den verschiedenen endokrinen Regelkreisen. Hiernach ergibt sich, am individuellen Fall orientiert, die jeweils sinnvolle Auswahl von Hormonbestimmungen. In den einzelnen Kapiteln der speziellen Endokrinologie wird darauf näher eingegangen.

Eine große diagnostische Bedeutung haben darüber hinaus die sog. **Stimulations-** und **Suppressionstests,** bei denen vor und nach Verabreichung entsprechender Testsubstanzen Blut zur Messung der HVL-Hormone abgenommen wird. Mit diesen Funktionstests wird die Ansprechbarkeit der HVL-Hormonsekretion subtil erfaßt und damit z.B. die Frage nach einer hypophysär oder hypothalamisch bedingten HVL-Insuffizienz bzw. die Frage nach der sekretorischen Autonomie des HVL beantwortet.

Röntgen. Größere HVL-Adenome sind (1) in der Seitenaufnahme des Schädels durch Ballonierung des Sellaraumes, Doppelkonturierung des Sellabodens und Destruktion der angrenzenden knöchernen Strukturen, (2) in der anteroposterioren Projektion durch einseitige Absenkungen oder zentrale Ausbuchtungen des Sellabodens in der Regel gut erkennbar. Diskrete Knochenveränderungen bei Mikroadenomen (< 10 mm Durchmesser) können nur mit der pluridirektionalen Tomographie der Sella erfaßt werden. Auf das Empty-Sella-Syndrom wurde bereits hingewiesen (S. 5).

Kraniale Computertomographie (CT). Es hat die Hypophysendiagnostik entscheidend verbessert und invasive Verfahren wie die Karotisangiographie und Pneumenzephalographie in der Primärdiagnostik hypothalamisch-hypophysärer Störungen überflüssig gemacht. HVL-Adenome sind hiermit sehr genau zu lokalisieren, wobei die rein intrasellären Mikroadenome (< 10 mm Durchmesser) im Postkontrast-CT als hypodenser, die größeren intra- und parasellären Adenome fast regelmäßig als hyperdenser Bezirk erkennbar sind. Die Rückbildung der Adenome unter medikamentöser Therapie läßt sich ebenfalls im CT sehr gut verfolgen.

Neben der Diagnostik hypophysärer Veränderungen spielt das CT eine wichtige Rolle in der Erkennung intrakranieller Prozesse (Tumoren, Blutungen, Einschmelzungen etc.), obwohl die **Kernspintomographie** (NMR) insgesamt ein noch besseres Auflösungsvermögen besitzt.

Augenuntersuchung. Suprasellares Tumorwachstum kann zur Schädigung des Tractus opticus und des Chiasma opticum führen. Die Folge ist eine homonyme, bitemporale Hemianopsie. Bei zusätzlich vorhandener ein- oder doppelseitiger Visusminderung sowie Opticusatrophie spricht man vom Chiasma-Syndrom. Als Ursachen für Chiasma-Syndrome bzw. bitemporale Gesichtsfeldausfälle kommen vor allem Tumorläsionen, aber auch entzündliche, toxische, traumatisch-demyelinisierende und hereditär-atrophische Prozesse im Chiasma-opticum-Bereich in Frage. Mit dem CT hat die primär-diagnostische Bedeutung der Augenuntersuchung an Gewicht verloren.

Hypothalamus – Hypophysenvorderlappen Spezielle Endokrinologie

Prolaktin und seine gestörte Sekretion

· Physiologie · Pathophysiologie · Ursachen gestörter Sekretion ·
· Symptomatologie · Funktionelle Hyperprolaktinämie · Prolaktinom ·
· Hormondiagnostik · Therapie ·

Was für ein Hormon ist Prolaktin und welche physiologische Rolle spielt es?

Menschliches Prolaktin ist ein **einkettiges Polypeptid,** das von den laktotropen Zellen des HVL gebildet und ohne nennenswerte Speicherung sezerniert wird. Es besitzt eine enge Strukturverwandtschaft zum menschlichen Somatotropin (GH) und plazentaren Laktogen (HPL).

Prolaktin setzt die **Milchproduktion** in Gang (Laktogenese) und unterhält sie (Galaktopoese). Auch die **Entwicklung der Brust** (Mammogenese) steht unter Prolaktineinfluß. Seine zentrale Rolle für die Laktation erklärt, warum bei erhöhten Prolaktinspiegeln häufig ein pathologischer Milchfluß (Galaktorrhoe) nachweisbar ist und warum nach Gabe eines Prolaktinhemmers die mütterliche Laktation rasch sistiert. Letzteres wird beim künstlichen Abstillen ausgenutzt.

Aufgrund tierexperimenteller und klinischer Beobachtungen ist es denkbar, daß Prolaktin eine physiologische Rolle für die Gonaden-, NNR- und Nierenfunktion spielt. Eindeutige Beweise hierfür fehlen aber bis heute.

Wie wird die Prolaktinsekretion gesteuert?

Die Regulation der Prolaktinsekretion unterliegt vielschichtigen Einflußgrößen, deren enges Zusammenspiel noch viele Fragen offen läßt. In **Abb. 2** sind deshalb

Hypothalamus – Hypophyse

Abbildung 2
Regulation der Prolaktinsekretion

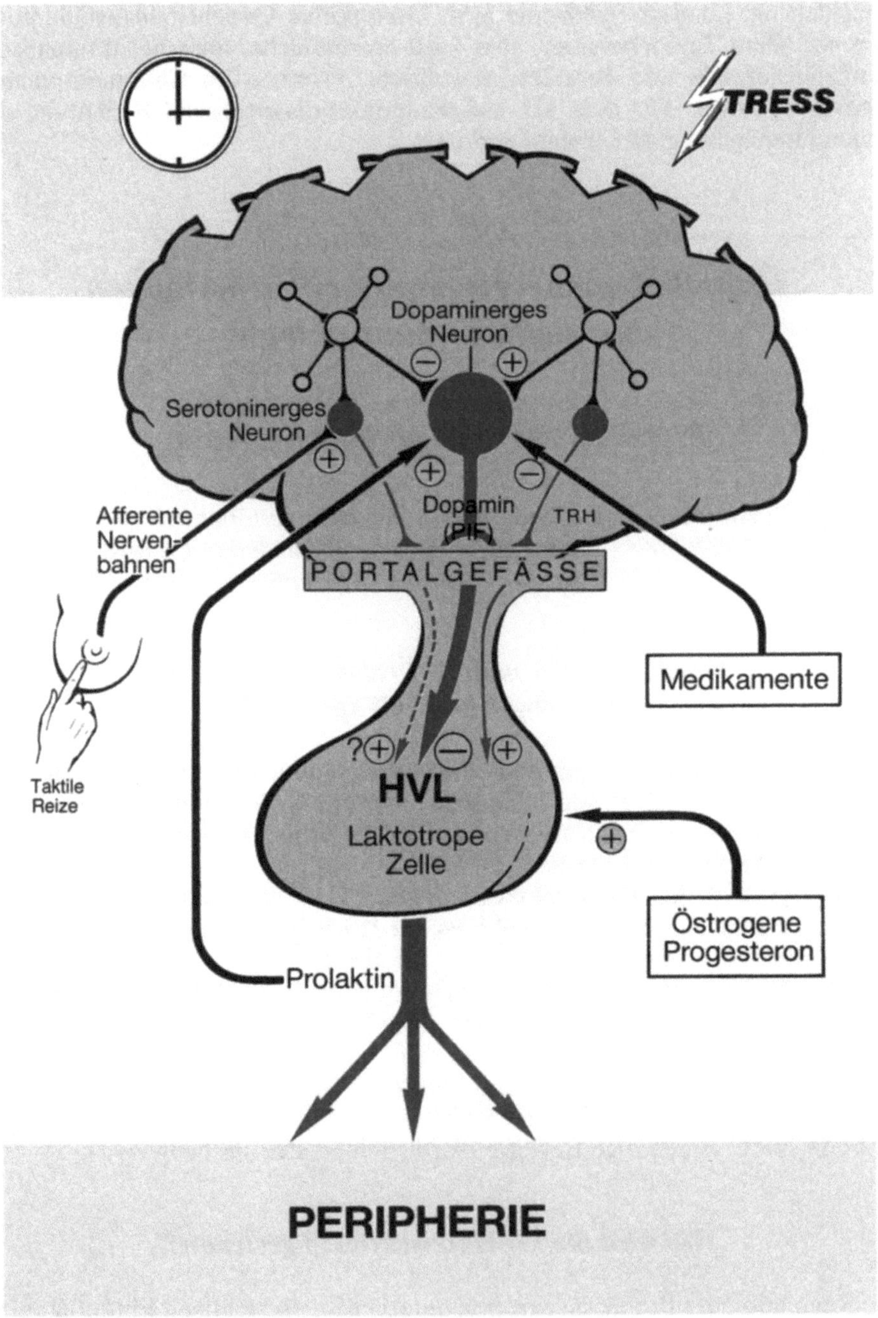

nur die weitgehend gesicherten Regulationsmöglichkeiten skizziert. Im Gegensatz zu den anderen HVL-Hormonen muß die Prolaktinsekretion dauernd gehemmt werden, da es sonst zur Hyperprolaktinämie kommt. Die **direkte Hemmung** erfolgt vor allem durch **Dopamin,** das demnach wohl mit dem hypothalamisch gebildeten Prolaktostatin **(PIF)** identisch ist. Es erreicht die laktotrope Zelle des HVL über die Portalgefäße. Darüber hinaus kann Prolaktin **indirekt** seine eigene Sekretion hemmen, indem ein erhöhter Prolaktinspiegel zur Anreicherung von Dopamin im Hypothalamus führt.

Die Existenz eines spezifischen prolaktinstimulierenden Faktors (PRF) muß noch geklärt werden, ebenso die genaue Rolle, die die serotoninergen Neurone hinsichtlich einer vermehrten Prolaktinfreisetzung spielen. Gesichert ist dagegen, daß die **Freisetzung** direkt durch **TRH** gefördert wird. Inwieweit dies jedoch physiologisch zum Tragen kommt, bleibt zweifelhaft. Bei primärer Schilddrüsenunterfunktion aber führt die gesteigerte TRH-Aktivität oft zur Hyperprolaktinämie.

Darüber hinaus steigern Östrogene (z. B. in der Schwangerschaft) und Progesteron bzw. gestagenwirksame Präparate die Prolaktinausschüttung, indem sie die Ansprechbarkeit der laktotropen HVL-Zellen auf Dopamin mindern.

Schließlich führen Schlaf, körperlicher und psychischer Streß sowie taktile Brustwarzenreize über eine entsprechende Modulation der Neurotransmitter zur vermehrten Prolaktinsekretion.

Spontane, funktionell bedingte Prolaktinmangelzustände sind nicht bekannt, wohl aber der Ausfall der Prolaktinsekretion bei der HVL-Insuffizienz und bei einer Überdosierung mit Prolaktinhemmern.

Wie häufig ist eine Hyperprolaktinämie?

In der Sterilitätssprechstunde spielt die Hyperprolaktinämie eine dominierende Rolle. So haben **20–30%** der Frauen mit leichteren Formen einer Ovarfunktionsstörung und/oder unerfülltem Kinderwunsch eine **latente,** auch **funktionell** genannte Hyperprolaktinämie. Bei diesen Patientinnen besteht die permanente Bereitschaft, auf Reizsignale mit einer supraphysiologischen Prolaktinfreisetzung zu reagieren. Hierdurch kommt es oft zur passageren Erhöhung des basalen Prolaktinspiegels im Serum und fast immer zur überschießenden Prolaktinfreisetzung nach einer pharmakologischen Stimulation z. B. mit Metoclopramid.

Weiterhin liegt bei schweren Ovarfunktionsstörungen in **20–30%** der Fälle eine **manifeste** Hyperprolaktinämie vor. Sie ist durch ständig, zum Teil extrem erhöhte Prolaktinspiegel gekennzeichnet.

Bei Männern mit Hypogonadismus findet man dagegen nur in **5%** der Fälle eine Hyperprolaktinämie.

Welche Ursachen können einer Hyperprolaktinämie zugrunde liegen?

In **Tabelle 3** sind die wesentlichen Ursachen zusammengefaßt.

Tabelle 3
Ursachen der Hyperprolaktinämie

● Hypothalamische Dysfunktion	● Medikamente (**Tabelle 4**)
	● Primäre Hypothyreose
	● Psychosoziales Umfeld
	◐ Adipositas
	◐ Androgenexzeß (z. B. PCO*)
	◐ „Idiopathisch"
● Prolaktinom	● Mikroprolaktinom
	● Makroprolaktinom
◐ Hypophysenstielläsion	● Trauma
	◐ HVL-Adenom**
	o Parasellärer Tumor
◐ Verschiedenes	◐ Niereninsuffizienz
	◐ Lebererkrankungen
	o Intrakranielle Prozesse (**Tabelle 2**)
	o Brustkorbläsionen/-reizungen
	o Diabetes mellitus
	o Ektope Prolaktinsekretion

● = relativ häufig; ◐ = seltener; o = selten
* PCO = polyzystisches Ovar-Syndrom; ** HVL = Hypophysenvorderlappen

Bei den insgesamt relativ häufigen hypothalamischen Dysfunktionen besteht immer ein Mißverhältnis von prolaktininhibierenden zu -stimulierenden Faktoren. Als Kandidaten für dieses Mißverhältnis kommen sehr viele **Pharmaka** in Frage, wie **Tabelle 4** verdeutlicht. Deshalb ist eine sorgfältige Medikamentenanamnese bei jeder noch unklaren Hyperprolaktinämie unerläßlich. Des weiteren ist immer an eine primäre, oft auch nur latente **Hypothyreose** als Ursache erhöhter Prolaktinspiegel zu denken. Hinsichtlich des **psychosozialen Umfeldes** ist zu berücksichtigen, daß Frauen mit latenter Hyperprolaktinämie und funktioneller Sterilität häufig psychisch unverarbeitete Probleme mit sich herumtragen und damit einer **permanenten Streßbeladung** ausgesetzt sind. Hiervon abzugrenzen sind klinisch irrelevante Hyperprolaktinämien aufgrund **kurzfristiger Streßsituationen,** wie sie beispielsweise die Erwartungshaltung bei der Blutentnahme oder eine belastende körperliche Untersuchung darstellen. Die Hyperprolaktinämie bei **Adipositas** läßt sich mit der vermehrten Aromatisierungskapazität des Fettgewebes erklären. Hierdurch kommt es zum Östrogenexzeß, der wiederum

Tabelle 4
Auswahl von Pharmaka, die eine Hyperprolaktinämie bewirken können

Internationaler Freiname	Handelsname (z. B.)	Stoffklasse
Amitriptylin	Laroxyl	A
Chlorpromazin	Megaphen	B
Chlorprothixen	Taractan	B
Cimetidin	Tagamet	H
Clomipramin	Anafranil	A
Clopenthixol	Ciatyl	B
Dibenzepin	Noveril	A
Domperidon	Motilium	C, D, G
Doxepin	Aponal	A
Flupentixol	Fluanxol	B
Haloperidol	Haldol-Janssen	B, D
Imipramin	Tofranil	A
Isothipendyl	Andantol	E
Meclozin	Bonamine	C, E
α-Methyldopa	Presinol	F
Metixen	Tremarit	B
Metoclopramid	Paspertin	C, D
Perphenazin	Decentan	B
Pimozid	Orap	B
Prothipendyl	Dominal	B
Reserpin	Serpasil	F
Sulpirid	Dogmatil	A, D
Thiethylperazin	Torecan	C
Tiotixen	Orbinamin	B
Insulin	–	–
Östrogene	–	–

A = Antidepressivum; B = Neuroleptikum; C = Antiemetikum, D = Dopaminantagonist; E = Antihistaminikum; F = Antihypertonikum; G = Peristaltikanreger; H = H$_2$-Rezeptorantagonist

die Prolaktinfreisetzung stimuliert. Bei den sog. **idiopathischen Fällen** einer Hyperprolaktinämie handelt es sich wahrscheinlich häufig um sehr kleine Mikroprolaktinome, die mit den derzeitigen bildgebenden Verfahren nicht erkennbar sind. Viele (noch) als idiopathisch klassifizierte Fälle gehören demnach zur Gruppe der Prolaktinome.

Beim **Prolaktinom** handelt es sich um den häufigsten endokrin aktiven HVL-Tumor, für dessen Pathogenese ebenfalls ein Mißverhältnis von prolaktininhibierenden zu -stimulierenden Faktoren angenommen wird. So führt ein länger andauernder Sekretionsstimulus aufgrund eines absoluten oder relativen Dopaminmangels zur Hypertrophie und Hyperplasie der laktotropen, d. h. prolaktinproduzierenden Zellen des HVL. Es ist naheliegend, zu vermuten, daß sich aus dieser Hyperplasie ein Prolaktinom herausschält, wobei die Wachstumstendenz individuell deutliche Unterschiede aufweist.

Bei den übrigen in **Tabelle 3** aufgeführten Erkrankungen werden unterschiedliche funktionelle Mechanismen für die Hyperprolaktinämie diskutiert, ohne sie im Einzelfall immer konkretisieren zu können.

Welche pathophysiologischen Folgen hat eine Hyperprolaktinämie?

Ein erhöhter Prolaktinspiegel führt bei der **Frau** zu einer Einschränkung der rhythmischen, pulsatilen GnRH-Freisetzung und damit zu Follikelreifungsstörungen, d. h. zu Zyklusanomalien und Fertilitätsproblemen.

Beim **Mann** wird ebenfalls die Gonadotropinsekretion gehemmt, so daß es zur Abnahme der Testosteronproduktion kommen kann, bei ausgeprägter Hyperprolaktinämie zusätzlich zur Spermatogenesestörung. Darüber hinaus wird eine direkte Wirkung des Prolaktins auf die Leydigzelle angenommen.

Schließlich kann bei beiden Geschlechtern eine Hyperprolaktinämie zur pathologischen Galaktorrhoe führen.

Bei welchen klinischen Symptomen muß an eine Hyperprolaktinämie gedacht werden?

In **Tabelle 5** ist die klinische Manifestation bei der **Frau** zusammengefaßt, wobei die subjektiven Symptome und objektiven Befunde des prämenstruellen Syndroms einzeln oder in beliebiger Kombination auftreten können. Da dieses Syndrom für viele Frauen ein chronischer Zustand ist, an den sie sich gewöhnt haben, muß der Arzt ausdrücklich danach fragen. Im übrigen gilt, daß das Ausmaß der Prolaktinerhöhung mit dem Schweregrad des klinischen Bildes gut korreliert.

Beim **Mann** müssen Libido- und Potenzverlust, Oligo-Asthenozoospermie und die Galaktorrhoe den Verdacht einer Hyperprolaktinämie wecken.

Bei **Kindern** besitzt eine gestörte Prolaktinsekretion nur selten einen eigenständigen Krankheitswert.

Welche diagnostische Aussagekraft besitzt die Prolaktinbestimmung?

Die Höhe des **basalen** Prolaktinwertes weist naturgemäß auf das Ausmaß der Hyperprolaktinämie und damit aber auch auf die Wahrscheinlichkeit hin, ob eher eine latente oder manifeste Form in Frage kommt. Beim Verdacht einer **manife-**

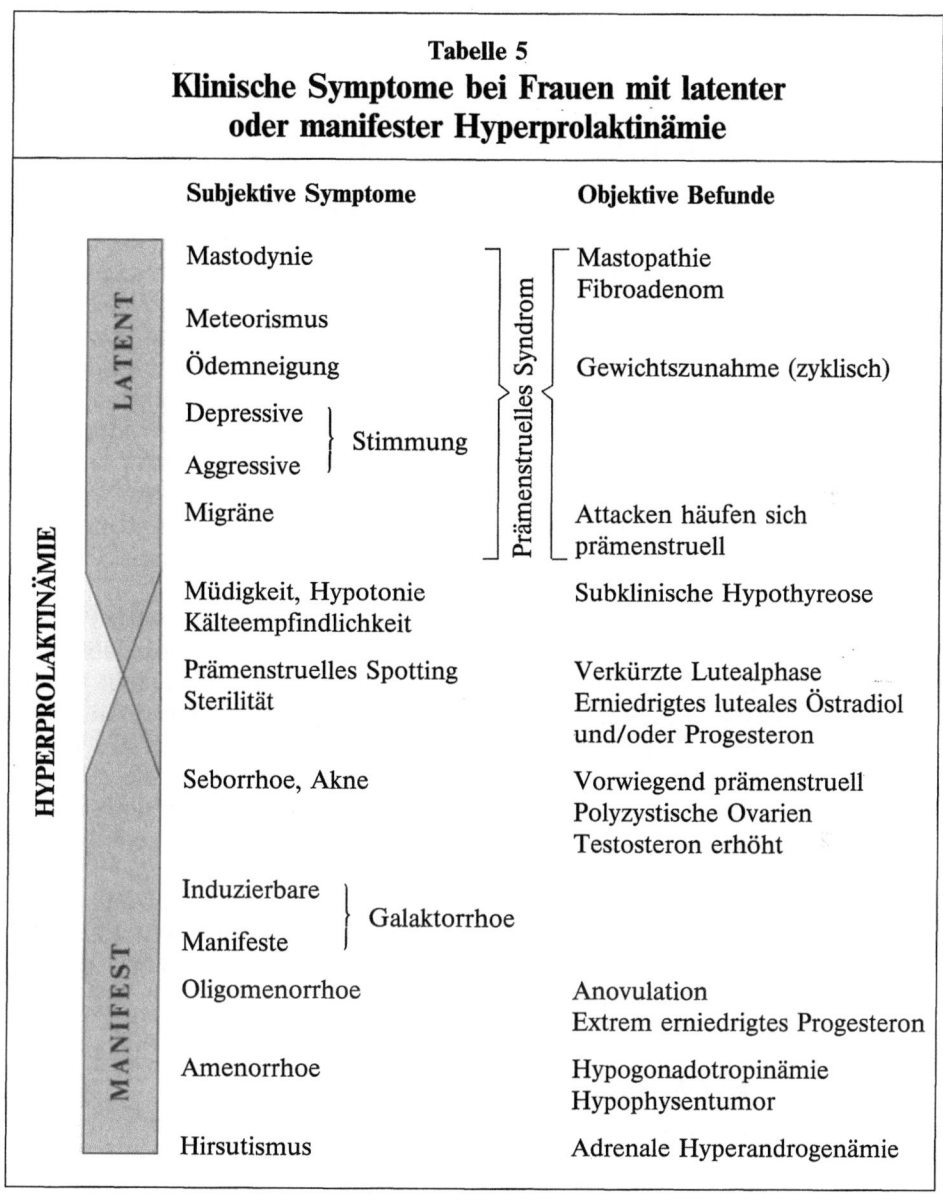

Tabelle 5
Klinische Symptome bei Frauen mit latenter oder manifester Hyperprolaktinämie

	Subjektive Symptome	Objektive Befunde
LATENT	Mastodynie	Mastopathie / Fibroadenom
	Meteorismus	
	Ödemneigung	Gewichtszunahme (zyklisch)
	Depressive / Aggressive Stimmung	
	Migräne	Attacken häufen sich prämenstruell
	(Prämenstruelles Syndrom)	
MANIFEST	Müdigkeit, Hypotonie, Kälteempfindlichkeit	Subklinische Hypothyreose
	Prämenstruelles Spotting, Sterilität	Verkürzte Lutealphase, Erniedrigtes luteales Östradiol und/oder Progesteron
	Seborrhoe, Akne	Vorwiegend prämenstruell, Polyzystische Ovarien, Testosteron erhöht
	Induzierbare / Manifeste Galaktorrhoe	
	Oligomenorrhoe	Anovulation, Extrem erniedrigtes Progesteron
	Amenorrhoe	Hypogonadotropinämie, Hypophysentumor
	Hirsutismus	Adrenale Hyperandrogenämie

sten **Hyperprolaktinämie** aufgrund der Symptomatologie **(Tabelle 5)** reicht deshalb oft die Bestimmung des basalen Prolaktinspiegels* aus. So erwartet man bei Patientinnen mit einer hochgradigen Oligomenorrhoe oder Amenorrhoe einen Prolaktinwert, der mindestens drei- bis vierfach höher ist als der obere Grenzwert des Referenzintervalls. Sollte in diesen Fällen der Wert nur leicht erhöht sein, so

---

* s. Praktische Hinweise

ist die Zyklusstörung eher als nicht prolaktinbedingt anzusehen. Findet man jedoch auch in der Wiederholung tatsächlich deutlich erhöhte Werte, so muß primär an ein **Prolaktinom** gedacht werden, und zwar umso dringlicher, je höher die Werte sind. Bei dauerhaft mäßig erhöhten Werten dagegen muß differentialdiagnostisch besonders noch eine Hypophysenstielläsion in Erwägung gezogen werden.

Beim klinischen Verdacht einer **latenten Hyperprolaktinämie (Tabelle 5),** die – wie schon erwähnt – gekennzeichnet ist durch die permanente Bereitschaft der Patienten, auf Reizsignale mit supraphysiologischer Prolaktinfreisetzung zu reagieren, sollte insbesondere bei unauffälligem Basalwert alsbald Prolaktin im Rahmen eines Stimulationstests mit **Metoclopramid** (MCP-Test)* bestimmt werden. Anstelle des MCP-Tests kann auch der TRH-Test* zur Abklärung herangezogen werden. Seine Aussagekraft wird aber durch die im Vergleich zum MCP-Test größere Streuung der stimulierten Prolaktinwerte geschmälert. Liegt eine überschießende Antwort der Prolaktinsekretion vor, so ist von einer latenten Hyperprolaktinämie auszugehen, auch wenn der basale Prolaktinspiegel nur leicht erhöht oder sogar normal ist. Latente Hyperprolaktinämien sind meistens Ausdruck einer hypothalamischen Dysfunktion, deren Ursachenspektrum in **Tabelle 3** aufgeschlüsselt wurde.

Im Gegensatz zur Frau reicht beim **Mann** meistens die einmalige basale Prolaktinbestimmung aus, um eine klinisch relevante Hyperprolaktinämie laborchemisch zu dokumentieren. Die Werte liegen in nahezu allen Fällen mehr als das Zehnfache oberhalb des Referenzintervalls und sie sind fast immer Ausdruck eines Prolaktinoms. Der Einsatz der Stimulationstests (MCP-Test*, TRH-Test*) ist nur in Zweifelsfällen sinnvoll. Bei 90% der Prolaktinome ist die Antwort eingeschränkt, d. h. der Anstieg des Prolaktinspiegels erreicht nicht die Verdoppelung des Ausgangswertes. Die Tests sind umso aussagekräftiger, je höher der Basalwert ist.

Schließlich sei nochmals erwähnt, daß generell die Prolaktinfreisetzung pathophysiologisch unbedeutenden Kurzzeitschwankungen unterworfen ist, die in der diagnostischen „Momentaufnahme" leicht erhöhte Werte zeigen können, weshalb diese immer kontrollbedürftig sind.

Welche zusätzlichen Hormonbestimmungen können bei einer Hyperprolaktinämie sinnvoll sein?

TSH. 25% aller Frauen mit latenter Hyperprolaktinämie und/oder (induzierbarer) Galaktorrhoe haben eine hypothyreote Stoffwechsellage, die es mit der basalen TSH-Bestimmung* bzw. bei präklinischer hypothyreoter Stoffwechsellage mit dem TRH-Test* auszuschließen gilt. Die ursächliche Verknüpfung von primärer Hypothyreose und Hyperprolaktinämie ist auf die vermehrte TRH-Aktivität zurückzuführen, durch die es neben der thyrotropen auch zur Stimulation der laktotropen HVL-Zellen kommt.

---

* s. Praktische Hinweise

Androgene. Als weitere Ursache einer latenten Hyperprolaktinämie kommt bei der **Frau** die Hyperandrogenämie in Frage. Deshalb sollten **Testosteron*** und **DHEA-S***, auch wenn keine sichtbaren Zeichen des Androgenexzesses (z. B. Seborrhoe, Akne, Hirsutismus) vorliegen, im Serum bestimmt werden. Die ursächliche Verknüpfung von Hyperandrogenämie und Hyperprolaktinämie wird mit einer vermehrten, im Fettgewebe stattfindenden Aromatisierung der Androgene erklärt. Der daraus resultierende Östrogenexzeß führt zu einer vermehrten Prolaktinfreisetzung.

Beim **Mann** sollte **Testosteron** bestimmt werden, um das Ausmaß der Hodeninsuffizienz, die eine häufige Folge der Hyperprolaktinämie ist, abzuschätzen.

Andere HVL-Hormone. Bei einem Prolaktinom oder einer Hypophysenstielläsion besteht immer die Gefahr des Ausfalls anderer Partialfunktionen des HVL. Deshalb sollte immer mit entsprechenden Stimulationstests* (GH ± GHRH; LH/FSH ± GnRH; TSH ± TRH; ACTH/Cortisol ± CRH) eine Beurteilung der verbliebenen hypophysären Sekretionsreserven vorgenommen werden. Erfahrungsgemäß fällt als erstes die GH-Sekretion aus.

Wie ist eine gesicherte Hyperprolaktinämie zu therapieren?

Eine Therapie ist **nicht** in jedem Fall notwendig. Sie wird maßgeblich von der klinischen Situation (Beschwerdebild) bestimmt.

Bei **Frauen mit aktuellem Kinderwunsch** kann mit der sofortigen oralen Verabreichung eines **Prolaktinhemmers** (Bromocriptin, Lisurid) begonnen werden. Hinsichtlich weiterer Therapiemaßnahmen bei Sterilität siehe Seite 157. Sobald eine Schwangerschaft eingetreten ist, sollte die Therapie abgesetzt werden. Führen primär subjektive Beschwerden (vegetative Symptome, Zyklustempoanomalien) die Patientin zum Arzt, ist vor Einsatz eines Prolaktinhemmers der Konzeptionsschutz zu besprechen. Nach Möglichkeit sollte vermieden werden, Prolaktinhemmer einzusetzen und gleichzeitig auf oral wirksame Kontrazeptiva zurückzugreifen, da die höher dosierten Ovulationshemmer die Prolaktinsekretion stimulieren können. Bei **amenorrhoischen Frauen** ohne sonstige Beschwerden sollte eine Hyperprolaktinämie mit konstanten Werten zwischen 50 und 100 µg/l möglicherweise als Konzeptionsschutz „ausgenutzt" werden. Die Östradiolkonzentrationen liegen in diesen Fällen meist auf einem Niveau der frühen Follikelphase, so daß sich langfristig kein Östrogenmangel einstellt. Dieser kann durch einen positiven Gestagentest* ausgeschlossen werden. Dagegen ist bei manifesten, stärker ausgeprägten Hyperprolaktinämien die Ovarfunktion meist so stark eingeschränkt, daß ein **Östrogenmangel** vorliegt, der innerhalb von zwei Jahren zu einer Osteoporose führen kann. In diesen Fällen ist, von möglicherweise notwendigen neurochirurgischen Interventionen abgesehen (s. u.), der meist dauerhafte Einsatz eines Prolaktinhemmers indiziert. Hierdurch kommt es zu einer Verbesserung der endogenen Östrogenaktivität. Liegt eine **Unverträglich-**

---

* s. Praktische Hinweise

keit gegenüber Prolaktinhemmern vor, kann man zur Osteoporoseprophylaxe Östrogene verabreichen, wie man sie in der Postmenopause zu gleichen Zwecken benutzt.

Auch bei **Männern** gilt der Einsatz von **Prolaktinhemmern** in den meisten Fällen als Therapie der Wahl.

Die primär **operative Behandlung** eines Prolaktinoms ist dank der Wirksamkeit der Prolaktinhemmer sehr selten geworden. Nur noch bei prasellärer Ausdehnung des Tumors oder bei Frauen mit Makroprolaktinomen ist eine primär operative Vorgehensweise in Erwägung zu ziehen. In den übrigen Fällen von Mikro- und Makroprolaktinomen sollte zunächst eine Therapie mit Prolaktinhemmern eingeleitet werden. Sie führt meistens zu einem Sistieren des Tumorwachstums oder sogar zur Schrumpfung. Nur bei Unverträglichkeit oder Unwirksamkeit (Persistenz des Tumorwachstums) der medikamentösen Therapie muß **sekundär** eine selektive Adenomektomie erwogen werden.

Eine **Strahlentherapie** ist nur bei Makroprolaktinomen indiziert, bei denen Prolaktinhemmer und/oder chirurgische Maßnahmen nicht zum Erfolg geführt haben sowie bei invasiven (malignen) Prolaktinomen.

Welche Hormonbestimmungen gehören zur Therapieüberwachung?

Spätestens vier bis sechs Wochen nach Therapiebeginn sollte der Prolaktinspiegel erstmals kontrolliert werden. Nach operativen Maßnahmen sind gleichzeitig die übrigen HVL-Partialfunktionen zu kontrollieren, insbesondere wenn im Rahmen der Erstdiagnostik pathologische Befunde vorlagen.

Bei **amenorrhoischen** Patientinnen mit nicht behandelter Hyperprolaktinämie ist eine halbjährliche Kontrolle des Prolaktin- und Östrogenspiegels notwendig. Statt der Östradiolbestimmung* kann ein Gestagentest* durchgeführt werden.

Bei hyperprolaktinämischen Patientinnen, die unter der Therapie **schwanger** geworden sind, ist der Prolaktinspiegel monatlich zu kontrollieren. Wegen der zunehmenden Stimulation der Prolaktinsekretion durch den schwangerschaftsbedingten Östrogen- und Progesteronanstieg besteht die Gefahr, daß sich ein Prolaktinom manifestiert oder ein bereits bestehendes zu wachsen beginnt. Normalerweise steigt während der Schwangerschaft der Prolaktinspiegel allmählich an. Er erreicht zum Zeitpunkt der Geburt im allgemeinen Werte zwischen 50 und 250 µg/l. Nach der Schwangerschaft „normalisiert" sich der Spiegel innerhalb von vier bis sechs Wochen. Schließlich gilt eine **Gesichtsfeldkontrolle** zu Beginn und einmal während der Schwangerschaft beim Vorliegen eines Prolaktinoms als zusätzliche Sicherheitsmaßnahme.

---

* s. Praktische Hinweise

Lutropin (LH)/Follitropin (FSH) und deren gestörte Sekretion

· Physiologie · Pathophysiologie · Symptomatologie ·
· Sekundärer, hypogonadotroper Hypogonadismus · HVL-Insuffizienz ·
· Sheehan-Syndrom · Kallmann-Syndrom · Prader-Willi-Syndrom ·
· Laurence-Moon-Biedl-Bardet-Syndrom · Pasqualini-Syndrom ·
· Hormondiagnostik · Therapie ·

Was für Hormone sind LH und FSH und welche physiologische Rolle spielen sie?

LH und FSH werden als Gonadotropine bezeichnet und bestehen aus **zwei Polypeptidketten** (α- und β-Kette). Die α-Kette beider Hormone ist nahezu identisch, während die β-Kette größere Strukturunterschiede aufweist. Biologisch aktiv ist nur das jeweilige Gesamtmolekül. LH und FSH werden im HVL wahrscheinlich von einer einzigen, der sog. gonadotropen Zelle gebildet, gespeichert und sezerniert.

Die physiologische Rolle beider Hormone ist zwar im Detail unterschiedlich, in ihrer grundsätzlichen Bedeutung aber identisch.

Bei der **Frau** kommt es durch LH und FSH zur **zyklischen Ovarfunktion** mit Follikelreifung, Ovulation und Corpus-luteum-Phase, zu einer damit einhergehenden, fein aufeinander abgestimmten ovariellen Östrogen-, Progesteron- und Androgensynthese sowie zur Synthese des Inhibins.

Beim **Mann** stimulieren LH und FSH die gonadale **Testosteronbiosynthese** und **Spermatogenese.** Darüber hinaus spielen sie eine Rolle bei der Aromatisierung der Androgene (zu Östrogenen) sowie bei der Synthese des Inhibins.

Beim **Kind** sind LH und FSH für den Eintritt der **Pubertät** verantwortlich (S. 26ff.).

Wie wird die LH/FSH-Sekretion gesteuert?

Wie **Abb. 3** vereinfacht zeigt, ist bei beiden Geschlechtern die LH/FSH-Sekretion eingebunden in ein vielschichtiges Regelsystem, das sich aus stimulierenden (+) und inhibierenden (−) Einflüssen zusammensetzt und das sich für Mann und Frau wie folgt umreißen läßt:

Das von bestimmten Kernarealen des Hypothalamus rhythmisch (pulsatil) freigesetzte **GnRH** gelangt über die Portalgefäße zu den gonadotropen Zellen des HVL und stimuliert deren Gonadotropinsekretion, die wiederum rhythmisch erfolgt. Bei der **Frau** können neben GnRH auch Östradiol und Progesteron die LH- bzw. FSH-Sekretion durch unmittelbaren Angriff an der gonadotropen Zelle fördern. Dieser fördernde Einfluß (positive Rückkoppelung) der beiden ovariellen Steroide ist jedoch zeitlich auf die präovulatorische Phase begrenzt. Ansonsten hemmen Östradiol und Progesteron auf hypophysärer und hypothalamischer Ebene direkt bzw. indirekt die Gonadotropinsekretion (negative Rück-

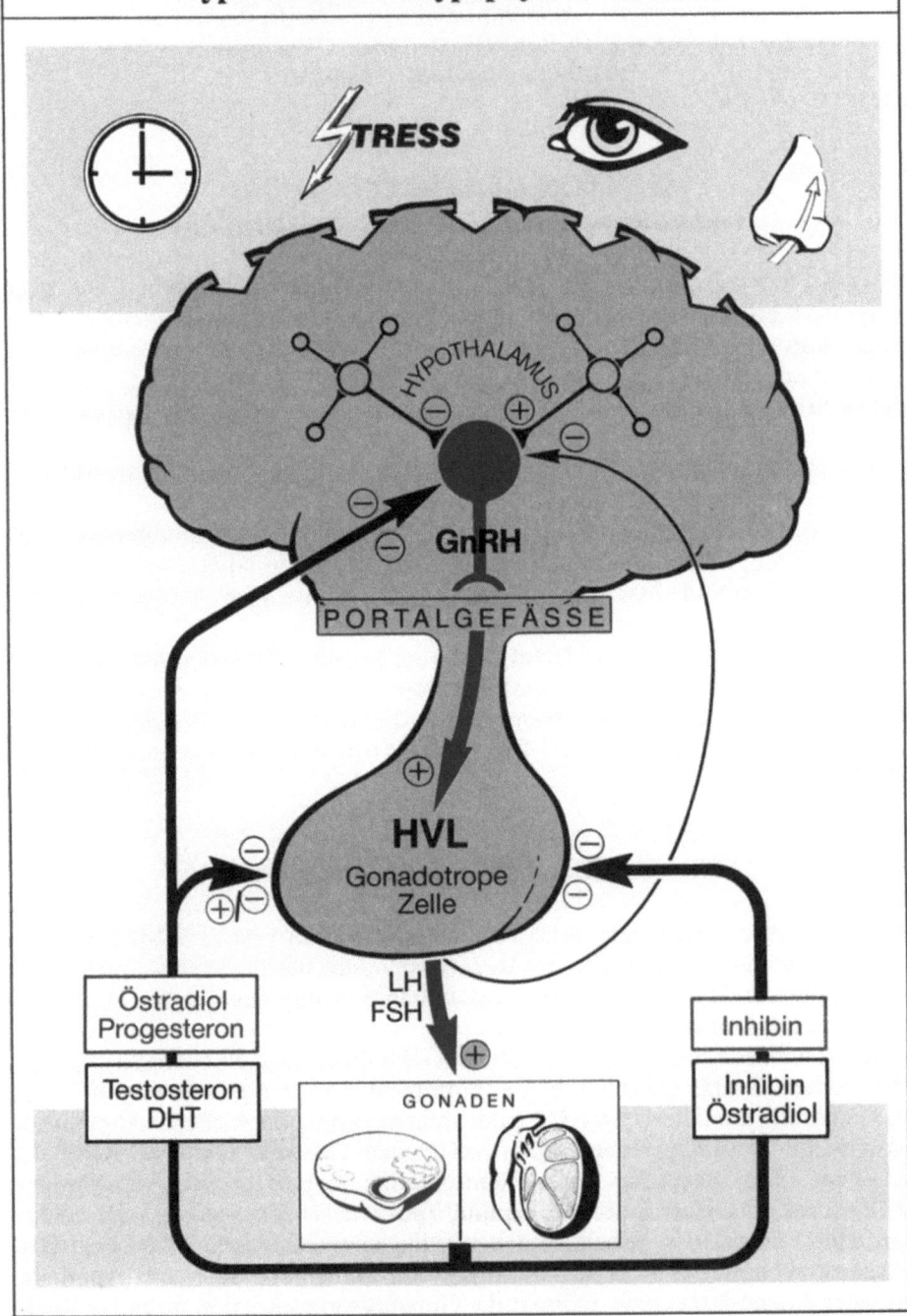

Abbildung 3
LH/FSH im Regelkreis der Achse Hypothalamus – Hypophyse – Gonaden

koppelung). Beim **Mann** erfolgt die negative Rückkoppelung durch Androgene (Testosteron, DHT), die hypophysär und hypothalamisch angreifen können sowie durch das hypophysär angreifende Östradiol. Darüber hinaus bremst ovariell bzw. testikulär gebildetes Inhibin die FSH-Sekretion. Schließlich wird die pulsatile GnRH- und damit auch die Gonadotropin-Freisetzung maßgeblich moduliert durch stimulierende (+) und hemmende (−) Neurone, über die auch aus der Umwelt perzipierte Reize auf den Regelkreis einwirken.

Welche Ursachen können einer gestörten LH/FSH-Sekretion zugrunde liegen und wie häufig sind sie?

Die primären, klinisch relevanten LH/FSH-Sekretionsstörungen sind fast ausschließlich durch eine fehlende, verminderte oder unkoordinierte Sekretion gekennzeichnet. Als **organisch faßbare Ursachen** stehen hierbei Hypophysentumoren, Kraniopharyngeome, Hypophysenstielläsionen, vaskuläre Prozesse und ungewollte Folgen neurochirurgischer Eingriffe im Vordergrund **(Tabelle 2)**. Daneben kommt es aber auch relativ häufig durch **emotionale Deprivationen** zu einer unmittelbaren hypothalamischen Dysfunktion, die sich wiederum negativ auf die LH/FSH-Sekretion und folglich auch auf die Gonadenfunktion auswirkt. Darüber hinaus können Erkrankungen anderer endokriner Organe (z. B. Schilddrüse, Nebennierenrinde) zur LH/FSH-Sekretionsstörung und damit zur gestörten Gonadenfunktion führen.

Sind die Gonaden dagegen primär erkrankt (insuffizient), so kommt es durch Fortfall der negativen Rückkoppelung zur überschießenden LH- und/oder FSH-Sekretion. Ein primärer LH/FSH-Exzeß dagegen ist sehr selten, da gonadotropinproduzierende Hypophysenadenome zu den Raritäten zählen.

Schließlich lehrt die Erfahrung, daß die **gestörte Ovarfunktion** oft Folge einer hypothalamisch-hypophysär bedingten Dysfunktion ist (Tabelle 28), während **Hodenfunktionsstörungen** in der Mehrzahl der Fälle primär vom Hoden selbst ausgehen (Tabelle 20).

Bei welchen klinischen Symptomen muß an eine gestörte, namentlich an eine mangelnde LH/FSH-Sekretion gedacht werden?

Hinter den Symptomen des **Hypogonadismus**, die in **Tabelle 6** getrennt nach Frauen, Männer und Kindern aufgeführt sind, kann immer auch ein hypothalamisch-hypophysär bedingter **LH/FSH-Mangel** stehen. Naturgemäß ist dabei die Ausprägung der Symptome umso gravierender, je stärker der Ausfall der Gonadotropinsekretion ist. So fehlen beispielsweise bei Frauen, die „nur" unter einer **unkoordinierten** LH/FSH-Sekretion leiden, meist deutliche Zeichen eines Östrogenmangels wie Amenorrhoe und Atrophie des äußeren Genitale. Vielmehr stehen bei diesen relativ häufigen Fällen andere, weniger offensichtliche Zyklusstörungen bzw. ein unerfüllter Kinderwunsch im Vordergrund.

Tabelle 6
Klinische Symptome des Hypogonadismus

Frau	Mann	Kind
Amenorrhoe oder andere Zyklusstörungen	Impotenz	Mikropenis Maldescensus testis (**Tabelle 26**)
Atrophie der äußeren Genitale	Hodenatrophie (Azoospermie)	Ausbleiben der Pubertät
Libidoverlust	Libidoverlust	
Unerfüllter Kinderwunsch	Nachlassender oder fehlender Bartwuchs	
Ausfall der Sekundärbehaarung	Ausfall der Sekundärbehaarung	
Periorale feine Hautfältelung	Periorale feine Hautfältelung	
Periokuläre feine Hautfältelung	Periokuläre feine Hautfältelung Eunuchoidismus (**Tabelle 21**)	

Schließlich kann im Kindesalter die **Frühreife** (S. 39 ff.) Ausdruck einer inadäquat **vermehrten** LH/FSH-Sekretion sein. Bei Erwachsenen hat diese Art der Störung dagegen keine klinische Relevanz.

Neben den hormonell bedingten Symptomen kommt es bei zugrundeliegenden tumorösen Prozessen zu Gesichtsfeldausfällen, sobald das Chiasma opticum tangiert wird. Kopfschmerzen sind ebenfalls häufig, aber nicht obligat.

Wie sind der sekundäre Hypogonadismus, die HVL-Insuffizienz und das Sheehan-Syndrom definiert und welcher Symptomenkomplex steht hinter diesen Erkrankungen?

Beim **sekundären Hypogonadismus,** der auch als hypogonadotroper Hypogonadismus bezeichnet wird, liegt ein isolierter Gonadotropinmangel vor, während bei der als Oberbegriff anzusehenden **HVL-Insuffizienz** ein partieller oder kompletter Funktionsausfall des HVL besteht. Der komplette Ausfall wird auch als Panhypopituitarismus oder, wenn kein Zusammenhang mit einer durchgemachten Schwangerschaft besteht, als Simmond'sche Krankheit bezeichnet.

Das **Sheehan-Syndrom,** das in Europa wegen der guten geburtshilflichen Versorgung sehr selten geworden ist, tritt post partum auf. Es kann ein partieller oder kompletter Funktionsausfall des HVL vorliegen.

Mögliche **Ursachen** des sekundären Hypogonadismus bzw. der HVL-Insuffizienz sind in **Tabelle 2** zusammengefaßt. Dem Sheehan-Syndrom liegt immer eine spontane Nekrose des HVL-Gewebes zugrunde. Anamnestisch ist eine schwere Geburt mit Blutungen, Gestosen, kollaptischen Ereignissen und anderen Partum-Komplikationen typisch.

Die **klinische Symptomatik** des sekundären **Hypogonadismus** ist in **Tabelle 6** zusammengefaßt worden.

Bei der **HVL-Insuffizienz** hängt die Symptomatik davon ab, welche der hypophysären Partialfunktionen ausgefallen ist. So können einzeln oder in beliebiger Kombination klinische Zeichen des **Hypogonadismus,** der **Hypothyreose** (z. B. Kälteintoleranz, allgemeine Verlangsamung, psychische Labilität, Obstipation, kühle Haut, Gewichtszunahme, Minderwuchs im Kindesalter), der **NNR-Insuffizienz** (z. B. wachsfarbene Haut, niedriger Blutdruck, fehlende Belastbarkeit, Übelkeit, Neigung zu Hypoglykämien) und des **Somatotropinmangels** (bei Kindern: Minderwuchs; bei Erwachsenen: gelegentlich Hypoglykämien) in Erscheinung treten. Ein möglicher Mangel an Prolaktin dagegen manifestiert sich höchstens in einer fehlenden Laktation post partum.

An ein **Sheehan-Syndrom** muß gedacht werden, wenn **nach einer Geburt** der Zyklus nicht spontan auflebt, die Patientin nicht Stillen kann und wenn sich zunehmend klinische Zeichen des Hypogonadismus einstellen, gegebenenfalls vergesellschaftet mit der Ausfallssymptomatik anderer hypophysärer Partialfunktionen (z. B. NNR-Insuffizienz, Hypothyreose).

Welche speziellen Syndrome sind dem sekundären Hypogonadismus zuzuordnen?

Sie sind in **Tabelle 20** aufgeführt. Neben dem **hypogonadotropen Eunuchoidismus** aufgrund eines isolierten GnRH-Mangels sind weitere, insgesamt sehr seltene sekundäre Hypogonadismusformen bekannt:

Kallmann-Syndrom. Bei ihm ist der GnRH-Mangel mit einer Riechstörung kombiniert. Ein dominant X-chromosomaler Erbgang mit inkompletter Penetranz wird vermutet. Eine familiäre Häufung mit Betroffenheit beider Geschlechter ist bekannt, wobei Frauen häufig nur eine Hyposmie aufweisen.

Klinisch auffällig werden die Patienten meist erst durch das Ausbleiben der Pubertät. Zunehmend finden sich dann weitere Zeichen des Hypogonadismus **(Tabelle 6).** Beim Mann imponiert schließlich der Eunuchoidismus (Tabelle 21). Die Störung des Geruchssinns kann von einer Hyposmie bis hin zur Anosmie reichen und wird oft nicht spontan angegeben. Nach ihr muß deshalb immer gezielt gefragt bzw. getestet werden.

Die **Diagnose** wird gesichert durch den gleichzeitigen Nachweis der Riechstörung sowie niedriger Testosteron- bzw. Östrogenspiegel in Verbindung mit ebenfalls niedrigen LH/FSH-Spiegeln. Letztere steigen nach Gabe von GnRH an, wobei der Anstieg unter Umständen nicht gleich bei der ersten Applikation erfolgt.

Prader-Willi-Syndrom. Die diesem Syndrom zugrundeliegende Endokrinopathie ist nur schwer faßbar, ein GnRH-Mangel gilt jedoch als gesichert. Ein Erbgang wird eher verneint, obwohl Geschwistererkrankungen vorkommen.

Klinisch auffällig werden die Patienten oft schon im ersten Lebensjahr durch eine schwere Muskelhypotonie, Bewegungsarmut und Trinkfaulheit. Die Muskelhypotonie nimmt mit dem Alter ab. Mütter geben retrospektiv geringe Kindsbewegungen an, das Geburtsgewicht liegt meist unter 3000 g. Später sind die Patienten auffällig durch Minderwuchs (ohne GH-Mangel), Oligophrenie, Adipositas, Polyphagie und Euphorie (Stichwort: „klein, dumm und dick, hungrig und gut gelaunt"). Hypogenitalismus und mangelnde Pubertätsentwicklung sowie ein Diabetes mellitus sind weitere typische Symptome.

Die **Diagnose** ergibt sich aus dem Gesamtaspekt mit typischer Facies. Der Minderwuchs steht im Vordergrund differentialdiagnostischer Bemühungen. Erniedrigte Androgen- bzw. Östrogenspiegel in Verbindung mit einer mangelnden LH/FSH-Sekretion unterstützen die Diagnose. Diese Befundkonstellation ist jedoch oft nicht nachweisbar.

Laurence-Moon-Biedl-Bardet-Syndrom. Es handelt sich um eine erbliche Erkrankung, die unter anderem mit einem GnRH-Mangel einhergeht. **Klinisch** besteht häufig eine Kombination von Oligophrenie, Adipositas, Polydaktylie an Hand und/oder Fuß, Retinitis pigmentosa und Genitalhypoplasie. Die **Diagnose** ist bei kompletter Ausprägung des Syndroms leicht.

Pasqualini-Syndrom. Bei ihm handelt es sich um einen bisher bei nur wenigen Männern beschriebenen LH-, nicht aber FSH-Mangel. Trotz Eunuchoidismus mit Hochwuchs, Fettsucht, Fistelstimme und mangelnder Sekundärbehaarung sind die Hoden von normaler Größe und Konsistenz. Die Spermatogenese kann voll ausgebildet sein mit vitalen Spermien im Ejakulat. Dies hat zu der Bezeichnung „fertile Eunuchen" geführt. Eine HCG-Therapie setzt die mangelnde Testosteronproduktion in Gang und führt zur völligen Normalisierung der Spermatogenese.

Welche Hormonbestimmungen und Funktionstests sind für die Abklärung einer gestörten LH/FSH-Sekretion wichtig, namentlich beim sekundären Hypogonadismus?

Da es sich bei primären LH/FSH-Sekretionsstörungen fast ausschließlich um eine fehlende, verminderte oder unkoordinierte Sekretion der Gonadotropine handelt, geht es diagnostisch de facto fast ausschließlich um die Frage, ob ein mit diesen LH/FSH-Sekretionsstörungen einhergehender sekundärer (hypogonadotroper) oder aber ein primärer, d.h. von den Gonaden selbst ausgehender Hypogonadismus vorliegt.

LH/FSH*. Die Bestimmung der basalen LH/FSH-Spiegel gehört zur Basisdiagnostik. Mit ihr kann ein sekundärer Hypogonadismus mit Sicherheit als ausge-

---

* s. Praktische Hinweise

schlossen gelten, wenn die Werte normal oder erhöht sind. Letzteres weist auf einen primären Hypogonadismus hin, der im Gonadenkapitel (S. 104ff.) ausführlich besprochen wird. Erniedrigte bzw. grenzwertig niedrige Basalwerte dagegen müssen durch einen GnRH-Test weiter abgeklärt werden. Über die zusätzliche Bedeutung des LH/FSH-Quotienten zur Abklärung einer unkoordinierten LH/FSH-Sekretion wird an anderer Stelle berichtet (S. 148).

Testosteron*, Östradiol*, Prolaktin*. Neben LH/FSH gehört auch die Bestimmung von Testosteron (beim Mann) und Östradiol (bei der Frau) zur Basisdiagnostik, schon allein um die gesamte Hypothalamus-HVL-Gonaden-Achse in ihrer Grundfunktion beurteilen zu können. Da eine Hyperprolaktinämie vor allem bei der Frau sehr häufig die Ursache eines Hypogonadismus ist, gehört auch die Prolaktinbestimmung zur Basisdiagnostik.

Andere HVL-Hormone. Sie gehören nicht zur Basisdiagnostik. Ist jedoch ein LH/FSH-Mangel gesichert, so muß die übrige Sekretionsleistung des HVL durch entsprechende Stimulationstests* (TSH ± TRH; GH ± GHRH; ACTH/Cortisol ± CRH) überprüft werden, da nicht selten der LH/FSH-Mangel beispielsweise aufgrund eines Hypophysenadenoms mit dem Ausfall anderer HVL-Partialfunktionen kombiniert ist.

GnRH-Test*. Mit Hilfe dieses Tests kann zwischen einem hypothalamisch und hypophysär bedingten LH/FSH-Mangel differenziert werden. Kommt es zu einem deutlichen Anstieg niedriger Basalwerte, so ist eine hypothalamische Störung anzunehmen und man spricht in diesen Fällen auch von einem **tertiären Hypogonadismus.** Bleibt der LH/FSH-Anstieg dagegen definitiv aus, liegt dem Gonadotropinmangel eine hypophysäre Ursache, z.B. ein Tumor, zugrunde.

Clomiphen-Test*. Dieser relativ zeitaufwendige Funktionstest hat mit der Einführung des GnRH-Tests an praktischer Bedeutung verloren. Seine Hauptindikation besteht in der Abklärung milder sekundärer Hypogonadismusformen, die durch den GnRH-Test nicht eindeutig gesichert werden können. Kommt es zu keinem Anstieg der basalen Ausgangswerte, so muß vor allem ein tertiärer Hypogonadismus aufgrund eines funktionell bedingten GnRH-Mangels angenommen werden.

Welche diagnostischen Maßnahmen gehören neben den Hormonbestimmungen zur Abklärung eines sekundären Hypogonadismus?

Eine sorgfältige **Anamnese** und eine eingehende **körperliche Untersuchung** mit der Suche nach Zeichen eines Hypogonadismus **(Tabelle 6)** müssen am Anfang aller diagnostischen Bemühungen stehen. Zur Abklärung organischer Prozesse folgt der gezielte Einsatz **bildgebender Verfahren** (Röntgenaufnahme der Sella, kraniales CT), unter Umständen bis hin zur Kernspintomographie. Eine **Gesichtsfeldanalyse** (Perimetrie) sowie die **Überprüfung des Geruchssinns** sind weitere wichtige diagnostische Maßnahmen.

---

* s. Praktische Hinweise

Wie wird ein sekundärer Hypogonadismus behandelt?

Ist eine therapeutisch angehbare Ursache für den LH/FSH-Mangel nicht auszumachen **(Tabelle 2),** so ist beim **Mann** eine Dauersubstitution mit **Testosteron,** bei der **Frau** mit einem **Östrogen-Gestagen-Kombinationspräparat** durchzuführen. Sollten noch andere hypophysäre Partialfunktionen ausgefallen sein, so wird nach Lage der Dinge eine zusätzliche Substitution mit Thyroxin, mit Glucocorticoiden und bei Kindern auch mit Somatotropin notwendig.

Eine vorübergehende **Fertilität** ist bei **Männern** durch zunächst mehrwöchige alleinige intramuskuläre HCG- und anschließend durch mehrmonatige HCG/HMG-Gaben erreichbar. Alternativ hierzu bietet sich die mehrmonatige pulsatile GnRH-Applikation an. Bei **Frauen** mit Kinderwunsch kommen Ovulationsauslöser, die Gabe von menschlichen LH/FSH-Präparaten oder ebenfalls eine pulsatile GnRH-Applikation in Frage.

Welche Hormonbestimmungen sind als Therapiekontrolle sinnvoll?

War eine auf die Ursache der Störung abgestellte Therapie möglich (z. B. neurochirurgischer Eingriff), so sind in jedem Fall alle prätherapeutischen Hormonanalysen zu wiederholen, um die posttherapeutischen HVL-Partialfunktionen zu objektivieren.

Bei einer Dauersubstitution mit Testosteron- oder Östrogen-Gestagen-Präparaten ist die gelegentliche Bestimmung von **Testosteron*** bzw. **Östradiol*** am Ende eines Therapieintervalls sinnvoll, weitere Hormonanalysen sind dagegen entbehrlich.

Bezüglich der hormonellen Therapieüberwachung bei ovulationsauslösenden Maßnahmen siehe Seite 157. Beim Mann wird der Erfolg einer Fertilitätsbehandlung vor allem an regelmäßigen Ejakulatuntersuchungen abgelesen, ergänzt durch gelegentliche Testosteronbestimmungen.

Pubertät und ihre Störungen

· *Hormonelle Steuerung* · *Merkmale* · *Stadien* · *Pubertas tarda (Spätreife)* ·
· *Pubertas praecox (Frühreife)* ·

Was löst die Pubertät aus?

Mit der Reifung des Hypothalamus verändert sich dessen Ansprechbarkeit auf zirkulierende Sexualsteroide, wie in **Abb. 4** schematisch dargestellt.

---

* s. Praktische Hinweise

Abbildung 4
Präpubertärer und postpubertärer Regelkreis der Achse Hypothalamus – Hypophyse – Gonaden

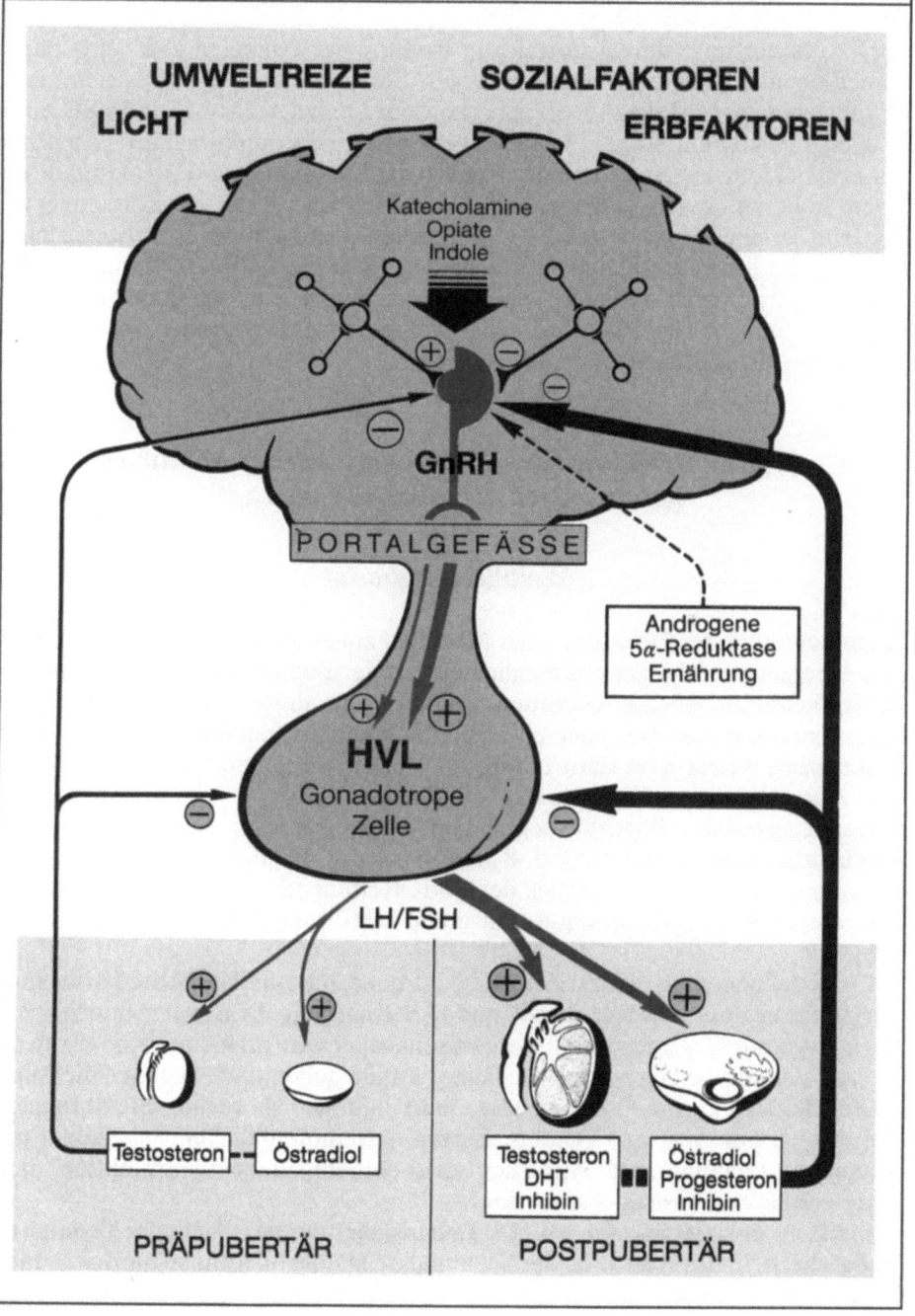

In der frühen Kindheit bewirken bereits geringe Östrogen- bzw. Testosteronkonzentrationen eine subtotale Suppression der hypothalamischen GnRH-Sekretion. Diese Suppression nimmt dann zum Zeitpunkt der Pubertät langsam ab, so daß es bei niedrigen Östrogen- bzw. Testosteronspiegeln zunächst nachts, später auch tagsüber zu einer verstärkten und rhythmischen (pulsatilen) GnRH-Sekretion kommt. Die Folge ist eine vermehrte, rhythmische hypophysäre LH/FSH-Ausschüttung, die wiederum die Reifung der Gonaden bzw. eine damit einhergehende Steigerung der gonadalen Steroidproduktion nach sich zieht. Darüber hinaus wird die Ansprechbarkeit der Gonaden für LH und FSH empfindlicher, was ebenfalls zu einer gesteigerten Steroidproduktion führt. Am Ende der Entwicklung hat sich somit der Regelkreis Hypothalamus-HVL-Gonade auf einem höheren Niveau eingependelt. Der eigentliche Auslöser (Zeitgeber) der Pubertät ist aber trotz detaillierter Kenntnisse der endokrinen Prozesse nicht bekannt. Es existieren lediglich verschiedene Theorien, die im oberen Teil der **Abb. 4** stichwortartig aufgeführt sind. Hieraus ergibt sich, daß Pubertätsstörungen zwar klinisch und hormonell klar definiert werden können, die Ursache jedoch meist ungeklärt (idiopathisch) bleibt.

Welche zeitlichen Abläufe und körperlichen Merkmale kennzeichnen die normale Pubertät?

Weibliche Pubertät

Allgemein wird der Übergang vom Mädchen zur Frau als Pubertät bezeichnet. Der Übergang erfolgt ganz allmählich, wobei der Beginn, das Ablauftempo und die Reihenfolge typischer Merkmalsprägung einer außerordentlichen Variabilität unterworfen sind, was auch an Hand der Zeitbalken in **Abb. 5** deutlich wird. Diese große Variabilität führt häufig zur Verunsicherung der Betroffenen bzw. zum Aufsuchen eines Kinderarztes.

Dem eigentlichen Pubertätsbeginn geht ein kleiner, eingeschobener **mittlerer Wachstumsschub** im Alter von **7–8 Jahren** voraus, der allerdings oft nicht wahrgenommen wird. Er ist Ausdruck der NNR-Reifung (Adrenarche), die mit einer vermehrten Androgensekretion (vor allem DHEA und DHEA-Sulfat) einhergeht.

Eines der ersten sichtbaren Zeichen der Pubertät ist die **Thelarche** (Brustknospung). Sie beginnt zwischen dem **9. und 13. Lebensjahr.** Brustwarze und Warzenhof werden dunkler und größer, der Drüsenkörper wird als kleines Knötchen, das nie zur Verwechselung mit einem Tumor Anlaß geben darf, tastbar. Die Mammaentwicklung beginnt oft einseitig, links häufiger als rechts. Sie verursacht ziehende Schmerzen und erhöhte Berührungsempfindlichkeit. Thelarche und Mammaentwicklung sind Ausdruck einer zunehmenden Ovarfunktion, d.h. einer vermehrten Östrogensekretion.

Meistens **etwa gleichzeitig (9.–14. Lebensjahr)** mit der Thelarche beginnt die **Pubarche,** d.h. das Auftreten der Schamhaare (Pubes). Etwas später (ca. 1 Jahr) ist mit der Achselbehaarung, mit einer leichten Pigmentierung der Oberlippen-

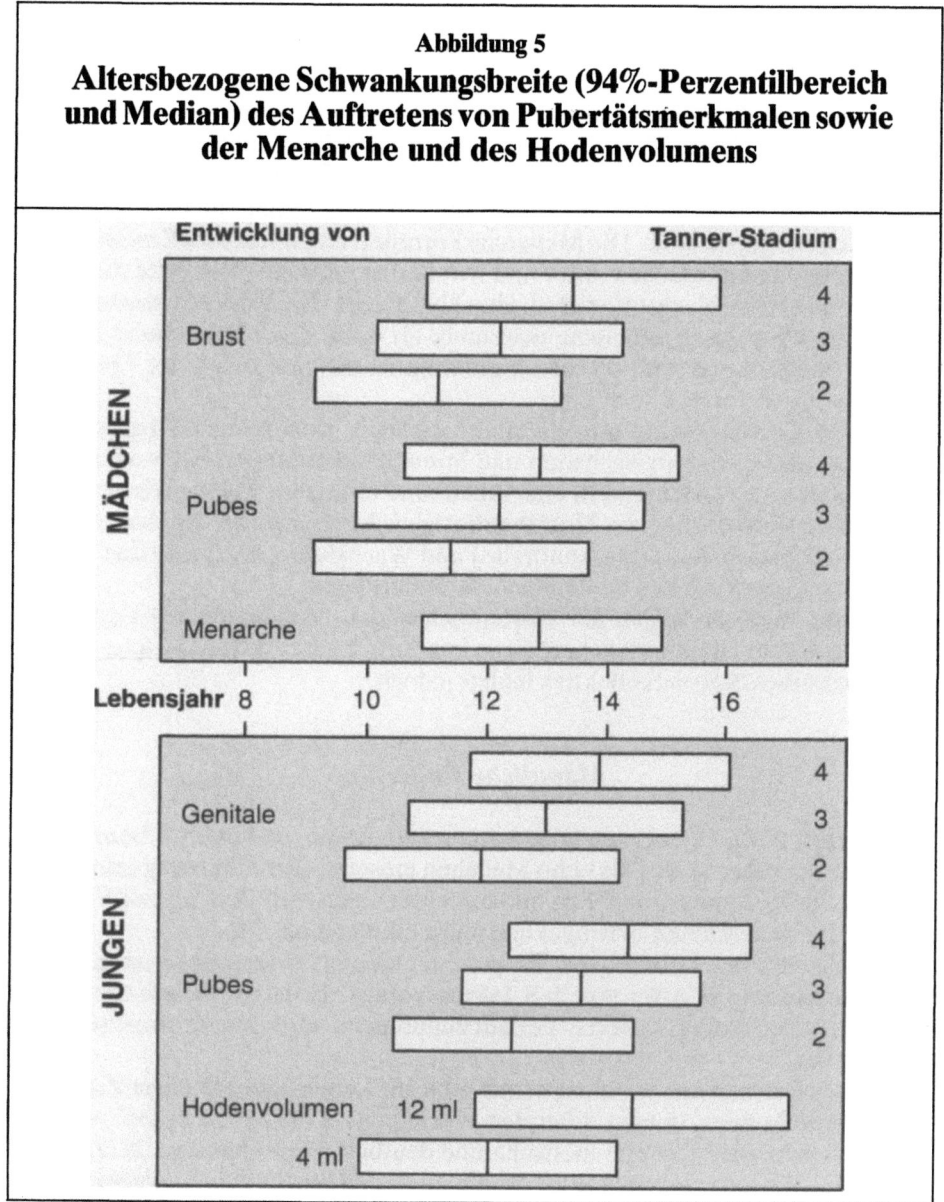

Abbildung 5
Altersbezogene Schwankungsbreite (94%-Perzentilbereich und Median) des Auftretens von Pubertätsmerkmalen sowie der Menarche und des Hodenvolumens

haare und mit einer vermehrten Körperbehaarung (Sekundärbehaarung) zu rechnen. Die Pubarche ist ebenso wie die übrige Sekundärbehaarung vor allem Ausdruck der zunehmenden Androgensekretion der NNR.

Ein Jahr nach der Pubarche **(10.–14. Lebensjahr)** beginnt der **puberale Wachstumsschub** mit einer maximalen Wachstumsrate von jährlich 6–9 cm um das 12. Lebensjahr. Sie geht dann bis zum 15./16. Lebensjahr stetig gegen Null. Zu diesem Zeitpunkt sind die Epiphysenfugen verknöchert, ein weiteres Längenwachstum ist nicht mehr möglich. Der puberale Wachstumsschub ist vor allem Ausdruck der vermehrten ovariellen Östrogensekretion, die Verknöcherung der Epiphysenfugen dagegen Ausdruck der adrenalen Androgene.

Die **Menarche** (erste Regelblutung) tritt um das **13. Lebensjahr (11.–15,5.)** ein. Die Periode wiederholt sich zunächst unregelmäßig. Die ersten Zyklen sind meist anovulatorisch, nur 10% sind ein Jahr nach der Menarche ovulatorisch, 5 Jahre später dagegen 80%. Die Menarche korreliert enger mit dem Knochenalter als mit dem chronologischen Alter und tritt in den meisten Fällen erst dann auf, wenn der puberale Wachstumsschub abgeklungen ist. Nach der Menarche wachsen die Mädchen im allgemeinen nicht mehr als 4 cm. Die Menarche ist wie der puberale Wachstumsschub Ausdruck einer zunehmenden ovariellen Östrogensekretion.

Von der Östrogensekretion ebenfalls abhängig sind folgende zusätzlichen Pubertätszeichen: Larynxwachstum und Stimmbandverlängerung, wodurch der kindliche Sopran zunehmend in eine Altstimme übergeht, Flüssigkeitsretention im Gewebe, Vermehrung des Unterhautfettgewebes (Gewichtszunahme), Betonung des Hüftwachstums (Beckenbreite) und Wachstum von Vagina und Uterus mit den östrogentypischen Schleimhautveränderungen.

Seelische Veränderungen der Heranwachsenden (Adoleszenten) sind empirisch belegt (vor allem Unsicherheitsgebahren), neuere systematische Untersuchungen eines Normalkollektivs fehlen jedoch.

Männliche Pubertät

Allgemein wird der Übergang vom Jungen zum Mann als Pubertät bezeichnet, die etwa zwei Jahre später als beim Mädchen einsetzt. Der Übergang erfolgt wie bei den Mädchen ganz allmählich und mit einer ebenso großen, oft zur Verunsicherung der Betroffenen beitragenden Variabilität **(Abb. 5)**.

Dem eigentlichen Pubertätsbeginn geht ein kleiner, eingeschobener **mittlerer Wachstumsschub** im Alter von **7–8 Jahren** voraus. Er ist Ausdruck der NNR-Reifung (Adrenarche), in deren Verlauf zunehmend adrenale Androgene sezerniert werden.

Die Pubertät beginnt zwischen dem **9. und 15. Lebensjahr** mit einer **Zunahme des Hodenvolumens,** dessen infantilen Werte bei 1,5 bis 2,5 ml liegen. Ab dem 10. Lebensjahr wird die Volumenzunahme deutlich. Sie ist mit dem 18. Lebensjahr abgeschlossen; das endgültige Volumen liegt dann zwischen 15 und 25 ml.

Parallel zur Zunahme des Hodenvolumens kommt es zum **Testosteronanstieg (Abb. 6)** zwischen dem **9. und 15. Lebensjahr.** Dieser Anstieg ist für die weitere Merkmalsprägung unerläßlich. Erster Ausdruck sind vermehrte Pigmentierung und Fältelung des Skrotums. Es folgen Peniswachstum und **Schambehaarung** (Pubarche), beginnend zwischen dem **9,5. und 13,5. Lebensjahr** und abschließend mit dem 14. bis 18. Lebensjahr. Etwa eineinhalb Jahre nach der Pubarche treten Achselbehaarung und Sekundärbehaarung an den Extremitäten, auf der Brust und im Gesicht auf. Der Bartwuchs beginnt lateral auf der Oberlippe, setzt sich zur Mitte fort, erfaßt die Mitte der Unterlippe und schließlich die Wange.

Hypothalamus – Hypophysenvorderlappen – Spezielle Endokrinologie

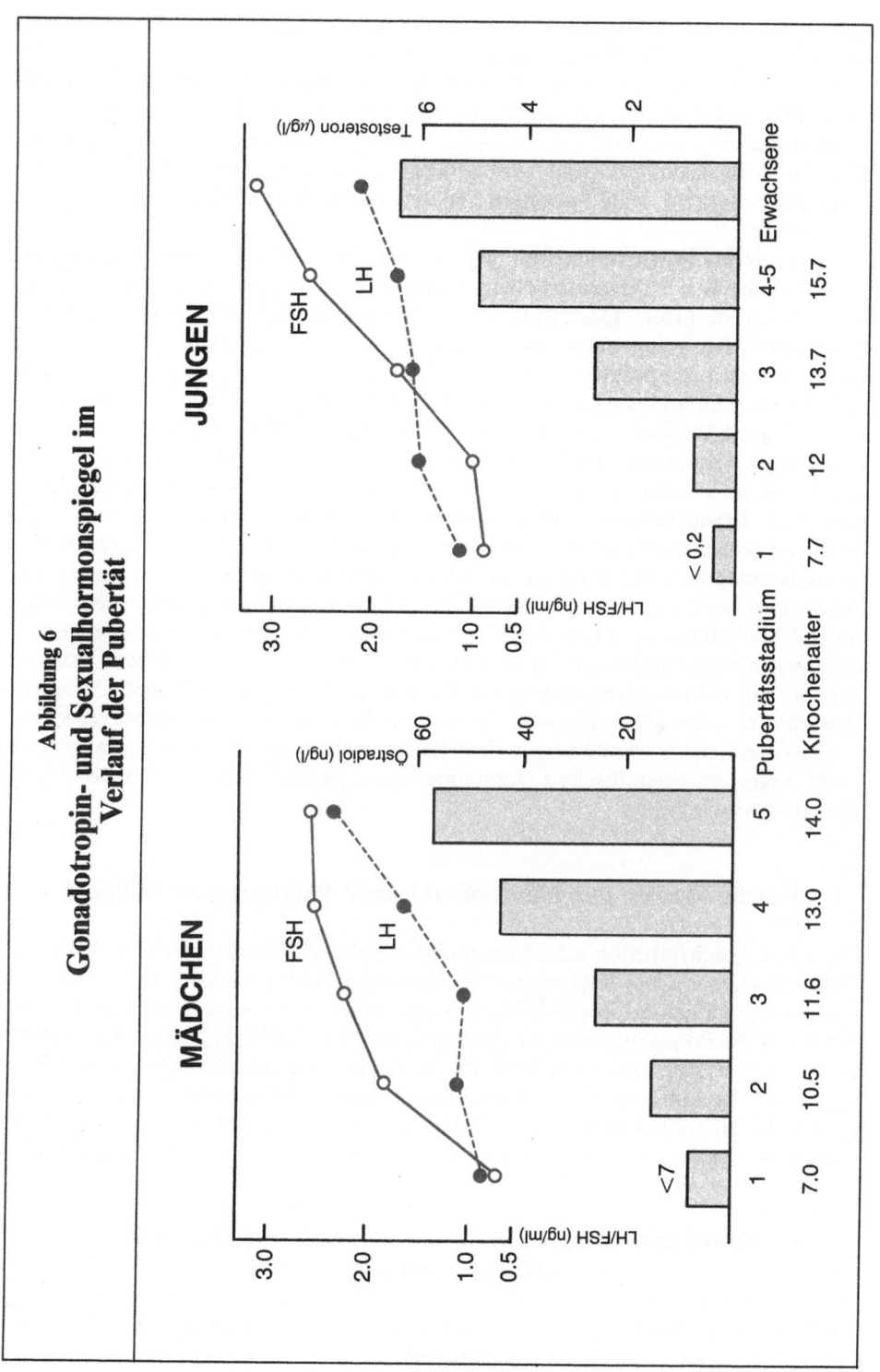

Abbildung 6
Gonadotropin- und Sexualhormonspiegel im Verlauf der Pubertät

Gleichzeitig mit dem Bartwuchs oder wenig später kommt es durch Larynxwachstum und Stimmbandverlängerung zum Stimmbruch.

Mit der Größenzunahme des Hodens gehen **Tubuluswachstum** und **Leydigzellvermehrung** einher. Ein Jahr nach erster deutlicher Größenzunahme des Genitale kommt es vorzugsweise nachts zu spontanen Samenergüssen (Pollutionen). Die Samenflüssigkeit besteht zum größten Teil aus gereiftem Prostata- und Samenblasensekret, reife Spermien fehlen zunächst. Sie nehmen jedoch schnell an Zahl zu.

Der **puberale Wachstumsschub** beginnt zwischen dem **12. und 16. Lebensjahr**. Die jährliche Wachstumsrate beträgt maximal 7–11 cm, sie entscheidet über die körperliche Endgröße. Der Epiphysenfugenschluß erfolgt spätestens mit dem 18. Lebensjahr. Die Längenzunahme der Extremitäten im Vergleich zum Rumpf ist beim Jungen ausgeprägter als beim Mädchen. Die Jungen wirken dadurch in ihrer Bewegung schlaksiger. Außerdem steht bei ihnen die Zunahme der Schulterbreite und Muskelmasse im Vordergrund, bei der Frau dagegen, wie schon erwähnt, die Zunahme der Beckenbreite und des Unterhautfettgewebes. Nach der Pubarche kommt es in mehr als 50% aller pubertierenden Jungen zur **transitorischen Brustdrüsenentwicklung (Pubertätsgynäkomastie)** aufgrund einer erhöhten Rezeptorsensibilität des Mammagewebes gegenüber testikulär sezerniertem Östradiol. Meist ist nur ein kleines Knötchen unter dem vergrößerten Warzenhof tastbar, gelegentlich aber ist die Mammaentwicklung ein- oder beidseitig erheblich entwickelt und irritiert dann die werdenden Männer. Die Pubertätsgynäkomastie bildet sich fast immer innerhalb von ein bis zwei Jahren spontan zurück. Bei Persistenz müssen die in **Tabelle 22** (S. 97) aufgeführten Ursachen abgeklärt und das Mammagewebe gegebenenfalls chirurgisch entfernt werden.

Über **seelische Veränderungen** der Heranwachsenden (Adoleszenten) gibt es keine neueren systematischen Untersuchungen, sie sind aber, wie bei den Mädchen, empirisch belegt.

Welche Stadien durchläuft die normale Pubertätsentwicklung?

Die zuvor beschriebenen männlichen und weiblichen Pubertätszeichen sind in 6 bzw. 5 Stadien eingeteilt worden, wobei Stadium 1 den infantilen, Stadium 5 den erwachsenen Zustand kennzeichnen. Beim Mann gibt es zusätzlich ein 6. Stadium, das die Behaarung entlang der Linea alba bis zum Nabel hinaus beinhaltet. Bei der Frau fehlt dieses Stadium, da bei ihr die horizontale Pubesbegrenzung typisch ist. In **Abb. 5** ist die fortschreitende Brust-, Pubes- und Genitalentwicklung den Stadien 2–4 zugeordnet. Darüber hinaus ist in **Abb. 6** der Zusammenhang zwischen den Pubertätsstadien und einzelnen Hormonwerten dargestellt.

Wann spricht man von einer Pubertas tarda (Spätreife) und wie häufig ist sie?

Treten beim Mädchen bis zum 14. Lebensjahr, beim Jungen bis zum 16. Lebensjahr außer adrenal bedingten spärlichen Pubes keine weiteren Pubertätszeichen auf, so kann eine Pubertas tarda (Spätreife) vorliegen. Mit dieser definitiv erst retrospektiv zu stellenden Diagnose wird zunächst impliziert, daß die Pubertät zwar verspätet einsetzt, dann aber regelrecht ablaufen wird. Abzugrenzen von der Pubertas tarda ist demnach die definitiv **ausbleibende** Pubertät, z.B. bei einem primären oder sekundären Hypogonadismus.

Die Pubertas tarda ist **relativ häufig;** schätzungsweise 2 von 100 Kindern sind betroffen. Die ausbleibende Pubertät dagegen ist wesentlich seltener.

Welche Ursachen liegen der Pubertas tarda, welche der ausbleibenden Pubertät zugrunde?

Hierüber gibt **Tabelle 7** Auskunft.

Demnach ist am häufigsten die **konstitutionell** bedingte Pubertas tarda, die nicht selten familiär auftritt. Von ihr darf ausgegangen werden, wenn andere Ursachen wie vor allem eine **Fehlernährung, chronische Allgemeinerkrankung** oder **emotionale Deprivation** ausgeschlossen sind.

Bei der **ausbleibenden** Pubertät geht die Störung am häufigsten von den Gonaden selbst aus. Die dazugehörigen Syndrome sind teilweise im Gonadenkapitel (S. 89 ff.) näher erläutert. Als seltenere Ursachen gelten der isolierte GnRH- und LH/FSH-Mangel auf dem Boden einer familiären Disposition oder aufgrund hypophysennaher entzündlicher, traumatischer bzw. tumoröser Prozesse. Schließlich können in seltenen Fällen auch die in **Tabelle 7** aufgeführten Allgemeinerkrankungen in Frage kommen.

Welche Bedeutung haben Anamnese und körperliche Untersuchung für die Abklärung einer Pubertas tarda?

Tabelle 8 gibt einen Überblick über alle wichtigen klinischen Gesichtspunkte der gestörten Pubertät. Für die Pubertas tarda ist die **Familienanamnese** besonders wichtig, da bei im übrigen unauffälliger Klinik eine verspätet durchgemachte Pubertät bei anderen Familienmitgliedern (vor allem Elternteil, Geschwister) die Diagnose der konstitutionell bedingten Spätreife erleichtert. Ebenfalls wichtig sind Fragen nach dem **psychosozialen Umfeld,** nach **chronischen Allgemeinerkrankungen** und nach abgelaufenen **intrakraniellen Prozessen.**

Bei der **körperlichen Untersuchung** muß vor allem auf Zeichen einer **Wachstumsstörung** sowie auf dysplastische Zeichen, die für ein Turner- oder Klinefelter-Syndrom sprechen könnten, geachtet werden.

Welche Hormonbestimmungen und Funktionstests sind zur Abklärung einer Pubertas tarda wichtig?

Hormonbestimmungen sind bei dieser Fragestellung naturgemäß umso dringlicher durchzuführen, je älter die Kinder sind. Als kritische Altersgrenze für die

Tabelle 7
Ursachen der gestörten Pubertät

Krankheitsbild	Ursache	
● Pubertas tarda	● Konstitutionell („idiopathisch")	
	◐ Symptomatisch	– Unterernährung ⟶ Malabsorptions-Syndrome
		– Anorexia nervosa
		– Emotionale Deprivation
		– Leistungssport
		– Überernährung
		– Chronische Allgemeinerkrankung
		– Niereninsuffizienz
		– Herzfehler
		– Tumorkachexie
		– Hypothyreose
○ Ausbleibende Pubertät	● Primäre Gonadeninsuffizienz	– Turner-Syndrom
		– Klinefelter-Syndrom
		– Leydigzellinsuffizienz
		– Anorchie
		– Reine Gonadendysgenesie
		– Androgensynthesedefekt
		– Ovarhypoplasie
	◐ GnRH-Mangel ± Riechstörung (Kallmann-Syndrom)	
	◐ LH/FSH-Mangel ± Hypophysärer Minderwuchs	
	○ Allgemeinerkrankungen	– Anorexia nervosa
		– Organopathie (z. B. Niere)
		– Endokrinopathie (z. B. Hypothyreose)

- ◐ Pubertas praecox vera
  - ● „Idiopathisch"
  - ◐ Intrakranielle Prozesse
    – Hamartom
    – Pinealom
    – Gliom
    – Hydrozephalus
    – Entzündung
    – Schädel-Hirn-Trauma
  - ○ McCune-Albright-Syndrom (fibröse Dysplasie)
  - ○ Hormonelle Überlappung
    – Hypothyreose
    – NNR-Erkrankung

- ○ Pseudopubertas praecox
  - ● Adrenogenitales Syndrom (AGS)
  - ◐ Leydigzelltumor
  - ○ Ovartumor
  - ○ Gonadotropinsezernierender Tumor (HCG, LH, FSH)
  - ○ NNR-Adenom, -Karzinom
  - ○ Exogen zugeführte Hormone
    – Anabolika
    – Testosteron
    – Östrogene
    – HCG

● = relativ häufig; ◐ = seltener; ○ = selten

Tabelle 8
Klinische Aspekte der gestörten Pubertät

	ANAMNESE
Familienanamnese	– Pubertätsverlauf bei Eltern/Verwandten – Adrenogenitales Syndrom – Diabetes mellitus
Psychosoziales Umfeld	– Familiäre Konfliktsituation – Streß, Überlastung – Leistungssport
Längenwachstum	– Verlauf, Wachstumsrate
Gewichtsverhalten	– Starke Zunahme – Starke Abnahme
Intrakranielle Prozesse	– Entzündung – Schädel-Hirn-Trauma – Neurochirurgischer Eingriff – Sehstörung – Riechstörung – Kopfschmerzen – Anfälle
Chronische Allgemeinerkrankung	– Niereninsuffizienz – Herzfehler – Tumor
Endokrinopathie	– Schilddrüse – NNR – Diabetes mellitus
Pubertätszeichen	– Wann erste Zeichen?
Medikamente	– Anabolika – Östrogene – HCG – Testosteron
	KÖRPERLICHE UNTERSUCHUNG
Maße	– Größe (Perzentile) – Gewicht – Dysproportion
Pubertätszeichen	– Stadium I–V (VI) – Stimmlage – Bartwuchs – Achselbehaarung – Vaginalinspektion – Hodenkonsistenz

Tabelle 8 (Fortsetzung)
Klinische Aspekte der gestörten Pubertät

	KÖRPERLICHE UNTERSUCHUNG
Haut	– Akne
	– Hirsutismus
	– Pigmentierung
Sonstiges	– Bauchpalpation
	– Rektale Untersuchung
	– Gynäkomastie
	– Schilddrüsenvergrößerung

Indikation von Hormonanalysen kann bei Mädchen der Ablauf des 15., bei Jungen der Ablauf des 16. Lebensjahres gelten.

Gonadotropine/Sexualsteroide. Die Bestimmung von **LH/FSH*** sowie zusätzlich von **Testosteron*** bei Jungen und **Östradiol*** bei Mädchen stellt die Basisdiagnostik dar. Werden infantile LH/FSH- und Sexualsteroidspiegel gefunden, besteht der dringende Verdacht eines hypogonadotropen, d. h. sekundären Hypogonadismus, der mittels eines GnRH-Tests (s. u.) weiter abgeklärt werden muß. Sind bei infantilen Sexualsteroidspiegeln die basalen LH/FSH-Werte dagegen erhöht, so liegt ein hypergonadotroper, d. h. primärer Hypogonadismus vor, dessen Prognose immer sehr ungünstig ist, da in diesen Fällen die Pubertät meist definitiv ausbleibt.

GnRH-Test.* Mit ihm gelingt die weitere Abklärung eines hypogonadotropen Hypogonadismus, indem die sekundäre von der tertiären Form abgegrenzt werden kann. Hierbei hat sich gezeigt, daß ein subnormaler Anstieg der LH/FSH-Werte prognostisch günstiger ist als eine auch nach wiederholter GnRH-Gabe ausbleibende Reaktion. Letzteres spricht dafür, daß die Pubertät wahrscheinlich definitiv ausbleibt. Darüber hinaus kann der GnRH-Test bei fraglichem primärem Hypogonadismus insofern diagnostisch weiterhelfen, als eine überschießende LH/FSH-Antwort die Verdachtsdiagnose erhärten würde.

Gonadenstimulation. Besteht Unklarheit, ob funktionsfähiges Gonadengewebe überhaupt vorhanden ist, so muß eine Gonadenstimulation mit HMG/HCG (s. Anmerkung beim **HCG-Test***) versucht werden. Hierbei wird unter dexamethasoninduzierter Suppression der NNR zunächst HMG, anschließend HCG verabreicht. Nach der letzten HMG- bzw. HCG-Gabe werden Testosteron und Östradiol im Serum gemessen. Steigt der stark erniedrigte Testosteron- oder Östrogenspiegel an, beweist dies das Vorhandensein von testikulärem bzw.

---

* s. Praktische Hinweise.

ovariellem Gewebe. Bei tastbaren Hoden kann auf die Gabe von HMG verzichtet werden. In diesen Fällen reicht die alleinige Stimulation mit HCG (HCG-Test*).

Andere Hormone. Nur wenn die Klinik zusätzlich Zeichen einer anderen Endokrinopathie (v. a. Hypothyreose) bietet oder wenn der konstitutionelle Charakter der Pubertas tarda nur durch den laborchemischen Ausschluß anderer Endokrinopathien zu sichern ist, sind weitere Hormonbestimmungen indiziert.

Welche diagnostischen Maßnahmen gehören neben den Hormonbestimmungen zur Abklärung einer Pubertas tarda?

Neben **Anamnese** und **körperlicher Untersuchung** ist die Bestimmung des **Knochenalters** durch eine Röntgenaufnahme der linken Hand obligat. Das Knochenalter bleibt bei der Pubertas tarda hinter dem chronologischen Alter zurück. Schließlich sollte in jedem Fall eine **Wachstumskurve** zur Dokumentation eines Hoch- oder Minderwuchses angelegt werden.

Weitere diagnostische Maßnahmen sind nur erforderlich, wenn sich aufgrund der Anamnese und/oder körperlichen Untersuchung eine bestimmte Ursache **(Tabelle 7)** herauskristallisiert oder aber im weiteren Verlauf der klinischen Beobachtung keine Pubertätsentwicklung erkennbar ist und daher immer mehr mit dem definitiven Ausbleiben der Pubertät gerechnet werden muß. Zur **erweiterten Diagnostik** gehören: Augenuntersuchungen (Fundus, Perimetrie), Schädel-Röntgen (Sella, Verkalkungen, Nähte), Schädel-CT, Kernspintomographie und Chromosomenanalysen (XO, XXY, Mosaike).

Wie wird eine Pubertas tarda bzw. eine ausbleibende Pubertät behandelt?

Bei einer **konstitutionellen, „idiopathischen" Pubertas tarda** wird man auf den spontanen Pubertätseintritt möglichst lange warten, d. h. beim Mädchen mindestens bis zum 16., beim Jungen bis zum 18. Lebensjahr. Erst danach wird über sechs Monate mit **Sexualsteroiden** (Testosteron-Depotpräparat bzw. Östrogen-Gestagen-Kombinationspräparat) in so niedriger Dosierung substituiert, daß das Längenwachstum nicht beeinträchtigt wird. Durch das plötzliche Absetzen dieser Therapie läßt sich oft die Pubertät „anreißen", da das Absinken der Sexualsteroide im allgemeinen zur vermehrten GnRH- bzw. LH/FSH-Produktion führt.

Beim **Ausbleiben** der Pubertät aufgrund eines hypothalamischen oder hypophysären **Gonadotropinmangels** können die Gonaden mit einer über Monate durchzuführenden **pulsatilen GnRH-** bzw. **HMG-Therapie** (sog. Pumpenbehandlung) erfolgreich stimuliert werden. Beim Jungen kommt es zum Hodenwachstum, zur Spermiogenese und zur Androgenisierung, beim Mädchen zur Ausbildung der sekundären Geschlechtsmerkmale, zur Menstruation und gege-

---

* s. Praktische Hinweise

benenfalls zur Ovulation. Da diese Behandlung aber nicht lebenslänglich durchführbar ist, muß man anschließend auf eine **Dauersubstitution** mit **Sexualsteroiden** übergehen. Ähnliche Effekte wie mit der Pumpenbehandlung kann man auch mit einer Testosteron- bzw. Östrogen-Gestagen-Substitution erreichen, zumal diese Therapieform einen späteren Übergang zur Pumpenbehandlung nicht ausschließt. Da jedoch eine frühzeitige Substitutionstherapie mit Sexualsteroiden die Gonaden supprimiert, wird der nachgeschaltete Einsatz von pulsatil applizierten Gonadotropinen weniger effektiv sein.

Beim **Ausbleiben** der Pubertät aufgrund einer **primär gonadonalen Störung** ist nur eine Substitution mit **Sexualsteroiden** in steigender Dosierung angezeigt. Zeitpunkt und Dosierung sind so zu wählen, daß das Längenwachstum nicht beeinträchtigt wird.

Durch die Androgenisierung, durch die Ausbildung der sekundären Geschlechtsmerkmale sowie durch die Zunahme der Längenentwicklung wird der Leidensdruck, unter dem diese Adoleszenten im allgemeinen stehen, entscheidend gemindert.

Welche Hormonbestimmungen sind als Therapiekontrolle sinnvoll?

Die Therapiekontrolle erfolgt in erster Linie an Hand von klinischen Zeichen und regelmäßigen Röntgenaufnahmen der linken Hand, wodurch die Entwicklung des Knochenalters mit dem Längenwachstum ständig korreliert werden kann. Darüber hinaus sollte eine Kontrolle der **LH/FSH-** und **Sexualsteroidspiegel** nach dem „Anreißen" der Pubertät erfolgen, ebenso wie die gelegentliche Testosteron- und Östradiolbestimmung bei Dauersubstitution bzw. Pumpenbehandlung.

Wann spricht man von einer Pubertas praecox (Frühreife) und wie häufig ist sie?

Treten beim Mädchen Pubertätszeichen vor vollendetem 7., beim Jungen vor vollendetem 8. Lebensjahr, die Menarche vor vollendetem 9. und reife Spermien vor vollendetem 11. Lebensjahr auf, so liegt eine Pubertas praecox (Frühreife) vor. Sie sagt nichts über die Ursache der verfrüht sezernierten Sexualhormone aus. Treten die Pubertätszeichen zwei Jahre später als eben angegeben auf, so liegt eine **frühnormale Pubertät** vor, die klinisch keiner Beachtung bedarf.

Die Frühreife wird als **Pubertas praecox vera (echte Frühreife)** bezeichnet, wenn der Regelkreis Hypothalamus-HVL-Gonaden funktioniert und sich **alle** Pubertätszeichen vollständig ausbilden. Sie hat immer **isosexuelle** Prägung, d. h. es fehlt eine Virilisierung beim Mädchen bzw. eine Feminisierung beim Jungen.

Die **Pseudopubertas praecox (scheinbare Frühreife)** zeichnet sich durch das **partielle** Auftreten von Pubertätszeichen aus, die beim Mädchen von iso- oder heterosexueller, beim Jungen praktisch immer von isosexueller Prägung sind. Durch die verfrüht und autonom gebildeten oder auch exogen zugeführten Sexualsteroide **(Tabelle 7)** wird der Regelkreis Hypothalmus-HVL-Gonaden blockiert (supprimierte Gonadotropinsekretion).

Die Frühreife ist zwar seltener als die Spätreife, mit einer geschätzten Inzidenz von etwa 2 auf 1000 Kinder aber immer noch **relativ häufig,** wobei die **idiopathische** Pubertas praecox vera wiederum am meisten vorkommt. Mädchen sind fünfmal häufiger betroffen als Jungen. Die Pseudopubertas praecox dagegen ist vergleichsweise selten.

Welche Ursachen liegen der Pubertas praecox zugrunde?

Über die Ursachen der Pubertas praecox vera und der Pseudopubertas praecox gibt **Tabelle 7** Auskunft.

Demnach wird meistens (ca. 80%) keine Ursache für die **Pubertas praecox vera** gefunden, weshalb man in diesen Fällen von der **idiopathischen** Form spricht. Der Rest ist vor allem auf **intrakranielle Prozesse** zurückzuführen, vor allem auf Hamartome, die durch moderne bildgebende Verfahren immer häufiger diagnostiziert werden. Ebenfalls zu einer Pubertas praecox vera kommt es beim relativ seltenen **McCune-Albright-Syndrom,** das zusätzlich durch eine landkartenartige Hautpigmentierung und zystisch-sklerotische Knochenveränderungen (fibröse Dysplasie) gekennzeichnet ist. Als Ursache für die Frühreife wird eine erhöhte periphere Rezeptorsensibilität für LH/FSH diskutiert. Schließlich kann in seltenen Fällen auch eine sog. **hormonelle Überlappung** zur Pubertas praecox vera führen. Als Pathomechanismus wird angenommen, daß z. B. im Rahmen einer primären Hypothyreose oder primären NNR-Insuffizienz die vermehrte TRH- bzw. CRH-Sekretion nicht nur zur Stimulation von TSH bzw. ACTH, sondern in Fällen der Pubertas praecox vera eben auch von LH/FSH führt.

Bei der **Pseudopubertas praecox** liegt ganz überwiegend ein nicht erkanntes **adrenogenitales Syndrom (AGS)** ohne Salzverlust, aber mit vermehrter adrenaler Androgenproduktion vor (S. 212 ff.). Jungen sind sehr viel häufiger hiervon betroffen als Mädchen, da bei letzteren das AGS gleich nach der Geburt durch die Virilisierung des Genitale auffällt und behandelt wird. Beim **Jungen** ist die zweithäufigste Ursache der Pseudopubertas praecox ein androgenproduzierender, fast immer benigner Hodentumor (Leydigzelltumor). Beim **Mädchen** dagegen ist die iso- oder heterosexuelle Frühreife nur in 1–2% auf Ovartumoren zurückzuführen. Bei den extrahypophysär gelegenen Tumoren, die unter Umständen frühzeitig exzessiv Gonadotropine oder Substanzen mit ähnlicher Wirkung bilden können, handelt es sich meistens um bösartige Geschwülste (z.B. pineale Choriokarzinome, präsakrale Tumoren, Hepatoblastome, ovarielle Chorionepitheliome) oder um gutartige Hirnfehlbildungen (Hamartome). Darüber hinaus gibt es die extrem seltenen hypophysären Gonadotropinome.

Bezüglich einer möglicherweise **exogen induzierten** Frühreife ist vor allem an Anabolika oder Testosteronpräparate zu denken, die therapeutisch z. B. zur Behandlung aplastischer Anämien oder mißbräuchlich im Leistungssport eingesetzt werden, an Östrogene (Antibabypille der Mutter) und an zu oft wiederholte HCG-Kuren.

Bei welchen klinischen Symptomen muß an eine Frühreife gedacht werden?

Das erste Symptom einer **Pubertas praecox vera** ist meist eine **prämature Pubarche,** seltener eine prämature Thelarche bzw. Hodenvergrößerung und ganz selten eine prämature Menarche. Im weiteren Verlauf werden dann alle Pubertätsstadien überstürzt durchlaufen, wobei die phänotypische Prägung bei Jungen und Mädchen immer **isosexuell** ist. Typisch ist weiterhin der **prämature Wachstumsschub,** d. h. diese Kinder sind immer größer als ihre Altersgenossen. Durch das ebenfalls akzelerierte Knochenalter kommt es aber zum vorzeitigen Epiphysenfugenschluß. Für das Erwachsenenalter besteht die Gefahr des Minderwuchses, wenn die Akzeleration des Knochenalters die des Längenalters übertrifft.

Die ganz überwiegend **androgen**bedingte **Pseudopubertas praecox** ist beim Mädchen durch eine Virilisierung gekennzeichnet, während Thelarche und Menarche ausbleiben. Beim Jungen dagegen ist die Prägung isosexuell, aber ohne beidseitige Hodenvergrößerung. Darüber hinaus kommt es bei beiden Geschlechtern zum prämaturen Wachstumsschub und zur Akzeleration des Knochenalters.

Die sehr seltene **östrogen**bedingte **Pseudopubertas praecox** ist beim Mädchen isosexuell geprägt, es fehlt aber fast immer die prämature Menarche. Da östrogenproduzierende Tumoren beim Jungen Raritäten sind, spielt bei ihnen eine östrogenbedingte Pseudopubertas praecox, die von heterosexueller Prägung wäre, klinisch praktisch keine Rolle.

Was versteht man unter inkompletter Ausbildung vorzeitiger Pubertätszeichen?

Drei **vorzeitige, isolierte** Pubertätszeichen bei sonst gesunden Kindern sind bekannt.

Prämature Thelarche. Die vorzeitige, isolierte Brustentwicklung kann einseitig oder beidseitig bei gesunden Mädchen vorkommen und ist in ihrer Ursache ungeklärt. Sie kann aber auch erstes Symptom einer Pubertas praecox vera sein. Erst der weitere klinische Verlauf erlaubt die Differenzierung. Eine Therapie ist nicht notwendig.

Prämature Pubarche. Das vorzeitige, isolierte Auftreten der Schambehaarung kann bei gesunden Jungen und Mädchen auftreten. Sie wird mit einer vorzeitigen Ausschüttung adrenaler Androgene (prämature Adrenarche) erklärt. Differentialdiagnostisch ist an den Beginn einer Frühreife zu denken. Eine Therapie ist nicht notwendig.

Prämature Menarche. Das isolierte Auftreten einer prämaturen Menarche ohne Krankheitswert ist sehr selten. Meistens ist sie doch Ausdruck einer beginnenden Pubertas praecox vera oder aber die Folge einer Abbruchblutung nach exogener Östrogenzufuhr bzw. die Folge einer Genitalverletzung. Der Begriff sollte deshalb nur bei wiederholter Blutung verwandt werden.

Welche Bedeutung haben Anamnese und körperliche Untersuchung für die Abklärung einer Pubertas praecox?

Tabelle 8 gibt einen Überblick über alle wichtigen klinischen Gesichtspunkte der gestörten Pubertät.

Besonders wichtig für die Abklärung einer Pubertas praecox ist die **gezielte Frage** nach einer erblichen Disposition, nach einem AGS in der Familie und nach der Medikamenteneinnahme des Patienten. Ebenso gezielt muß nach Symptomen gefragt werden, die auf einen intrakraniellen oder abdominellen Tumor bzw. auf intrakranielle entzündliche Prozesse hinweisen. Fragen nach dem bisherigen Verlauf des Längenwachstums und der Pubertätsentwicklung sind ebenfalls wichtig, da ein relativ schnell fortschreitendes Geschehen besonders an einen Tumor denken läßt.

Bei der **körperlichen Untersuchung** ist die Feststellung der Körpergröße, der Pubertätszeichen und des -stadiums sehr wichtig, da nur bei der Pubertas praecox vera alle Pubertätszeichen vorhanden sind. Darüber hinaus ist immer auch palpatorisch nach einem Tumor zu fahnden, beim Jungen insbesondere nach einem Hodentumor.

Welche Hormonbestimmungen und Funktionstests sind zur Abklärung einer Pubertas praecox wichtig?

Die Abklärung einer klinisch eindeutigen Pubertas praecox sollte immer unter Einsatz aller diagnostischen Möglichkeiten sehr schnell erfolgen. Deshalb empfiehlt sich die sofortige und gleichzeitige Bestimmung folgender Hormone:

LH/FSH im GnRH-Test, Testosteron ($\male$), Östradiol ($\female$)*. Mit diesen Bestimmungen kann der Funktionszustand der gesamten Hypothalamus-HVL-Gonaden-Achse überprüft werden, womit die Frage beantwortet werden kann, ob es sich um eine Pubertas praecox vera oder Pseudopubertas praecox handelt. So sprechen altersmäßig zu hohe basale Gonadotropinspiegel, die darüber hinaus im GnRH-Test deutlich ansteigen, sowie altersmäßig zu hohe Testosteron- bzw. Östradiolspiegel für eine Pubertas praecox vera. Ist dagegen Testosteron bzw. Östradiol altersmäßig zu hoch, LH/FSH jedoch zu niedrig und im GnRH-Test nicht stimulierbar, so weist diese Befundkonstellation in Richtung einer Pseudopubertas praecox.

17α-Hydroxyprogesteron, DHEA-S*. Ein erhöhtes 17α-Hydroxyprogesteron ist für den 21-Hydroxylasemangel (AGS) typisch. Ein erhöhter DHEA-S-Spiegel dagegen spricht für einen 3β-Hydroxysteroiddehydrogenasemangel und ist ein Indiz dafür, daß die Androgenisierung zumindest partiell von der NNR herrührt.

T4, TSH, Cortisol*. Zum Ausschluß einer möglichen hormonellen Überlappung als Ursache der Frühreife sollten diese Bestimmungen durchgeführt wer-

---

* s. Praktische Hinweise.

den. Sie erlauben, eine primäre Hypothyreose bzw. eine Cortisolsekretionsstörung zu erkennen.

HCG, Prolaktin*. Die Bestimmung von HCG dient zum Ausschluß eines HCG-produzierenden Tumors, die von Prolaktin wiederum zum Ausschluß einer hormonellen Überlappung.

Welche diagnostischen Maßnahmen gehören neben den Hormonbestimmungen zur Abklärung einer Pubertas praecox?

Neben **Anamnese** und **körperlicher Untersuchung** gehören zu jeder Abklärung einer Pubertas praecox die Bestimmung des **Knochenalters** (Röntgenaufnahme der linken Hand) und des **Längenalters** (Zuordnung des Durchschnittsalters zur Körpergröße des Kindes), eine Röntgenaufnahme und ein CT des **Schädels** sowie **Augenuntersuchungen** (Fundus, Perimetrie). Liegen besondere Verdachtsmomente vor, so empfiehlt sich außerdem ein „Durchröntgen" des gesamten Skelettsystems (fibröse Dysplasie), eine Sonographie und ein CT des Bauchraumes sowie ein CT des Thorax, gegebenenfalls ergänzt durch Szintigraphie, Angiographie und Kernspintomographie.

Letztlich darf die Diagnose einer **idiopathischen** Pubertas praecox vera nur gestellt werden, wenn trotz aufwendigen Einsatzes von Labor und bildgebenden Verfahren eine Ursache nicht gefunden wurde.

Wie wird eine Pubertas praecox behandelt?

Liegt der Pubertas praecox ein **Tumor** zugrunde, so muß dieser nach Möglichkeit sofort exstirpiert oder aber einer Zytostatika- und/oder Strahlentherapie zugeführt werden. Liegt ein **AGS** vor, ist eine Behandlung mit Gluco- und Mineralocorticoiden einzuleiten.

Alle Fälle mit **idiopathischer** Pubertas praecox sowie das McCune-Albright-Syndrom erfahren eine **symptomatische** Therapie, deren Ziel die Vermeidung des Minderwuchses im Erwachsenenalter, die Reduktion der sekundären Geschlechtsmerkmale (insbesondere der Menstruationsblutung) und die Herabsetzung des Leidensdrucks der Kinder sein muß. Der Therapiebeginn richtet sich nach dem Verhältnis von Knochen- zu Längenalter. Eilt das Knochenalter dem Längenalter um mehr als ein Jahr voraus, ist mit einer Therapie zu beginnen. Sie wird so lange fortgesetzt, bis aufgrund des Knochenalters (beim Mädchen ca. 11,5, beim Jungen 13,5 Jahre) mit dem Einsetzen der normalen Pubertät zu rechnen ist. Durch das Absetzen der Therapie kann die Entfaltung des maximalen Pubertätswachstumsschubs genutzt werden.

Die symptomatische Therapie kennt **drei Prinzipien: (1)** Synthetische Gestagene, **(2)** Antiandrogene und **(3)** GnRH-Agonisten. Die Behandlung gehört in die Hände eines endokrinologisch versierten Pädiaters.

---

* s. Praktische Hinweise

Welche Hormonbestimmungen sind als Therapiekontrolle sinnvoll?

Alle prätherapeutisch auffälligen Hormonspiegel sind während und nach einer **gezielten** Therapie gegebenenfalls wiederholt zu kontrollieren.

Der Erfolg einer **symptomatischen** Therapie wird vor allem an der klinischen Symptomatik (Pubertätszeichen, -stadium, Knochenalter, Längenalter) abgelesen. Von den Hormonen sollten lediglich LH/FSH* und die Sexualsteroide* in größeren Abständen bestimmt werden. Allerdings muß unter einer Antiandrogentherapie wegen der damit verbundenen Gefahr einer Suppression der adrenalen Steroidsynthese das Cortisol* regelmäßig bestimmt und auch substituiert werden, sobald sich klinische Zeichen einer NNR-Insuffizienz einstellen (Antriebsschwäche, Müdigkeit, niedriger Blutdruck). Bei Streßsituationen (z. B. Fieber, Unfall, Operationen) müssen vorsorglich Glucocorticoide verabreicht werden.

Corticotropin (ACTH) und seine gestörte Sekretion

· Physiologie · Pathophysiologie · Ursachen gestörter Sekretion ·
· Symptomatologie · Morbus Cushing · Ektopes ACTH-Syndrom ·
· Nelson-Tumor · Sekundäre NNR-Insuffizienz · Hormondiagnostik ·
· Therapie ·

Was für ein Hormon ist ACTH und welche physiologische Rolle spielt es?

ACTH ist ein **einkettiges Polypeptid,** das in den corticotropen Zellen des HVL aus einem Vorläufermolekül, dem Proopiomelanocortin (POMC), abgespalten und sezerniert wird. Eine wesentliche Speicherung im HVL findet nicht statt.

ACTH stimuliert die **Cortisolbiosynthese** in der Nebennierenrinde, womit es indirekt für viele Vitalfunktionen des Menschen verantwortlich ist. Darüber hinaus wirkt ACTH direkt auf psychotrope Funktionen des Gehirns im Rahmen von **Lernprozessen** ein.

Wie wird die ACTH-Sekretion gesteuert?

Wie in **Abb. 7** schematisch dargestellt, gelangt das von bestimmten Kernarealen freigesetzte **CRH** über die Portalgefäße zu den corticotropen Zellen des HVL und stimuliert deren ACTH-Sekretion. Die CRH-Freisetzung und damit indirekt auch die des ACTH werden moduliert durch stimulierende (+) und hemmende (−) **Neurotransmitter,** über die auch aus der Umwelt perzipierte Reize auf den

---
* s. Praktische Hinweise

Abbildung 7
ACTH im Regelkreis der Achse Hypothalamus – Hypophyse – Nebenniere

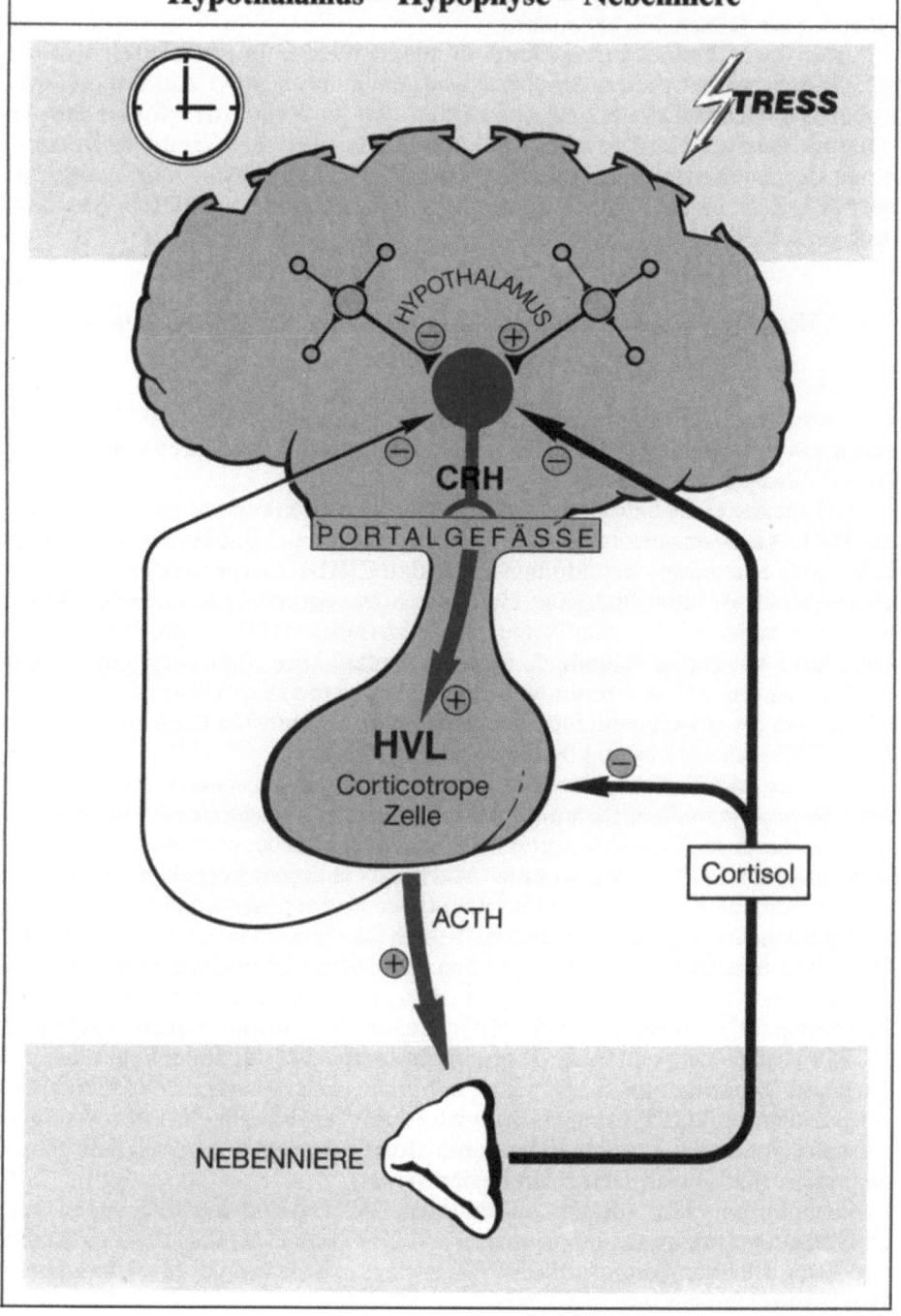

Regelkreis einwirken. Hierdurch kommt es insbesondere zum streßinduzierten ACTH-Anstieg sowie zu dem ausgeprägten Schlaf-Wach-Rhythmus, d. h. zur sog. zirkadianen ACTH/Cortisol-Sekretion, die gekennzeichnet ist durch relativ hohe Spiegel in den Morgenstunden und durch signifikant niedrigere in den Abend- bzw. frühen Nachtstunden.

Außer durch den indirekten Einfluß hemmender Neurotransmitter wird die ACTH-Sekretion vor allem durch **Cortisol** gehemmt (negative Rückkopplung), wobei die Hemmwirkung um so stärker ist, je steiler der Cortisol**anstieg** (Differentialeffekt) und je höher die über einen gegebenen Zeitraum zirkulierende Cortisol**menge** (Integraleffekt) sind. Die Hemmwirkung wird sowohl an der HVL-Zelle direkt als auch indirekt über eine Hemmung der CRH-Ausschüttung vermittelt.

Welche Ursachen können einer gestörten ACTH-Sekretion zugrunde liegen?

Die autonome, d. h. keiner adäquaten Regulation gehorchende ACTH-Sekretion kann in Form eines ACTH-Exzesses (Überproduktion) oder in Form eines ACTH-Mangels vorkommen.

Als Ursache eines autonomen **ACTH-Exzesses** steht mit ca. 80% aller Fälle das **HVL-Adenom** ganz im Vordergrund. Nach dessen Ausschluß muß in erster Linie noch eine autonome, ätiologisch unklare **CRH-Überproduktion** angenommen werden. Sie führt über eine Hyperplasie der corticotropen Zellen des HVL zur inappropriaten, d. h. relativ oder absolut zu hohen ACTH-Sekretion. Andere Ursachen, wie sie in **Tabelle 2** zusammengefaßt sind, und auch die ektope ACTH-Sekretion (s. u.) treten demgegenüber ganz in den Hintergrund. Unabhängig von der jeweiligen Ursache kommt es zur vermehrten Cortisolsekretion, die sich klinisch als Cushing-Symptomatik manifestiert.

Auch der **ACTH-Mangel** ist überwiegend auf ein **HVL-Adenom** oder aber auf einen **hypophysennahen Tumor** (vor allem Kraniopharyngeom) zurückzuführen, wobei es durch die Tumorkompression zur Schädigung der corticotropen (und oft auch anderer) HVL-Zellen kommt. Auch nach **neurochirurgischen Eingriffen,** z. B. wegen eines großen, hormoninaktiven Hypophysentumors, oder nach **Bestrahlung des Hypophysenbereichs** besteht die Gefahr eines ACTH-Mangels. Wie schon angedeutet, kommt es bei den genannten Ursachen oft nicht nur zum Ausfall der ACTH-Sekretion, sondern auch zum Ausfall anderer HVL-Partialfunktionen (HVL-Insuffizienz, S. 22 f.). Ergänzt sei, daß ein vererbter, isolierter ACTH-Mangel sehr selten ist. Dagegen muß man öfter daran denken, daß eine **Corticoid-Dauertherapie** noch mehrere Monate nach Absetzen der Medikation einen isolierten ACTH-Mangel bedingen kann. Unabhängig von der jeweiligen Ursache kommt es in allen Fällen zum Cortisolmangel, der sich klinisch als sekundäre NNR-Insuffizienz manifestiert (s. u.).

Abzugrenzen von diesen autonomen ACTH-Sekretionsstörungen sind erhöhte oder erniedrigte (supprimierte) ACTH-Spiegel als Folge einer gestörten negativen Rückkopplung auf dem Boden eines primär von der NNR ausgehenden Cortisolmangels bzw. -exzesses.

Wie häufig sind ACTH-Sekretionsstörungen?

Ein autonomer ACTH-Exzeß bzw. -Mangel ist **selten.** So schätzt man für den zentral bedingten **ACTH-Exzeß** (Morbus Cushing = „zentraler Cushing") eine Inzidenz von 1:10000. Frauen sind viermal häufiger als Männer betroffen, das Prädilektionsalter liegt zwischen dem 20. und 40. Lebensjahr. Ebenso selten ist der hypothalamisch-hypophysäre **ACTH-Mangel** im Rahmen einer „idiopathischen" HVL-Insuffizienz.

Bei welchen klinischen Symptomen muß an eine gestörte ACTH-Sekretion gedacht werden?

Die inappropriat **gesteigerte ACTH-Sekretion** (ACTH-Exzeß) führt zum **Hypercortisolismus** (Glucocorticoidexzeß) mit seiner in **Tabelle 40** (S. 189) der Häufigkeit nach aufgeschlüsselten vielschichtigen Symptomatologie. Hierbei imponiert vor allem die **Stammfettsucht,** die so typisch für einen Cortisolexzeß ist, daß allein schon zusätzlich vorhandene dicke Extremitäten bei Erwachsenen eher gegen ihn sprechen. Sehr typisch sind weiterhin **Gesichtsveränderungen** („Mondgesicht") und bei Kindern der **Minderwuchs.** Für einen ACTH-bedingten Hypercortisolismus (Morbus Cushing) spricht darüber hinaus eine manchmal neben der Plethora zu beobachtende indianerartige Braunpigmentierung der Haut, obwohl diese Veränderung für das ektope ACTH-Syndrom (s.u.) weit häufiger zutrifft. Bei einem progressiv wachsenden HVL-Adenom können zusätzlich zum Bild des Hypercortisolismus **lokal bedingte Beschwerden** wie Gesichtsfeldausfälle und Kopfschmerzen treten. Darüber hinaus kann es zur Ausfallssymptomatik anderer hypophysärer Partialfunktionen kommen (HVL-Insuffizienz, S. 22f.). Über die anderen klinischen Aspekte des Hypercortisolismus wird im NNR-Kapitel berichtet (S. 183ff.).

Der **ACTH-Mangel** führt zur **sekundären NNR-Insuffizienz,** d. h. zur alleinigen Verminderung der Cortisolsekretion. Die klinische Symptomatik ist oft sehr verschwommen. Die Patienten haben eine blasse, atrophische Haut, klagen über fehlende Belastbarkeit und neigen zur Hypoglykämie, seltener auch zur Hypotonie. Sie unterscheiden sich deutlich gegenüber den dünnen, asthenischen und hyperpigmentierten Patienten, die unter einer **primären NNR-Insuffizienz** leiden (Morbus Addison). Außerdem ist die Symptomatik der sekundären NNR-Insuffizienz oft überlappt von der Ausfallssymptomatik anderer HVL-Partialfunktionen, insbesondere der Gonadotropin- und TSH-Sekretion.

Welche Zusammenhänge bestehen zwischen Morbus Cushing, Cushing-Syndrom, ektopem ACTH-Syndrom und Nelson-Syndrom?

Allen Krankheitsbezeichnungen liegt eine gestörte Funktion der Hypothalamus-HVL-NNR-Achse zugrunde, die klinisch mit einer Cushing-Symptomatik (Tabelle 40) einhergeht bzw. beim Nelson-Syndrom einhergegangen ist.

Als **Morbus Cushing** versteht man strenggenommen nur die Fälle, bei denen der Glucocorticoidexzeß die Folge einer inappropriat gesteigerten, von einem Hypophysentumor ausgehenden ACTH-Sekretion ist. Der Morbus Cushing wird vielfach auch als **„zentraler Cushing"** bezeichnet und nach Möglichkeit noch in die hypothalamische (idiopathische!) bzw. hypophysär-tumoröse Form unterteilt.

Beim **Cushing-Syndrom** dagegen führt primär ein von der NNR ausgehender Prozeß (Tumor, noduläre Hyperplasie) oder eine Glucocorticoidtherapie zur Cushing-Symptomatik (S. 194ff.).

Da der äußere Aspekt beim Morbus Cushing und Cushing-Syndrom annähernd gleich ist, wird in praxi nicht selten generell vom Cushing-Syndrom gesprochen. Die begriffliche Unterscheidung sollte jedoch allein schon wegen der unterschiedlichen therapeutischen Konsequenzen beibehalten werden. Bei Erwachsenen sind etwa 70% der Fälle mit endogenem Hypercortisolismus zentral, 15% primär adrenal bedingt. Den Rest stellt das ektope ACTH-Syndrom. Bei Kindern dagegen überwiegen bei weitem die NNR-Tumoren.

Das **ektope ACTH-Syndrom** ist gekennzeichnet durch einen Glucocorticoidexzeß aufgrund einer meist exzessiven, autonomen ACTH-Sekretion verschiedener Karzinome, vor allem des kleinzelligen Bronchialkarzinoms. Neben der raschen Progredienz und einer ganz unterschiedlich ausgeprägten Cushing-Symptomatik findet man bei diesen Patienten oft eine hypokaliämische Alkalose und eine extrem verstärkte Hautpigmentierung. Die Kardinalsymptome Stammfettsucht und Mondgesicht sind wegen der raschen Progredienz und wegen des marantischen Allgemeinzustandes der Krebspatienten eher selten.

Ebenfalls mit zunehmender, schließlich meist tiefbrauner Hautpigmentierung geht das **Nelson-Syndrom** einher, bei dem die meist exzessive ACTH-Sekretion von einem hypophysären Makroadenom, dem sog. Nelson-Tumor, ausgeht. Das Syndrom steht immer im Zusammenhang mit einer beidseitigen Adrenalektomie, die wegen eines Morbus Cushing vorgenommen wurde. Das postoperative Intervall bis zum Auftauchen des Nelson-Tumors beträgt etwa drei Jahre. Da beim Morbus Cushing die bilaterale Adrenalektomie heute nicht mehr Therapie erster Wahl ist, kommt auch das Nelson-Syndrom immer seltener vor.

Welche Hormonbestimmungen und Funktionstests sind für die Abklärung eines ACTH-Exzesses bzw. -Mangels wichtig?

Da ein autonomer ACTH-Exzeß bzw. -Mangel immer einen pathologischen Cortisolspiegel nach sich zieht, findet man typische Wertekonstellationen von Cortisol und ACTH für die einzelnen Krankheitsbilder (Tabelle 39). Unter Hinzuziehung geeigneter Funktionstests erlaubt deshalb die Bestimmung von Cortisol, gegebenenfalls ergänzt durch ACTH, den Ausschluß als auch die Bestätigung sowohl sekundärer, d. h. ACTH-bedingter, als auch primärer NNR-Dysfunktionen. Das diagnostische Vorgehen wird im Einzelfall diktiert von der Verdachtsdiagnose und läßt sich für den ACTH/Cortisol-Exzeß bzw. -Mangel wie folgt skizzieren, wobei Analogien zu dem auf S. 196f. bzw. S. 222f. beschriebenen diagnostischen Vorgehen bestehen:

ACTH/Cortisol-Exzeß (Cushing-Symptomatik)

Die Stufendiagnostik ist in **Abb. 24** (S. 198f.) schematisch dargestellt und besteht aus folgenden Bestimmungen bzw. Funktionstests:

Dexamethason-Hemmtest*. Dieser Test sollte am Anfang jeder Hormonanalytik stehen, da bei supprimierbaren Cortisolwerten sowohl der ACTH-Exzeß (Morbus Cushing; ektopes ACTH-Syndrom) als auch das Cushing-Syndrom mit Sicherheit ausgeschlossen sind.

Freies Cortisol im Urin*. Bei grenzwertigen Ergebnissen des Dexamethason-Hemmtests sollte sich diese Bestimmung anschließen. Ein normaler Ausscheidungswert schließt einen ACTH- oder auch andersartig bedingten Cortisolexzeß aus. Die früher häufig durchgeführte **17-OHCS-Bestimmung** im Urin ist durch diese Bestimmung obsolet geworden.

ACTH*. Die basale ACTH-Bestimmung ist nur sinnvoll, wenn ein Cortisolexzeß durch die oben genannten Bestimmungen bereits gesichert ist und nunmehr die Differentialdiagnose „Morbus Cushing" – „ektopes ACTH-Syndrom" – „Cushing-Syndrom" ansteht. Grenzwertig oder mäßig erhöhte ACTH-Werte sprechen für einen Morbus Cushing oder ein ektopes ACTH-Syndrom, extrem hohe Werte nur noch für ein ektopes ACTH-Syndrom. Sehr niedrige ACTH-Werte dagegen sind für ein Cushing-Syndrom typisch.

Lediglich beim schon klinisch meist imponierenden Nelson-Syndrom gehört die basale ACTH-Bestimmung zur Primärdiagnostik. Die Werte sind immer extrem hoch.

CRH-Test*. Mit ihm gelingt es, in Fällen unklar erhöhter ACTH-Werte zwischen Morbus Cushing und ektopem ACTH-Syndrom zu unterscheiden. Während nämlich beim Morbus Cushing die basalen ACTH- und Cortisol-Werte noch überschießend stimulierbar sind, fehlt eine solche Stimulation beim ektopen ACTH-Syndrom. Da die Antwort von β-Endorphin auf den CRH-Stimulus mit der des ACTH parallel zu laufen scheint, wird möglicherweise die immer noch störanfällige ACTH-Bestimmung zukünftig durch eine weniger problematische β-Endorphin-Bestimmung ersetzt werden können.

Lysin-Vasopressin-Test*. Seine Indikation und Ergebnisinterpretation decken sich im Prinzip mit dem des CRH-Tests.

Andere HVL-Hormone. Ist ein HVL-Adenom als Ursache des ACTH-Exzesses gesichert worden, muß neben dem basalen Prolaktin* die übrige Sekretionsleistung des HVL durch entsprechende Stimulationstests* (LH/FSH ± GnRH; TSH ± TRH; GH ± GHRH) überprüft werden. Gelegentlich kann nämlich ein ACTH-produzierendes Adenom durch Tumorkompression andere HVL-Partialfunktionen beeinträchtigen.

---

* s. Praktische Hinweise

ACTH/Cortisol-Mangel (NNR-Insuffizienz)

Eine sinnvolle Stufendiagnostik zum Ausschluß eines Hypocortisolismus ist in **Abb. 27** (S. 224) schematisch dargestellt.

Cortisol*. Nur zum Ausschluß eines sehr vagen Verdachts auf eine NNR-Insuffizienz kann unter ambulanten Bedingungen die basale Cortisolbestimmung in den Morgenstunden empfohlen werden. Bei einem Cortisolspiegel > 80 µg/l darf eine NNR-Insuffizienz als nahezu ausgeschlossen gelten. Vorzuziehen ist nach Möglichkeit die Cortisolbestimmung im ACTH-Test*.

ACTH-Test*. Dieser Test ist am besten zum Ausschluß einer NNR-Insuffizienz geeignet. Ein pathologisches Ergebnis dagegen spricht für eine NNR-Insuffizienz und verlangt deren Differenzierung in die primäre und sekundäre, wobei es bei der sekundären, d. h. ACTH-bedingten Form, unter Umständen schon im ACTH-Kurztest zum deutlichen Anstieg (> 70 µg/l) erniedrigter oder grenzwertiger basaler Cortisolwerte kommt. Ist dies nicht der Fall, muß sich dem ACTH-Kurztest ein „Langtest" anschließen.

CRH-Test*. Ist mittels ACTH-Test gesichert worden, daß es sich um eine sekundäre, d. h. ACTH-bedingte NNR-Insuffizienz handelt, so kann in unklaren Fällen der CRH-Test zur Differenzierung zwischen der hypophysären und hypothalamischen Form herangezogen werden. Dies gelingt im Prinzip auch mit dem **Lysin-Vasopressin-Test*.**

Metopiron-Test*. Er hat, mehr noch als der Lysin-Vasopressin-Test, durch den CRH-Test an Bedeutung verloren. Er bestätigt lediglich einen hypothalamisch bedingten ACTH-Mangel. In diesen Fällen fehlt nämlich der ACTH-Anstieg unter Metopiron-Belastung, während der CRH- und Lysin-Vasopressin-Test normal ausfallen.

Andere HVL-Hormone. Bei einem gesicherten ACTH-Mangel sind erfahrungsgemäß die anderen HVL-Partialfunktionen in unterschiedlichem Ausmaß mit betroffen, so daß sie durch geeignete Stimulationstests* (LH/FSH ± GnRH; TSH ± TRH; GH ± GHRH) zu überprüfen sind. Außerdem muß Prolaktin* bestimmt werden, da das Prolaktinom die häufigste tumoröse Ursache eines ACTH-Mangels bzw. einer HVL-Insuffizienz ist.

Wie kann man abschätzen, inwieweit es durch eine längerfristige Glucocorticoidmedikation zur ACTH-Suppression bzw. einer damit einhergehenden NNR-Insuffizienz gekommen ist?

Diese Frage hat große praktische Bedeutung, da eine längerfristige Glucocorticoidmedikation nicht nur die häufigste Ursache für jede Art von Cushing-Sym-

---
* s. Praktische Hinweise

ptomatik ist (sog. iatrogenes Cushing-Syndrom), sondern auch die häufigste Ursache einer NNR-Insuffizienz. Angenommen wird, daß eine Tagesdosis von über 7,5 mg Prednison bzw. entsprechende Äquivalenzmengen anderer Präparate zunehmend die ACTH-Freisetzung supprimieren, was alsbald zur beidseitigen NNR-Atrophie führen muß. Nach Absetzen einer langdauernden, solchermaßen dosierten Therapie sind deshalb für 1–2 Monate zunächst die ACTH- und Cortisolspiegel erniedrigt und im ACTH-Test bleibt der Cortisolanstieg aus. Nach 2–5 Monaten finden sich subnormale ACTH-Spiegel, während ein Cortisolanstieg im ACTH-Test noch fehlt oder erst subnormal ist. Nach 6–9 Monaten normalisieren sich die Cortisolspiegel in Gegenwart erhöhter ACTH-Spiegel. Erst danach normalisiert sich die gesamte Hypothalamus-HVL-NNR-Achse.

Vor allem mit der wiederholten Bestimmung von **Cortisol*** im **ACTH-Test*** lassen sich demnach das Ausmaß und der Rückgang einer therapeutisch bedingten ACTH-Suppression bzw. NNR-Insuffizienz beurteilen.

Welche diagnostischen Maßnahmen gehören neben den Hormonbestimmungen zur Abklärung eines autonomen ACTH-Exzesses bzw. -Mangels?

Neben einer sorgfältigen **Anamnese** und **körperlichen Untersuchung** sind beim Verdacht eines autonomen ACTH-Exzesses bzw. -Mangels **bildgebende Verfahren** (Röntgenaufnahmen der Sella, CT, Kernspintomographie) und eine **Gesichtsfeldanalyse** (Perimetrie) unerläßlich, da hiermit vor allem HVL-Adenome oder Kraniopharyngeome aufgedeckt werden. Darüber hinaus ist bei gesichertem Hypercortisolismus eine Beurteilung der Größenverhältnisse der NNR unerläßlich. Hierfür bieten sich die Sonographie als einfachstes und die Kernspintomographie als aussagekräftigstes Verfahren an. Schließlich ist eine sorgfältige **Tumorsuche** vor allem in Richtung des kleinzelligen Bronchialkarzinoms wichtig, falls sich der Verdacht einer ektopen ACTH-Sekretion verdichtet.

Wie werden die verschiedenen Formen einer autonomen ACTH-Sekretionsstörung behandelt?

Beim **Morbus Cushing** aufgrund eines HVL-Adenoms ist in jedem Fall die transsphenoidale Adenomexstirpation anzustreben. Auch bei fehlendem Nachweis eines Adenoms wird vielfach bei nicht supprimiertem ACTH eine explorative transsphenoidale Hypophysenoperation mit gegebenenfalls totaler Hypophysektomie empfohlen. Die früher vorrangig durchgeführte bilaterale Adrenalektomie ist wegen der Komplikationen (z. B. Nelson-Tumor) weitgehend verlassen worden. In inoperablen Fällen muß eine medikamentöse Therapie, z. B. mit dem Serotoninantagonisten Cyproheptadin, versucht werden.

---

* s. Praktische Hinweise

Beim **ektopen ACTH-Syndrom** ist das Karzinom kausal anzugehen. Ansonsten muß eine bilaterale Adrenalektomie oder eine medikamentöse Therapie mit Enzymhemmern der Glucocorticoidbiosynthese (z. B. Metopiron, Aminogluthetimid) erwogen werden.

Beim **Nelson-Tumor** ist ebenfalls die transsphenoidale Adenomexstirpation Therapie erster Wahl.

Die **sekundäre NNR-Insuffizienz** aufgrund einer tumorbedingten Kompression der corticotropen HVL-Zellen ist neurochirurgisch anzugehen. Ansonsten muß eine Substitution mit Glucocorticoiden vorgenommen werden. Mineralocorticoide brauchen dagegen meist nicht substituiert zu werden, da deren Synthese bei einer sekundären NNR-Insuffizienz nicht vermindert ist. Die Patienten sollen jedoch zum eher salzreichen Essen angehalten werden.

Welche Hormonbestimmungen sind als Therapiekontrolle sinnvoll?

Beim autonomen **ACTH-Exzeß** läßt sich der Erfolg eines neurochirurgischen Eingriffs an der Normalisierung des **basalen Cortisolspiegels** und seiner zunehmenden Supprimierbarkeit im **Dexamethason-Hemmtest*** verfolgen. Hierbei kommt es nach selektiver Adenomexstirpation nicht selten zu einer passageren, nach totaler Hypophysektomie immer zu einer dauernden NNR-Insuffizienz, die entsprechend mit Cortisol substituiert werden muß. Wegen der Rezidivneigung eines ACTH-Exzesses ist die Supprimierbarkeit des basalen Cortisolspiegels in regelmäßigen Abständen zeitlebens zu kontrollieren.

Die übrigen HVL-Partialfunktionen müssen postoperativ durch geeignete Stimulationstests ebenfalls regelmäßig überprüft werden. Bei **Kindern** gilt die Kontrolle vor allem hinsichtlich **GH** und **LH/FSH**, um einen Minderwuchs zu vermeiden bzw. eine normale Pubertätsentwicklung sicherzustellen. Erfahrungsgemäß bleiben die HVL-Partialfunktionen dann meistens erhalten, wenn präoperativ keine wesentliche Einschränkung bestand.

Beim autonomen **ACTH-Mangel** aufgrund einer Tumorkompression des intakten HVL-Gewebes kann nach Adenomexstirpation das Wiederaufleben der NNR-Funktion am **basalen Cortisolspiegel*** abgelesen werden, wobei eine Glucocorticoidsubstitution unterbrochen werden muß (Auslaßversuch). Die Kontrollen müssen über einen langen Zeitraum erfolgen, da die Erholung der HVL-NNR-Funktion – wenn überhaupt – nur sehr langsam erfolgt. Die übrigen HVL-Partialfunktionen sind durch geeignete Stimulationstests ebenfalls zu kontrollieren. Die oft notwendige Cortisolsubstitution einer NNR-Insuffizienz richtet sich in ihrer Dosierung primär nach allgemeinen Kriterien (Blutdruck, Blutglukose, Elektrolythaushalt). Die Compliance läßt sich überprüfen, wenn die Cortisolnachweismethode das verabreichte Glucocorticoid erfaßt. Dies ist beim Hydrocortison der Fall.

---

* s. Praktische Hinweise

Somatotropin (GH, STH) und seine gestörte Sekretion

· Physiologie · Pathophysiologie · Ursachen gestörter Sekretion ·
· Akromegalie · Hormondiagnostik · Therapie ·

Was für ein Hormon ist GH und welche physiologische Rolle spielt es?

GH ist ein **einkettiges Polypeptid,** das von den somatotropen Zellen des HVL gebildet, gespeichert und serzerniert wird. Es besteht eine enge Strukturverwandtschaft zum menschlichen Prolaktin und plazentaren Laktogen (HPL).

GH steigert das **Knochen,- Knorpel- und Bindegewebswachstum.** Es fördert synergistisch zum Insulin die **Proteinsynthese,** hebt antagonistisch zum Insulin den **Blutglukosespiegel** und wirkt darüber hinaus **lipolytisch.** GH steuert direkt, überwiegend aber indirekt mittels der GH-abhängigen **Somatomedine** die anabolen und sonstigen Stoffwechselprozesse. Beim Menschen wirkt GH streng artspezifisch, d. h. nur menschliches GH ist wirksam.

Was sind Somatomedine?

Es handelt sich um verschiedene **Polypeptide,** die vorwiegend in der Leber und Niere, aber auch in anderen Geweben (z.B. Knorpel, Knochen) unter GH-Einfluß gebildet werden. Sie vermitteln vor allem die **GH-Wirkung** auf das Knochenwachstum.

Wie wird die GH-Sekretion gesteuert?

In **Abb. 8** sind nur die wichtigsten Aspekte der Regulation der GH-Sekretion skizziert, da die Feinabstimmung noch vielfach unklar ist.

Für die unmittelbare **Stimulation** der rhythmischen GH-Sekretion ist das **GHRH** verantwortlich, das von bestimmten Kernarealen des Hypothalamus rhythmisch (pulsatil) freigesetzt und über die Portalgefäße an die somatotropen Zellen des HVL gelangt. Die GHRH-Ausschüttung und damit indirekt auch die des GH werden moduliert durch stimulierende (+) und hemmende (−) Neurotransmitter, über die auch aus der Umwelt perzipierte Reize auf den Regelkreis einwirken. Hierdurch kommt es zu deutlichen GH-Anstiegen nach Streß und körperlicher Belastung sowie zum Schlaf-Wach-Rhythmus mit tagsüber niedrigen, nachts dagegen vor allem nach Schlafeintritt relativ hohen GH-Blutspiegeln. Einen ebenfalls stimulierenden Einfluß auf die GH-Sekretion haben Stoffwechselveränderungen, vor allem eine **Hypoglykämie** bzw. ein Abfall der Blutglukose sowie ein Anstieg der freien Fettsäuren und der Aminosäuren.

Für die unmittelbare **Hemmung** der GH-Sekretion ist das von hypothalamischen Neuronen freigesetzte **Somatostatin** verantwortlich. Daneben führt vor allem eine **Hyperglykämie** via Hypothalamus/Somatostatin zur Hemmung der GH-Sekretion.

Abbildung 8
Regulation der GH-Sekretion

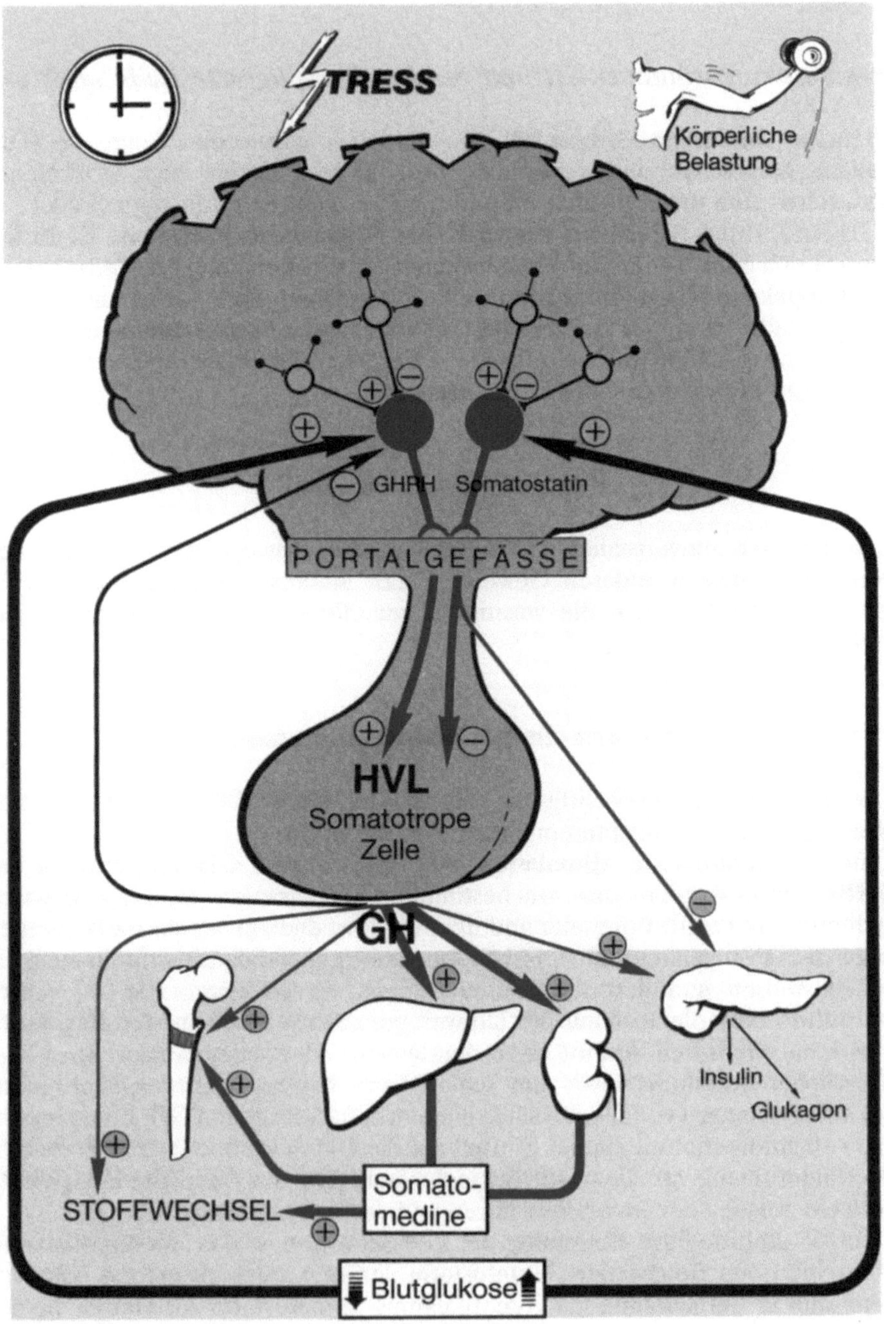

Welche Ursachen können einer gestörten GH-Sekretion zugrunde liegen?

Die autonome, d.h. keiner adäquaten Regulation gehorchende GH-Sekretion kann in Form eines GH-Exzesses (Hypersomatotropismus) oder in Form eines GH-Mangels (Hyposomatotropismus) vorkommen.

Die Ursache eines autonomen **GH-Exzesses** ist praktisch immer ein **HVL-Adenom**, das in etwa 70% der Fälle nur aus somatotropen, ansonsten zusätzlich aus laktotropen Zellen besteht. Sehr selten wurde als Ursache des GH-Exzesses auch eine Hyperplasie der somatotropen Zellen beschrieben, wahrscheinlich bedingt durch eine gestörte Balance zwischen GHRH und Somatostatin. Eine ektope GH-Produktion gilt als Rarität, desgleichen die ektope GHRH-Produktion, die für Pankreastumoren beschrieben wurde. Alle Formen des autonomen GH-Exzesses führen beim Erwachsenen zur **Akromegalie**, bei Kindern zum **hypophysären Hochwuchs** (Gigantismus). Daneben kommt es je nach Größe der HVL-Adenome zur Kompression auf das benachbarte HVL-Gewebe und damit zum Ausfall anderer HVL-Partialfunktionen (HVL-Insuffizienz).

Beim hypothalamisch-hypophysär bedingten **GH-Mangel** kommen alle in **Tabelle 2** aufgeführten Prozesse in Frage, vor allem **Kraniopharyngeome,** intraselläre **Adenome** und sellanahe **Destruktionen** in Folge von Geburtstraumen oder Entzündungen. Mehr als 70% der Fälle sind jedoch **idiopathisch-hypothalamisch,** ein geringer Prozentsatz davon familiär- hereditär. Neben dem isolierten Ausfall der GH-Sekretion kommt es in etwa der Hälfte der Fälle auch zum Ausfall anderer HVL-Partialfunktionen. Jeder GH-Mangel führt bei Kindern zum **hypophysären Minderwuchs,** bei Erwachsenen dagegen kommt es zu keinem eigenständigen Krankheitsbild.

Wie häufig sind GH-Sekretionsstörungen?

Ein autonomer GH-Exzeß bzw. -Mangel ist **selten.** So schätzt man für die **Akromegalie** eine Häufigkeit von 1:10000, wobei Männer und Frauen gleichermaßen betroffen sind. Das Hauptmanifestationsalter liegt zwischen dem 30. und 40. Lebensjahr, im allgemeinen läßt sich der Krankheitsbeginn anamnestisch bis zu 20 Jahre zurückverfolgen. Der **hypophysäre Hochwuchs (Gigantismus)** ist eine **Rarität.** Sehr selten ist auch der sog. **hypophysäre Minderwuchs.** Davon sind derzeit in der Bundesrepublik Deutschland etwa 1200 Kinder in der Behandlung mit Somatotropin. Die jährliche Rate von neuentdeckten Fällen wird auf 100 geschätzt.

Über Hoch- und Minderwuchs wird im Kapitel „Wachstum" berichtet, so daß im folgenden nur auf die Symptomatologie, Diagnostik und Therapie der Akromegalie eingegangen wird.

Bei welchen klinischen Symptomen muß an eine Akromegalie gedacht werden?

Die Akromegalie verläuft schleichend. Sie beginnt mit uncharakteristischen Symptomen wie Müdigkeit, allgemeiner Schwäche, Kopfschmerzen, Schmerzen in der Wirbelsäule und den Gelenken sowie mit einem Schweregefühl in den Extremitäten, weshalb viele Patienten zuerst beim Orthopäden landen.

Dagegen ist eine fortgeschrittene Akromegalie mit ihren Kardinalsymptomen **(Tabelle 9)** nicht mehr zu verkennen (Blickdiagnose). Im Vordergrund stehen die **Größenzunahme** der Hände, der Füße und des Kopfes, eine Vergröberung der Gesichtszüge, die Splanchnomegalie einschließlich der von Rhythmusstörungen begleiteten Kardiomegalie, eine ausgeprägte **Schweißneigung** aufgrund der Vergrößerung der Hautanhangsorgane sowie die **sexuellen Funktionsstörungen,** bedingt durch eine eingeschränkte Gonadotropinsekretion. Zeichen der Hyperprolaktinämie treten hinzu, wenn das Adenom neben GH auch Prolaktin vermehrt bildet oder wenn es zur Hypophysenstielläsion kommt. Die **Gesichtsfeldausfälle** sind Ausdruck einer adenombedingten Kompression des Sehnervs. Darüber hinaus besitzen etwa 60% der Patienten eine Knotenstruma, ca. 20% einen manifesten Diabetes mellitus, der Rest zumindest eine Glukoseintoleranz mit Hyperinsulinismus.

Tabelle 9
Klinische Symptome der Akromegalie

%	Symptom
100%	Vergrößerung der Akren
	Hochwuchs (Kinder)
	Prognathie
	Dicke Zunge
	Megalozephalus
	Weichteilverdickung
	Splanchnomegalie
	Sellavergrößerung
	Kopfschmerz
	Müdigkeit
80%	Regelstörung
	Amenorrhoe
	Verzögerte Reifung (Kinder)
	Sehstörung/Photophobie
	Gewichtszunahme
	Vermehrte Schweißabsonderung
	Störung von Libido und Potenz (♂)
	Struma
60%	Haarverdickung/Hirsutismus

Welche Bedeutung haben Anamnese und körperliche Untersuchung für die Abklärung einer Akromegalie?

Da sich die Akromegalie ganz allmählich über Jahre entwickelt, werden akromegale Veränderungen und Symptome vom Patienten selbst und seinen Angehörigen meist nicht oder erst sehr spät wahrgenommen. Deshalb muß immer gezielt nach ihnen gefragt werden. Darüber hinaus läßt sich oft an Hand früherer Fotos vom Patienten der Beginn und die zunehmende Ausprägung der akromegalen Symptome dokumentieren. Die körperliche Untersuchung einschließlich des Gebisses (Suche nach erweiterten Interdentalspalten) bestätigt dann meist die vom Aspekt her gestellte Verdachtsdiagnose. Anlaß zur Verwechselung können lediglich sog. **Akromegaloide** bieten, da sie vom Aspekt her den Akromegalen gleichen, ohne jedoch deren autonomen GH-Exzeß aufzuweisen. Es handelt sich bei diesen Fällen um eine konstitutionelle Normvariante.

Welche diagnostische Aussagekraft besitzt die GH-Bestimmung?

Die Bestimmung des **basalen GH*** erlaubt nur dann den Ausschluß einer floriden Akromegalie, wenn der Wert < 1 µg/l ist. Jedes andere Ergebnis bedarf der weiteren Abklärung (s. u.), da **(1)** auch bei einer floriden Akromegalie, die zu 90% mit GH-Spiegeln von mehr als 10 µg/l einhergeht, in Einzelfällen der basale GH-Spiegel zwischen 1 und 4 µg/l liegen kann, **(2)** akromegaloid aussehende Normalpersonen aufgrund äußerer Umstände wie z. B. Streß, körperliche Belastung oder längere Nahrungskarenz deutlich höhere basale GH-Werte als unter echten „Basalbedingungen" aufweisen können und da **(3)** die Einnahme zahlreicher Medikamente **(Tabelle 10)** erhöhte GH-Spiegel verursachen kann.

Die weitere Abklärung gelingt mit dem **oralen Glukosetoleranz-Test*,** bei dem die Supprimierbarkeit des GH-Spiegels geprüft wird. Findet man unter der Glukosebelastung einen GH-Wert < 1 µg/l, so gilt eine floride Akromegalie mit Sicherheit als ausgeschlossen. Kommt es andererseits nicht zu dieser Suppression, so hat sich der Verdacht eines autonomen GH-Exzesses bestätigt. Neben dem GH muß als Maß für die Glukoseresorption immer die **Glukose** mit bestimmt werden. Zudem deckt der Verlauf des Glukosespiegels bei Akromegalen praktisch immer die schon erwähnte Glukoseintoleranz auf.

Schließlich sei angemerkt, daß bei **Diabetikern** der basale GH-Spiegel erhöht sein kann und auch postprandial nicht abfällt. Da bei diesen Patienten eine orale Glukosebelastung nicht sinnvoll ist, muß die übrige Klinik die Diagnose sichern helfen.

---

* s. Praktische Hinweise

Tabelle 10
Auswahl von Pharmaka, die einen GH-Anstieg bewirken können

Internationaler Freiname	Handelsname (z. B.)	Stoffklasse
Amphetamin	Benzedrin	Sympathikomimetikum
Clonidin	Catapresan	Antihypertonikum
Diazepam	Valium	Tranquilizer
Glutethimid	Doriden	Sedativum
Levodopa	Larodopa	Parkinsonmittel
Methyprylon	Noludar	Sedativum
Metoclopramid	Paspertin	Antiemetikum
Propranolol	Dociton	β-Rezeptorenblocker
Argininhydrochlorid	L-Arginin-Hydrochlorid-Lösung	Aminosäure/HCl
Östrogene	–	Steroidhormon
Androgene	–	Steroidhormon
Insulin	–	Proteohormon
Somatoliberin (GHRH)	Somatobiss	Releasing-Hormon

Welche zusätzlichen Hormonbestimmungen sind bei einer Akromegalie indiziert?

Andere HVL-Hormone. Bei gesicherter Akromegalie müssen mittels Stimulationstests* (LH/FSH ± GnRH; TSH ± TRH; ACTH/Cortisol ± CRH) die übrigen HVL-Partialfunktionen überprüft werden, da immer die Gefahr besteht, daß das GH-produzierende Adenom durch Kompression die anderen HVL-Zellen schädigt. Außerdem sollte Prolaktin* bestimmt werden, da einerseits der gleiche Tumor neben GH auch Prolaktin bilden kann, andererseits der Tumor eine Hypophysenstielläsion verursachen kann, womit unter Umständen die Hemmung der Prolaktinausschüttung wegfällt. Hinsichtlich der Stimulationstests mit TRH und GnRH wird weiterhin empfohlen, GH* mit zu bestimmen, da im Gegensatz zu Normalpersonen etwa 70 bzw. 30% der Akromegalen auf TRH und GnRH mit einem GH-Anstieg reagieren. Diese Patienten sprechen dann fast immer auch auf eine passagere Dopaminagonisten-Therapie an (s. u.).

Andere Hormone. Da die Akromegalie Ausdruck einer multiplen endokrinen Adenomatose (MEA, Typ 1) sein kann, sind bei entsprechendem klinischem Verdacht **Parathormon***, **Insulin*** und **Gastrin*** zum Ausschluß eines Hyperparathyreoidismus, Insulinoms bzw. Zollinger-Ellison-Syndroms zu bestimmen.

---
* s. Praktische Hinweise

Somatomedin C*. Die Bestimmung gewinnt wegen ihrer zunehmend leichteren Durchführbarkeit immer mehr an praktischer Bedeutung. Da Somatomedin C nicht den durch äußere Umstände bedingten Spontanschwankungen des GH unterliegt, ist seine Bestimmung besonders wertvoll, wenn unter ambulanten Bedingungen nur eine Blutentnahme erfolgte. Ein erhöhter Somatomedin-C-Spiegel weist eindeutig auf einen Hypersomatotropismus hin.

Welche diagnostischen Maßnahmen gehören neben den Hormonbestimmungen zur Abklärung einer Akromegalie?

Wichtigstes Ziel ist die genaue Lokalisation und Ausdehnung des HVL-Adenoms. Dies gelingt mittels **bildgebender Verfahren** wie Röntgenaufnahme der Sella in zwei Ebenen, Tomographie der Sella, Schädel-CT und Kernspintomographie. Eine **Karotisangiographie** wird zusätzlich notwendig, wenn vor neurochirurgischen Eingriffen der Karotisverlauf bekannt sein muß. Darüber hinaus gehört immer eine sorgfältige **Augenuntersuchung** mit Perimetrie, Fundusspiegelung und Augenmuskelinnervationsprüfung zum diagnostischen Prozedere.

An **klinisch-chemischen Analysen** kann die Bestimmung von Phosphat, Kalzium und Hydroxyprolin lediglich von ergänzendem Interesse sein. Die Werte sind bei Akromegalie meist erhöht. Ist der Phosphatspiegel bei gesicherter Akromegalie normal oder erniedrigt, so besteht der dringende Verdacht eines gleichzeitig bestehenden primären Hyperparathyreoidismus im Rahmen einer multiplen endokrinen Adenomatose (MEA, Typ 1).

Wie wird eine Akromegalie behandelt?

Die transnasale-transsphenoidale, selektive **Adenomektomie** ist die Therapie der Wahl. Nur bei größeren Tumoren mit parasellärer Ausdehnung ist unter Umständen ein transfrontales Vorgehen notwendig, eine Hypophysektomie dabei oft unumgänglich.

Eine **Bestrahlung** ist nur bei inoperablen Fällen und solchen indiziert, bei denen der neurochirurgische Eingriff zu keiner Normalisierung des GH-Spiegels führte.

Ein **medikamentöser Therapieversuch** mit Dopaminagonisten (Bromocriptin, Lisurid etc.) bietet sich für inoperable oder erfolglos operierte Fälle an. Da die Therapie insbesondere bei Mischtumoren aus somatotropen und laktotropen Zellen oft gut anspricht, wird zunehmend auf eine postoperative Bestrahlung zugunsten der medikamentösen Dauertherapie verzichtet. Weiterhin ist der Einsatz der Dopaminagonisten als Zeitüberbrückung bis zur Operation oder bis zum Wirksamwerden der Strahlentherapie sinnvoll. Es kommt jedoch nicht, wie im Falle des Prolaktinoms, zu einer Tumorreduktion. Einen besseren Erfolg verspricht möglicherweise der zunehmende Einsatz neuentwickelter Somatostatin-Analogen.

---

* s. Praktische Hinweise

Welche Hormonbestimmungen sind als Therapiekontrolle notwendig?

Der Therapieerfolg muß zeitlebens durch regelmäßige, zunächst jährliche, später in 2–3jährigem Abstand erfolgende **GH-Messungen*** kontrolliert werden, da eine Rezidivgefahr bei allen Adenomen gegeben ist. Bei optimalem Erfolg sinkt der GH-Spiegel zumindest unter oraler Glukosebelastung auf < 1 µg/l. Die Normalisierung ist schon wenige Stunden postoperativ ablesbar, so daß die erste Kontrolle relativ bald erfolgen sollte. Bei einer Strahlentherapie dagegen kann die Normalisierung mehrere Jahre auf sich warten lassen.

Die übrigen **HVL-Partialfunktionen** müssen ebenfalls postoperativ mittels obengenannter Stimulationstests regelmäßig kontrolliert werden, um zu erkennen, ob durch die Operation – gleiches gilt sinngemäß auch für die Strahlentherapie – zuvor intakte Partialfunktionen in Mitleidenschaft geraten sind und somit eine gezielte Hormonsubstitution notwendig machen.

Schließlich erscheint die regelmäßige Bestimmung von **Somatomedin C*** sinnvoll, da dessen Spiegel die biologische Aktivität des GH widerspiegelt und deshalb oft besser als der GH-Spiegel mit der Klinik korreliert.

Wachstum und seine Störungen

· *Hormonelle Steuerung* · *Wachstumskriterien* · *Hochwuchs* · *GH-Exzeß* ·
· *Minderwuchs* · *GH-Mangel* ·

Welche hormonellen Faktoren beeinflussen das Wachstum?

Das Längenwachstum erfolgt durch ständig sich nach distal und proximal ausdehnende Umbauprozesse in den knorpeligen Epiphysenfugen. Hierbei kommt es in den Randzonen zunehmend zur Bildung von Knochenmatrix. Das Knorpelwachstum in den Epiphysenfugen wird vermittelt durch **Somatomedine** (Insulin-like-growth-factors = IGF), die vornehmlich in der Leber und Niere gebildet werden, stimuliert vor allem durch **GH**. Da die GH-Sekretion wiederum durch **GHRH** stimuliert und durch **Somatostatin** gehemmt wird, steht hinter dem Knorpelwachstum diesbezüglich ein komplexer Regelkreis (**Abb. 8**).

Daneben sind auch **Schilddrüsenhormone** für Längenwachstum, Knochenreifung und Wachstumsgeschwindigkeit essentiell, ebenso **Parathormon** für die Mineralisierung der organischen Knochenmatrix. Von den Sexualsteroiden beschleunigen die **Androgene** die Wachstumsprozesse im Knorpel, **Östrogene** dagegen hemmen in höheren Konzentrationen die Somatomedinbildung und damit das Wachstum. Schließlich wirken **Glucocorticoide** über ihre katabolen, demineralisierenden und somatomedinsupprimierenden Eigenschaften wachstumshemmend.

---
* s. Praktische Hinweise

Hypothalamus – Hypophysenvorderlappen – Spezielle Endokrinologie 61

Welche nicht-hormonellen Faktoren beeinflussen das Wachstum?

Die **genetische** Anlage ist bestimmend für die endgültige Körperlänge. Durch Anomalien kann es zum Minder- oder Hochwuchs kommen.

In utero wird das fetale Wachstum durch Kalorienangebot, Glukosespiegel und mögliche Noxen (z. B. Nikotin, Alkohol, Drogen) mitbestimmt.

Auch **postpartal** ist eine ausreichende und an Vitaminen, Spurenelementen und Elektrolyten ausgewogene Ernährung Voraussetzung für ein normales Wachstum. Sauerstoffmangel (z. B. bei Herzfehlern, Mukoviszidose), Azidosen und endogene Intoxikationen (z. B. bei Hepatopathien, Nephropathien) wirken bremsend, ebenso mit schweren Schlafstörungen einhergehende seelische Belastungen, die zum psychogenen Minderwuchs führen können.

Welche Kriterien gibt es zur Beurteilung des Wachstums?

Kindliches Wachstum zu beurteilen ist schwierig. Man muß hierfür oft mehrere Hilfsmittel heranziehen, u. a. **Diagramme,** auf denen man ablesen kann, inwieweit das betroffene Kind bezüglich verschiedener Wachstumskriterien (z. B. Körpergröße, Längenalter [zur Körpergröße des Kindes passendes Durchschnittsalter], Proportionen, Wachstumsgeschwindigkeit) vom Mittelwert oder Median (50er Perzentile) der kindlichen Bevölkerung abweicht bzw. welcher Perzentile es angehört. Diese Diagramme beruhen auf einem umfangreichen statistischen Zahlenmaterial und sind beim Kinderarzt oder beim Gesundheitsamt jederzeit erhältlich. Ein weiteres wichtiges Kriterium ist das Skelettalter (Knochenalter), dessen Bestimmung an Hand eines **Röntgenatlas** erfolgt. In diesem Atlas sind „Musterskelette" der linken Hand in halbjährlichem Abstand, getrennt nach Geschlecht, angeordnet. Ist das Knochenalter auf diese Weise bestimmt, so kann in einem Tabellenwerk nachgeschlagen werden, wieviel Prozent des möglichen Wachstums bereits vergeben ist. Unter Berücksichtigung der Körpergröße des Kindes ergibt sich hieraus die **Wachstumsprognose.** Falls aufgrund dieser Prognose Mädchen größer als 185 cm, Jungen größer als 205 cm zu werden drohen, kann eine wachstumsbremsende Hormontherapie erwogen werden.

Welcher Untersuchungsgang gehört zur Abklärung einer Wachstumsstörung?

Zur Abklärung einer Wachstumsstörung gehören in abgestufter Reihenfolge die in **Tabelle 11** zusammengefaßten Maßnahmen, aus denen sich jeweils wichtige Schlußfolgerungen ableiten lassen.

An erster Stelle steht die Zuordnung der Körpermaße zu den entsprechenden **Perzentilkurven.** Liegt das Kind außerhalb der 3er bzw. 97er Perzentile, so muß an eine Wachstumsstörung gedacht werden, insbesondere wenn die **Größe der Eltern** bzw. die daraus approximativ ableitbare Zielgröße des Kindes hierzu im Gegensatz steht. Ebenso sollte man sich immer möglichst schnell ein Bild über die **Wachstumsgeschwindigkeit** (Längenzunahme in cm/Jahr) machen, da jede Abweichung von der Norm für eine Wachstumsstörung spricht. Auch kann jedes Verlassen des Perzentilen-„Kanals" nach oben oder unten auf einen beginnenden Hoch- bzw. Minderwuchs hinweisen. Ergeben sich an Hand der genannten Kriterien Hinweise für eine Wachstumsstörung, so müssen die restlichen in **Tabelle 11** aufgeführten Untersuchungen durchgeführt werden.

Tabelle 11
Abklärung einer Wachstumsstörung

Maßnahme	Schlußfolgerung	
Perzentilkurven	– Grad der Wachstumsstörung	
Familiengröße	– Zielgröße der Kinder	
Wachstumsgeschwindigkeit	– verlangsamt (vermindert) – beschleunigt (erhöht)	
Körperproportionen (OKS:UKS)*	– normal ($\sim$ 1.0)	– Familiärer Minderwuchs – Konstitutionelle Entwicklungsverzögerung – GH-Mangel – Primordialer Minderwuchs – Fetales Alkohol-Syndrom – Cushing-Syndrom – Renaler, intestinaler, hypoxämischer Minderwuchs
	– erhöht ($>$ 1.2)	– Chondrodystrophie – Turner-Syndrom – Hypothyreose – Unbehandeltes adrenogenitales Syndrom – Klinefelter-Syndrom
	– erniedrigt ($<$ 0.8)	– Mukopolysaccharidosen/Lipoidosen – Einige ossäre Formen
Leitsymptome	– **Tabelle 12, 13**	
Pubertätsstadien	– **Abb. 5**	
Elternanamnese	– Pubertät – Alkohol – Nikotin – Drogen – Mangelernährung – Diabetes mellitus	

Tabelle 11 (Fortsetzung) Abklärung einer Wachstumsstörung	
Maßnahme	**Schlußfolgerung**
Röntgen-Hand	– Knochenalter retardiert → Konstitutionelle Entwicklungsverzögerung – Hypothyreose Wachstums- – GH-Mangel prognose – Cushing-Syndrom – Turner-Syndrom normal – Familiärer Minderwuchs – Primordialer Minderwuchs – Chondrodystrophie akzeleriert – Adrenogenitales Syndrom ⎤ – Pseudopubertas praecox ◀⎦ – Pubertas praecox vera
Röntgen-Schädel	– Sellaprozeß – Chiasma-Syndrom
Augenuntersuchung	– Fundus – Perimetrie
Labor – Hormone – Chromosomen	– Endokrine Wachstumsstörungen – Genetische Wachstumsstörungen
Sonographie, CT, NMR	– Tumorsuche – Tumorlokalisation
* OKS = oberes Körpersegment; UKS = unteres Körpersegment	

Wann spricht man vom Hochwuchs und welche Formen gibt es?

Alle Kinder, die oberhalb der 97er Perzentile wachsen, sind per definitionem hochwüchsig. Nach Abschluß des Wachstums gilt in Mitteleuropa ein Mädchen, das größer als 178 cm bzw. ein Junge, der größer als 190 cm ist, als hochwüchsig.

Tabelle 12 gibt einen Überblick über den Formenkreis des Hochwuchses (Synonyme: Riesenwuchs, Gigantismus), gegliedert nach Ätiologie, definierten Krankheitsbildern und Leitsymptomen.

Ganz überwiegend liegt ein **familiärer** oder **konstitutioneller** Hochwuchs vor, der keiner Therapie bedarf. Anders verhält es sich beim **exzessiven** Hochwuchs (Endgröße bei Frauen: > 185 cm, bei Männern: > 205 cm), der an sich ebenfalls ohne Krankheitswert ist, der aber aufgrund möglicher psychischer Belastungen therapiebedürftig sein könnte.

Die genetisch und hormonell bedingten **pathologischen** Hochwuchsformen sind insgesamt selten. Hierbei sind hormonelle Formen aufgrund eines Exzesses an Sexualsteroiden besonders rasch aufzudecken und zu therapieren, da sonst nach passagerer Wachstumsakzeleration ein frühzeitiger Epiphysenfugenschluß droht. (Stichwort: Vor der Pubertät Riesen, nach der Pubertät Zwerge). Schließlich sei angemerkt, daß der sehr seltene sog. **hypophysäre Gigantismus** das Pendant zur Akromegalie des Erwachsenen darstellt.

Tabelle 12
Formenkreis des Hochwuchses

Ätiologie	Krankheitsbild	Leitsymptome
● Konstitutionell	● Familiärer Hochwuchs ↓	- ♂: > 190, < 205 cm - ♀: > 178, < 185 cm
	o Exzessiver Hochwuchs	- ♂: > 205 cm; ♀: > 185 cm
◐ Genetisch	● Klinefelter-Syndrom	- Kleine Hoden - Verzögerte Pubertät - Gynäkomastie - Intelligenzdefekte
	◐ XYY-Syndrom	- Aggressivität - Kriminalität
	o Marfan-Syndrom	- Abnorm lange, dünne Extremitäten - Spinnenfinger - Gelenkschlaffheit, Überdehnbarkeit - Skoliose, Trichterbrust - Herzfehler, Aneurysma - Linsenluxation - *Keine* Homozystinurie
	o Homozystinurie	- Langgliedrigkeit, „marfanoid" - Kyphoskoliose, Trichterbrust - Linsenluxation, Myopie - Epilepsie, Intelligenzdefekte - Homozystinurie
	o EMG-Syndrom	- Nabelschnurbruch (Exomphalos) - Makroglossie - Y-förmige Hautkerbung des Ohrläppchens
	o Sotos-Syndrom	- Neugeborene groß, schwer - Wachstum schon in den ersten Lebensjahren erhöht - Vorgewölbte Stirn, Makrozephalie - Akromegale Züge - Intelligenzdefekte

Tabelle 12 (Fortsetzung) Formenkreis des Hochwuchses			
Ätiologie		**Krankheitsbild**	**Leitsymptome**
o Hormonell			
- passager		● Pubertas praecox vera	- Isosexuelle Frühreife
		◐ Pseudopubertas praecox	- ♂: fast immer isosexuelle Frühreife ♀: fast immer heterosexuelle Frühreife

		◐ Medikamenteninduzierter Hochwuchs	- Frühreife
			- Medikamentenanamnese
			  - Testosteron
			  - Anabolika

		◐ Neonataler Gigantismus	- Diabetische Mutter
- bleibend	o	Adiposo-Gigantismus	- Adipositas - Polyphagie
	o	Hyperthyreose	- **Tabelle 16**
	o	Hypophysärer Gigantismus (GH-Exzeß)	- Megalozephalus - Müdigkeit - Verzögerte Reifung - Haarkräuselung - **Tabelle 9**
● = relativ häufig; ◐ = seltener; o = selten			

In welchem Alter und ab welcher Körpergröße sollte ein Hochwuchs abgeklärt werden?

Wenn nicht die für bestimmte Hochwuchsformen typischen Leitsymptome (**Tabelle 12**) schon eher einen Arztbesuch erzwingen, so sollte bei einer Körperlänge **über 155 cm** die erste Untersuchung im Alter von **10 Jahren** erfolgen. Sind die Kinder schon 11 oder 12 Jahre, so gelten 165 bzw. 170 cm und mehr als abklärungsbedürftig. Mit 13 Jahren kommt man meistens zu spät, weil dann das Knochenalter schon zu weit ausgereift und danach eine Behandlung nicht mehr effektiv ist.

Welche Hormonbestimmungen sind beim Hochwuchs indiziert?

Wie **Tabelle 12** zeigt, sind primär hormonell bedingte Hochwuchsformen selten. Dies gilt insbesondere auch für den autonomen GH-Exzeß, d. h. für den hypophysären Gigantismus. Eine **GH-Bestimmung*** hat deshalb i. a. primär nur das Ziel, bei einem gesicherten, insbesondere exzessiven Hochwuchs ohne sonstige somatische Auffälligkeiten einen GH-Exzeß auszuschließen. Dies gelingt am sichersten mit der Supprimierbarkeit des GH-Spiegels unter **oraler Glukosebelastung***. Sollte sich hierbei herausstellen, daß doch der sehr seltene Fall eines autonomen GH-Exzesses vorliegt, ist hinsichtlich weitergehender Diagnostik und Therapie so zu verfahren wie bei der Akromegalie. **Andere Hormonanalysen** sind primär nur sinnvoll, wenn sie sich aufgrund von Leitsymptomen **(Tabelle 12)** aufdrängen. Sie werden deshalb bei den jeweiligen Krankheitsbildern besprochen.

Wann und wie therapiert man einen Hochwuchs?

Mit Ausnahme des pathologischen Hochwuchses, der gegebenenfalls eine sofortige kausalbezogene Therapie verlangt, kommt eine **symptomatische** Therapie erst bei einer prognostizierten Endlänge von mehr als 185 cm (Mädchen) und 205 cm (Jungen) in Frage. Wird eine solche Therapie nach Abwägung des Erreichbaren und der möglichen Nebenwirkungen gewünscht, so ist das adäquate Alter für den Behandlungsbeginn der **Pubertätseintritt,** d. h. ein Knochenalter von 12 Jahren bei Mädchen und 12½ Jahren bei Jungen.

Die immer nur von einem erfahrenen Endokrinologen durchzuführende Therapie besteht bei **Mädchen** über zwei bis drei Jahre in der zyklischen Gabe (25 Tage lang, dann 5–6 Tage Pause) von entweder natürlichen, konjugierten Östrogenen (5–10 mg/die) oder von Ethinylestradiol (0,1–0,5 mg/die). Bei diesen hohen Dosen kommt es vor allem zur Suppression des Somatomedin-C-Spiegels. Es darf ein Unterschreiten der prognostizierten Endlänge um 4–6 cm erwartet werden. Zusätzlich zum Östrogen wird über 10 Tage (16.–25. Tag) ein Gestagen (2 × 5 mg/die) zur Verbesserung des Transformationsgrades des Endometriums verabreicht. Beim **Jungen** besteht die Therapie über mindestens sechs Monate in der intramuskulären Verabreichung von Testosteron (14tägig, 500 mg). Es kommt hierdurch zur beschleunigten Skelettreifung und vorzeitigen Verknöcherung der Epiphysenfugen. Es darf ein Unterschreiten der prognostizierten Endlänge um 7–10 cm erwartet werden.

Welche Diagnostik ist als Therapiekontrolle notwendig?

Wegen der zu erwartenden Nebenwirkungen und theoretischen Risiken ist eine regelmäßige Therapiekontrolle mit sehr sorgfältiger **körperlicher Untersuchung,** mit **Röntgenaufnahmen** (Handskelett) sowie **Laboranalysen** (BSG, Blutbild, Elektrolyte, Quick-Test, PTT, AT III, Bilirubin, Transaminasen, γ-GT) notwendig. Nach Therapieende ist die **Gonadenfunktion** mit der Bestimmung* von LH, FSH und Östradiol bzw. Testosteron zu kontrollieren. Spermiogramme sind posttherapeutisch häufiger pathologisch als bei unbehandelten Hochwüchsigen.

---

* s. Praktische Hinweise

Wann spricht man vom Minderwuchs und welche Formen gibt es?

Alle Kinder, die unterhalb der 3er Perzentile wachsen, sind per definitionem minderwüchsig. Nach Abschluß des Wachstums gilt in Mitteleuropa ein Mädchen, das kleiner als 150 cm bzw. ein Mann, der kleiner als 160 cm ist, als minderwüchsig.

Tabelle 13 gibt einen Überblick über den Formenkreis des Minderwuchses (Synonyme: Zwergwuchs, Kleinwuchs, Liliputaner, „Unterlänge"), gegliedert nach Ätiologie, definierten Krankheitsbildern und Leitsymptomen, wobei letztere zum Teil so charakteristisch sind, daß eine Aspektdiagnose gestellt werden kann.

Der Häufigkeit nach ganz im Vordergrund stehen der **familiäre** Minderwuchs, der keine sonstigen somatischen oder geistigen Auffälligkeiten zeigt und die **konstitutionelle Entwicklungsverzögerung.** Letztere wurde mit Vorbehalt, aber schließlich doch wegen der verspätet einsetzenden Pubertät und dem partiellen GH-Mangel, unter den hormonell bedingten Minderwuchsformen eingeordnet.

Alle anderen Minderwuchsformen sind demgegenüber selten, auch der sog. **hypophysäre Minderwuchs** aufgrund eines GH-Mangels, von dem in der Bundesrepublik Deutschland derzeit etwa 1200 Kinder betroffen sind, d.h. in der Behandlung mit Somatotropin stehen. Trotzdem gilt es in jedem Einzelfall, diejenigen schnell einzugrenzen, die einer weiteren Diagnostik bedürfen und möglicherweise kausal behandelt werden können. Hierzu zählen vor allem die hormonellen Minderwuchsformen.

Wie können die einzelnen Formen des Minderwuchses voneinander abgegrenzt werden?

Die Schritte zur Abklärung einer Wachstumsstörung sind in **Tabelle 11** zusammengefaßt.

Es beginnt mit der Feststellung, ob per definitionem (s.o.) überhaupt ein Minderwuchs vorliegt. Wenn ja, kann durch eine sorgfältige **Familienanamnese** (Motto: Kleine Eltern, kleine Kinder) und eine eingehende **körperliche Untersuchung** einschließlich der Ermittlung der Körperproportionen und der Fahndung nach Leitsymptomen **(Tabelle 13)** der Minderwuchs rasch eingegrenzt werden. So ist z.B. der hypophysäre Minderwuchs praktisch schon ausgeschlossen, wenn der Proportionsquotient von oberem zu unterem Körpersegment (OKS:UKS) pathologisch ist **(Tabelle 11).**

Unerläßlich ist die Bestimmung des **Knochenalters,** mit dem die beiden häufigsten Minderwuchsformen unterschieden werden können. Bei der konstitutionellen Entwicklungsverzögerung (und auch beim absoluten GH-Mangel) ist das Knochenalter retardiert, beim familiären oder auch primordialen Minderwuchs dagegen normal. Darüber hinaus ist die Bestimmung des Knochenalters für die Wachstumsprognose (Endlänge) unverzichtbar.

Tabelle 13
Formenkreis des Minderwuchses

Ätiologie	Krankheitsbild	Leitsymptome
● Konstitutionell	● Familiärer Minderwuchs	– Proportioniertes Wachstum unterhalb der 3er Perzentile – Normale Entwicklung
	Primordialer Minderwuchs (z. T. auch sporadische Embryopathien)	– Geburt termingerecht, aber Unterlänge, Untergewicht („small for date babies")
	● Konstitutionelle Entwicklungsverzögerung	– Pubertas tarda
● Hormonell	◐ Hypothyreose	– Tabelle 15
	○ Pubertas praecox vera	– Isosexuelle Frühreife
	○ Pseudopubertas praecox	– ♂: fast immer isosexuelle Frühreife ♀: fast immer heterosexuelle Frühreife
	○ Hypophysärer Minderwuchs	– Tabelle 14
	○ Cushing-Syndrom	– Tabelle 40
	○ Morbus Addison	– Braune Pigmentierung; Adynamie; Hypotonie; unstillbares Erbrechen; Dystrophie
	○ Hypoparathyreoidismus	– Tetanie; epileptische Anfälle; geistige Retardierung; verspätete Zahnung; breite, kurze Hände
● Genetisch	● Turner-Syndrom	– Tabelle 37
	○ Noonan-Syndrom	– wie Turner-Syndrom
	◐ Down-Syndrom	– Schwachsinn; Idiotie; typische Gesichtsdysmorphie („mongoloid"); Muskelhypotonie; Klinodaktylie; Brachyzephalie
	○ Lejeune-Syndrom	– Katzenschrei (cri du chat); Oligophrenie; schwere motorische Retardierung

Hypothalamus – Hypophysenvorderlappen – Spezielle Endokrinologie

● Ossär	● Chondrodystrophie	– Plumpe, stark verkürzte Extremitäten; Lordose; vorgestreckter Bauch; Watschelgang; normale Intelligenz
	○ Albers-Schönberg-Syndrom (Marmorknochenkrankheit)	– Spontanfrakturen; Makrozephalie; Anämie; Infektneigung; Rö: generalisierte Osteosklerose
	○ Osteogenesis imperfecta	– Spontanfrakturen („Pseudomikromelie"); Kautschukschädel; blaue Skleren
	○ Leri-Weill-Syndrom	– Kurze Unterarme; kurze Unterschenkel
● Renal	● Nierenmißbildungen	– Knochenverbiegungen; Rachitis; Spontanfrakturen; Rö: Osteoporose; Nierenverkalkungen
	● Schrumpfniere	
	○ Phosphatdiabetes	
	○ Lightwood-Albright-Syndrom	
	○ Fanconi- v. Albertini-Zellweger-Syndrom	
	○ Lowe-Syndrom	
● Hypoxämisch	● Herzfehler	– Mischzyanose; Atemnot
	● Anämien	– Blässe, Atemnot
	○ Mukoviszidose (pulmonale Manifestation)	– Asphyktische Anfälle; quälender Husten; Dystrophie; Rö: Bronchiektasen
● Intestinal	● Zöliakie	– Extreme Abmagerung; aufgetriebener Bauch; übelriechende, glänzende, massige Stühle; Wesensveränderung
	● Unterernährung	– Reduzierter Allgemeinzustand
	○ Mukoviszidose (intestinale Manifestation)	– Steatorrhoe; Dystrophie
	○ Colitis ulcerosa	– Kolikartige Leibschmerzen; breiige, eitrige, blutige Stühle
	○ Morbus Crohn	– Leibschmerzen; Rö: Fistelbildung
○ Zerebral	○ Hirnfehlbildungen	– Geistige Retardierung; motorische Störungen
	○ Prader-Willi-Syndrom	– Adipositas; Oligophrenie; Hypogenitalismus; Akromikrie
	○ Laurence-Moon-Biedl-Bardet-Syndrom	– Oligophrenie; Adipositas; Polydaktylie; Retinitis pigmentosa (Sehminderung); Hypogenitalismus

(Fortsetzung umseitig)   ● = relativ häufig; ◐ = seltener; ○ = selten

Tabelle 13 (Fortsetzung)
Formenkreis des Minderwuchses

Ätiologie	Krankheitsbild	Leitsymptome
○ Hepatogen	○ Zirrhose	– Infantilismus; Leber-Milz-Vergrößerung; Ikterus; Blutungen; Lebersternchen; „Lacklippen"
	○ Glykogenspeicherkrankheit	– Puppenartiges Aussehen; Nichtgedeihen; häufiges Erbrechen; Adipositas; Lebervergrößerung
○ Embryopathisch	● Fetales Alkohol-Syndrom	– Mutter Alkoholikerin; Mangelgeburt (Unterlänge, Untergewicht); breitgefächerter Dysmorphiekomplex (Gesicht, Hände, Behaarung, Herz, Genitale, Zerebrum, Niere)
	○ Russel-Silver-Syndrom	– Termingerechte Geburt, aber Unterlänge, Untergewicht; Makrozephalie; lang offenbleibende Fontanelle; piepsige Stimme; normale geistige und motorische Entwicklung
	○ Cornelia de Lange-Syndrom	– Mikrozephalie („clownähnlich"); Oligophrenie aller Grade; Hypertelorismus
	○ Seckel-Syndrom	– Termingerechte Geburt, aber Unterlänge, Untergewicht; Mikrozephalie („Vogelkopfgesicht"); Hypotrichose; Oligophrenie
○ Metabolisch, endogen (Speicherkrankheiten)	● Mukopolysaccharidosen ↳ z. B. Pfaundler-Hurler-Syndrom	– Schwachsinn; Schwerhörigkeit; Hepatosplenomegalie; Wasserspeiergesicht (Gargyolismus)
	● Zystinosen	– Schwere Nephropathie; Gedeihstörungen; Gewichtsstürze; Exsikkosen
	● Glykogenosen	– s. hepatischer Minderwuchs – Generalisierte Form: Herzinsuffizienz
	● Lipoidosen ↳ z. B. Morbus Gaucher	– Splenomegalie; Hämorrhagische Diathese; Hautpigmentation, Glieder- und Gelenkschmerzen

Welche Ursachen können einem hypophysären Minderwuchs zugrunde liegen?

In nur **20-30%** der Fälle ist der GH-mangelbedingte, d. h. hypophysäre Minderwuchs (Synonyme: hypophysärer Zwergwuchs, GH-Ausfall, Hypopituitarismus mit Minderwuchs, hypothalamischer Zwergwuchs) auf eine **organische Ursache** zurückzuführen, wobei hypophysennahe Tumoren (vor allem Kraniopharyngeome) und traumatische Destruktionen (z. B. Hypophysenstielläsion nach Geburts- oder Schädel-Hirn-Traumen; hypoxämische Zustände) an erster Stelle stehen. In ca. **70%** der Fälle dagegen liegt eine ursächlich **nicht definierbare hypothalamische** Störung vor. Dadurch fehlt GHRH, das zur Stimulation der hypophysären GH-Sekretion notwendig ist. Schließlich sei noch einmal der seltene psychosoziale Minderwuchs erwähnt, von dem Kinder betroffen sein können, die unter emotionalen Deprivationen (z. B. schlechte Heimbedingungen, zerrüttete Familien) aufwachsen, wodurch es zum GHRH-Mangel aufgrund einer Dysfunktion höhergelegener zentralnervöser Gebiete kommt.

Bei welchen klinischen Symptomen muß man an einen hypophysären Minderwuchs denken?

In **Tabelle 14** sind die Kardinalsymptome des hypophysären Minderwuchses zusammengefaßt.

Tabelle 14
Regelmäßig anzutreffende Symptome bei Kindern mit isoliertem GH-Mangel

Unauffällige pränatale Entwicklung
Normales Gewicht, normale Körperlänge bei Geburt
Reduzierte Wachstumsrate (< 4 cm/anno)
Reduzierte Körperlänge (unterhalb der 3er Perzentile)
Proportionierter Körperbau
Puppengesicht
Stammbetonte Adipositas
Kleines Genitale bei Jungen
Akromikrie
Verhältnis Längenalter zu Lebensalter: < 0,7
Verhältnis Knochenalter zu Lebensalter: < 0,7
Längenalter gleich Knochenalter
Neigung zur Hypoglykämie
Neigung zur Kreislauf-Hypotonie
Normale Intelligenz
Soziale Desintegration (vorlaut, ehrgeizig, infantil)

Bemerkenswert ist, daß die Kinder bei der Geburt zwar noch normal groß sind, dann aber bereits in den ersten Lebensjahren mit dem Längenwachstum zurückbleiben. Bei guter Beobachtung ist deshalb die Wachstumsstörung schon im **zweiten Lebensjahr** erkennbar. Häufig wird die Diagnose jedoch später gestellt, wenn das Wachstum schon deutlich unterhalb der 3er Perzentile liegt. Unbehandelt werden Kinder nicht größer als 140 cm.

Welchen Stellenwert hat die GH-Bestimmung zur Abklärung eines hypophysären Minderwuchses?

Die **einmalige basale GH-Bestimmung*** reicht zum Nachweis eines GH-Mangels nicht aus, da einerseits auch bei Normalpersonen nicht meßbare GH-Spiegel gefunden werden, andererseits auch ein hypophysärer Minderwuchs mit niedrignormalen Basalwerten einhergehen kann. Deshalb sollte die basale GH-Bestimmung nur dann durchgeführt werden, wenn aus anderen Gründen ohnehin eine Blutentnahme erfolgen muß und lediglich der vage Verdacht eines GH-bedingten Minderwuchses besteht. Definitiv verwertbar sind unter diesen Bedingungen allerdings nur Werte über 10 µg/l, da nur diese einen hochgradigen GH-Mangel ausschließen können. Zum Nachweis bzw. sicheren Ausschluß eines GH-Mangels müssen in jedem Fall **Funktionstests** herangezogen werden. Darüber hinaus gewinnt die Somatomedin-C-Bestimmung* zunehmend an Bedeutung, insbesondere in Verbindung mit dessen Transportprotein.

Welche GH-Funktionstests bieten sich an?

Man unterscheidet zwischen Screening- und definitiven Tests, wobei es sich bei den im folgenden aufgeführten Screeningtests um physiologische, bei allen anderen um pharmakologische Funktionstests handelt. Für alle Tests gilt, daß stimulierte GH-Werte unter 5 µg/l für einen hochgradigen oder kompletten, unter 10 µg/l für einen partiellen GH-Mangel sprechen und daß jedes Testergebnis durch andere Tests bestätigt werden muß.

Screening-Tests

Bewegungstest*. Sein Vorteil ist die ambulante Durchführbarkeit, sein Nachteil sind 10–20% falsch positive Ergebnisse (d. h. Normalpersonen mit ungenügender Stimulation).

Somatotropinsekretion im Schlaf (Schlaf-Test)*. Der Vorteil dieses physiologischen GH-Provokationstests liegt in der geringen Fehlerquote (nur 5% falsch positive [pathologische] Ergebnisse), sein Nachteil, daß er nur stationär durchgeführt werden kann.

---

* s. Praktische Hinweise

Definitive Tests

Arginin-Test*. Sein Vorteil ist das Fehlen von Nebenwirkungen, sein Nachteil, z. B. gegenüber dem Insulin-Hypoglykämie-Test, sind die 20% falsch positiven (pathologischen) Ergebnisse.

Insulin-Hypoglykämie-Test*. Sein Vorteil liegt in der relativ geringen Fehlerquote (nur 10% falsch positive [pathologische] Ergebnisse) und in der Möglichkeit, gleichzeitig die Funktion der Hypothalamus-HVL-NNR-Achse zu testen. Sein großer Nachteil sind möglicherweise lebensgefährliche Hypoglykämien, so daß ein Arzt während des Tests ständig präsent sein muß.
Als Alternativen zu diesen beiden definitiven Tests gelten der **Glukagon-Propanolol-*** und der **Clonidin-Test***.

Der **GHRH-Test*** (Stimulation der GH-Sekretion mittels synthetisch hergestelltem GHRH) komplettiert die Diagnostik, da mit ihm zwischen hypothalamischer und hypophysärer Ursache des GH-Mangels unterschieden werden kann.

Welches praktische Vorgehen empfiehlt sich?

Bei vagem Verdacht eines hypophysären Minderwuchses und sowieso erfolgender Blutentnahme kann man primär den basalen GH-Spiegel* als Ausschlußkriterium heranziehen (s. o.).
Ansonsten sollte sofort der Bewegungstest* durchgeführt werden. Findet sich kein ausreichender GH-Anstieg, wird stationär mit dem Arginin*- und dem Insulin-Hypoglykämie-Test* nachuntersucht. Bei besonderer Hypoglykämiegefahr, z. B. wenn der GH-Mangel mit dem Ausfall anderer HVL-Hormone kombiniert ist, kann auf den Glukagon-*, Propanolol-* bzw. Clonidin-Test* ausgewichen werden. Beim partiellen GH-Mangel sind die physiologischen den pharmakologischen Testverfahren überlegen, so daß für diese Fälle der Schlaf-Test* seine besondere Indikation besitzt.
In diesem Zusammenhang sei angemerkt, daß die sehr teure Substitutionstherapie mit GH oder GHRH von den Krankenkassen nur dann bezahlt wird, wenn mit **zwei** definitiven Tests der GH-Mangel bewiesen wurde.

Welche weiteren Hormonbestimmungen und Funktionstests sind bei einem hypophysären Minderwuchs indiziert?

Da in etwa 50% der Fälle ein gesicherter GH-Mangel mit dem Ausfall anderer HVL-Hormone einhergeht, sind immer auch die übrigen HVL-Partialfunktionen zu überprüfen* (TSH ± TRH; LH/FSH ± GnRH; ACTH/Cortisol ± CRH; Prolaktin basal). In seltenen Fällen ist auch der Hypophysenhinterlappen mitbe-

---
* s. Praktische Hinweise

troffen, so daß klinisch ein Diabetes insipidus imponieren kann und ebenfalls abgeklärt werden muß.

Kommt aufgrund der Klinik noch eine andere primär hormonell bedingte Minderwuchsform in Frage (Tabelle 13), so sind weitere gezielte Hormonanalysen notwendig, die in den speziellen Kapiteln abgehandelt werden.

Wie wird ein GH-Mangel behandelt?

Die Therapie besteht naturgemäß in der Gabe von **GH,** wobei die tägliche subkutane Verabreichung effektiver ist als die zwei- bis dreimal wöchentliche i. m. Injektion. Es sollten nur noch gentechnologisch hergestellte Produkte verabreicht werden, da die bisher aus humanen Leichenhypophysen gewonnenen GH-Extrakte wegen der überzufälligen Häufung einer Jacob-Creutzfeldt-Erkrankung (Virusenzephalitis) obsolet sind. Darüber hinaus wird beim eindeutig hypothalamisch bedingten GH-Mangel statt GH das ebenfalls gentechnologisch herstellbare **GHRH** versucht. Dagegen können Anabolika eine GH- oder GHRH-Substitution nicht ersetzen. Sie sollten auch additiv nicht verabreicht werden. Andererseits gilt auch, daß bei nicht hypophysär bedingten Minderwuchsformen die GH-Gabe keine befriedigenden Ergebnisse liefert. Eine Ausnahme stellen lediglich das Turner- und Russel-Silver-Syndrom dar.

Unter der GH-Substitution erhöht sich im ersten Behandlungsjahr die jährliche Wachstumsrate von weniger als 4 cm auf 10–15 cm. Dieses **Aufholwachstum** flacht im zweiten Therapiejahr ab und nimmt im weiteren Verlauf altersentsprechende Werte an. Bei frühem Behandlungsbeginn kann deshalb nach mehreren Therapiejahren eine normale Körperlänge erzielt werden, d. h. die ausgewachsenen Patienten erreichen ihre genetisch vorgegebene Zielgröße. Die phänotypischen Stigmata **(Tabelle 14)** verschwinden unter der Therapie vollkommen.

Ist der GH-Mangel mit anderen Ausfällen des HVL kombiniert, so wird eine zusätzliche Substitution mit Schilddrüsenhormonen und/oder mit niedrig dosiertem Cortisol (Gefahr der Somatomedin-Suppression) notwendig. Bei einem Gonadotropinmangel besteht die Möglichkeit, die Pubertät mit GnRH (Gonadorelin) oder mit Sexualsteroiden zu einem Zeitpunkt einzuleiten, bei dem das Knochenalter dem normalen Pubertätsalter entspricht. Bei einem gelegentlich begleitenden ADH-Mangel ist die nasale Zufuhr von DDAVP notwendig.

Thyrotropin (TSH) und seine gestörte Sekretion

· Physiologie · Pathophysiologie · Symptomatologie · TSH-Mangel ·
· Sekundäre Hypothyreose · TSH-Exzeß · Sekundäre Hyperthyreose ·
· Hormondiagnostik ·

Was für ein Hormon ist TSH und welche physiologische Rolle spielt es?

TSH ist ein **Polypeptid,** bestehend aus **zwei Ketten** (α- und β-Kette). Die α-Kette ist nahezu identisch mit der des LH, FSH und HCG. Die β-Kette dagegen ist in Teilabschnitten TSH-spezifisch. Biologisch aktiv ist nur das Gesamtmolekül. TSH wird von den thyrotropen Zellen des HVL gebildet und sezerniert, eine wesentliche Speicherung scheint nicht stattzufinden.

TSH stimuliert zahlreiche Stoffwechselprozesse der Schilddrüse. Hierdurch kommt es zur vermehrten Synthese und Sekretion von **Thyroxin** (T4) und **Trijodthyronin** (T3).

Wie wird die TSH-Sekretion gesteuert?

Wie in **Abb. 9** schematisch dargestellt, gelangt das von bestimmten Kernarealen des Hypothalamus freigesetzte **TRH** über die Portalgefäße zu den thyrotropen Zellen des HVL und **stimuliert** deren TSH-Sekretion. Die TRH-Freisetzung – und damit indirekt auch die des TSH – wird moduliert durch stimulierende (+) und hemmende (−) Neurotransmitter, über die auch aus der Umwelt perzipierte Reize (insbesondere Kälte, Streß) auf den Regelkreis einwirken. Eine direkte **Hemmung** erfährt die TSH-Freisetzung durch **Somatostatin** und **Dopamin,** die, aus hypothalamischen Neuronen stammend, ebenfalls über die Portalgefäße an die thyrotrope Zelle gelangen. Darüber hinaus wird die thyrotrope HVL-Zelle vor allem durch **T3** und **T4** gehemmt, womit der Regelkreis Hypothalamus-HVL-Schilddrüse geschlossen wird (negative Rückkoppelung). Nicht geklärt ist, inwieweit T3 und T4 auch auf hypothalamischer Ebene angreifen. Schließlich wird angenommen, daß noch weitere Hormone (z.B. GH, Östrogene Glucocorticoide) an der TSH-Regulation direkt oder indirekt beteiligt sind. Diesbezügliche Beweise sind jedoch für den Menschen nur schwer zu erbringen.

Welche Ursachen können einer gestörten TSH-Sekretion zugrunde liegen und wie häufig sind sie?

Bei den **autonomen** TSH-Sekretionsstörungen handelt es sich fast immer um einen **TSH-Mangel,** ein autonomer TSH-Exzeß ist extrem selten. Der TSH-Mangel kommt wiederum in aller Regel nicht isoliert vor, sondern er ist mit dem Ausfall anderer HVL-Partialfunktionen kombiniert. Deshalb ist die mit dem TSH-Mangel einhergehende **sekundäre Hypothyreose** meistens Teil einer kom-

Hypothalamus – Hypophyse

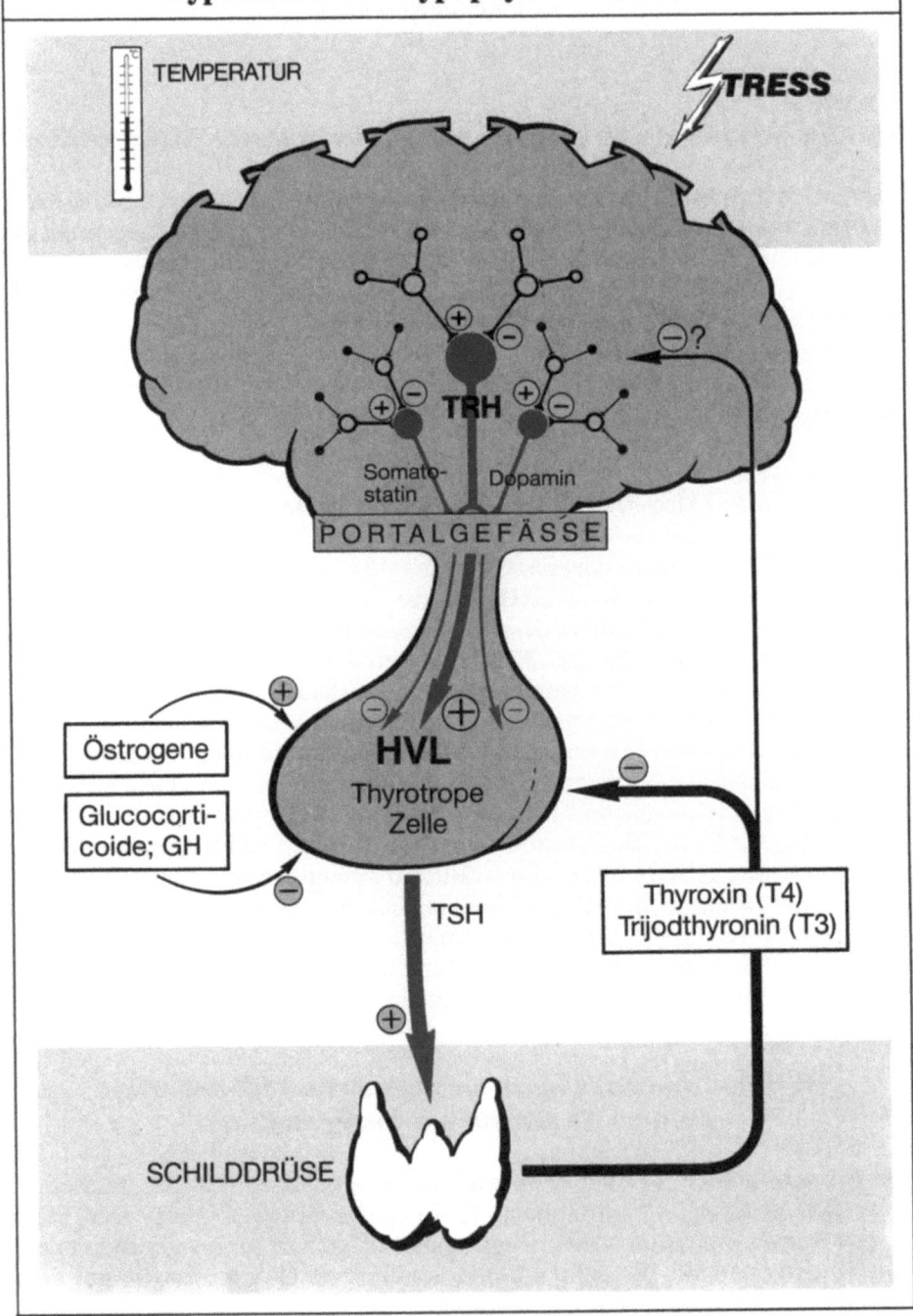

Abbildung 9
TSH im Regelkreis der Achse Hypothalamus – Hypophyse – Schilddrüse

plexeren **HVL-Insuffizienz**. Als Ursache kommen alle in **Tabelle 2** der Häufigkeit nach aufgeführten Prozesse in Frage.

Sekundäre Hypothyreosen und die autonome, TRH-mangelbedingte **tertiäre Hypothyreose** sind **selten**. Bei Erwachsenen macht ihr Anteil insgesamt nur etwa 5% aller Hypothyreosen aus. Auch bei Kindern sind sie mit einer Inzidenz von 1:110000 selten. Das gleiche gilt für die angeborenen sekundären Formen, die weniger als 0,01% aller angeborenen Hypothyreosen darstellen. Noch viel seltener sind sekundäre Hyperthyreosen, die deshalb in praxi keine Rolle spielen.

Abzugrenzen sind diese insgesamt seltenen autonomen TSH-Sekretionsstörungen von den supprimierten bzw. erhöhten TSH-Spiegeln auf dem Boden einer primären Über- oder Unterfunktion der Schilddrüse, durch die es zur Übersteuerung der negativen Rückkoppelung zwischen T3/T4 und TSH kommt **(Abb. 9)**.

Bei welchen klinischen Symptomen muß an eine gestörte TSH-Sekretion gedacht werden?

Beim **erworbenen** autonomen **TSH-Mangel** wird die Symptomatologie diktiert durch den Ausfall der Schilddrüsenhormone **(Tabelle 15)**, wobei leichtere Formen der sekundären Hypothyreose oft nur relativ uncharakteristische psychovegetative Zeichen aufweisen. Da der TSH-Mangel sehr oft mit einer komplexeren **HVL-Insuffizienz** verknüpft ist, liegen meist Ausfallsymptome anderer HVL-Partialfunktionen vor (S. 23).

Tabelle 15
Klinische Symptome der erworbenen Hypothyreose

100%	Körperliche Leistungsminderung, Schwäche
·	Geistige Leistungsminderung, Lethargie
·	Trockene, schuppende Haut
·	Verlangsamte Sprache
·	Augenlidödeme
90%	Kälteempfindlichkeit
·	Kühle Haut
·	Makroglossie
·	Gesichtsödeme
60%	Obstipation
·	Tendenz zur Gewichtszunahme
·	Haarausfall bzw. struppiges, trockenes Haar
·	Periphere Ödeme
50%	Heisere, rauhe Stimme
·	Menstruationsstörungen
·	Libidoverlust
30%	Hör-, Riech- und Geschmacksstörungen

Tabelle 16
Klinische Symptome der Hyperthyreose

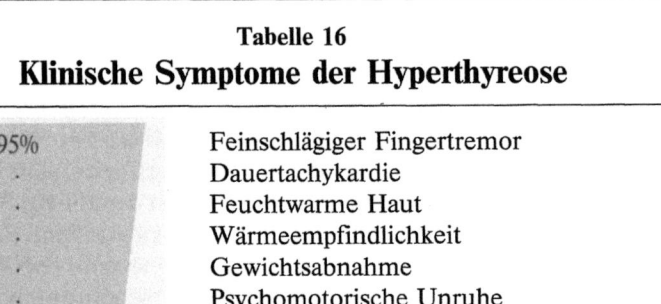

95%	Feinschlägiger Fingertremor
.	Dauertachykardie
.	Feuchtwarme Haut
.	Wärmeempfindlichkeit
.	Gewichtsabnahme
.	Psychomotorische Unruhe
70%	Glanzauge
.	Struma (bei Basedow: schwirrend)
.	Schlaflosigkeit
.	Frequenter Stuhlgang
.	Exophthalmus (Graefe-/Dalrymple-Zeichen)
50%	Haarausfall
.	Adynamie (Muskelschwäche)
.	Große Blutdruckamplitude
.	Subfebrile Temperaturen
30%	Ovarfunktionsstörungen

Bei **Neugeborenen** und jungen **Säuglingen** wird die sekundäre Hypothyreose wegen ihrer Symptomlosigkeit in aller Regel übersehen, da die basale, TSH-unabhängige Thyroxinproduktion zunächst eine ausreichende Versorgung der Peripherie garantiert. Es kommt deshalb bei Neugeborenen auch nicht zu den gefürchteten irreparablen Schäden hinsichtlich der geistigen Entwicklung. Dieser Sachverhalt rechtfertigt, warum das gesetzlich vorgeschriebene **Neugeborenen-Hypothyreosescreening** sekundäre und tertiäre Hypothyreosen nicht zu erfassen braucht und mit der basalen TSH-Bestimmung derzeit auch nicht erfaßt.

Der extrem seltene autonome **TSH-Exzeß** führt naturgemäß zur Schilddrüsenüberfunktion (sekundäre Hyperthyreose), deren Symptomatik in **Tabelle 16** zusammengefaßt ist.

Welche Hormonbestimmungen und Funktionstests sind für die Abklärung einer TSH-Sekretionsstörung wichtig?

In diesem Buchband soll nicht näher auf die in vitro Stufendiagnostik zur Abklärung der Schilddrüsenfunktion und auch nicht auf den Stellenwert der einzelnen Bestimmungsmethoden eingegangen werden. Es folgen lediglich einige prinzipielle Aussagen:

Bei Betrachtung der Funktionsachse Hypothalamus-HVL-Schilddrüse wird deutlich, daß ein autonomer TSH-Mangel oder -Exzeß immer mit einer erniedrigten bzw. erhöhten Thyroxin (T4)-Sekretion einhergehen muß. Deshalb findet man typischerweise bei einer sekundären Hypothyreose einen nicht meßbaren

TSH*- zusammen mit einem erniedrigten **T4-Spiegel***, bei der extrem seltenen sekundären Hyperthyreose einen erhöhten TSH- zusammen mit einem erhöhten T4-Spiegel.

Darüber hinaus kann mit Hilfe des **TRH-Tests*** zwischen einer sekundären und tertiären Hypothyreose unterschieden werden. Während nämlich bei der sekundären Hypothyreose ein TSH-Anstieg nach TRH-Applikation definitiv ausbleibt, kommt es bei der tertiären, rein hypothalamisch bedingten Hypothyreose zu einem verzögerten Anstieg des TSH-Spiegels (60-Minuten-Wert > 30-Minuten-Wert).

Welche weiteren Hormonbestimmungen und Funktionstests sind bei einem TSH-Mangel indiziert?

Da ein gesicherter autonomer TSH-Mangel meistens mit dem Ausfall anderer HVL-Hormone einhergeht, sind auch immer die übrigen HVL-Partialfunktionen zu überprüfen* (LH/FSH ± GnRH; ACTH/Cortisol ± CRH; GH ± GHRH; Prolaktin basal).

Hypothalamus – Hypophysenhinterlappen Allgemeine Endokrinologie

· *Physiologie* · *Pathophysiologie* · *Inadäquate ADH-Sekretion* · *Oxytozin* ·

Welche anatomisch-funktionelle Einheit besteht zwischen Hypothalamus und Hypophysenhinterlappen (HHL)?

Der zum Zwischenhirn gehörende **Hypothalamus** liegt am Boden des dritten Ventrikels, der von zahlreichen Blutgefäßen umgebene **Hypophysenhinterlappen** (HHL) in der Sella turcica. Hypothalamus und HHL sind durch den **Hypophysenstiel** miteinander verbunden. Im Hypophysenstiel sind neben den Portalgefäßen **Nervenbahnen** gebündelt, deren Anfänge von bestimmten Kernarealen des Hypothalamus ausgehen und deren Endigungen im HHL liegen. In den Kernarealen werden **Neurohormone** gebildet, die dann über die Nervenbahnen zu den Nervenendigungen gelangen, dort gespeichert und bei Bedarf an die Blutbahn abgegeben werden (Neurosekretion). Man spricht beim HHL deshalb auch von der Neurohypophyse. Sie ist entwicklungsgeschichtlich durch die beim Menschen in den HVL einbezogene Pars intermedia von diesem getrennt.

---

* s. Praktische Hinweise

Welche Hormone werden vom HHL sezerniert und welche physiologische Rolle spielen diese?

Es handelt sich um das **Antidiuretische Hormon (ADH;** Vasopressin; Arginin-Vasopressin; AVP) und um das **Oxytozin.** Beide Hormone sind zyklische Peptide aus neun Aminosäuren, deren Sequenz nur in der achten Position unterschiedlich ist (Arginin beim ADH versus Leucin beim Oxytozin).

ADH ist für die tägliche **Rückresorption** von etwa 10–20 Liter Wasser in den distalen Tubuli und Sammelröhren der Niere verantwortlich.

Oxytozin ist für die **Milchabgabe** beim Stillakt verantwortlich. Ob es darüber hinaus beim normalen Geburtsvorgang eine essentielle Rolle spielt, bleibt fraglich.

Wie wird die Hormonsekretion gesteuert?

Wie in **Abb. 10** skizziert, wird die **ADH-Sekretion** vor allem durch die Serum-**Osmolalität** und das **intravasale Volumen** reguliert. Steigt die Osmolalität, d.h. die Menge gelöster Teilchen pro kg H_2O, so nimmt die ADH-Ausschüttung zu, womit die Niere zur vermehrten Wasserrückresorption angeregt wird. Die ADH-Ausschüttung nimmt außerdem zu, wenn das intravasale Volumen abnimmt. Die jeweilige Osmolalität wird durch hypothalamische **Osmorezeptoren,** die Abnahme des intravasalen Volumens durch **Barorezeptoren** in den Karotiden, der Aorta und im linken Vorhof des Herzens registriert. Darüber hinaus stimulieren beispielsweise durch Streß oder Schmerz ausgelöste adrenerge Impulse die ADH-Ausschüttung. Pharmaka und andere Substanzen können ebenfalls die ADH-Sekretion maßgeblich beeinflussen. So kommt die diuretische Wirkung des Alkohols zumindest teilweise durch eine ADH-Hemmung zustande.

Synergistisch zum ADH arbeitet das **Durstzentrum.** Es wird ebenfalls durch Erhöhung der Osmolalität und durch Erniedrigung des intravasalen Volumens angeregt, was normalerweise zu einer vermehrten oralen Flüssigkeitsaufnahme führt.

Eine negative Rückkoppelung zu hypothalamischen Kernarealen scheint vom ADH nicht auszugehen.

Die **Oxytozin-Ausschüttung** wird durch den **Saugreiz** beim Stillen angeregt. Weitere physiologische Reize sind nicht bekannt. Auch vom Oxytozin scheint eine negative Rückkoppelung nicht auszugehen.

Welche Ursachen können zu einer gestörten Hormonsekretion des HHL führen und welche Krankheitsbilder lassen sich unterscheiden?

Klinisch relevant ist eine inadäquate **ADH-**Ausschüttung, die vermehrt oder vermindert sein kann. Als Ursache kommen alle in **Tabelle 2** aufgeführten Prozesse in Frage, in erster Linie Tumoren, Traumen, Entzündungen und ZNS-Fehlbildungen.

Abbildung 10
Regulation der Osmolalität und des intravasalen Volumens durch ADH und Durstzentrum

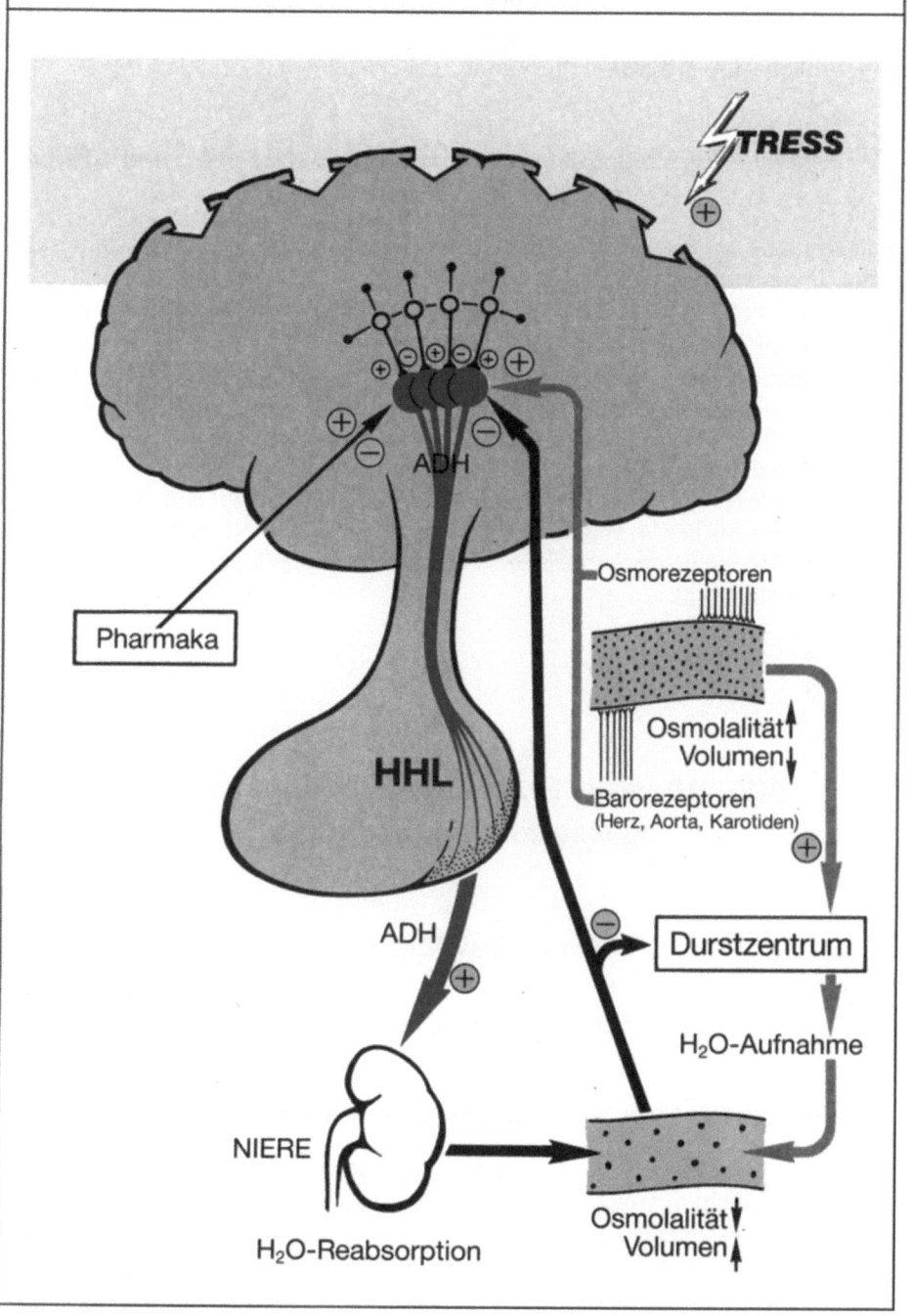

Die mangelnde ADH-Sekretion führt zum **Diabetes insipidus centralis,** die gesteigerte zum **Syndrom der inappropriaten ADH-Sekretion (SIADH; Schwartz-Bartter-Syndrom).** Da die Ursache der gestörten ADH-Sekretion auch immer die HVL-Funktionen tangieren kann, muß beim Diabetes insipidus und beim SIADH mit entsprechenden **HVL-Funktionsstörungen** gerechnet werden.

Schließlich sei erwähnt, daß es bei einem **Oxytozin-Mangel** zu Schwierigkeiten beim Stillakt kommen kann.

Bei welchen klinischen Symptomen muß eine ADH-Sekretionsstörung vermutet werden?

Beim **Diabetes insipidus centralis** (ADH-Mangel) imponieren als Kardinalsymptome die Polyurie und Polydipsie.

Beim **SIADH** fehlen Kardinalsymptome. Übelkeit, Muskelschwäche, Lethargie und Anorexie sind jedoch häufig anzutreffen.

Die **diagnostische** Abklärung einer gestörten ADH-Sekretion sollte nach Anamnese und körperlicher Untersuchung mit der Bestimmung des spezifischen Gewichtes im Urin, mit der Bestimmung der Osmolalität im Serum und Urin sowie mit einer Bilanzierung des Wasser- und Elektrolythaushaltes fortgesetzt werden. Ist aufgrund dieser Untersuchungen der Verdacht auf eine ADH-Sekretionsstörung erhärtet, so müssen sich die bereits auf Seite 8f. skizzierten Untersuchungen (Röntgen etc.) sowie eine Funktionsdiagnostik der HVL-Sekretionsleistung anschließen.

Hypothalamus–Hypophysenhinterlappen Spezielle Endokrinologie

Diabetes insipidus centralis

· *Definition* · *Häufigkeit* · *Symptomatologie* · *Diagnostik* · *Therapie* ·

Wann spricht man vom Diabetes insipidus und wie häufig ist er?

Ein Diabetes insipidus liegt vor, wenn die Niere die täglich anfallenden 10–20 Liter Wasser nicht ausreichend rückresorbieren kann und es damit zur Polyurie kommt. Beim **ADH-mangel**bedingten Diabetes insipidus spricht man wegen der zentralen Genese vom Diabetes insipidus **centralis** (oder auch neurohormonalis) und grenzt ihn so gegen den Diabetes insipidus **renalis** ab, bei dem die **Nieren** aus hereditären oder erworbenen Gründen (z. B. primäre Nierenerkrankungen; Mitbeteiligung der Niere an anderen Erkrankungen; Medikamente) auf adäquat ausgeschüttetes ADH nicht ausreichend ansprechen (sog. relativer ADH-Mangel). Wegen der gleichartigen Symptomatik (s. u.) muß an dieser Stelle noch die **psychogene Polydipsie** erwähnt werden, durch die es zur zwanghaft gesteigerten Flüssigkeitsaufnahme mit massiver Polyurie kommt.

Der Diabetes insipidus centralis ist **sehr selten.** Er macht im medizinischen Krankengut weniger als 0,1% aller Fälle aus. Mehr als die Hälfte dieser Patienten erkrankt im ersten Lebensjahrzehnt.

Welche Ursachen können einem Diabetes insipidus centralis zugrunde liegen?

In etwa 45% aller Fälle bleibt die Ursache des ADH-Mangels **ungeklärt** (idiopathische Form), ansonsten können ihm alle in **Tabelle 2** aufgeführten Prozesse zugrunde liegen, wobei mit 30% ein sellanaher Tumor bei weitem überwiegt, bei Kindern vor allem als Kraniopharyngeom. Der Rest ist überwiegend auf Traumen (z. B. Geburtstrauma), Blutungen (z. B. infolge eines Geburtstraumas), Entzündungen und Fehlbildungen sellanaher Bereiche zurückzuführen.

Bei welchen klinischen Symptomen muß man an einen Diabetes insipidus centralis denken?

Kardinalsymptome sind **Polyurie** und **Polydipsie.** In leichteren Fällen (partielle Form) werden täglich 3–10 Liter, in schwereren mehr als 10–12 Liter Urin ausgeschieden. Da Polyurie und Polydipsie über 24 Stunden die gleiche Intensität haben, leiden die Patienten erheblich unter der **gestörten Nachtruhe.**

Bei nicht adäquatem Flüssigkeitsersatz kommt es rasch zum Gewichtsverlust, zur Dehydrierung, Hypotension, Hyperosmolalität und Hypernatriämie. Die Patienten werden konfus, kollaptisch und schließlich komatös.

Bei **Säuglingen** ist oft ein unerklärliches **Fieber** (sog. Durstfieber) neben **Gedeihstörungen** das erste Symptom eines ADH-Mangels. In diesen Fällen ist schnelles Handeln besonders angezeigt, da sich bei Säuglingen ein zunehmender Wasserverlust sehr schnell deletär auswirkt.

Welche diagnostischen Maßnahmen gehören zur Abklärung eines Diabetes insipidus?

Die Polyurie ist Kardinalsymptom nicht nur beim Diabetes insipidus centralis, sondern auch beim Diabetes insipidus renalis, bei der psychogenen Polydipsie, bei der gesteigerten osmotischen Diurese (z. B. Diabetes mellitus) und beim Diuretikaabusus. Der Diuretikaabusus ist durch eine gezielte **Medikamentenanamnese** relativ leicht herauszufinden, ebenso der Diabetes mellitus durch Messung der **Glukoseausscheidung** etc.

Tabelle 17
Differentialdiagnose einer Polyurie

Ergebnis nach		Interpretation
Durstversuch	ADH-Gabe	
$U_{osm} < P_{osm}$	U_{osm}-Anstieg: $\geq 50\%$	Kompletter Diabetes insipidus centralis
$U_{osm} > P_{osm}$	U_{osm}-Anstieg: $\sim 10-60\%$	Partieller Diabetes insipidus centralis
$U_{osm} < P_{osm}$	U_{osm}-Anstieg: $\leq 50\%$	Diabetes insipidus renalis
$U_{osm} \gg P_{osm}$	U_{osm}-Anstieg: $\leq 5\%$	Psychogene Polydipsie Osmotische Diurese (z. B. Diabetes mellitus)

U_{osm} = Osmolalität im Urin; P_{osm} = Osmolalität im Plasma

Die drei anderen Formen der Polyurie (Diabetes insipidus centralis, renalis; psychogene Polydipsie) können durch zwei nacheinander geschaltete **Funktionstests** im allgemeinen gut differenziert werden, wobei neben der ausgeschiedenen **Urinmenge** die gemessene **Osmolalität** im Serum und Urin wie folgt beurteilt werden **(Tabelle 17):**

1. Stufe: Durstversuch. Es werden nach ca. 10 Stunden Wasserentzug unter gleichbleibenden Bedingungen über 3 Stunden in 30minütigen Abständen Urinportionen und Serum zur Beurteilung der Diurese und Osmolalität gewonnen. Die Osmolalität im Urin ist beim Diabetes insipidus centralis und Diabetes insipidus renalis niedriger als im Blut; die Diurese nimmt nur wenig ab. Bei der psychogenen Polydipsie und bei einer gesteigerten osmotischen Diurese ist die Osmolalität im Urin sehr viel höher als im Blut, die Diurese deutlich reduziert (< 0,5 ml/min). Der Versuch muß abgebrochen werden, wenn ein Verlust von mehr als 3–5% des Körpergewichts oder klinische Zeichen einer Exsikkose vorliegen. In der Kinderheilkunde ist mit besonderen Verhältnissen um so mehr zu rechnen, je jünger die Patienten sind. Eine strenge Versuchsbeobachtung ist unabdingbar.

2. Stufe: Exogene ADH-Zufuhr (1 Ampulle Minirin). Zeigt der Durstversuch nach 3 Stunden keinen Anstieg der Osmolalität im Urin, so wird unmittelbar nach der 3stündigen Sammelperiode ADH exogen zugeführt und 60 min nach Applikation Urin und Serum gewonnen. Beim Diabetes insipidus centralis steigt die Osmolalität des Urins weit über 50% des Ausgangswertes an, während beim Diabetes insipidus renalis der Anstieg unter 50% bleibt. Schwierigkeiten in der Differentialdiagnose kann nur der sehr seltene partielle Diabetes insipidus centralis machen, dessen Anstiege zwischen 10 und 60% des Ausgangswertes liegen können. Auch bei diesem Test gelten in der Kinderheilkunde besondere Verhältnisse. Insbesondere reagieren Neugeborene und Säuglinge sehr heftig auf Minirin, so daß nur minimale Dosen verabreicht werden dürfen.

Welchen Stellenwert hat die ADH-Bestimmung zur Abklärung eines Diabetes insipidus?

Die ADH-Bestimmung* stößt wegen der auch normalerweise nur sehr geringen Menge an zirkulierendem ADH immer noch auf Probleme, wobei erschwerend hinzu kommt, daß beim Diabetes insipidus centralis eo ipso erniedrigte ADH-Konzentrationen nachgewiesen werden müssen.

Wenn ein Radioimmunoassay zur Verfügung steht, so sollte am Ende eines Durstversuchs die Blutentnahme erfolgen, da beim Diabetes insipidus centralis auch im Durstversuch kein oder ein nur sehr niedriger ADH-Spiegel meßbar ist.

Welche zusätzlichen Hormonbestimmungen und Funktionstests sind beim Diabetes insipidus centralis indiziert?

Bei gesichertem Diabetes insipidus centralis muß wegen der Gefahr der Mitbeteiligung des HVL dessen Partialfunktionen durch entsprechende Tests* (TSH ± TRH; LH/FSH ± GnRH; ACTH/Cortisol ± CRH; GH ± GHRH; Prolaktin basal) überprüft werden. Dies gilt insbesondere dann, wenn einer der in **Tabelle 2** aufgeführten Prozesse (vor allem ein Tumor) als Ursache erkannt wurde.

Wie wird ein Diabetes insipidus centralis behandelt?

Handelt es sich um die **idiopathische Form,** so gilt als Therapie der Wahl die nasale oder intravenöse Applikation von **DDAVP** (Minirin), wobei Neugeborene, Säuglinge und Kinder täglich 2,5, 5 bzw. 25 µl benötigen. Bei Erwachsenen kommt man durchweg mit einer zweimaligen intranasalen Applikation von 0,1–0,2 ml pro Tag aus. Bei einem partiellen Diabetes insipidus kann zusätzlich **Carbamazepin** eingesetzt werden, das die ADH-Wirkung an der Niere allmählich verstärkt sowie die ADH-Freisetzung aus dem HHL fördert.

Liegt dem ADH-Mangel eine erkennbare **Ursache** zugrunde, so muß dieser nach Möglichkeit begegnet werden, um auf die ansonsten zeitlebens durchzuführende DDAVP-Substitution verzichten zu können.

Bei einer dramatischen Verschlechterung des Zustandes muß der lebensbedrohenden Exsikkose durch sofortige **Flüssigkeitszufuhr** (Wasser, 5%ige Glukose) begegnet werden.

---

* s. Praktische Hinweise

Syndrom der inappropriaten ADH-Sekretion (SIADH)

· Definition · Häufigkeit · Symptomatologie · Diagnostik · Therapie ·

Wann spricht man vom SIADH und wie häufig ist es?

Beim SIADH, das auch als Schwartz-Bartter-Syndrom bekannt ist, liegt eine **gesteigerte ADH-Sekretion** vor, durch die es zur Antidiurese mit entsprechender Störung des Elektrolythaushaltes kommt.

Das SIADH ist bisher lediglich in Einzelfällen eindeutig belegt worden. Da die Diagnose aber letztlich nur durch den erhöhten ADH-Spiegel bewiesen werden kann, bleibt die wahre Häufigkeit des SIADH so lange unklar, wie nicht in allen Fällen von Antidiuresen und Elektrolytstörungen ADH routinemäßig gemessen werden kann.

Welche Ursachen können einem SIADH zugrunde liegen?

Das SIADH wird im Gegensatz zum ADH-Mangel relativ häufig durch Prozesse außerhalb des ZNS hervorgerufen **(Tabelle 18)**, und zwar zum Teil aufgrund einer autonomen ADH-Produktion in Tumoren (paraneoplastisches Syndrom). Dagegen ist bei anderen außerhalb der ZNS liegenden Ursachen (z. B. Entzündungen, Medikamente) der pathogenetische Mechanismus unklar. Schließlich können natürlich auch sellanahe Prozesse **(Tabelle 2)** eine vermehrte ADH-Ausschüttung bewirken.

Bei welchen Symptomen muß man an ein SIADH denken?

Das klinische Bild ist geprägt von Kopfschmerzen, Konfusion, Muskelkrämpfen und -schwäche, Lethargie, Apathie, Agitation, Übelkeit, Erbrechen und Anorexie. Bei weiterer Verschlechterung des Elektrolyt- und Wasserhaushaltes kommt es schließlich zu abnormen Reflexen, zur Bewußtseinsstörung, Cheyne-Stoke-Atmung, Hypothermie und zum Koma.

Welche diagnostischen Maßnahmen gehören zur Abklärung eines SIADH?

Die Bestimmung der **Osmolalität** und des **Natriums** im Serum und Urin ist wegweisend. Sind die Werte im Serum eindeutig erniedrigt und im Vergleich dazu die Urinwerte relativ hoch, so spricht dies für ein SIADH, zumal, wenn eine der in den **Tabellen 2 u. 18** aufgeführten Ursachen vorliegt und/oder renale, adrenale, kardiale oder hepatische Gründe für den gestörten Wasser- und Elektrolythaushalt nicht in Frage kommen.

Tabelle 18
Außerhalb des ZNS liegende Ursachen einer inappropriaten ADH-Sekretion (SIADH)

Tumoren	Kleinzelliges Bronchialkarzinom
	Pankreaskarzinom
	Duodenalkarzinom
	Thymom
Lungenerkrankungen	Pneumonie (bakteriell, viral)
	Lungenabszeß
	Tuberkulose
	Aspergillose
Medikamente (Auswahl)	Azetylsalizylsäure (z. B. Aspirin)
	Atropin
	Carbamazepin (z. B. Tegretal)
	Chlorpromazin (z. B. Megaphen)
	Clofibrat (z. B. Bioscleran)
	Cyclophosphamid (z. B. Endoxan)
	Diazoxid (z. B. Proglicem)
	Ibuprofen (z. B. Brufen)
	Indometacin (z. B. Amuno)
	Noradrenalin (z. B. Arterenol)
	Vincristin (z. B. Vincristin-Bristol)
Verschiedenes	Folge einer Langzeitbeatmung
	Akute intermittierende Porphyrie
	Hypothyreose
	Idiopathisch

In diesen Fällen sollte eine **ADH-Bestimmung*** immer angestrebt werden, um die Diagnose zu sichern.

Wie wird ein SIADH behandelt?

Ist eine Ursache erkennbar bzw. therapeutisch angehbar, so wird sich der Wasserhaushalt spontan normalisieren. In allen anderen Fällen muß eine Flüssigkeitsrestriktion angestrebt werden, gegebenenfalls in Verbindung mit einer Blockade der ADH-Wirkung durch Lithium, Dimethylchlortetracyclin oder Äthylalkohol.

Im Notfall (akute Wasserintoxikation mit Koma und Krämpfen) wird die i. v. Gabe von hypertoner NaCl-Lösung nötig, um das Hirnödem zu bekämpfen. Die NaCl-Menge richtet sich nach dem urinären Natriumverlust. Gleichzeitig muß die Diurese durch i. v. Applikation von Furosemid forciert werden.

---

* s. Praktische Hinweise

Gonaden (Hoden/Ovar)

Hoden
Allgemeine Endokrinologie

· *Anatomisch-funktionelle Einheit* · *Hormonsekretion* · *Spermatogenese* ·
· *Ursachen, Symptome und Diagnostik von Funktionsstörungen* ·
· *Gynäkomastie* ·

Welche anatomisch-funktionelle Gliederung findet man im Hoden?

Der Hoden besteht, wie **Abb. 11** verdeutlicht, aus einem bindegewebigen, kapillarreichen Interstitium, in welchem die **Leydigzellen** LH-abhängig Testosteron produzieren, und den Tubuli seminiferi (Hodenkanälchen), in denen zwischen den **Sertolizellen** die Spermien heranreifen. Es besteht ein sehr enges, aufeinander abgestimmtes Zusammenspiel zwischen Interstitium und Tubuli seminiferi sowie zwischen den Sertoli- und Samenzellen. Nur dieses enge Zusammenspiel ermöglicht eine effektive Samenzellreifung, bei der die Proliferation und Differenzierung der Spermatogonien zunächst ausschließlich vom FSH abhängen, spätere Schritte der Samenzellreifung bis hin zum ausgereiften Spermatozoon dann aber vor allem vom Testosteron beeinflußt werden. Dies geschieht, indem Testosteron aus den Leydigzellen via Interstitium in die Sertolizellen diffundiert und dort durch Bindung an das sog. androgenbindende Protein (ABP) angereichert wird. Der intrazellulär angereicherte Testosteron-ABP-Komplex wiederum gelangt von der Sertolizelle in den tubulären Raum, womit das inzwischen vom ABP abgekoppelte Testosteron in relativ hoher Konzentration in unmittelbaren Kontakt zu den Samenzellen treten kann. Die Sertolizelle spielt also eine zentrale Rolle in der Entwicklungsdynamik der spermatogenetischen Zellen, wobei die ABP-Synthese unter anderem FSH-abhängig gesteuert wird.

Welche Hormone werden vom Hoden synthetisiert und an die Blutbahn abgegeben?

Es handelt sich vor allem um **Testosteron,** das in den Leydigzellen aus Cholesterin über mehrere enzymatisch gesteuerte Zwischenschritte gebildet (ca. 7 mg/die)

Gonaden (Hoden/Ovar)

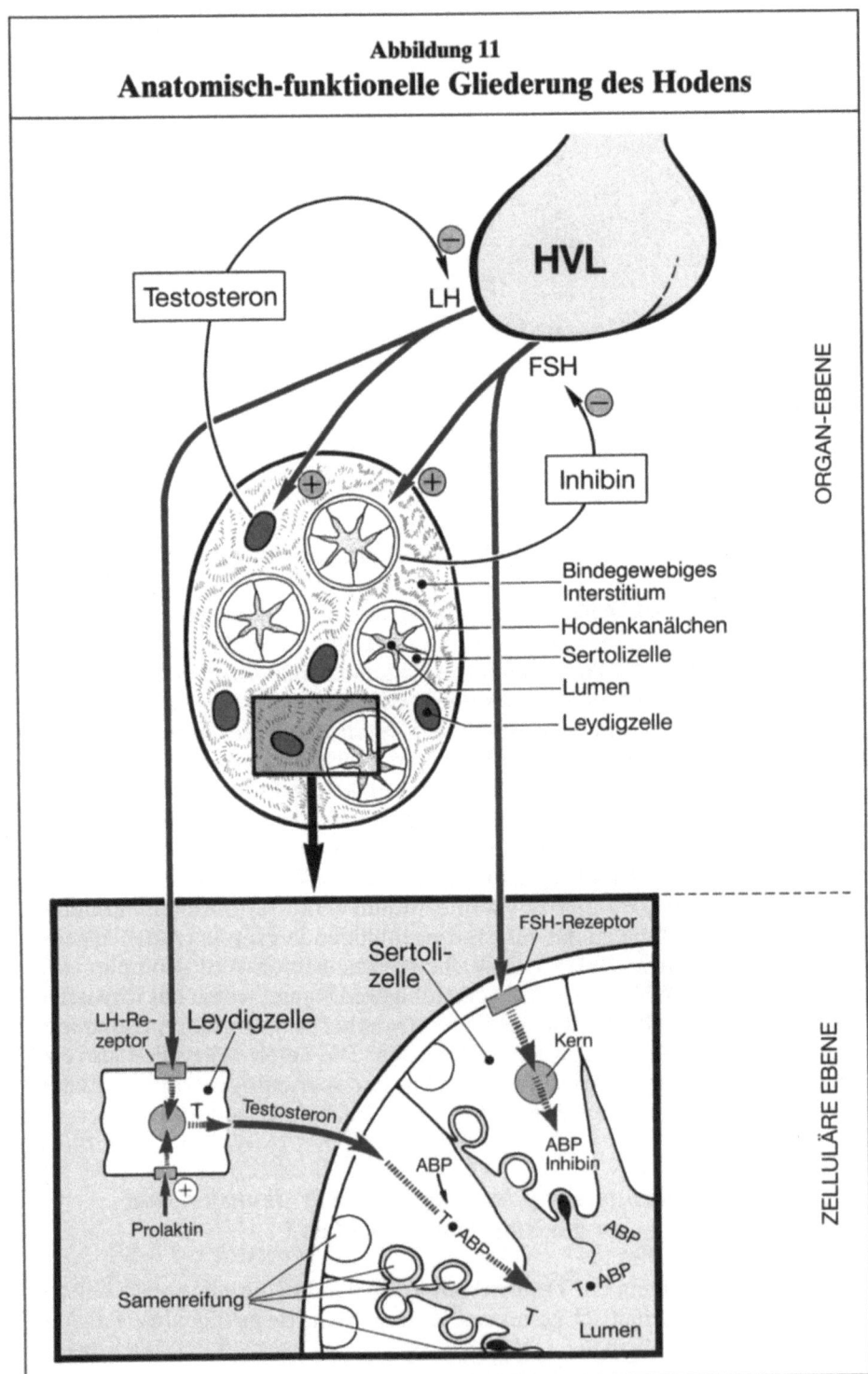

Abbildung 11
Anatomisch-funktionelle Gliederung des Hodens

und kontinuierlich an die Blutbahn abgegeben wird. Eine nennenswerte Testosteronspeicherung findet nicht statt.

Für die übrigen im Hoden synthetisierten Steroide ist eine biologisch relevante Rolle nicht bekannt, sieht man einmal vom **Androstendion** ab, welches in der Peripherie (z. B. Haut, Fettgewebe, Leber, Gehirn) zu Östrogenen aromatisiert wird. Diese periphere Aromatisierung liefert beim Mann den größten Anteil (ca. 80%) der zirkulierenden Östrogene, an denen die **Östrogenproduktion** des Hodens nur mit etwa 20% beteiligt ist.

Wie wird die prä- und postnatale Hormonsekretion des Hodens gesteuert?

In der **8. bis 10. Schwangerschaftswoche** beginnen die Leydigzellen des Feten zunehmend **Testosteron** zu produzieren, wobei der fetale Serum-Testosteronspiegel um die 14. Schwangerschaftswoche einen Gipfel erreicht. Danach fällt er stetig ab, so daß zum Zeitpunkt der Geburt Testosteron im Blut kaum mehr meßbar (< 0.5 µg/l) ist. Da der Beginn der fetalen Testosteronproduktion in engem zeitlichen Zusammenhang mit dem Maximum der plazentaren HCG-Produktion steht, wird vermutet, daß **HCG** der primäre Stimulus für die Leydigzellen ist. Fetales LH scheint zu diesem Zeitpunkt (8.–10. Woche) keine Rolle zu spielen. Ab etwa der 12. Schwangerschaftswoche aber korreliert der **fetale LH-Anstieg** und nachfolgende Abfall eng mit dem Verlauf der Testosteronkonzentration, so daß die Leydigzelle im Verlauf der Schwangerschaft auch auf LH anspricht. Zum Ende der Schwangerschaft hin scheint darüber hinaus vom Testosteron zunehmend eine **negative Rückkoppelung** auf die hypophysäre LH- und FSH-Sekretion auszugehen.

Nach der Geburt reagiert aufgrund dieser negativen Rückkoppelung die hypophysäre Gonadotropinsekretion äußerst sensibel auf Testosteron, d.h. schon sehr niedrige Spiegel können die hypophysäre LH- und FSH-Ausschüttung hemmen. Deshalb sind vor der Pubertät die Serumwerte sowohl von Testosteron als auch von LH und FSH relativ niedrig **(Abb. 4).**

Im **Verlauf der Pubertät** schaukelt sich dann der Regelkreis Hypothalamus-HVL-Hoden auf ein höheres Konzentrationsniveau der beteiligten Hormone, wie es im Pubertätskapitel näher beschrieben wurde (S. 26 ff.). Nach der Pubertät ist an der negativen Rückkoppelung zur LH-Sekretion außer Testosteron und 5α-Dihydrotestosteron (DHT) auch noch Östradiol beteiligt **(Abb. 3).** Auf die Leydigzellen scheint neben LH auch Prolaktin einen stimulierenden Einfluß zu haben, der sich bei erhöhten Prolaktinkonzentrationen in eine Hemmung umkehrt.

Die mit **zunehmendem Alter** erfolgende Abnahme der testikulären Hormonsekretion unterliegt erheblichen individuellen Schwankungen und ist ein stetiger Vorgang. Er geht primär vom Hoden selbst aus, wodurch es allmählich zur Aufhebung der negativen Rückkoppelung kommt. Deshalb steigt der LH/FSH-Spiegel (FSH mehr als LH) älterer Männer an, bis im Greisenalter auch die Gonadotropinsekretion zunehmend sistiert.

Tabelle 19
Wirkungen des Testosterons
PRÄNATAL
Männliche Geschlechtsdifferenzierung
POSTNATAL
Reifung und Funktion des Hodens (Tubulusepithel)
Reifung und Funktion der Prostata und Samenblase
Steuerung des puberalen Wachstumsschubs
Reifung des Knochens (Epiphysenfugenschluß)
Erhaltung der normalen Knochenstruktur
Prägung der männlichen Pubertätsmerkmale
Funktion der Talg- und Schweißdrüsen
Regulation der Gonadotropinsekretion (neg. Rückkoppelung)
Förderung von Libido und Potenz
Förderung anaboler Stoffwechselprozesse (z. B. Proteinsynthese)

Welche physiologische Rolle spielt Testosteron?

90% und mehr der zirkulierenden Testosteronmenge sind an Proteine (Albumin, Sexualhormon-bindendes Globulin [SHBG]) gebunden. Nur maximal **10%** stellen als sog. **freie Testosteronfraktion** den biologisch aktiven Anteil dar, der in die Zellen des Organismus und damit an den Ort funktionsdeterminierender Zellstrukturen gelangen kann. Die Wirkungen des Testosterons sind in **Tabelle 19** zusammengefaßt.

Vor der Geburt ist es vor allem der Einfluß auf die Differenzierung und Entwicklung des inneren Genitale (Nebenhoden, Samenleiter, Samenblase und Prostata) und des äußeren (Peniswachstum, Labienfusion zum Skrotum und Suppression der unteren Zweidrittel der Vagina).

Nach der Geburt sind zahlreiche Wirkungen bekannt, wobei diese meist durch Synergismen mit anderen Hormonen moduliert werden. Auf die besondere Rolle des Testosterons während der Pubertät wird auf S. 26 ff. eingegangen.

Ergänzt sei, daß in vielen peripheren Organen (Reproduktionstrakt, Haut) nicht Testosteron selbst, sondern das intrazellulär aus Testosteron entstehende **5α-Dihydrotestosteron** wirksam ist, wobei die Umsetzung des androgenen Stimulus in die biologische Antwort durch intrazelluläre Androgenrezeptoren vermittelt wird.

Wie wird die Spermatogenese des Hodens gesteuert?

Die Steuerung ist im einzelnen wenig bekannt. Mit Sicherheit aber sind die **Sertolizellen** der Tubuli seminiferi an den Vorgängen maßgeblich beteiligt. Wie

Abb. 11 zeigt, werden in den Sertolizellen unter **FSH**-Einfluß Inhibin und das bereits erwähnte ABP gebildet. Darüber hinaus regulieren die Sertolizellen den Stoffaustausch der Spermatogonien und Spermatiden, deren Proliferation zudem unter direktem FSH- bzw. Testosteroneinfluß steht. Wie **Abb. 11** weiter zeigt, wird der Regelkreis zwischen HVL und Tubuli seminiferi durch **Inhibin** geschlossen, dem potentesten Inhibitor der FSH-Ausschüttung. Testosteron und Östradiol dagegen hemmen nur in unphysiologisch hohen Konzentrationen die FSH-Sekretion.

Welche Ursachen können einer Hodenfunktionsstörung, namentlich einem Hypogonadismus zugrunde liegen?

Tabelle 20 faßt die Ursachen zusammen.

Die Störung geht am häufigsten vom Hoden selbst aus bzw. dieser ist aufgrund exogener Einflüsse primär betroffen. Man spricht in solchen Fällen vom **primären** oder auch **hypergonadotropen** Hypogonadismus. Hypophysär-hypothalamisch bedingte Hodenfunktionsstörungen, die als **sekundärer** bzw. **tertiärer** oder zusammen auch als **hypogonadotroper** Hypogonadismus bezeichnet werden, sind fünfmal seltener. Extrem selten sind Defekte der androgenen Zielorgane (sog. Androgenresistenz).

Die unterschiedlichen Konstellationen der Testosteron-, LH- und FSH-Werte **(Tabelle 20)** verdeutlichen, daß beim Hypogonadismus die endokrine (leydigzellabhängige) und/oder generative (tubuläre) Hodenfunktion eingeschränkt sein können.

Überfunktionszustände des Hodens (Hypergonadismus) sind äußerst selten. Testosteronproduzierende Hodentumoren und gonadotropinsezernierende Hypophysenadenome lassen sich hierunter subsumieren.

Bei welchen klinischen Symptomen muß an einen Hypogonadismus gedacht werden?

Das klinische Erscheinungsbild hängt vom Zeitpunkt der Manifestation des Androgenmangels ab. Einzelheiten sind in **Tabelle 21** zusammengefaßt.

Während der frühen Embryogenese führt ein Androgenmangel zu phänotypisch vielfältigen genitalen Entwicklungsanomalien, d.h. zur **Intersexualität** (S. 166ff.).

Ein schon präpuberal auftretender Androgenmangel ist zunächst kaum erkennbar. Erst die ausbleibende oder spärliche Pubertät läßt an ihn denken. Im Erwachsenenalter kommt es dann zum Vollbild des **eunuchoiden Habitus.**

Bei einem beginnenden Androgendefizit nach der Pubertät stellen sich die klinischen Zeichen nur langsam ein. **Reduzierte Libido** und **Minderung der erektilen Potenz** sind oft erste Hinweise.

Ist nur die generative Hodenfunktion gestört, d.h. ohne zusätzliches Androgendefizit, so lenkt oft erst der **unerfüllte Kinderwunsch** den Mann zum Arzt.

Tabelle 20
Formenkreis des männlichen Hypogonadismus

Primärer Ort der Störung	Krankheitsbild	Testosteron	LH	FSH	Infertilität	Ursache
● Hoden	● Klinefelter Syndrom ▼	↓	↑	↑	+	Chromosomale Deviation (XXY)
	● Tubuläre Insuffizienz	n	n	↑	+	Varikozele
	↳ Testikuläre Atrophie	↓	↑	↑	+	Orchitis, Trauma, Anlagestörung, chronischer Alkoholabusus (Leberzirrhose), Urämie, ionisierende Strahlen, Medikamente (**Tabelle 23**), Wärme, Paraplegie, idiopathisch
	◐ Maldescensus testis	n/↓	↑	↑	+	Anlagestörung
	↳ Bilateraler Kryptorchismus	↓	↑	↑	+	
	◐ Angeborene Anorchie	↓	↑	↑	+	Fetale Hodenatrophie
	◐ Pseudohermaphroditismus masculinus	↓	↑	↑	+	Androgensynthesestörung Anlagestörung
	◐ XYY-Syndrom („Supermänner")	n/↑	n/↑	n/↑	+/−	Chromosomale Deviation
	○ Noonan-Syndrom	n/↓	n/↑	n/↑	+/−	Erbleiden
	○ Sertoli-cells-only-Syndrom (Germinalzellaplasie; Del Castillo-Syndrom)	n/↓	n/↑	↑	+	Erbleiden (?) Exogene Einflüsse (z. B. Infektionen)
	○ Myotonia dystrophica	n/↓	n/↑	↑	+	Erbleiden
	○ Erworbene Anorchie	↓	↑	↑	+	Operation, Entzündung, Trauma
	○ Hodentumor		n/↓	−	+/−	Östrogenexzeß, Androgenexzeß (Leydigzelltumor) HCG-Exzeß

Hoden – Allgemeine Endokrinologie

	Erkrankung					Ursache
● Hypophyse	● Panhypopituitarismus	↓	↓	↓	+	Tumor etc. (**Tabelle 2**)
	↳ präpuberal: hypophysärer Minderwuchs					
	● Hyperprolaktinämie	↓↓	↓↓	↓↓	+	Idiopathisch Prolaktinom Hypophysenstielläsion (z. B. Trauma, Operation)
	● Hyperöstrogenämie	n/↓	n/↓	↓	+	Leberzirrhose Östrogentherapie
	○ Partielle HVL-Insuffizienz	↓↓	↓↓	↓↓	+	Tumor etc. (**Tabelle 2**)
	↳ Maldescensus testis				+	Idiopathisch
	○ Pasqualini-Syndrom („fertile Eunuchen")	↓	↓	↓	+/−	Isolierter LH-Mangel
	○ Isolierter FSH-Mangel	n	n	↓	+	Isolierter FSH-Mangel
○ Hypothalamus	● Idiopathische Pubertas tarda	n/↓	n/↓	n/↓	+/−	Normvariante (?)
	● Hypogonadotroper Hypogonadismus	↓	↓	↓	+	GnRH-Mangel (idiopathisch)
	↳ Kallmann-Syndrom				+	Vererbter GnRH-Mangel
	○ Panhypopituitarismus	↓↓	↓↓	↓↓	+	Tumor etc. (**Tabelle 2**) oder idiopathisch-funktionell (z. B. Kachexie, Streß)
	○ Prader-Willi-Syndrom	↓↓	↓↓	↓↓	+	GnRH-Mangel (vererbt?)
	○ Laurence-Moon-Biedl-Bardet-Syndrom				+	Vererbter GnRH-Mangel
○ Androgen-Zielorgan	○ Testikuläre Feminisierung („Hairless women")	n/↑	n	↑	+	Androgenrezeptordefekt
	○ Reifenstein-Syndrom	n	n	n	+	Androgenrezeptormangel

● = relativ häufig; ◐ = seltener; ○ = selten; n = Wert im Referenzintervall
↑ = erhöht; ↓ = erniedrigt; + = liegt vor; +/− = unterschiedlich

Gonaden (Hoden/Ovar)

Tabelle 21
Klinische Manifestation des männlichen Hypogonadismus

	Beginn des Androgenmangels		
	Präpuberal	Postpuberal	Fetal
Knochen	Eunuchoider Hochwuchs – Unterlänge > Oberlänge* – Halbe Spannweite > Oberlänge	Osteoporose	↓
Stimme	Hoch, ungebrochen	Unverändert	INTERSEXUALITÄT
Behaarung	Mangelnder Bartwuchs Gerade Stirnhaargrenze Spärliche Körperbehaarung Spärliche Sexualbehaarung Horizontale Pubesgrenze	Nachlassender Bartwuchs Nachlassende Körper- behaarung Nachlassende Sexual- behaarung	
Haut	Fehlende Sebumproduktion Pigmentarm Blaß	Atrophisch Feine Fältelung Dünn Blaß	
Muskulatur	Unterentwickelt Hypoton	Atrophisch	
Genitale (Hoden)	Kindlich (< 4 ml)	Hodenatrophie	
Spermatogenese	Fehlt	Sistiert	
Libido/Potenz	Nicht entwickelt	Vermindert	
Blutbild	Anämie	Anämie	

* Grenze Unterlänge – Oberlänge: oberer Rand der Symphyse

Wie ist eine Gynäkomastie zu bewerten?

Wie das breite Ursachenspektrum der **Tabelle 22** zeigt, können u. a. alle Formen des Hypogonadismus und die Hodentumoren zur Gynäkomastie, d. h. zur ein- oder doppelseitigen Hyperplasie des männlichen Brustdrüsenkörpers führen. Zugrunde liegt immer ein relativer oder absoluter **Östrogenexzeß,** der beim Hypogonadismus durch eine verminderte Testosteronproduktion, bei den Hodentumoren durch eine HCG-vermittelte, seltener auch primäre Östrogen-Überproduktion zustande kommt. Auch bei alleinigem Vorliegen einer Gynäkomastie sind deshalb sämtliche diagnostischen Maßnahmen in Erwägung zu ziehen, die

Tabelle 22 **Ursachen der Gynäkomastie**	
◐ Normvariante	● Pubertätsgynäkomastie ◐ Gynäkomastie bei Neugeborenen
◐ Nicht-Endokrinopathien	● Schwere Lebererkrankungen (Leberzirrhose) ◐ Niereninsuffizienz o Paraplegie
◐ Medikamente	● Östrogene (z. B. Prostatakarzinom-Therapie) ◐ Spironolacton, Tricyclische Antidepressiva, Cimetidin, Antiandrogene ◐ Digitalis, Isoniazid, Meprobamat, Amphetamin, α-Methyldopa, Butyrophenone, Reserpin, Phenothiazine, Sulpirid, Morphin, Busulfan, Vincristin, Androgene
◐ Endokrinopathien	● Klinefelter-Syndrom o Andere Formen des primären Hypogonadismus o Sekundärer Hypogonadismus o Zielorganresistenz (z. B. Reifenstein-Syndrom) o Hyperprolaktinämie o Hyperthyreose, Hypothyreose o Morbus Addison
o Tumoren	● Teratokarzinom, Chorionepitheliom, Seminom (HCG-Produktion → Östrogenexzeß) o Leydigzelltumor (Östrogenexzeß) o NNR-Tumor, -Hyperplasie (Östrogenexzeß) o Paraneoplastisches Syndrom (z. B. Bronchialkarzinom)
o „Auffütterung"	o Hungerkachexie o Colitis ulcerosa o Vitium cordis o Andere konsumierende Erkrankungen
● = relativ häufig; ◐ = seltener; o = selten	

auch sonst üblicherweise der Abklärung eines Hypogonadismus bzw. eines Hodentumors dienen (**Abb. 12, 13**). Des weiteren müssen natürlich alle anderen möglichen Ursachen einer Gynäkomastie (vor allem Medikamente, Leberzirrhose) ausgeschlossen werden. Ein Teil der Gynäkomastien bleibt jedoch trotz sorgfältiger Untersuchung ursächlich unklar.

98 Gonaden (Hoden/Ovar)

Abbildung 12
Abklärung eines männlichen Hypogonadismus

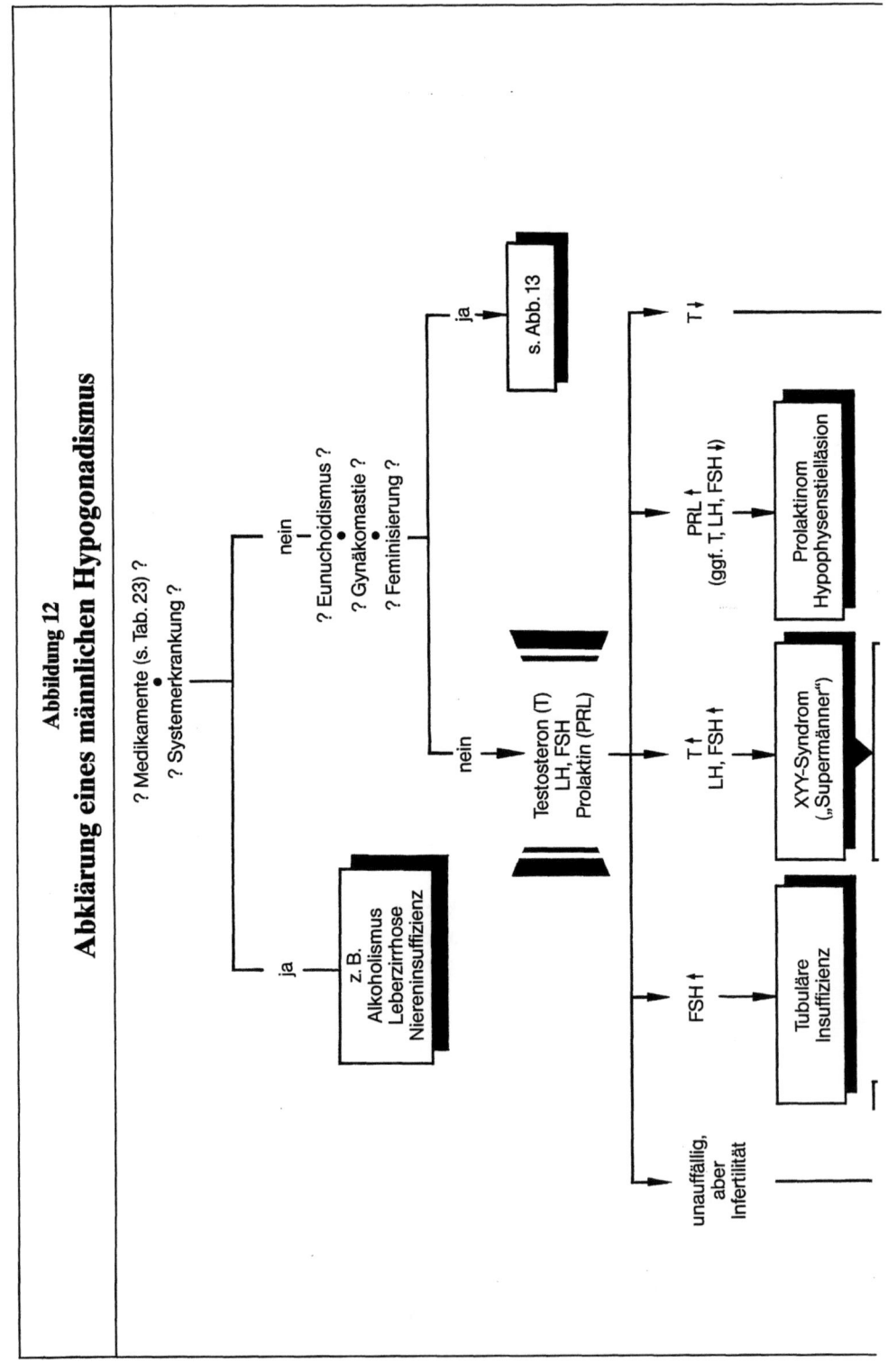

Hoden – Allgemeine Endokrinologie   99

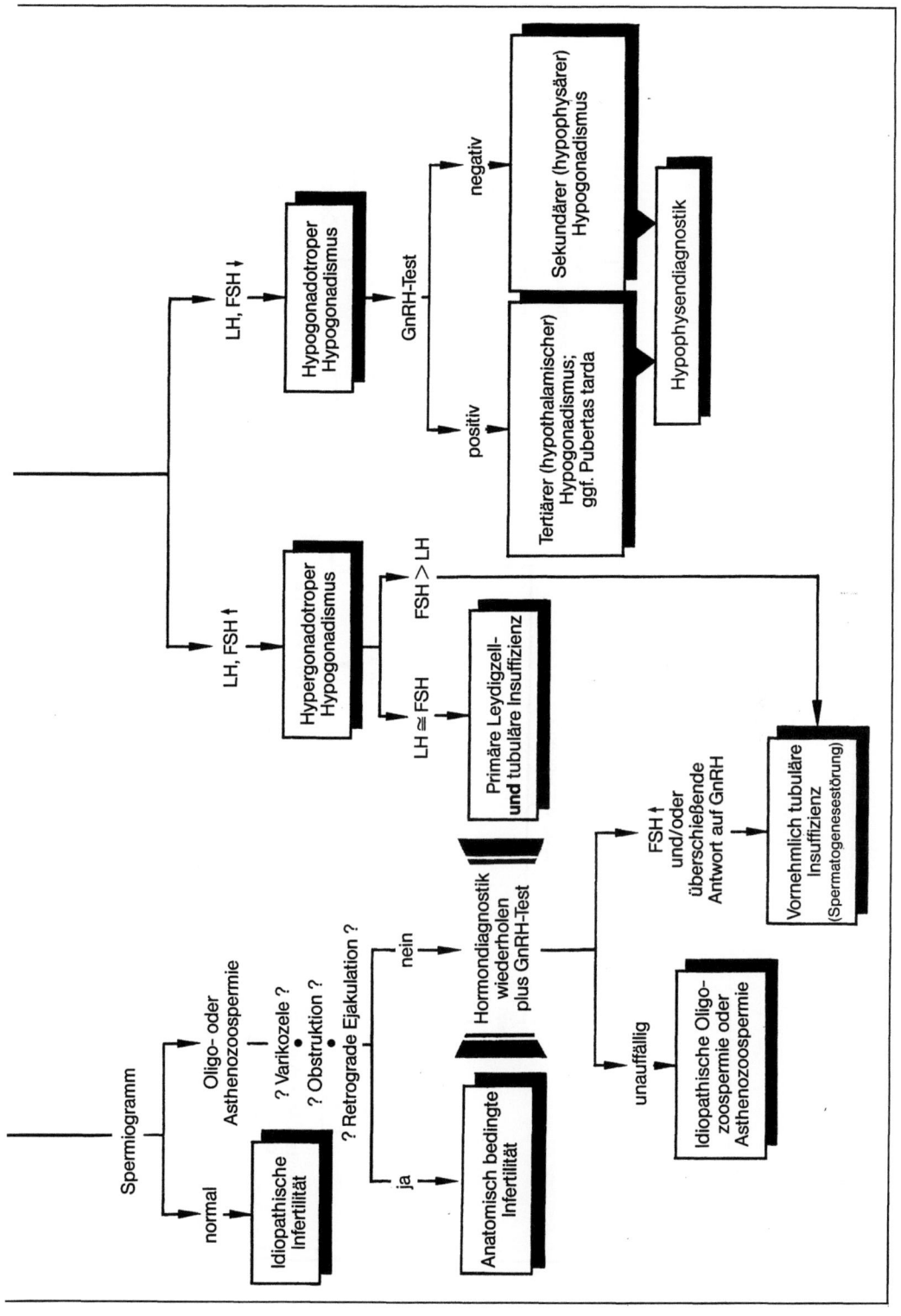

100 Gonaden (Hoden/Ovar)

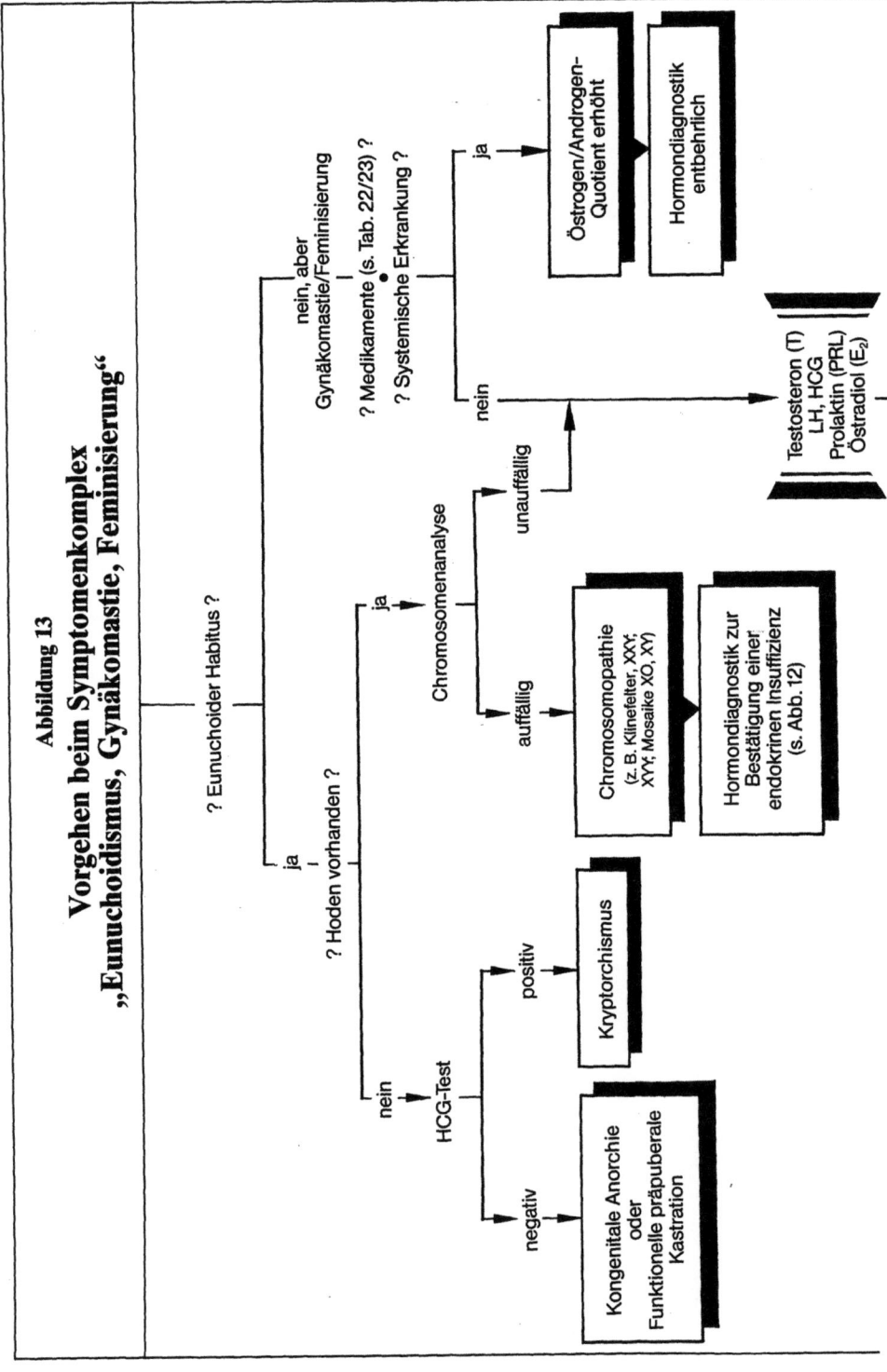

Abbildung 13
Vorgehen beim Symptomenkomplex „Eunuchoidismus, Gynäkomastie, Feminisierung"

Hoden – Allgemeine Endokrinologie

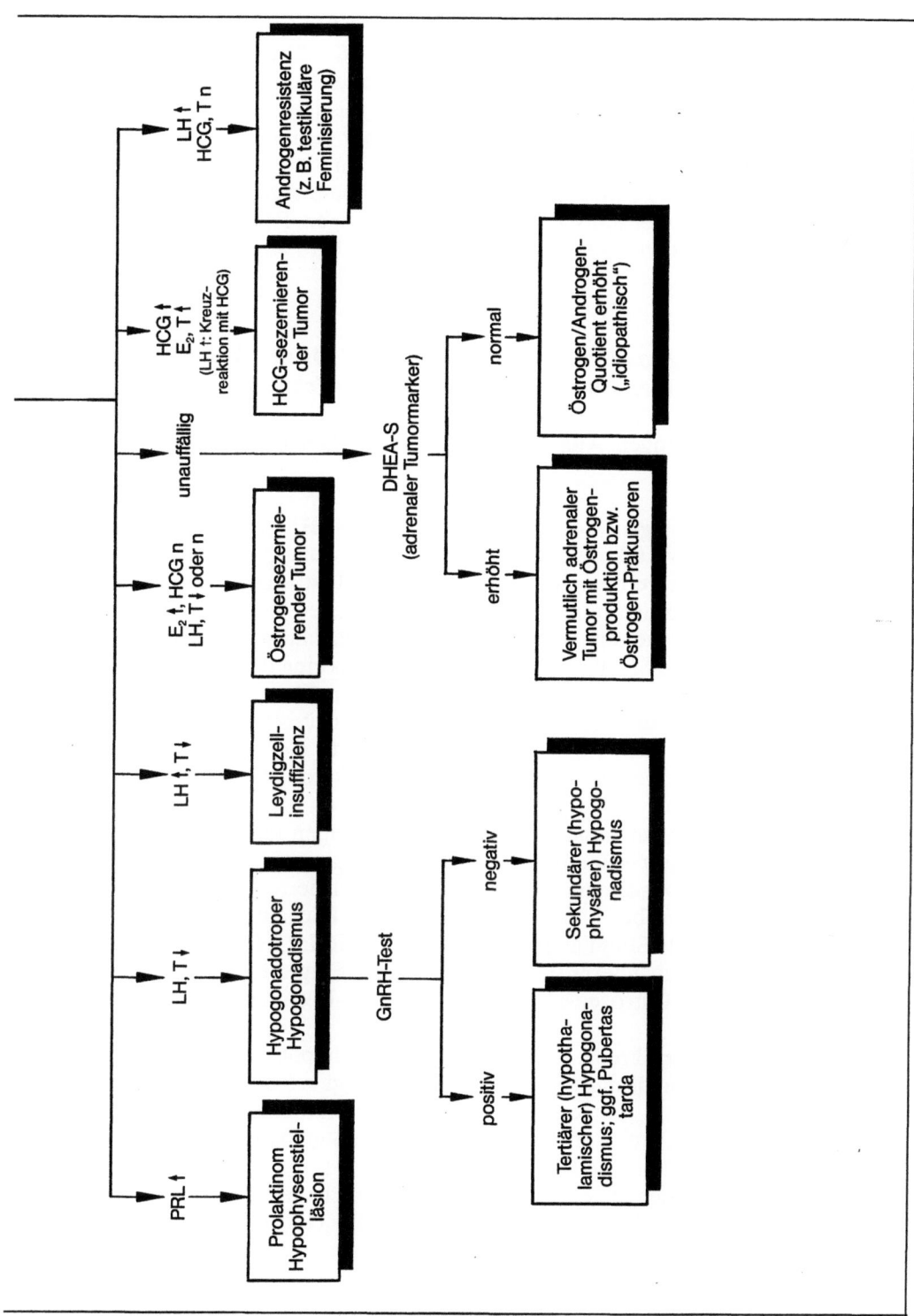

Eine Sonderstellung nimmt die bei mehr als 50% aller Jungen im Alter von 12 bis 15 Jahren auftretende **Pubertätsgynäkomastie** (S. 32) ein, die beim Fehlen sonstiger klinischer Auffälligkeiten (z. B. sehr starke Ausprägung der Gynäkomastie, Minderwuchs, eunuchoider Hochwuchs, geistige Retardierung, Riechstörung, Hypo-/Hyperthyreosezeichen) außer einer sehr sorgfältigen körperlichen Untersuchung einschließlich Hodenpalpation in der Regel keiner weiteren Abklärung bedarf. Sie bildet sich fast immer innerhalb von ein bis zwei Jahren spontan zurück. Andernfalls ist, wie bei den übrigen Fällen meistens auch, chirurgisch vorzugehen, sobald die Gynäkomastie den Patienten psychisch belastet.

Welche diagnostischen Maßnahmen sind für die Abklärung einer Hodenfunktionsstörung wichtig?

Neben einer sorgfältigen **Anamnese** und **körperlichen Untersuchung** können sinnvoll sein:

Hormonbestimmungen. Testosteron*, LH* und **FSH*** gehören zur Basisdiagnostik. Aus der Wertekonstellation kann der Ausgangspunkt der gonadalen Störung eingegrenzt werden. So muß bei niedrigen Testosteron- und hohen LH/FSH-Werten die Störung primär im Hoden selbst liegen. Niedrige Testosteron- und LH/FSH-Werte weisen dagegen auf eine hypothalamisch-hypophysäre Störung hin. Ist nur der FSH-Wert erhöht, liegt meistens eine tubuläre, d. h. nur die Spermatogenese betreffende Hodeninsuffizienz vor. Bei unerfülltem Kinderwunsch ist ein erhöhter FSH-Spiegel prognostisch ungünstig.

Auch **Prolaktin*** gehört zur Primärdiagnostik, da eine gestörte männliche Sexualfunktion bzw. gestörte Spermiogenese primär von einer Hyperprolaktinämie ausgehen kann.

Je nach Ergebnis der basalen Hormonbestimmungen kann ein HCG*- oder GnRH*-Test indiziert sein, um die Verdachtsdiagnose eines primären bzw. sekundären Hypogonadismus zu bestätigen. Bei gesichertem sekundären Hypogonadismus sind darüber hinaus auch die übrigen Partialfunktionen des HVL durch entsprechende Stimulationstests* (TSH ± TRH; GH ± GHRH; ACTH/Cortisol ± CRH) zu überprüfen. Bei speziellen Fragestellungen (s. u.) kann schließlich auch die Östrogen-, HCG- und DHEA-S-Bestimmung von Wert sein.

Bildgebende Verfahren. Bei Verdacht eines hypothalamisch-hypophysär bedingten Hypogonadismus muß die Sella geröntgt werden. Bei bestehender Klinik und normalem röntgenologischem Sellabefund ist eine Computertomographie (CT) des Schädels erforderlich, in weiterhin unklaren Fällen eine Kernspintomographie.

Durch Röntgen der linken Hand kann das Knochenalter bestimmt werden. Eine Übersichtsaufnahme der Wirbelsäule liefert Hinweise auf eine Osteoporose.

---

* s. Praktische Hinweise

Augenuntersuchung. Eine Gesichtsfeldanalyse sollte bei Verdacht eines hypothalamisch-hypophysär bedingten Hypogonadismus zur zusätzlichen diagnostischen Absicherung durchgeführt werden (S. 9).

Riechprobe. Beim **Kallmann-Syndrom** ist der GnRH-Mangel mit einer Riechstörung kombiniert (S. 23).

Spermiogramm. Es dient nur zur Abschätzung der generativen Hodenfunktion, ist diesbezüglich aber die wichtigste Untersuchung (S. 114).

Postkoitaltest (Sims-Huhner-Test). Er ist durchzuführen, wenn trotz normalen Spermiogramms weiterhin der Kinderwunsch unerfüllt bleibt. Findet man **wiederholt** bei periovulatorisch optimaler Zervixmukusqualität keine progressiv motilen Spermatozoen, so kann dies Ausdruck eines Verlustes der Spermatozoenvitalität bzw. eines Mangels an Spermatozoen sein. (Vergleiche S. 156).

Chromosomenanalyse. Sie ist an Leukozyten oder Fibroblasten durchführbar und kann in Einzelfällen zur Abklärung eines Hypogonadismus beitragen. Die vollständige Chromosomenanalyse ist der Bestimmung des Kerngeschlechts (Barr-Körper) aus Ruhekernen der Epithelien der Wangenschleimhaut weit überlegen, da letztere zwar einfacher in der Durchführung, aber auch mit vielen Fehlinterpretationen belastet ist. Deshalb sollte die Bestimmung der Barr-Körper auch als Screening-Methode nicht mehr eingesetzt werden.

Hodenbiopsie. Sie kann bei einer **Oligo-** oder **Azoospermie** zusätzliche histologische Informationen liefern. Außerdem besteht die Möglichkeit, das bioptische Material für eine Chromosomenanalyse zu nutzen. Mit der routinemäßig zur Verfügung stehenden Gonadotropinbestimmung hat die Hodenbiopsie an diagnostischem Wert eingebüßt. Besteht allerdings der Verdacht eines **Hodentumors,** so ist eine Freilegung des Hodens und gegebenenfalls eine Orchidektomie mit Histologie unbedingt zu erwägen.

Hoden
Spezielle Endokrinologie
Primärer Hypogonadismus

· Definition · Männliches Klimakterium · Klinefelter-Syndrom · Tubuläre Insuffizienz · XYY-Syndrom · Noonan-Syndrom · Niereninsuffizienz ·
· Alkoholismus · Medikamente · Hormondiagnostik · Therapie ·

Was versteht man unter einem primären Hypogonadismus?

Beim primären Hypogonadismus liegt eine Einschränkung der endokrinen und/oder generativen Hodenfunktion vor, deren Ursache im Hoden selbst liegt und in deren Gefolge es zu einem Testosteron- und/oder Inhibin-Mangel kommt. Hierdurch fehlt dem Regelkreis Hypothalamus-HVL-Hoden die negative Rückkopplung, so daß erhöhte LH- und/oder FSH-Werte vorliegen. Man nennt den primären Hypogonadismus deshalb auch **hypergonadotropen** Hypogonadismus und grenzt ihn gegen die **hypogonadotrope, d. h. sekundäre** bzw. **tertiäre** Form ab, bei der die Hodenfunktionsstörung Folge einer verminderten Gonadotropinsekretion ist (Tabelle 20).

Was versteht man unter einem normogonadotropen Hypogonadismus?

Er trifft für alle sub- oder infertilen Männer zu, die normale Testosteron-, LH-, FSH- und Prolaktin-Spiegel aufweisen. Man vermutet, daß es sich um bestimmte Formen **tubulärer Insuffizienzen** handelt, die möglicherweise später in schwere Spermatogenesestörungen übergehen können und dann aufgrund des Fortfalls der Inhibinwirkung vor allem durch deutlich erhöhte FSH-Werte imponieren.

Wie häufig findet sich die Trias Androgendefizit, Infertilität und „Impotenz"?

Ein Androgendefizit geht fast immer mit Infertilität (Impotentia generandi) und „Impotenz" (Impotentia coeundi; S. 116) einher (Tabelle 20). Andererseits ist in mehr als 80% der Fälle von Infertilität oder „Impotenz" eine Störung im Hormonhaushalt nicht nachweisbar.

Gibt es ein männliches Klimakterium?

Da die Hodenfunktion (Testosteronproduktion, Spermatogenese) im Gegensatz zu den Eierstöcken nicht relativ rasch in einem bestimmten Lebensabschnitt, sondern ganz allmählich abnimmt, **fehlen beim Mann normalerweise** plötzlich auftretende klinische Zeichen wie verminderte Libido, herabgesetzte sexuelle Potenz, Konzentrationsschwäche, depressive Phasen, erhöhte Irritierbarkeit und Hitzewallungen. Kommt es dennoch zu diesen Beschwerden, so sind sie diagnostisch abzuklären (Hormonanalytik, vaskuläre Risikofaktoren, psychologische Exploration). Bei einer primären **Leydigzellinsuffizienz** als Ursache der Beschwerden müßte Testosteron erniedrigt sein, gepaart mit erhöhten LH/FSH-Spiegeln. Letztere wären erniedrigt, wenn die Leydigzellinsuffizienz primär vom HVL ausginge. Bei **vaskulärer oder psychogener Genese** dagegen wären alle Werte normal. Die Verabreichung von Testosteron zur Linderung der Beschwerden ist nur bei gesicherter Leydigzellinsuffizienz vertretbar.

Welche Krankheitsbilder lassen sich beim primären Hypogonadismus unterscheiden?

In Ergänzung zu **Tabelle 20** können die häufigsten Krankheitsbilder wie folgt charakterisiert werden:

Klinefelter-Syndrom. Es handelt sich um die häufigste aller menschlichen Chromosomopathien. Die Inzidenz beträgt 2–3 Fälle pro 1000 erwachsene Männer. 80% haben den Karyotyp 47, XXY, die übrigen meist Mosaike aus XXY, XY. Es liegt praktisch immer eine komplette generative und unterschiedlich stark ausgeprägte endokrine Hodeninsuffizienz vor.

Klinisch auffällig werden die Patienten oft im Verlauf einer verspätet einsetzenden und spärlichen Pubertät oder aber aufgrund eines unerfüllten Kinderwunsches. Der Phänotyp zeigt graduelle Varianten je nach Ausmaß der Leydigzellinsuffizienz. Meist liegt ein eunuchoider Habitus vor, ca. 50% haben eine Gynäkomastie (Tabelle 22) und 15% sind geistig retardiert. Die Hoden sind auffallend klein (< 4 ml) und derb. Gewöhnlich besteht Infertilität.

Die **Diagnose** ergibt sich aus klinischem Befund, massiv erhöhtem FSH (FSH > LH) und je nach Leydigzellinsuffizienz mehr oder weniger erniedrigtem Testosteron bzw. erhöhtem LH. Der HCG-Test* (Leydigzell-Funktionstest) zeigt keinen oder einen nur geringen Anstieg des Testosterons, das Spermiogramm deckt fast immer eine Azoospermie auf. Die Diagnose wird gesichert durch eine Chromosomenanalyse.

Tubuläre Insuffizienz. Bei ihr handelt es sich im engeren Sinne um eine isolierte primäre Störung des Keimepithels. Im weiteren Sinne können aber auch das Klinefelter-Syndrom und andere primäre Hypogonadismusformen hinzugerechnet werden, bei denen die tubuläre Insuffizienz zusammen mit einer eingeschränkten endokrinen Hodenfunktion einhergeht.

Das **Ursachenspektrum** ist in **Tabelle 20** zusammengefaßt. Ganz im Vordergrund steht die Varikozele. Eine akute Orchitis kann durch zahlreiche virale (vor allem Mumps) und bakterielle (z.B. Neisserien, Mykoplasmen, Chlamydien) Infektionen bedingt sein. Bei der Orchitis besteht immer die große Gefahr einer bleibenden Schädigung der Samenkanälchen. Auch die Leberzirrhose und die Niereninsuffizienz gehen häufig mit einer tubulären, aber auch einer inkretorischen Insuffizienz einher. Hinsichtlich der ionisierenden Strahlen kommt es bei einer Belastung der Gonaden von mehr als 500 rad zu irreversiblen Schäden des generativen Epithels, während die Leydigzellen erst bei einer doppelt so hohen Dosis zugrunde gehen. Unter den Medikamenten sind vor allem die alkylierenden Substanzen für das Keimepithel schädlich. Nach deren Absetzen erfolgt meist eine langsame Erholung der Spermiogenese. Schließlich muß betont werden, daß leider häufig die Ursache der tubulären Insuffizienz unklar bleibt.

Klinisch auffällig wird die tubuläre Insuffizienz meist erst als unerfüllter Kinderwunsch. Im Kapitel Infertilität wird darauf näher eingegangen (S. 110ff.).

Die **Diagnose** ergibt sich meist aus Anamnese, körperlicher Untersuchung (z. B. Varikozele) und einem hohen FSH-Spiegel im Serum. Die Hoden sind meistens zu klein (< 8 ml), wobei ein inverses Verhältnis zwischen Hodenvolumen und FSH-Wert besteht.

Pseudohermaphroditismus masculinus. Individuen mit zwittrigem Genitale bei Vorhandensein von Hodengewebe stellen die größte Gruppe aller Zwitterformen dar. Hierzu gehören auch die testikuläre Feminisierung und das Reifenstein-Syndrom, zwei Krankheitsbilder, bei denen aufgrund eines Androgenrezeptormangels bzw. -defektes eine Androgenresistenz besteht. Weitere Einzelheiten über den Pseudohermaphroditismus finden sich im Kapitel Intersexualität (S. 166ff.).

XYY-Syndrom („Supermänner"). Es ist das Gegenstück zum Klinefelter-Syndrom. Die Inzidenz soll bei 1 Fall pro 1000 Männer liegen. Der Begriff „Supermänner" hat sich zwar eingebürgert, sollte aber wieder verlassen werden, da er nicht zutrifft.

Leitsymptom ist der Hochwuchs. Ca. 10% aller Männer mit einer Körpergröße von mehr als 200 cm haben diese Chromosomenanomalie. Die körperliche und die geistige Entwicklung sind meist normal. Alterationen im sozialen Verhalten (vermehrte Aggressivität und Kriminalität) sollen dagegen häufig sein und mit einer signifikant höheren Testosteronproduktion im Vergleich zu XY-Männern einhergehen. Die Spermatogenese zeigt Störungen unterschiedlichen Ausmaßes, die Fertilität ist meist eingeschränkt.

Die **Diagnose** ergibt sich aus dem Chromosomenbefund. Die Testosteron-, LH- und FSH-Werte können unauffällig oder erhöht sein.

Noonan-Syndrom („Pseudo-Turner"). Es kommt in einer Häufigkeit von etwa 1:5000 vor, Knaben überwiegen deutlich („Male Turner"). Eine Chromosomenanomalie liegt mit Ausnahme weniger geschlechtschromosomaler Mosaike nicht vor. Ein autosomal dominanter Erbgang wird angenommen.

Klinisch fällt ein „Turner-Habitus" auf mit Minderwuchs, Pterygium colli, tiefer Nackenhaargrenze etc. (Tabelle 37). Außerdem liegt fast immer ein Herzfehler vor. Bei Männern findet man zusätzlich oft einen Kryptorchismus sowie eine eingeschränkte generative und endokrine Hodenfunktion mit kleinen Testes (< 10 ml).

Die **Diagnose** ergibt sich aus dem klinischen Bild, der fehlenden Chromosomenanomalie und den meist hohen LH- und FSH- sowie niedrigen Testosteronwerten.

Welche extragonadalen Erkrankungen führen häufig zum primären Hypogonadismus?

Die chronische Niereninsuffizienz bzw. Urämie und der Alkoholismus führen sehr oft zum Hypogonadismus.

Niereninsuffiziente Männer neigen aufgrund der **Urämie** oft zur Hodenatrophie mit abnormer Spermatogenese (Spermatogenesestop), erektilem Potenzverlust sowie reduzierter Libido. Die Testosteronspiegel sind meist erniedrigt, die LH- und FSH-Werte erhöht. Oft findet man auch eine Hyperprolaktinämie, die dann zusätzlich zur gestörten Vita sexualis beiträgt, weshalb sich letztere in diesen Fällen schon nach Gabe eines Dopaminagonisten (z.B. Bromocriptin, Lisurid) bessern kann. **Alkoholismus** führt über verschiedene Mechanismen zum Hypogonadismus, unter anderem durch die alkoholinduzierte **Leberzirrhose.** Außerdem ist der Vitamin-A-Stoffwechsel gestört, indem unter Alkohol nicht mehr ausreichend Retinol gebildet wird. Damit ist eine normale Spermatogenese, für die Retinol unentbehrlich ist, nicht mehr gewährleistet.

Die **Diagnose** ergibt sich meist aus Anamnese, Klinik sowie pathologisch veränderten Testosteron-, LH-, FSH- und Prolaktin-Spiegeln.

Schließlich sei angemerkt, daß beim **Diabetes mellitus** zwar sehr oft eine Impotentia coeundi vorliegt (s.u.), nicht aber ein mit pathologischen Testosteron-, LH- und FSH-Werten einhergehender primärer Hypogonadismus.

Kann eine Hyperprolaktinämie zum Hypogonadismus führen?

Etwa 5% aller männlichen Hypogonadismusfälle sind Folge einer Hyperprolaktinämie, durch die es zur Hemmung der Gonadotropinsekretion und folglich auch zur eingeschränkten Testosteronproduktion kommt, bei ausgeprägter Hyperprolaktinämie darüber hinaus auch zur Spermatogenesestörung. Eine direkte Wirkung des Prolaktins auf die Leydigzelle scheint ebenfalls pathophysiologisch bedeutsam zu sein. Die Prolaktinbestimmung* gehört deshalb zur Basisdiagnostik einer jeden Hodenfunktionsstörung.

Welche Medikamente und Substanzen können zum Hypogonadismus führen?

Tabelle 23 faßt die wichtigsten Medikamente und Substanzen alphabetisch zusammen. Sie wirken entweder direkt am Hoden oder auf hypothalamisch-hypophysärer Ebene.

---

* s. Praktische Hinweise

Gonaden (Hoden/Ovar)

Tabelle 23
Auswahl von Medikamenten und Substanzen, die einen Hypogonadismus bewirken können

Internationaler Freiname	Handelsname (z. B.)	Stoffklasse
Actinomycin D	Cosmegen	Zytostatikum
Amitriptylin	Laroxyl	Tricycl. Antidepressivum*
Busulfan	Myleran	Zytostatikum
Chlorambucil	Leukeran	Zytostatikum
Cimetidin	Tagamet	H_2-Rezeptorantagonist
Colchizin	Colchicinum DAB	Alkaloid
Cyclophosphamid	Endoxan	Zytostatikum
Cyproteronacetat	Androcur	Antiandrogen
Digitoxin	Digimerck	Herzglykosid
Digoxin	Lanicor	Herzglykosid
Ketoconazol	Nizoral	Antimykotikum
Levomethadon	Polamidon	Narkoanalgetikum
Methotrexat	Methotrexat	Zytostatikum
Nandrolon	Anadur	Anabolikum
Nitrofurantoin	Furadantin	Chemotherapeutikum*
Salazosulfapyridin	Azulfidine	Chemotherapeutikum
Spironolacton	Aldactone	Antihypertonikum*
Testosteronpropionat	Testoviron	Androgen
Tranylcypromin	Parnate	MAO-Inhibitor*
Triethylenmelamin	–	Zytostatikum
Trimethoprim	Trimanyl	Chemotherapeutikum
Arsen	–	–
Blei	–	–
Marihuana u. a. Rauschmittel	–	–

* und andere Verbindungen aus dieser Stoffklasse

Welche Bedeutung haben Anamnese und körperliche Untersuchung für die Abklärung eines Hypogonadismus?

Deren Bedeutung kann gar nicht hoch genug eingeschätzt werden, worauf auch im nachfolgenden Kapitel über die Infertilität noch einmal hingewiesen wird. Deshalb muß jede Diagnostik mit einer sorgfältigen Anamnese, einschließlich der Frage nach Medikamenten, beginnen, gefolgt von einer Ganzkörperuntersuchung, bei der insbesondere auf Zeichen des Eunuchoidismus (Tabelle 21), der Gynäkomastie und der Feminisierung zu achten ist.

Welche Hormonbestimmungen sind für die Abklärung eines Hypogonadismus wichtig?

Zur **Basisdiagnostik** gehört die Bestimmung von **Testosteron*, LH*, FSH*** und **Prolaktin***. Das jeweilige Ergebnis erlaubt, wie **Abb. 12** verdeutlicht, wichtige Rückschlüsse auf den primären Ort der Störung und macht gegebenenfalls einen GnRH-Test* notwendig, mit dem der hypogonadotrope Hypogonadismus genauer definiert werden kann.

Imponieren Symptome wie Eunuchoidismus, Gynäkomastie und/oder Feminisierung, so ist die Hormondiagnostik vor allem durch die Bestimmung von Östradiol* und HCG* zu ergänzen, gegebenenfalls auch durch einen HCG-Test* **(Abb. 13).**

Über den Stellenwert zusätzlicher diagnostischer Maßnahmen bei Hodenfunktionsstörungen (z. B. bildgebende Verfahren, Augenuntersuchung, Riechprobe, Spermiogramm, Postkoitaltest, Chromosomenanalyse und Hodenbiopsie) wurde an anderer Stelle zusammenfassend berichtet (S. 102f.). Zur Abklärung einer Infertilität gehören außerdem klinisch-chemische und bakteriologische Untersuchungen im Ejakulat (s. u.).

Wie wird ein primärer Hypogonadismus therapiert?

Bei eingeschränkter oder aufgehobener **Leydigzellfunktion** kommt es zum Androgenmangel. Der hierdurch drohenden Osteoporose muß mit einer **lebenslangen Testosteronsubstitution** vorgebeugt werden. Oft wirkt sich die Verabreichung von Testosteron auch positiv auf das Allgemeinbefinden (Vigilanz, Konzentrationsvermögen, körperliche Kraft etc.) aus. Die Substitution beginnt gegebenenfalls schon zum Zeitpunkt einer normalerweise eintretenden Pubertät mit monatlichen i. m. Injektionen von 50 mg eines Depot-Testosteronpräparates. Die Dosis muß dann alle drei bis vier Monate gesteigert werden, bis nach ein bis zwei Jahren die Erhaltungsdosis des Erwachsenen (250 mg alle drei bis vier Wochen) erreicht wird. Prostata und Brustdrüse sind unter der Substitution regelmäßig abzutasten.

Für die eingeschränkte **generative Hodenfunktion** gibt es ein paar empirische medikamentöse Therapieformen (z. B. Kallikrein-Präparate), für die aufgehobene dagegen ist jeder Therapieversuch zwecklos.

---

* s. Praktische Hinweise

Infertilität des Mannes

· *Definition* · *Häufigkeit* · *Ursachen* · *Anamnese* · *Körperliche Untersuchung* ·
· *Hormondiagnostik* · *Sonstige Diagnostik* · *Therapie* ·

Wann gilt ein Mann als infertil?

Ein Mann ist infertil, wenn er trotz regelmäßiger Kohabitation unfähig ist, bei einer fertilen Partnerin innerhalb eines Jahres eine Konzeption zu induzieren (Impotentia generandi). Sind einzelne Fertilitätsparameter nur partiell verändert, so wird auch von Subfertilität gesprochen.

Wie häufig liegt die Ursache einer kinderlosen Ehe beim Mann?

Man schätzt, daß in der Bundesrepublik Deutschland derzeit ca. 10–15% aller Ehepaare ungewollt kinderlos sind. In der Mehrzahl der Fälle werden bei beiden Partnern Funktionsstörungen gefunden. Man sollte deshalb von vornherein jede Sterilität als multifaktoriell ansehen und obligaterweise beide Partner untersuchen, zumal eine konkrete Ursache, die beim Mann in etwa 40% der Fälle gefunden werden kann, nicht ausschließt, daß der Partner zusätzlich zum Sterilitätsproblem beiträgt.

Welche Ursachen sind beim Mann zu berücksichtigen?

Tabelle 24 faßt die wichtigsten Ursachen zusammen.

Im Vordergrund steht die verminderte Spermatozoenproduktion als Folge einer Varikozele (ca. 40%) oder einer primär testikulären Störung (ca. 15%), wobei die Oligozoospermie meistens auch funktionsgestörte Spermatozoen zeigt, so daß die in **Tabelle 24** ganz rechts aufgeführten Gründe auch für die Astheno-, Terato- und Nekrozoospermie ursächlich in Frage kommen können. Abnorme Spermatozoen für sich gesehen und/oder ein abnormes Seminalplasma (ca. 15%), Endokrinopathien (ca. 10%) und Ejakulationsstörungen (ca. 5%) sind weitere, nicht mehr ganz so häufige Ursachen. Auch bei der Niereninsuffizienz und Leberzirrhose sind meist endokrinologische und generative Störungen faßbar, während beim Diabetiker die Fertilitätsprobleme fast ausschließlich auf der oft vorhandenen Impotentia coeundi beruhen. Hinsichtlich der exogenen Ursachen gewinnen Umweltgifte zunehmend an Bedeutung. Schließlich bleiben aber immer noch 5–10% der Fälle ätiologisch unklar, bei denen möglicherweise vor allem immunologische Prozesse eine Rolle spielen könnten.

Tabelle 24
Ursachen der Infertilität beim Mann

- ● **Verminderte Spermatozoen-produktion**
  - Varikozele
  - Primär testikuläre Störung (Tabelle 20)
    - Entzündung/Infektion
    - Anlagestörung
    - Trauma
    - Tumor
  - Endokrinopathie
  - Systemische Erkrankung
    - Niereninsuffizienz
    - Leberzirrhose
    - Diabetes mellitus
  - Exogene Ursache
    - Medikamente; ionisierende Strahlen
    - Streß
    - Rauchen
    - Umweltgifte
    - Hitze

- ◐ **Abnorme Spermatozoen und/oder abnormes Seminalplasma**
  - Astheno-, Terato- und Nekrozoospermie
  - Agglutination
  - Polysemie, Parvisemie
  - Hohe Viskosität
  - Hohe Spermatozoendichte

- ◐ **Unbekannte Faktoren**
  - Immunologische Prozesse?

- ○ **Ejakulationsstörungen**
  - Retrograde Ejakulation
  - Hypospadie
  - Sexuelle Probleme

- ○ **Duktale Obstruktionen**
  - Postinfektiöse Epididymitis
  - Nach Vasektomie
  - Kongenitales Fehlen der Vasa deferentia

● = relativ häufig; ◐ = seltener; ○ = selten

Gonaden (Hoden/Ovar)

Trägt starker Nikotingenuß zur Infertilität bei?

Wenn auch kein genereller, statistisch signifikanter Zusammenhang zwischen Spermaqualität und Nikotinabusus besteht, so zeigt die Klinik doch immer wieder, daß starke Raucher (> 10 Zigaretten pro die) eine deutlich herabgesetzte Dichte und Motilität der Spermatozoen aufweisen und daß sich beide Kriterien nach Nikotinentzug oft normalisieren. Konsequenterweise sollte man deshalb allen Männern mit pathologischem Spermiogramm dringend empfehlen, das Rauchen einzustellen.

Welche Bedeutung haben Anamnese und körperliche Untersuchung für die Abklärung einer Fertilitätsstörung?

Deren Bedeutung kann gar nicht hoch genug eingeschätzt werden! Eine gründliche **andrologische Anamnese** umfaßt dabei die in **Tabelle 25** aufgeführten Gesichtspunkte. Ihr muß immer eine **Ganzkörperuntersuchung** zur Erhebung des Genitalbefundes sowie zur Beurteilung der sekundären Geschlechtsmerkmale und des Allgemeinzustandes folgen. Der **Genitalbefund** soll Aufschluß geben über Form und Größe der Testes (Prader-Orchidometer zur Bestimmung der Volumina) bzw. des Penis, über Pubes, Narbenverhältnisse und regionäre Lymphknoten. Besonders wichtig ist die Abklärung der am häufigsten zur Infertilität führenden **Varikozele,** bei der es sich um eine krankhafte Erweiterung, Verlängerung und varizenähnliche Schlängelung der Venae spermaticae internae handelt. Oberfläche, Größe und Schmerzhaftigkeit der **Prostata** sind gleichfalls immer zu befunden. Bezüglich der **sekundären Geschlechtsmerkmale** ist die Beurteilung der Körperproportionen (Relation von Körpergröße zur Symphysenhöhe; Spannweite), des Behaarungstyps (Barthaar, laterale Augenbrauen, Körper-, Pubes- und Achselbehaarung), des Fettverteilungsmusters und der Brustdrüse (Gynäkomastie?) besonders richtungsweisend.

Welche Hormonbestimmungen sind für die Abklärung einer Fertilitätsstörung wichtig?

Falls Anamnese und Ganzkörperuntersuchung nicht schon eine Ursache erkennen lassen (z.B. Varikozele, Alkoholismus, Niereninsuffizienz, Medikamente) und damit Hormonbestimmungen zunächst entbehrlich machen, sollten zur schnellen Orientierung, wie in **Abb. 12** dargestellt, **Testosteron*, LH*, FSH*** und **Prolaktin*** bestimmt werden. Von diesen Hormonen ist die empfindlichste Meßgröße zur Beurteilung der tubulären Hodenfunktion das **FSH,** das bei primären, vom Hoden selbst ausgehenden Spermatogenesestörungen sehr eng und invers mit der Spermatozoendichte korreliert, d.h. je höher der FSH-Wert ist, um so geringer ist die Spermatozoendichte. Daher sind Männer mit einem basalen FSH von > 10 IU/l selten fertil. Aber auch ein normaler Basalwert, der

---

* s. Praktische Hinweise

Tabelle 25
Anamnestischer Fragenkatalog zur Abklärung der Infertilität beim Mann

Partnerschaft	– Anzahl der Ehejahre – Zeitraum des Kinderwunsches – Familiäre, berufliche und soziale Situation – Frühere Untersuchungsergebnisse beim Patienten/ bei der Partnerin – Frühere Zeugungsfähigkeit des Patienten/ der Partnerin – Therapieversuche bei der Partnerin
Arbeitsumfeld	– Streß – Nachtschicht – Reisen: häufiger Wechsel von Klima- und Zeitzonen – Chemikalienexposition – Hitze – Strahlung
Konsumverhalten	– Ernährung – Nikotin – Alkohol – Drogen
Grundkrankheiten	– Leberzirrhose – Niereninsuffizienz – Diabetes mellitus – Kachexie
Medikamente	– Tabelle 23
Erkrankungen/Anlage-störungen des Urogenitaltrakts	– Varikozele – Hypospadie – Phimose – Mumpsorchitis – Kryptorchismus – Verletzungsfolgen
Endokrinopathien	– Hypothalamus/Hypophyse – Nebenniere – Schilddrüse – Gynäkomastie
Entwicklung	– Beginn der Pubertät – Alter der Eltern bei Geburt des Patienten
Potenzverhalten	– Koitusfrequenz

überschießend auf GnRH* antwortet, ist schon Hinweis genug für eine primäre Spermatogenesestörung. Man sollte deshalb bei bestehender Infertilität und unauffälligen basalen Hormonwerten immer den GnRH-stimulierten FSH-Wert ermitteln **(Abb. 12)**.

Welche diagnostischen Maßnahmen gehören neben den Hormonbestimmungen zur Abklärung einer Fertilitätsstörung?

Eine zentrale Bedeutung hat naturgemäß die **Ejakulatuntersuchung,** die neben einem differenzierten Spermiogramm vor allem auch bakteriologische Untersuchungen mit einschließt. Über den Umfang der Untersuchungen gibt **Abb. 14** an Hand eines Befundbogens Auskunft, der sich in einer andrologischen Sprechstunde bewährt hat.

Liegen zwei normale **Spermiogramme** im Abstand von 12 Wochen vor, so ist zunächst von einer Fertilität des Mannes auszugehen. Eine deutlich eingeschränkte oder persistierend grenzwertige Samenqualität spricht dagegen für eine Minderung der Fertilisierungschance von Eizellen. Auf eine 5tägige Karenz vor der Ejakulatgewinnung ist zu achten. Bleibt trotz normalen Spermiogramms der Kinderwunsch weiterhin unerfüllt, so muß ein **Postkoitaltest** durchgeführt werden (S. 103).

Bezüglich der **Bakteriologie** ist bemerkenswert, daß in einem andrologischen Patientengut in etwa 45% der Fälle ein Keimnachweis gelingt, wobei Infektionen mit Mykoplasmen (25%), Anaerobiern (15%) und Enterokokken (9%) überwiegen. Außerdem sind bei nicht gonorrhoischer Urethritis und Prostatitis in zunehmendem Maße Chlamydien (C. trachomatis) nachweisbar. Inwieweit der Keimnachweis für die Fertilitätsstörung verantwortlich zu machen ist, kann im Einzelfall nicht immer belegt werden. Die Bedeutung eines positiven Keimnachweises wird aber durch die Tatsache unterstrichen, daß bei extrakorporaler Insemination von Eizellen nur bakterienfreie Ejakulate eine Befruchtung zulassen.

Schließlich kann eine zugrundeliegende, vorwiegend chronische Prostatitis bei der jeweiligen Partnerin zur Zervizitis und Dysmukorrhoe führen, was die Fertilisierungschance ebenfalls senkt.

Welche Therapiemöglichkeiten gibt es für infertile Männer?

Die therapeutischen Möglichkeiten richten sich nach der Grundkrankheit und dem Ausmaß der Schädigung des Tubulusepithels.

Beim **primären** Hypogonadismus aufgrund genetischer Störungen gibt es keine Möglichkeit, das Fertilitätspotential zu verbessern. Ansonsten muß die Grundkrankheit behandelt werden. Noxen wie Alkohol, Nikotin und Medikamente (Tabelle 23) sind schon bei einem grenzwertigen Spermiogramm auszuschalten. Einem positiven Keimbefund im Ejakulat ist antibiotisch zu begegnen. Darüber hinaus muß generell eine Optimierung der Kohabitation bezüglich Karenz (4–5 Tage) und Ovulation angestrebt werden. Schließlich sollten insbesondere bei

---
* s. Praktische Hinweise

Abbildung 14
Befundbogen einer Ejakulatanalyse

SPERMIOGRAMM   Ejakulationsdatum: _____   Karenztage _____

Vollständige Verflüssigung	Ja, nach ___ min.	**Agglutinationen**	Nein ☐
	Nein ☐	Kopf-Kopf ☐	Schwanz-Schwanz ☐
Farbe	milchigweiß ☐	Kopf-Schwanz ☐	
	andere _____		

Konsistenz   dickflüssig ☐
                  normal ☐
                  hochflüssig ☐

Morphologie

Normale/abnormale Spermien |__|__| %
(normal > 30% normale Formen)
Art der Anomalie

pH-Wert   (7.2–7.8) |____|

Kopf: einfache Elongation |__|__| %
postakrosomale Elongation (2.°) |__|__| %
akrosomdefekte Elongation |__|__| %
Akrosomstörung (1.°/2.°) |__|__| %
Flagellumstörungen

Volumen   (2–6 ml) |____| ml

Spermatozoen (20–200 · 10⁶/ml) |____| 10⁶/ml
                  (> 40 · 10⁶/Ejak) |____| 10⁶/Ejak

Motilität   1   2   3   4   5
                %   %   %   µm µm

nach 30 min |__|__|__|__|__|
nach 60 min |__|__|__|__|__|
nach 240 min |__|__|__|__|__|

1 = % Sp mit progressiver Motilität; normal > 25% (WHO a)
2 = % bewegliche Spermatozoen; normal > 60% (WHO a+b+c)
3 = % unbeweglicher Spermatozoen (WHO d)
4 = mittlere Progressivmobilität µm/sec; normal > 60 (WHO a+b)
5 = mittlere Globalmobilität µm/sec; normal > 30 (WHO a+b+c)

Sonstige _____ %
Spermatogenese-Zellen (in 10^6/ml) |____|
Leukozyten (> $4 \cdot 10^6$/ml) |____|

Biochemische Untersuchungen

Fruktose (initial) (1000–5000 µg/ml) |____|
Saure Phosphatase (100–1000 IU/ml) |____|
Andere _____

Bakteriologie _____

Hormonanalytik

FSH (2–8 IU/l) |____|
LH (2–10 IU/l) |____|
Testosteron (3.5–9.0 µg/l) |____|
Prolaktin (bis ca. 10 µg/l) |____|
Östradiol (10–35 ng/l) |____|

Vitalitätstest (Eosin/Nigrosin; ≥ 60%)   vital |____| %
Hypoosmot. Schwelltest (≥ 60%) |____| %
Penetrationstest (in vitro; > 30 mm/90 min) |____| mm
Immunanalytik
Sperma-AK (i. Serum; < 75 U/ml) |____|
MAR-Test   pos. ☐   neg. ☐

Beurteilung:

---

normalem Postkoitaltest Inseminationen mit dem Sperma des Partners erwogen werden.

Beim **sekundären**, d. h. **hypogonadotropen** Hypogonadismus ist eine vorübergehende Fertilität mit einer mehrmonatigen HCG/HMG- oder pulsatilen GnRH-Applikation erreichbar (S. 26). Einer **Hyperprolaktinämie** kann mit einem Prolaktinhemmer (z. B. Bromocriptin, Lisurid) begegnet werden, wodurch sich die Fertilisierungschance verbessert.

Dagegen sind Hormontherapien (und Inseminationen) aus rein psychologischen Gründen strikt abzulehnen.

Impotenz

· *Definition* · *Häufigkeit* · *Ursachen* · *Hormondiagnostik* · *Therapie* ·

Was versteht man unter Impotenz?

Der Begriff steht im Sprachgebrauch für die relativ häufig vorkommende Impotentia coeundi, bei der ein libidinöser oder alibidinöser Erektionsverlust **(erektile Dysfunktion)** eine Kohabitation unmöglich macht. Dagegen handelt es sich bei der Impotentia generandi um die Zeugungsunfähigkeit aufgrund einer Spermatogenesestörung (S. 110).

Wie häufig ist die Impotenz hormonell bedingt?

Nur etwa **10% der Fälle** mit erektiler Dysfunktion sind hormonell bedingt. Ganz überwiegend liegen der Impotenz zu etwa gleichen Teilen rein vaskuläre oder psychogene Prozesse zugrunde. Trotzdem gilt es immer, hormonelle Ursachen auszuschließen.

Um welche hormonellen Störungen kann es sich hierbei handeln?

Naturgemäß gehen der primäre und der sekundäre **Hypogonadismus** meist mit Impotenz einher, wobei ursächlich auch immer ein Prolaktinom in Frage kommen kann (Tabelle 20). Weitere, nicht selten mit Impotenz einhergehende Endokrinopathien sind die **Hypo-** und **Hyperthyreose,** der **Morbus Cushing** und **Morbus Addison** sowie die **Akromegalie.** Auch der Diabetes mellitus (Typ I) ist hier einzureihen.

Welche systemischen Erkrankungen und Medikamente führen häufig zur Impotenz?

Hier steht an erster Stelle der **Diabetes mellitus,** bei dem mehr als 50% aller Betroffenen über verschiedene Grade der Potenzstörung, vom Nachlassen der Libido bis hin zum vollständigen Erektionsverlust, klagen. Als Ursache gelten die diabetische Neuropathie und Mikroangiopathie. Testosteron, Prolaktin, LH und FSH sind im allgemeinen unauffällig. Weitere, häufiger zur Impotenz führende Erkrankungen sind die **Niereninsuffizienz** und der **Alkoholismus,** wobei die Impotenz in diesen Fällen meistens auf einen bestehenden Hypogonadismus zurückgeführt werden kann.

Unter den **Medikamenten** führen Antihypertensiva (z.B. Betablocker, Methyldopa, Reserpin, Guanethidin) am häufigsten zur Impotenz, aber auch Narkotika, Benzodiazepine, Tranquillantien, tricyclische Antidepressiva und MAO-Inhibitoren.

Welche Hormonbestimmungen sind für die Abklärung einer Potenzstörung wichtig?

Testosteron* und **Prolaktin*** gehören zur **Basisdiagnostik**. Unauffällige Werte schließen eine primär gonadale Ursache für die Impotenz praktisch aus. Bei einem grenzwertigen oder pathologischen Ergebnis müssen weitere Hormonbestimmungen folgen, wie in **Abb. 12** schematisch dargestellt. Sollte eine andere Endokrinopathie (Schilddrüse, Nebennierenrinde, Akromegalie) ursächlich in Frage kommen, wird man das Spektrum der Hormonbestimmungen ebenfalls entsprechend erweitern müssen.

Wie wird eine hormonell bedingte Impotenz therapiert?

Beim **Testosteronmangel** führt die Substitution mit Testosteron-Depotpräparaten (250 mg alle 3–4 Wochen) schnell zum Erfolg. Bei psychogener Impotenz dagegen sind „Hormonkuren" erfolglos und damit strikt abzulehnen!

Im Falle einer **Hyperprolaktinämie** kann die alleinige Gabe eines Prolaktinhemmers (z. B. Bromocriptin, Lisurid) erfolgreich sein. Die Ursache der Hyperprolaktinämie ist aber in jedem Fall abzuklären, um vor allem kein Prolaktinom zu übersehen. Eine Impotenz aufgrund anderer Endokrinopathien läßt sich oft beheben, sobald die Grundkrankheit erfolgreich angegangen wurde.

Maldescensus testis

· *Definition* · *Häufigkeit* · *Risiken* · *Hormondiagnostik* · *Therapie* ·

Was versteht man unter einem Maldescensus testis, welche Formen gibt es und wie häufig ist er?

Es handelt sich um eine **Lageanomalie** des Hodens, der normalerweise in der 27. bis 35. Schwangerschaftswoche deszendiert und beim Maldescensus testis auf seinem Weg von der Nierengegend (Urnierenfalte) bis zum Skrotum an irgendeiner Stelle „hängen bleibt" (Maldescensus; **Hodenhochstand**) oder von seinem vorgegebenen Weg abweicht **(Hodenektopie)**. Beim Maldescensus besteht dabei immer der Verdacht einer primären Hodenfunktionsstörung sowie ein erhöhtes Krebsrisiko. Die Hodenektopie ist weniger schwerwiegend, da nach rechtzeitiger präpubertärer operativer Korrektur eine normale Hodenfunktion zu erwarten ist.

---

* s. Praktische Hinweise

Tabelle 26
Formen des Maldescensus testis

50%	**Pendelhoden**	– deszendierter Hoden, zeitweilig aktiv in den Leistenkanal retrahiert (z. B. bei Untersuchung)
	Gleithoden	– mobile(r) Hoden im Leistenkanal, passiv ins Skrotum verschiebbar
25%	**Leistenhoden**	– im Leistenkanal fixierter Hoden
	Kryptorchismus	– weder tast- noch sichtbare(r) Bauchhoden
	Anorchismus	– fehlende(r) Hoden
1%	**Hodenektopie**	– Lokalisation außerhalb des Leistenbandes – an der Peniswurzel – am Oberschenkel – am Damm

In **Tabelle 26** sind die einzelnen Lageanomalien ihrer Häufigkeit nach aufgeführt und definiert. Bezüglich der Inzidenz ist bekannt, daß frühgeborene und reifgeborene Knaben immerhin in 20–30% bzw. in 3–4% der Fälle einen Hodenhochstand haben, die Rate dann zwar aufgrund spontaner Besserungen im ersten Lebensjahr auf 1,8% sinkt, im Pubertäts- und Erwachsenenalter aber immer noch bei 1,0 bzw. 0,5% liegt. Der einseitige Maldescensus ist dabei fünfmal häufiger als der beidseitige.

Welche endokrinologischen Gesichtspunkte müssen beim Maldescensus berücksichtigt werden?

Der Maldescensus testis gehört zum Formenkreis des **Hypogonadismus (Tabelle 20).** In mehr als der Hälfte aller Fälle liegen Hinweise für eine Anlagestörung der Keimdrüsen vor, so daß man insbesondere bei der bilateralen Form zunächst an einen primären Hypogonadismus denken sollte. Darüber hinaus kann aber auch ein sekundärer, hypogonadotroper Hypogonadismus Ursache des Maldescensus sein.

Sind Hormonbestimmungen im Falle eines Maldescensus testis wichtig?

Bei **tastbaren** Hoden ist eine Hormondiagnostik nur dann notwendig, wenn sich der bi- **oder** unilaterale Maldescensus – mit Ausnahme des Pendelhodens – nicht innerhalb der ersten zwei Lebensjahre von selbst gegeben hat bzw. nicht erfolgreich therapiert werden konnte (s. u.). In diesen Fällen sollte die Leydigzellfunktion mit dem HCG-Test*, die Funktionsachse Hypothalamus-HVL-Hoden mit dem GnRH-Test* überprüft werden. An Hand der Ergebnisse kann der bi- **und** unilaterale Maldescensus testis als hyper-, eu- oder hypogonadotroper Hypogonadismus eingeordnet werden, wobei die hypergonadotrope Form eine sehr schlechte Prognose hinsichtlich der späteren Hodenfunktion besitzt. Bis zur möglicherweise gestörten Pubertät hat diese Einteilung jedoch keine weiteren therapeutischen Konsequenzen.

Bei der Verdachtsdiagnose „**bilateraler Kryptorchismus**" ist der HCG-Test* dagegen in jedem Fall frühzeitig und vor jedem Therapieversuch durchzuführen, da sich die drängende Frage stellt, ob überhaupt Hoden vorhanden sind. Fehlt der Testosteronanstieg nach HCG-Gabe, muß auch bei unauffälligem männlichem Genitale an eine **Anorchie** gedacht werden. Das Hodengewebe kann z. B. durch eine Entzündung oder Torsion nach der Geschlechtsdifferenzierung beiderseits zugrunde gegangen sein (**Syndrom der verschwundenen Testes**). Steigt dagegen der Testosteronspiegel an, liegt mit großer Wahrscheinlichkeit ein bilateraler Kryptorchismus vor. Die Bauchhoden sind dann präoperativ durch eine Phlebographie oder eine Kernspintomographie zu lokalisieren.

Welche Risiken bestehen bei einem Maldescensus testis?

Speziell beim Kryptorchismus besteht eine höhere Rate an **Hodenkrebs**. Das Risiko wird auf 8% geschätzt, wobei eine operative Verlegung des Hodens in das Skrotum das erhöhte Risiko nicht senkt. Dies weist auf eine primäre Dysgenesie des Hodens hin. Selbst für den kontralateralen, vollständig deszendierten Hoden besteht ein höheres Krebsrisiko. Eine Aufklärung der Betroffenen ist deshalb unbedingt notwendig. Außerdem besteht, bis auf den Pendelhoden, bei jeder Form des Maldescensus eine höhere Rate an **Spermatogenesestörungen,** da die Spermatogonienzahl bei retiniertem Hoden drastisch abnimmt. Dieses Risiko wird gemindert bei rechtzeitiger Behandlung, die im zweiten Lebensjahr gefordert wird (Frühbehandlung).

Welche Behandlungsformen des Maldescensus stehen zur Verfügung?

Wegen des erhöhten Risikos einer Spermatogenesestörung wird gefordert, daß abgesehen vom Pendelhoden alle Formen des Maldescensus bis zum Ende des **zweiten** Lebensjahres therapeutisch angegangen werden (**Frühbehandlung**). In angelsächsischen Ländern wird dagegen eine Behandlung zwischen Schuleintritt und Pubertät empfohlen (Spätbehandlung). Drei **nacheinander** anwendbare Therapieformen stehen zur Verfügung:

GnRH-Nasenspray. Wegen der geringen Traumatisierung des Kindes und bei verläßlichen Eltern ist dies die Therapie erster Wahl. Das 3 × täglich intranasal

---

* s. Praktische Hinweise

applizierte Analog des Releasing-Hormons (z. B. 3 × 2 × 200 mg Kryptocur stimuliert primär die Gonadotropinsekretion, worauf es konsekutiv zur testikulären Androgenproduktion kommen sollte. Nach vierwöchiger Therapie wird der Behandlungserfolg mit 8-80% sehr unterschiedlich angegeben, im Mittel liegt er bei etwa 50%.

HCG-Injektionen. Das 2 × wöchentlich intramuskulär applizierte HCG (z. B. 2 × 500 IE Predalon) stimuliert direkt die testikuläre Androgenproduktion. Nach fünf- bis sechswöchiger Behandlung kommt es in 30-50% der Fälle zum Descensus testis.

Operation. Bleiben die konservativen Maßnahmen erfolglos oder kommt es zur erneuten Retraktion, so ist eine operative Lösung des Funiculus spermaticus (Funiculyse), eine Verlegung des Hodens in das Skrotum sowie dessen dortige Fixierung (Orchidopexie) anzustreben.

Pendelhoden bedürfen keiner Therapie, weil das zeitweise spontane Deszendieren offenbar eine normale Hodenfunktion sichert.

Hodenektopien müssen im Gegensatz zum Hodenhochstand primär operativ angegangen werden.

Hodentumoren

· Häufigkeit · Symptomatik · Tumormarker · Therapie · Verlaufsbeurteilung ·

Wie häufig sind maligne Hodentumoren?

Sie sind mit einer jährlichen Inzidenz von 2 : 100 000 zwar relativ **selten;** aber 95% aller Hodentumoren sind maligne, die meisten davon sogar hochmaligne. Sie nehmen beim Mann ca. 2% aller bösartigen Tumoren ein. Der Altersgipfel liegt bei 20-35 Jahren.

Wie oft ist ein Hodentumor hormonaktiv?

Alle Chorionepitheliome, ca. 80% der Teratokarzinome und 20% der Seminome sezernieren **HCG,** wobei Seminome die häufigsten Hodentumoren überhaupt sind.
Nur 5% der Hodentumoren sezernieren **Sexualsteroide.** Hierbei handelt es sich fast immer um die meist gutartigen Leydigzelltumoren. Sie können Androgene oder Östrogene produzieren.

Welche Symptomatik weist auf einen Hodentumor hin?

Der **lokale Befund** ist gekennzeichnet durch Vergrößerung, Unregelmäßigkeit, Seitendifferenz und Druckschmerz des befallenen Hodens. Bei vermehrter **Östrogensekretion** kommt es zur Gynäkomastie, zum Libido- und Potenzverlust sowie zur Abnahme der Sekundärbehaarung. Auch der **HCG-Exzeß** kann zu einem Überangebot von Östrogenen und dementsprechend zur gleichen Symptomatik führen. Bei einer vermehrten **Androgensekretion** kommt es präpuberal zur Pseudopubertas praecox. Bei erwachsenen Männern dagegen ist ein erhöhter Testosteronspiegel klinisch praktisch nicht faßbar.

Welche Hormonbestimmungen bzw. Tumormarker sind für die Abklärung eines Hodentumors wichtig?

Bei gezieltem Verdacht aufgrund des lokalen Befundes ist immer **HCG*** zu bestimmen. Es hat sich neben dem α-**Fetoprotein** als Marker für Hodentumoren bewährt, vor allem auch für die postoperative Verlaufsbeurteilung bei präoperativ erhöhten Werten. Tumor- und Metastasenmasse korrelieren eng mit dem HCG- und/oder α-Fetoprotein-Spiegel.

Steht klinisch kein lokaler Hodenbefund, sondern eine Feminisierung (Gynäkomastie plus Impotenz) im Vordergrund, so muß, wie **Abb. 13** zusammenfaßt, vor allem Östradiol*, aber auch LH*, Testosteron*, HCG* und Prolaktin* bestimmt werden, wobei ein erhöhter Östrogenwert in erster Linie auf einen Leydigzelltumor hinweist. Bei unauffälligem Gesamtergebnis sollte ergänzend DHEA-S* bestimmt werden, um einen NNR-Tumor auszuschließen, der neben Androgenen auch vermehrt Östrogene oder deren Präkursoren bilden kann.

Wie werden Hodentumoren therapiert?

Art und Progredienz des Tumors bestimmen die Therapie. Der erste Schritt ist immer eine **Orchidektomie.** Das weitere Vorgehen (z. B. erweiterte Operation, Chemotherapie, Bestrahlung) sollte zwischen Urologen und Onkologen abgestimmt werden. Alle therapeutischen Maßnahmen müssen umgehend ergriffen werden, da maligne Hodentumoren sehr frühzeitig in die retroperitonealen Lymphknoten metastasieren.

Welche Hormonbestimmungen können der Nachsorge dienen?

Eine Verlaufsbeurteilung ist bei erhöhten Ausgangswerten durch die regelmäßige **HCG*-** (und α-Fetoprotein-) Bestimmung möglich. Die Funktion des belassenen kontralateralen Hodens kann durch die Bestimmung von FSH* und Testosteron* überprüft werden.

---

* s. Praktische Hinweise

Ovar
Allgemeine Endokrinologie

· Anatomisch-funktionelle Einheit · Hormonsekretion ·
· Zyklische Veränderungen · Klimakterium · Menopause ·
· Ursachen, Symptome und Diagnostik von Funktionsstörungen ·

Welche anatomisch-funktionelle Gliederung findet man im Ovar?

Das **reife** Ovar besteht, wie **Abb. 15** zeigt, aus einer peripheren, das Keimepithel enthaltenden Rindenschicht und einer zentralen, stark vaskularisierten Markschicht. Im Keimepithel liegen die Follikel, von denen die meisten durch Atresie zugrunde gehen. Lediglich 300–400 entwickeln sich während der Geschlechtsreife über Sekundär- zu Tertiärfollikeln. Letztere, auch Graafsche Follikel genannt, enthalten im Zentrum die befruchtungsfähige **Eizelle** sowie eine innere **Granulosa-** und äußere **Thekazellschicht.** Nach dem Follikelsprung kommt es zur Ausschwemmung des reifen Eis (Ovulation). Aus dem Restfollikel entsteht durch Einblutung (Corpus rubrum) und anschließender geweblicher Organisation der Gelbkörper (Corpus luteum). Er vernarbt bindegewebig (Corpus albicans), falls keine Schwangerschaft eintritt. All diese Prozesse charakterisieren die **generative** Leistung des Ovars. Die **inkretorische** Aktivität, d. h. die Hormonbiosynthese und -sekretion, findet fast ausschließlich im heranreifenden Follikel und jungen Corpus luteum statt. Sie resultiert im Follikel aus einer Gemeinschaftsleistung von Theka- und Granulosazellen, indem erstere Androgene (Androstendion, Testosteron) bilden, die dann von den Granulosazellen zu Östrogenen aromatisiert werden **(Abb. 15).** Das junge Corpus luteum sezerniert ganz überwiegend Progesteron und vergleichsweise dazu nur wenig Östradiol.

Im **embryonalen** Ovar stellen sich ab der 8.–13. Schwangerschaftswoche die sog. Primordialfollikel dar, von denen bereits intrauterin sehr viele wieder zugrunde gehen, so daß postnatal in beiden Ovarien zusammen nur noch 400000–600000 angetroffen werden. Eine Hormonsekretion des embryonalen Ovars ist für die Ausdifferenzierung des weiblichen Genitale nicht notwendig.

Bis zur **Pubertät** ist die Ovarentwicklung gekennzeichnet durch Vermehrung der Markanteile, unvollständige Ausreifung und Atresie weiterer zahlreicher Primordialfollikel sowie eine beginnende, unter LH- und FSH-Einfluß stehende ovarielle Östrogen- und Androgenproduktion in den Sekundärfollikeln **(Abb. 15).**

Postmenopausal kommt es zur Atrophie der Ovarien und zum Verschwinden der Follikel. Die Progesteron- und die Östrogenproduktion sistieren zunehmend, während geringe Androgenmengen in den Hiluszellen weiterhin gebildet werden.

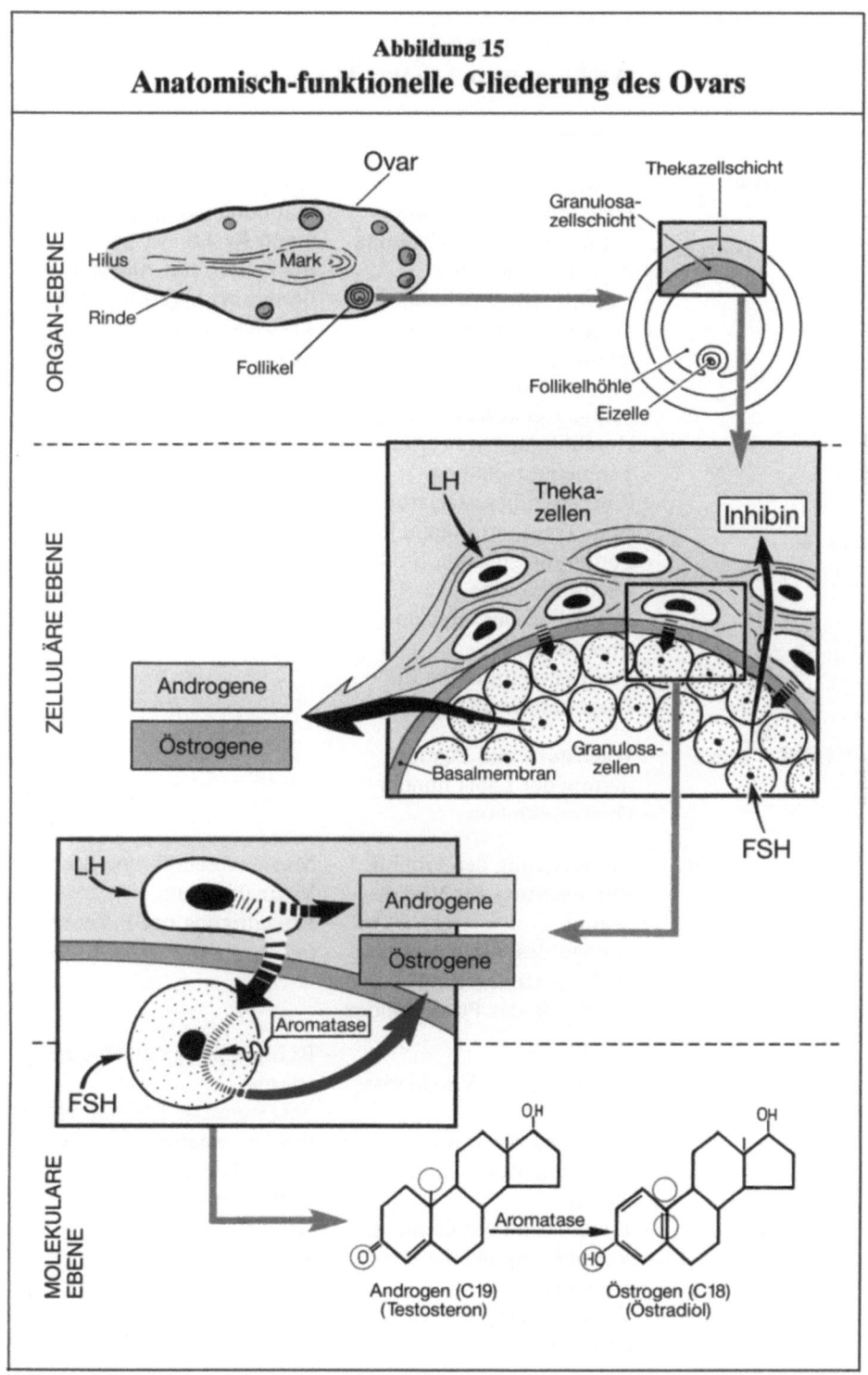

Abbildung 15
Anatomisch-funktionelle Gliederung des Ovars

Tabelle 27
Wirkungen ovarieller Hormone

	Östrogene	Gestagene
Extragenital	– Fettverteilung – Weibliche Beckenmaße – Feminine Körperbehaarung – Beschleunigung des Epiphysenfugenschlusses – Steigerung der Wasserretention – Betonung der parasympathikotonen Reaktionslage – Durchblutungssteigerung – Temperatursenkung – Proteinsynthesesteigerung (u. a. Transportproteine) – Förderung anaboler Stoffwechselprozesse – Regulation der Gonadotropinsekretion – Permissive Funktion für Progesteronwirkungen	– Temperatursteigerung – Betonung der sympathikotonen Reaktionslage – Interaktion mit Aldosteron – Förderung kataboler Stoffwechselprozesse – Regulation der Gonadotropinsekretion
Genital – Vulva	– Wachstum und Pigmentierung der Labia minora – Drüsensekretion	
– Vagina	– Verbesserung der Trophik – Verbesserung der Vaskularisation – Aufbau des Vaginalepithels – Glykogeneinlagerung – Erhöhung des Pyknoseindex	– Massenabschilferung des Vaginalepithels – Erniedrigung des Pyknoseindex
– Uterus	– Wachstum – Förderung der Vaskularisation – Erhöhung der isometrischen Spannung des Myometriums – Endometriumproliferation – Vermehrung des Zervixschleims – Weiterstellung des Muttermundes	– Ruhigstellung des Myometriums – Sekretorische Transformation des Endometriums – Stromaödem – Verminderung des Zervixschleims – Engerstellung des Muttermundes

	Tabelle 27 (Fortsetzung) **Wirkungen ovarieller Hormone**	
	Östrogene	Gestagene
- Ovar	- Wachstum - Sensibilisierung gegenüber Gonadotropinen	- Desensibilisierung gegenüber Gonadotropinen
- Mamma	- Proliferation der Drüsenschläuche - Einlagerung von Fettgewebe - Pigmentierung der Brustwarzen	- Ausbildung der Alveolen

Welche Hormone werden vom reifen Ovar synthetisiert und an die Blutbahn abgegeben?

Östradiol und **Östron** sind die bedeutendsten östrogenwirksamen Sekretionsprodukte. In Abhängigkeit von der Zyklusphase werden sie jeweils in Mengen von ca. 70–800 µg/die sezerniert. Die im Blut gemessene Östradiolkonzentration ist fast ausschließlich das Ergebnis der follikulären Syntheseleistung (Abb. 15), während die Östronkonzentration nur zu etwa 10% von den Ovarien herrührt. Der Rest wird vornehmlich im Fettgewebe aus Androstendion gebildet. Im Vergleich zum Östradiol ist die biologische Wirksamkeit des Östrons sehr viel schwächer.

Progesteron ist das wichtigste gestagenwirksame Sekretionsprodukt. Je nach Zyklusphase werden ca. 1,5–24 mg/die sezerniert.

Von den Androgenen ist außer **Testosteron** vor allem **Androstendion** wegen seiner ovariellen Aromatisierung zu den Östrogenen zu erwähnen. Pro Tag werden vom Ovar ca. 0,8–1,6 mg Androstendion gebildet, von dem ein Teil aber auch in der Peripherie zu Östrogenen aromatisiert wird.

Welche physiologische Rolle spielen Östrogene und gestagenwirksame Steroide?

In **Tabelle 27** sind die Östrogen- und Gestagenwirkungen zusammengefaßt. Sie beziehen sich auf die natürlichen Produkte, d. h. im wesentlichen auf Östradiol bzw. Progesteron.

Bei den **extragenitalen** Wirkungen besteht teilweise ein Antagonismus zwischen Östradiol und Progesteron. Besonders diagnostisch genutzt wird der progesteroninduzierte Anstieg der Körpertemperatur. Er kann als Temperatursprung immer dann registriert werden, wenn es mit erfolgter Ovulation zum raschen Anstieg der Progesteronsekretion kommt.

Die Östradiol- und Progesteronwirkung auf das weibliche **Genitale** ist vielschichtig. Beide Hormone beeinflussen nicht nur die zyklischen Prozesse im Ovar, sondern sie fördern auch in unterschiedlichem Maße Trophik und Entwicklung von Vulva, Vagina, Uterus und Mamma. Darüber hinaus sind sie maßgeblich am gesamten Ablauf der Schwangerschaft beteiligt. Besonders diagnostisch genutzt werden vor allem die östrogenabhängigen Veränderungen am Vaginalepithel und Zervixschleim.

Auf die physiologische Rolle der Östrogene während der **Pubertät** wird an anderer Stelle eingegangen (S. 26 ff.).

Wie wird die zyklische ovarielle Hormonsekretion gesteuert?

Die zyklische ovarielle Hormonsekretion wird gesteuert durch die Achse Hypothalamus-HVL-Ovar, deren funktionelle Komponenten in **Abb. 3** dargestellt werden. Vereinfacht ausgedrückt, stimuliert die hypothalamische GnRH-Sekretion den HVL zur Synthese, Speicherung und Ausschüttung von LH und FSH. Ausgeschüttetes FSH regt initial die Follikelreifung der Ovarien an. Im heranreifenden Follikel kommt es dann zur vermehrten Steroidbiosynthese, indem LH die Produktion der Androgene in den Thekazellen und die des Progesterons im Corpus luteum stimuliert. FSH dagegen fördert die Aromatisierung der Androgene zu den Östrogenen in den Granulosazellen. Darüber hinaus wird unter FSH-Einfluß ebenfalls in den Granulosazellen zunehmend Inhibin gebildet (Abb. 15). Das zyklische Geschehen wird normalerweise garantiert durch mehrere fein aufeinander abgestimmte Prozesse, d. h. **(1)** durch teils positive, teils negative **Rückkoppelungen** zwischen den Sekretionsprodukten des Ovars (Östradiol, Progesteron, Inhibin) und denen des Hypothalamus/HVL (GnRH, LH, FSH, Prolaktin) sowie **(2)** durch **lokale Einflüsse** der Steroide auf die Follikelreifung.

Welche Rückkoppelungen und lokalen Einflüsse bestimmen den Zyklus?

Man unterscheidet im Zyklus zwischen der Follikel- und Lutealphase, die jeweils 12–14 Tage dauern und auch als Eireifungs- bzw. Gelbkörperphase bezeichnet werden. Sie werden nochmals untergliedert in eine jeweils etwa 4 Tage umfassende frühe, mittlere und späte Phase. Zwischen der Follikel- und Lutealphase liegt der periovulatorische Zyklusabschnitt von etwa 2–3 Tagen Dauer (Ovulationsphase).

In der **frühen Follikelphase** wächst zunächst eine Kohorte von Follikeln heran, die relativ gonadotropinunabhängig ist, d. h. lediglich unter dem Einfluß einer „basalen Östrogensekretion" steht. Diese schützt die Follikel zunächst vor Atresie und induziert die Bildung von membrangebundenen FSH-Rezeptoren, über die dann FSH die weitere Follikelreifung fördert. Gleichzeitig kommt es zur **Selektion** eines dominanten Follikels, wodurch sich die anderen ebenfalls heranreifenden Follikel zurückbilden (Atresie). Die für die Selektion verantwortlichen

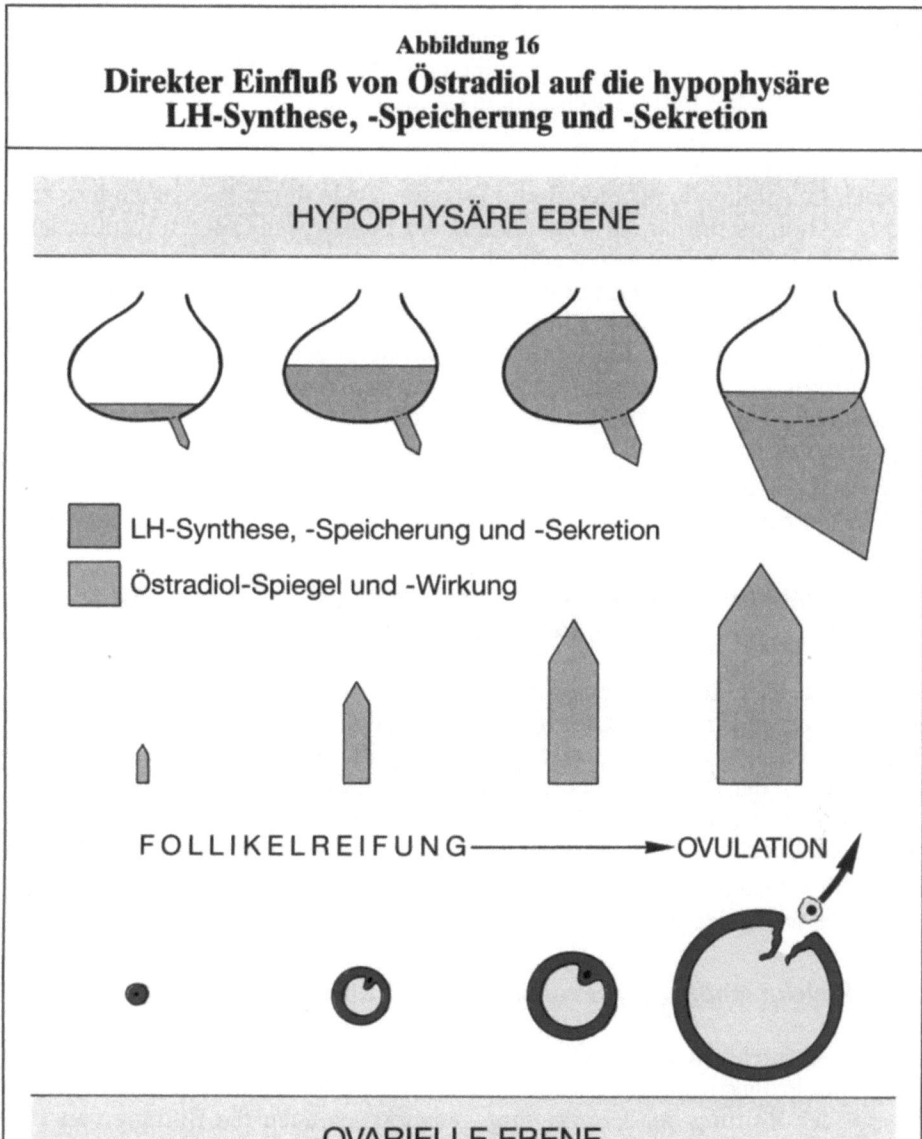

Abbildung 16
Direkter Einfluß von Östradiol auf die hypophysäre LH-Synthese, -Speicherung und -Sekretion

Mechanismen sind bis heute wenig bekannt. Von besonderer Rolle scheint aber eine erhöhte intraovarielle Testosteronkonzentration im Mikromilieu zu sein. In der **mittleren Follikelphase** kommt es in dem zunehmend reiferen Follikel zur vermehrten **Inhibinproduktion,** wodurch wiederum die hypophysäre FSH-Ausschüttung gebremst wird. In der **späten Follikelphase** wird dann durch den im Vergleich zur mittleren Phase sehr viel schnelleren Anstieg des Östradiols die LH-Produktion, -Speicherung und -Sekretion gesteigert **(Abb. 16).** Eine weitere

positive Rückkoppelung scheint in dieser Phase Progesteron zu bewirken, indem es die Hypophyse wahrscheinlich veranlaßt, unmittelbar vor der Ovulationsphase verstärkt von Produktion und Speicherung auf Sekretion umzuschalten. Insgesamt führt dies mittzyklisch zu dem raschen Anstieg vor allem von LH, aber auch von FSH (s. u.).

Die **Ovulation** wird vermutlich durch **lokale,** unter Progesteron- und Gonadotropineinfluß stehende proteolytische Enzyme sowie durch Prostaglandine ausgelöst. Es kommt primär zur Verdünnung der Follikelwand, deren Ruptur dann zu gegebener Zeit relativ leicht gelingt.

In der **frühen Lutealphase** übt Progesteron dagegen eine **negative Rückkoppelung** aus, indem es die Sekretion der Gonadotropine, insbesondere des LH, hemmt. Die Bildung von LH ist jedoch nicht herabgesetzt, so daß dessen Antwort auf GnRH sogar ausgeprägter ist als in der Follikelphase. In der **späten Lutealphase,** d. h. zu Beginn der Luteolyse, fällt die negative Rückkoppelung des Progesterons weg. Dabei kommt es vorwiegend zu einem FSH-Anstieg, zumal auch die Inhibinproduktion in dieser Phase vermindert ist. Eine neue Follikelreifung kann somit beginnen.

Welche Veränderungen erfährt die GnRH-Freisetzung während des Zyklus?

Neben ihrer direkten Wirkung auf die hypophysäre Gonadotropinproduktion, -speicherung und -sekretion modulieren Östradiol und Progesteron auch die im Abstand von 1½–4 Stunden erfolgende **pulsatile** GnRH-Freisetzung. Dies ist erkennbar an der sich ändernden Amplitude und Frequenz der LH/FSH-Sekretion während des Zyklus **(Abb. 17),** hinter der als Schrittmacher eine gleichermaßen sich ändernde GnRH-Freisetzung steht, wobei **Östradiol** deren **Amplitude, Progesteron** dagegen deren **Frequenz** beeinflußt. Ohne solch pulsatile GnRH-Sekretion wäre eine normale Ovarfunktion nicht gewährleistet.

Welche Rolle spielt Prolaktin für die normale Ovarfunktion?

Für die Aufrechterhaltung einer normalen Ovarfunktion scheint ein kritischer minimaler Prolaktinspiegel erforderlich zu sein, wobei bekannt ist, daß Prolaktin sowohl der Reifung der Eizelle entgegenwirkt als auch die Bildung von LH-Rezeptoren induziert. Auf einzelne Zyklusphasen zentrierte Funktionen sind für das Prolaktin aber noch nicht genauer bekannt. Andererseits ist gesichert, daß ein erhöhter Prolaktinspiegel vor allem indirekt über eine Einschränkung der rhythmischen, pulsatilen GnRH-Freisetzung zur Follikelreifungsstörung führt.

Wie verändern sich die Blutspiegel von Östradiol, Progesteron, LH und FSH während des Zyklus?

Die Blutspiegel von Östradiol, Progesteron, LH und FSH reflektieren am empfindlichsten die verschiedenen Stadien der Ovarfunktion.

Ovar – Allgemeine Endokrinologie 129

Abbildung 17
Die pulsatile Gonadotropin-Sekretion

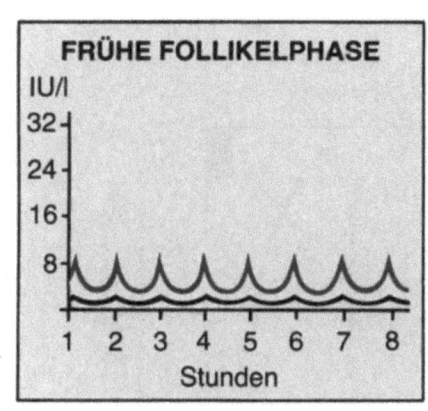
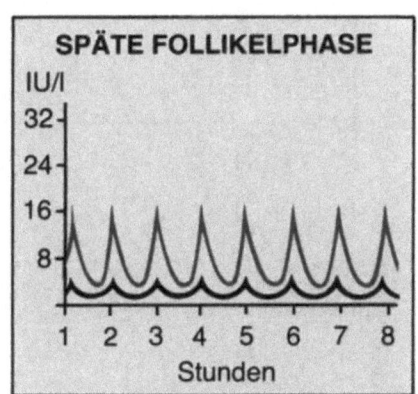
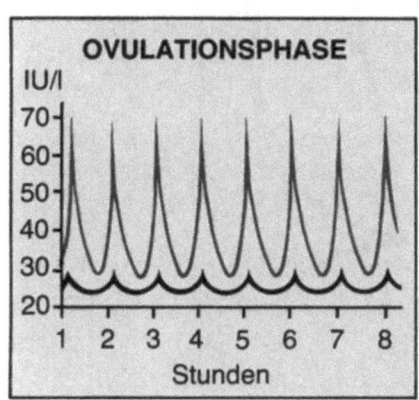
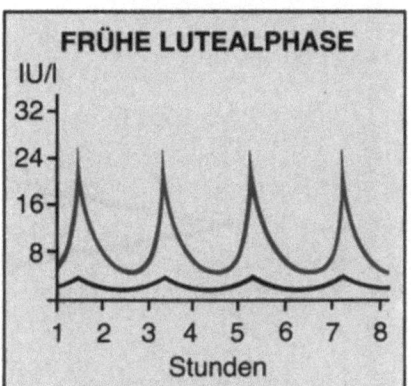
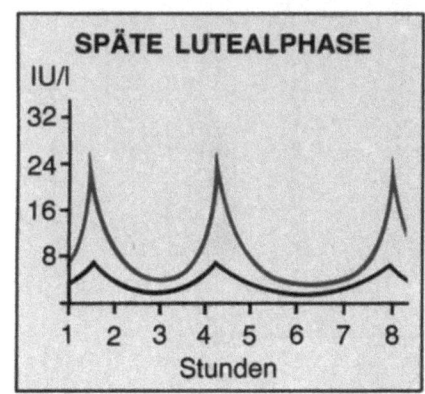
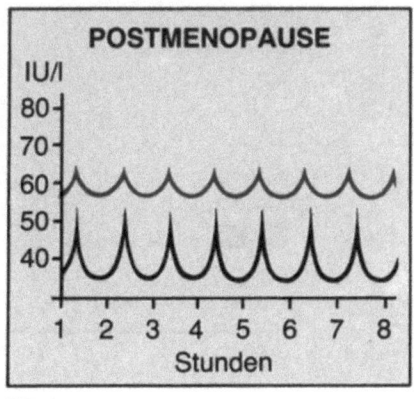

■ LH   ■ FSH

Gonaden (Hoden/Ovar)

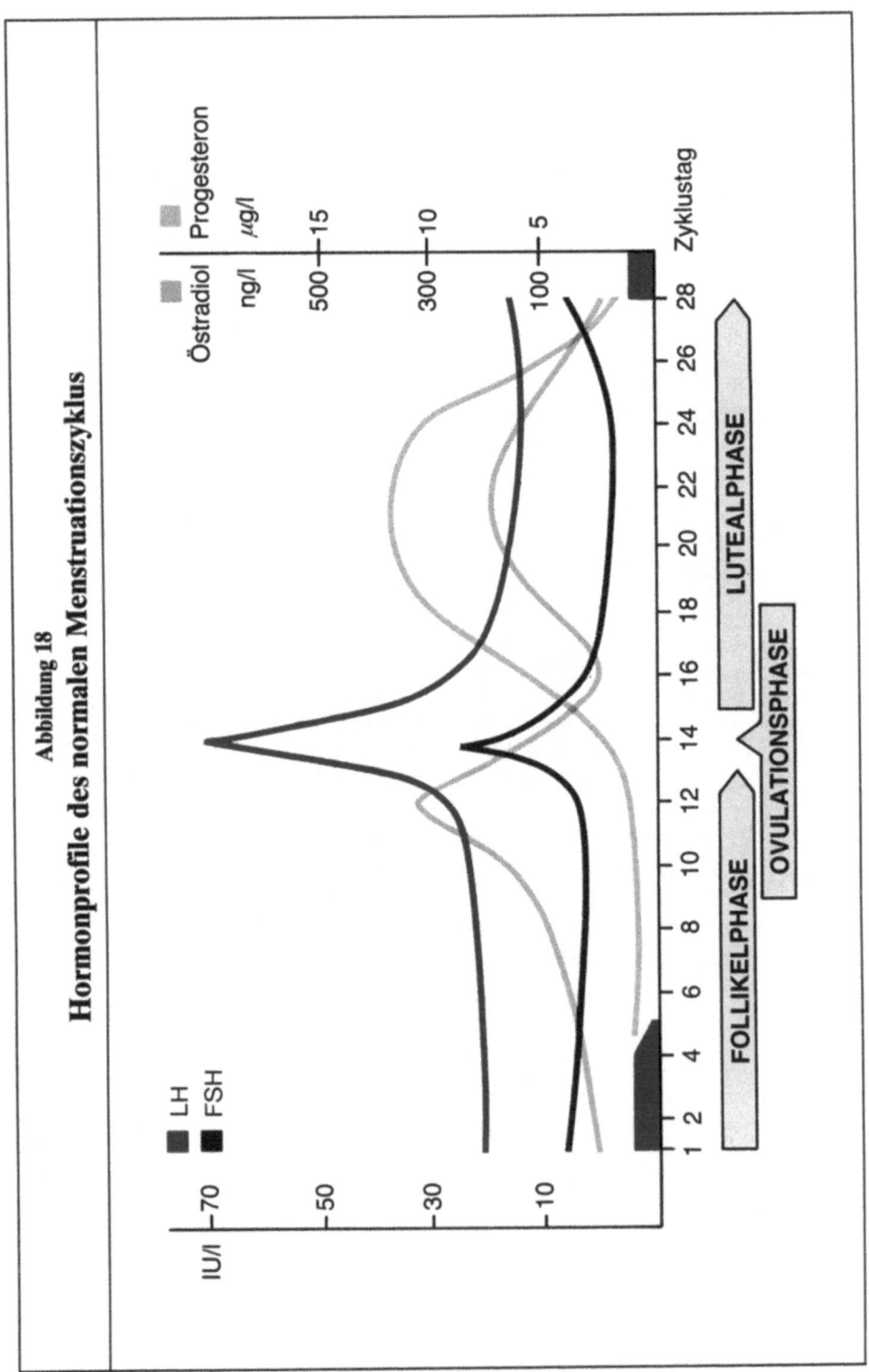

Abbildung 18
Hormonprofile des normalen Menstruationszyklus

In **Abb. 18** sind die zyklischen, zum Teil drastischen Konzentrationsänderungen von Östradiol, Progesteron, LH und FSH zusammengefaßt.

Das **Östradiol**profil (E_2) zeigt ein präovulatorisches, schmalbasiges erstes Maximum und ein breitbasiges zweites in der Lutealphase. **Progesteron** (P) dagegen steigt erst kurz vor Beginn und in der Lutealphase steil an, bildet dann ein breitbasiges Maximum und fällt zum Zyklusende wieder steil ab. Der **LH**-Verlauf ist gekennzeichnet durch den sehr raschen und hohen mittzyklischen Anstieg und konsekutiven Abfall. Der **FSH**-Spiegel zeigt im Zyklusverlauf weniger deutliche Schwankungen als der LH-Spiegel. Das vergleichsweise kleinere mittzyklische Maximum ist jedoch für die Corpus-luteum-Bildung sehr wichtig.

Wodurch sind Klimakterium und Menopause gekennzeichnet?

Als **Klimakterium** bezeichnet man einen Lebenszeitraum von durchschnittlich 4–6 Jahren, in denen bei der Frau die Fähigkeit zur Fortpflanzung erlischt. Als **Menopause** bezeichnet man den Zeitpunkt der letzten funktionellen Blutung. Sie ist deshalb immer nur retrospektiv, und zwar nach einer einjährigen Amenorrhoe im Klimakterium, festzulegen und tritt derzeit durchschnittlich im 50. Lebensjahr ein. Der Abschnitt von ca. 6 Jahren vor und 6 Jahren nach der Menopause wird als Prä- bzw. Postmenopause bezeichnet, der gesamte Zeitraum läßt sich treffender als Perimenopause umschreiben.

In der **Perimenopause** nimmt die Zahl normal stimulierbarer Follikel stark ab und die Sklerosierung der ovariellen Gefäße zu. Gleichzeitig vermindert sich die Biosynthese der ovariellen Steroide und des Inhibins, womit ein Fortfall der negativen Rückkoppelung verbunden ist. Dies führt zu einem Anstieg der Gonadotropine, anfänglich vor allem von FSH. Je schneller der Östrogenabfall in der Perimenopause erfolgt, desto stärker sind die **klimakterischen Beschwerden** wie Nervosität, Reizbarkeit, Hitzewallungen, Schweißausbrüche, Herzklopfen, Ermüdbarkeit, Obstipation, Depressionen und Schlafstörungen. Ein Teil der Beschwerden (z. B. Hitzewallungen, Schweißausbrüche) ist unmittelbar auf die hypothalamische Umstellung zurückzuführen. In der Prämenopause findet man auch häufig Regel-Tempoanomalien (Poly-Oligomenorrhoe).

Welche Ursachen können einer Störung der Ovarfunktion zugrunde liegen?

Tabelle 28 faßt die Ursachen zusammen.

Relativ häufig liegt die primäre Ursache auf hypothalamischer Ebene, wobei auch bei der sog. idiopathischen, einer früher oft diagnostizierten Form der Ovarfunktionsstörung, eine **hypothalamische Dysfunktion** angenommen wird. Dank verbesserter diagnostischer Möglichkeiten lassen sich jedoch viele der scheinbar idiopathischen Formen heute vor allem auf eine psychogen bedingte hypothalamische Dysfunktion zurückführen. Da die Gonadotropinwerte bei den primär hypothalamisch-hypophysären Ursachen einer Ovarfunktionsstörung

Tabelle 28
Ursachen der gestörten Ovarfunktion

Primäre Ursache | **Krankheitsbild**

● Hypothalamisch-hypophysäre Dysfunktion
  ● Psychogen
    – Streß
    – Inadäquate Problemverarbeitung
    – Psychosen
    – Neurosen
  ◐ Idiopathisch
  ◐ Untergewicht
    – Fehlernährung
    – Konsumierende Erkrankung
    – Anorexia nervosa
  ○ Tumor etc. (Tabelle 2)
  ○ Isolierter GnRH-Mangel

● Andere Endokrinopathien
  ● Hyperprolaktinämie
    – Hypothalamisch-dysfunktionell
    – Prolaktinom
    – Medikamente (Tabelle 4)
  ● Hypothyreose
  ● Androgenexzeß
    – Ovariell: Hyperthekosis/polyzystisches Ovar-Syndrom
    – Adrenal: NNR-Hyperplasie
  ◐ Diabetes mellitus
  ◐ Hyperthyreose
  ○ Cushing-Syndrom/Morbus Cushing
  ○ Adrenogenitales Syndrom
  ○ NNR-Insuffizienz
  ○ Multiple Endokrinopathie

Ovar – Allgemeine Endokrinologie

- **Systemisch**
  - ◐ Übergewicht ⟶ Östrogenexzeß ± Hyperprolaktinämie
  - ○ Autoimmunerkrankung ⟶ Androgenexzeß
- ○ Ovarfunktionsstörung
  - ◐ Ovarhypoplasie
  - ○ Prämature Menopause
  - ○ Ovardestruktion
    - – Tumor
    - – Entzündung
    - – Radiatio
    - – Chemotherapie
  - ○ Gonadendysgenesie

● = relativ häufig; ◐ = seltener; ○ = selten

normal oder erniedrigt sein können, spricht man in diesen Fällen entweder von einem normo- oder hypogonadotropen Hypogonadismus.

Eine weitere wichtige Ursachengruppe beinhaltet **Störungen anderer endokriner Systeme,** wodurch es zu einem inadäquaten Feedback (Rückkoppelung) kommt. In diese Gruppe wurde auch der ovariell bedingte Androgenexzeß aufgenommen, obwohl die Hyperthekosis und das polyzystische Ovar-Syndrom genausogut der Gruppe **primärer Ovarfunktionsstörungen** zugeordnet werden könnten. Sinnvoller ist jedoch, zur letzteren Gruppe nur solche Erkrankungen zu zählen, die zu einem hypergonadotropen, d. h. mit hohen Gonadotropinwerten einhergehenden Hypogonadismus führen, der immer eine sehr schlechte Prognose hat.

Bei welchen klinischen Symptomen muß an eine Ovarfunktionsstörung gedacht werden?

Die klinischen Manifestationen sind ihrer Häufigkeit nach in **Tabelle 29** zusammengefaßt. Sie werden mitbestimmt vom Alter der Patientin.

In der **Phase der Fortpflanzungsfähigkeit** kann die Symptomatologie sehr vielschichtig sein. Dies gilt insbesondere für das **prämenstruelle Syndrom,** bei dem die in **Tabelle 29** aufgeführten Symptome einzeln oder in beliebiger Kombination regelmäßig einige Tage vor Einsetzen der Regelblutung auftreten und kurz nach Beginn der Blutung wieder verschwinden. Viele Frauen sehen diese Symptome als normal an und berichten darüber erst nach gezielter Befragung. Typisch für Ovarfunktionsstörungen sind außerdem eine **gestörte Regelblutung** sowie **Androgenisierungserscheinungen.** Darüber hinaus weisen Symptome wie die Amenorrhoe oder die Atrophie des Genitale immer auf einen chronischen Östrogenmangel hin. Schließlich muß betont werden, daß die **Gelbkörperschwäche** als häufigste Zyklusstörung klinisch unauffällig bleibt, solange kein Kinderwunsch besteht.

Im **späten Kindesalter** kommt es bei Ovarfunktionsstörungen mit **Hormondefizit** zur **verzögerten Pubertät** oder diese bleibt ganz aus. Die Amenorrhoe ist hierbei ein obligates Symptom und kann Ausdruck einer primär ovariellen oder sekundären Pubertätsentwicklungsstörung sein. Ursächlich kommen vor allem eine Gonadendysgenesie (Turner-Syndrom) bzw. hypothalamisch-hypophysäre Prozesse in Frage. In den meisten Fällen ist jedoch kein Grund für die Pubertas tarda bzw. das Ausbleiben der Pubertät faßbar. Über die primäre Amenorrhoe bei Vorhandensein sekundärer Geschlechtsmerkmale wird im Kapitel „Amenorrhoe" eingegangen.

Vor dem 8. Lebensjahr kommt es bei Ovarfunktionsstörungen mit **Hormonexzeß** zur **verfrühten Pubertät** (Pubertas praecox), die bei Mädchen fünfmal häufiger als bei Jungen vorkommt. Es handelt sich meistens um eine isosexuelle, d. h. um eine dem Geschlecht nach zu erwartende Pubertas praecox. Ursächlich kommen vor allem hypothalamisch-hypophysäre Prozesse in Frage, aber auch eine sog. hormonelle Überlappung durch eine Hypothyreose oder Nebennierenrindenerkrankung. In 80% der Fälle bleibt die Ursache jedoch letztlich ungeklärt.

Tabelle 29
Klinische Manifestationen der gestörten Ovarfunktion

- ● Prämenstruelles Syndrom
  - Mastodynie (Brustspannen)
  - Psychische Labilität
  - Reizbarkeit
  - Aggression
  - Obstipation/Flatulenz
  - Wassereinlagerung
  - Kopfschmerzen
  - Migräne
  - Depression
  - Rückenschmerzen
  - Ziehen im Rücken
  - Unterleibsschmerzen
  - Ziehen im Unterleib
  - Schweißausbrüche
  - Hitzewallungen
  - Akneneigung

- ● Gestörte Regelblutung
  - Rhythmus
  - Dauer
  - Stärke

- ● Androgenisierung
  - Seborrhoe
  - Akne
  - Hirsutismus
  - Androgenetischer Haarausfall

- ◐ Sekundäre Amenorrhoe
- ◐ Brustsekretion (Galaktorrhoe)
- ◐ Schweißausbrüche
- ◐ Hitzewallungen
- ◐ Primäre Amenorrhoe ± Ausbildung sekundärer Geschlechtsmerkmale

- ○ Atrophie der äußeren und inneren Genitale
- ○ Ausfall der Sekundärbehaarung
- ○ Libidoverlust
- ○ Verfrühte Pubertät

● = relativ häufig; ◐ = seltener; ○ = selten

In **Tabelle 29** sind nicht jene Symptome aufgeführt, die zu einer Ovarfunktionsstörung führen können. Hierzu zählen u. a. das **Unter-** und **Übergewicht** von mehr als 10% bzw. 20% bezogen auf das Idealgewicht (Größe minus 100 = kg minus 10%).

Gonaden (Hoden/Ovar)

Welche diagnostischen Maßnahmen sind für die Abklärung einer Ovarfunktionsstörung wichtig?

Neben einer sorgfältigen **Anamnese** und eingehender allgemeiner und gynäkologischer **Untersuchung,** deren Schwerpunkte in **Tabelle 30** zusammengefaßt sind, können sinnvoll sein:

Tabelle 30
Schwerpunkte der Anamnese und körperlichen Untersuchung bei gestörter Ovarfunktion

!! Bei Amenorrhoe: als erstes Ausschluß einer Schwangerschaft !!

ANAMNESE

Psychosoziales Umfeld	- Partnerschaftsprobleme - Streß, Überlastung - Familiäre Konfliktsituationen - Tod eines nahestehenden Menschen - Milieuwechsel - Berufswechsel - Extremer Kinderwunsch - Angst vor einer Schwangerschaft - Arbeitsbedingungen (Nachtschicht) - Wechsel der Klima- und Zeitzonen - Rauchergewohnheiten
Medikamente	- Psychopharmaka u. a. (**Tabelle 4**) - Ovulationshemmer
Gewichtsverhalten	- Starke Gewichtsabnahme } bezogen aufs Idealgewicht - Starke Gewichtszunahme
Unfälle	- Commotio cerebri - Contusio cerebri
Erkrankungen	- Endokrinopathie (Schilddrüse, NNR, Diabetes mellitus) - Entzündung - Schwere Allgemeinerkrankung
Operationen	- Gynäkologischer Eingriff - Neurochirurgischer Eingriff - Sonstige
Geburten	- Letzte Geburt - Laktationsperiode
Familienanamnese	- Adrenogenitales Syndrom - Diabetes mellitus

	Tabelle 30 (Fortsetzung) **Schwerpunkte der Anamnese und körperlichen Untersuchung bei gestörter Ovarfunktion**
	KÖRPERLICHE UNTERSUCHUNG
Körper	– Erniedrigte Körperfettmasse (Kachexie) – Erhöhte abdominale Fettmasse (Adipositas) – Minderwuchs – Dysproportion
Haut	– Hirsutismus – Akne – Pigmentierung – Vitiligo – Fehlende Pubes- und Axillarbehaarung
Mamma	– Hypoplastisch, atrophisch – Galaktorrhoe
Schilddrüse	– Größe (Halsumfang) – Konsistenz

Hormonbestimmungen. Die Indikation für einzelne Hormonbestimmungen und Funktionstests richtet sich maßgeblich nach der klinischen Problematik (z. B. Sterilität, frühzeitiges Klimakterium, gestörte Pubertät). Übergeordnete diagnostische Gesichtspunkte lassen sich wie folgt zusammenfassen:
FSH*, LH* und Prolaktin* gehören bei den meisten Fragestellungen zur Basisdiagnostik. Hierbei ist die basale FSH-Bestimmung besonders wichtig, da mit ihr schnell und sicher die primäre Ovarialinsuffizienz erkannt wird, die immer mit hohen FSH-Werten einhergeht **(Abb. 19)** und bei der immer ein bestehender Kinderwunsch unerfüllt bleiben muß. Üblicherweise wird LH zusammen mit FSH bestimmt, da der **LH/FSH-Quotient** zusätzliche Informationen z. B. im Rahmen der Sterilitätsdiagnostik liefern kann (s. u.). Je nach Ergebnis der FSH- (und LH-) Basalwerte kann ein **GnRH-Test*** sinnvoll sein, um die Verdachtsdiagnose einer hypothalamisch-hypophysär bedingten Ovarfunktionsstörung (z. B. Amenorrhoe) zu bestätigen und um die sekundäre von der tertiären Hypogonadismusform abzugrenzen. Bei gesichertem sekundärem Hypogonadismus sind auch die übrigen Partialfunktionen des HVL durch entsprechende Funktionstests* (TSH ± TRH; GH ± GHRH; ACTH/Cortisol ± CRH) zu überprüfen. Die Bedeutung der basalen Prolaktinbestimmung ergibt sich allein schon aus der Häufigkeit, mit der eine Hyperprolaktinämie für die weibliche Sterilität verant-

---

* s. Praktische Hinweise

138 Gonaden (Hoden/Ovar)

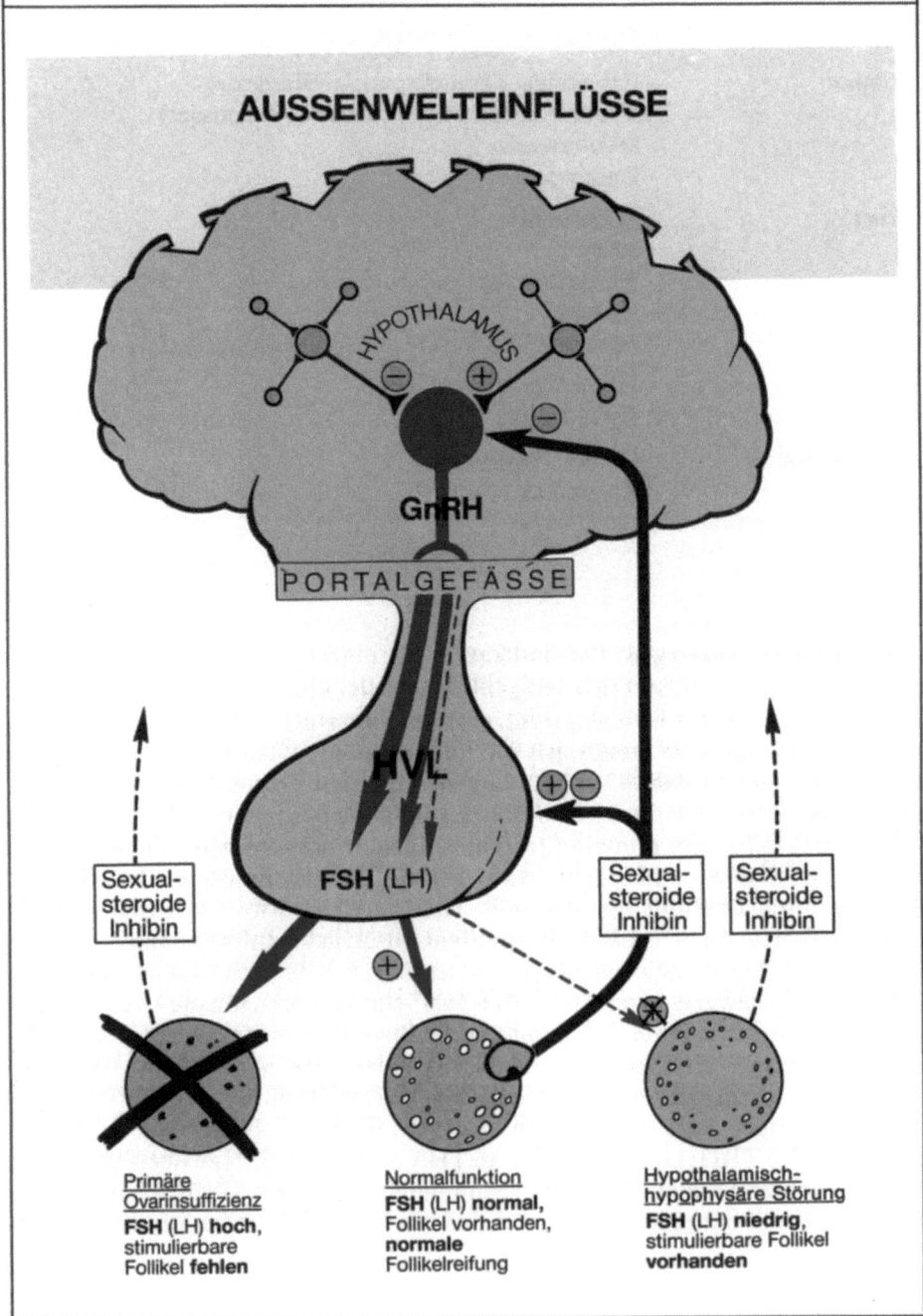

Abbildung 19
Der Regelkreis Hypothalamus-Hypophyse-Ovar und seine Störungen

wortlich ist. Bei nicht eindeutigem Ergebnis der basalen Prolaktinbestimmung sollte sich ein **Metoclopramidtest*** anschließen.

Die Bestimmung von **Testosteron*** und **DHEA-S*** gehört ebenfalls primär zur Abklärung einer gestörten Ovarfunktion (z. B. Sterilität), auch dann, wenn keine Androgenisierungserscheinungen vorliegen. Die Bestimmung von DHEA kann in unklaren Fällen ebenfalls nützlich sein. Darüber hinaus ist die basale **TSH-Bestimmung*** mit einer hochempfindlichen Nachweistechnik wichtig, um eine hypo- oder hyperthyreote Stoffwechsellage auszuschließen, die beide nicht selten Anlaß für Ovarfunktionsstörungen geben. Bei nicht eindeutigem Ergebnis sollte sich ein **TRH-Test*** anschließen.

Die alleinige Bestimmung von **Östradiol*** hat lediglich Bedeutung für die Abschätzung des Östrogenmangels im Rahmen einer Amenorrhoediagnostik. Ansonsten besitzt die alleinige Östradiolbestimmung ohne Kenntnis der Zyklusphase nur eine begrenzte Aussage. Sie kann aber in Abhängigkeit vom Ergebnis der Follikulometrie hilfreich sein zur Beurteilung des vermeintlichen oder tatsächlichen unmittelbaren präovulatorischen Stadiums (Tag 12–14 bei einem normalen 28tägigen Zyklus), da Östradiol das sekretorische Hauptprodukt des unmittelbar präovulatorischen Follikels ist. Außerdem kann die gemeinsame Bestimmung von Östradiol und **Progesteron*** zur Beurteilung der sekretorischen Leistung des Gelbkörpers herangezogen werden.

Die **Östrogenbestimmung im 24-Stunden-Urin** ist für die Abklärung eines Östrogenmangels **entbehrlich** geworden. Vielmehr sollte im Rahmen der Amenorrhoediagnostik ein möglicher Östrogenmangel mittels einer Östradiolbestimmung im Serum oder durch einen **Gestagentest*** (s. u.) abgeklärt werden, wobei die Östradiolbestimmung dem Gestagentest vorzuziehen ist, falls eine medikamentöse Ovulationsauslösung beabsichtigt ist.

Schwangerschaftstest. Er **muß** bei einer Amenorrhoe als erstes vor jeder weiteren Diagnostik durchgeführt werden.

Gestagentest*. Ist der Schwangerschaftstest negativ, sind die Gonadotropinspiegel unauffällig und besteht keine Genitalmißbildung, so stellt sich bei einer Amenorrhoe die Indikation für den Gestagentest. Kommt es hierbei innerhalb von 2–4 Tagen zur Abbruchblutung (positives Ergebnis), so wird endogen noch genügend Östrogen sezerniert, um das Endometrium zur Proliferation anzuregen. Bei negativem Gestagentest empfiehlt sich die Durchführung eines **Östrogen-Gestagen-Tests*.** Führt dieser innerhalb einer Woche zur Abbruchblutung (positives Ergebnis), so kann die Patientin immerhin prinzipiell in Gegenwart von Östrogenen Uterusschleimhaut aufbauen. Ein negatives Ergebnis dagegen spricht für eine primär uterine Ursache der Amenorrhoe (z. B. fehlendes Endometrium).

Basaltemperatur (Aufwachtemperatur). Das Führen der Basaltemperaturkurve (BTK) ist eine einfache, preiswerte und wichtige Methode zur Überprü-

---

* s. Praktische Hinweise

140 Gonaden (Hoden/Ovar)

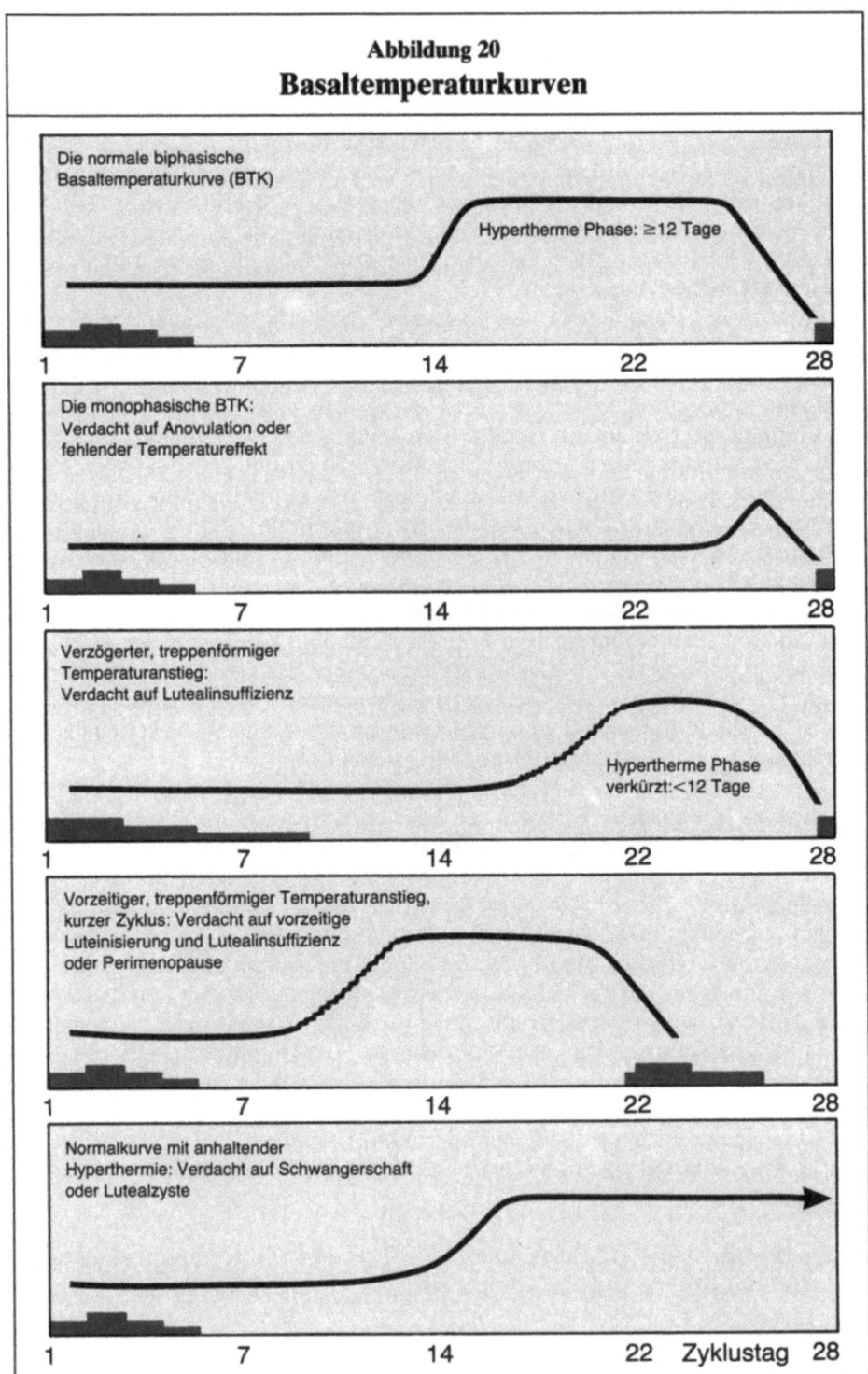

Abbildung 20
Basaltemperaturkurven

fung der Ovarfunktion sowie zur Therapiekontrolle **(Abb. 20)**. Man weist mit ihr den thermogenetischen Effekt des Progesterons nach, nicht aber die Ovulation. Ein fehlender, verzögert in Gang kommender, treppenförmiger oder verspäteter Temperaturanstieg spricht für eine Anovulation oder Gelbkörperschwäche (Lutealinsuffizienz) auf dem Boden eines Progesteronmangels. Die Irrtumswahrscheinlichkeit der BTK zur Beurteilung der Lutealfunktion beträgt 15–20%, zur Ablesung des Zeitpunkts der Ovulation ca. 50%. Im Zweifelsfall (unruhige Kurve) sollte man sich also nicht auf die BTK allein verlassen. Auf der anderen Seite liegt mit über 95%iger Sicherheit eine Schwangerschaft vor, wenn die Temperatur länger als 17–20 Tage hypertherm bleibt **(Abb. 20)**.

Vaginalabstrich (Kolpozytologie). Die Zytologie des Vaginalepithels dient schwerpunktmäßig der Abschätzung der Östrogenwirkung. Aber auch der Progesteroneffekt ist zytologisch ablesbar (Tabelle 27). Gleichzeitig sollte eine Beurteilung des Zervixschleims und des Muttermundes erfolgen (Zervixindex). Die Produktion des Zervixschleims nimmt unter der Östrogenwirkung stark zu, seine Viskosität ab. Darüber hinaus ist der Muttermund in der präovulatorischen Phase erweitert.

Endometriumbiopsie. Die histologische Untersuchung der mit einer Strichkürette aus der Gebärmutter entnommenen Schleimhautlamelle erlaubt in Problemfällen die zusätzliche Beurteilung der Östrogen- und Progesteronwirkung (funktionelle Endometriumdiagnostik).

Sonographie. Mit ihr sind die Ovarien darstellbar, so daß man makroskopische Veränderungen (z. B. Ovarzysten) erkennen kann. Darüber hinaus kann das Follikelwachstum bei Sterilitätspatientinnen kontinuierlich verfolgt **(Follikulometrie)** und mit der Östradiolkonzentration im Serum, dem Verlauf der Basaltemperaturkurve und der Veränderung des Zervixmukus korreliert werden.

Röntgen. Bei Verdacht auf einen hypothalamisch-hypophysären Prozeß ist die Sella zu röntgen. Bei bestehender Klinik und normalem röntgenologischen Sellabefund ist eine **Computertomographie** (CT) des Schädels erforderlich, in weiterhin unklaren Fällen eine **Kernspintomographie.** Darüber hinaus kann durch Röntgen der linken Hand das Knochenalter, durch Röntgen der Wirbelsäule eine Osteoporose festgehalten werden. Mittels Kontrastdarstellung der Nieren und der ableitenden Harnwege werden schließlich auch Mißbildungen, z.B. beim Mayer-Rokitansky-Küster-Syndrom, erkennbar.

Augenuntersuchung. Bei hypothalamisch-hypophysären Prozessen ist eine Augenuntersuchung immer noch nützlich (S. 9).

Laparoskopie. Die direkte Inspektion der Ovarien hilft, tiefgreifende, mit makroskopischen Veränderungen einhergehende Funktionsstörungen, wie sie beispielsweise beim polyzystischen Ovar-Syndrom, bei der Endometriose und Ovardysgenesie bestehen, zu erkennen. Darüber hinaus kann in der gleichen Sitzung Biopsiematerial entnommen werden.

Chromosomenanalyse. Bei Verdacht auf Gonadendysgenesie oder testikuläre Feminisierung sollte eine Chromosomenanalyse an Leukozyten oder Fibroblasten durchgeführt werden. Beim Nachweis eines Y-Chromosoms ist das Risiko der malignen Entartung der Gonade hoch. Die vollständige Chromosomenanalyse ist der Bestimmung des Kerngeschlechts (Barr-Körper) aus Ruhekernen der Epithelien der Wangenschleimhaut weit überlegen, da letztere zwar einfacher in der Durchführung, aber auch mit vielen Fehlinterpretationen belastet ist. Deshalb sollte die Bestimmung der Barr-Körper auch als Screening-Methode nicht mehr eingesetzt werden.

Ovar
Spezielle Endokrinologie

Amenorrhoe

· Primäre Amenorrhoe · Sekundäre Amenorrhoe · Häufigkeit · Ursachen ·
· Anamnese · Körperliche Untersuchung · Hormondiagnostik · Therapie ·

Wann spricht man von primärer Amenorrhoe und wie häufig ist sie?

Eine primäre Amenorrhoe liegt vor, wenn nach Vollendung des **16. Lebensjahres** die Regelblutung nicht spontan eingesetzt hat. Früher galt das 18. Lebensjahr als Kriterium, weil danach nur noch in 0,3% der Fälle mit einer Spontanblutung zu rechnen ist. Da sich aber das Menarchealter vorverlegt hat und eine zu späte Diagnostik nachteilig für die Patientin sein kann, klärt man heute die Amenorrhoe frühzeitiger ab. Die primäre Amenorrhoe ist **wesentlich seltener** als die sekundäre.

Wann spricht man von sekundärer Amenorrhoe und wie häufig ist sie?

Eine sekundäre Amenorrhoe liegt vor, wenn innerhalb von **90 Tagen** nach Beginn der letzten Regelblutung keine Spontanblutung auftrat und eine Schwangerschaft ausgeschlossen wurde. Sie ist, wie die primäre Amenorrhoe, immer Ausdruck einer erheblichen Ovarfunktionsstörung. Ihre Häufigkeit liegt in einer gynäkologischen Poliklinik bei **5 auf 1000 Patientinnen.**

Welche klinische Relevanz hat die Unterscheidung zwischen primärer und sekundärer Amenorrhoe?

Diese geläufige Unterscheidung der Amenorrhoe liefert zwar Anhaltspunkte hinsichtlich relativer Wahrscheinlichkeiten, mit denen verschiedene Ursachen

Tabelle 31
Ursachen der primären Amenorrhoe

40%	Gonadendysgenesie, -agenesie, -hypoplasie
20%	Mayer-Rokitansky-Küster-Syndrom
10%	Hypothalamisch-hypophysär – psychogen, z. B. Anorexia nervosa – Kachexie – Leistungssport
5%	Gynatresien Testikuläre Feminisierung Adrenogenitales Syndrom Schwere Allgemeinerkrankungen – Diabetes mellitus – Niereninsuffizienz – Tumoren – Traumen – Entzündungen

(s. u.) in Frage kommen, sie hat jedoch keine grundsätzliche klinische Bedeutung.

Welche Ursachen können einer primären Amenorrhoe zugrunde liegen?

In **Tabelle 31** sind die wesentlichen Ursachen ihrer Häufigkeit nach aufgeführt.
 An erster Stelle stehen hiernach **primär gonadale** Störungen, wozu auch ein Teil der Pubertas tarda-Fälle gehört. Relativ oft liegt auch ein Mayer-Rokitansky-Küster-Syndrom vor. Hierbei handelt es sich um Fehlbildungen des Uterus und der oberen Teile der Vagina, häufig in Kombination mit Fehlbildungen der Nieren, ableitenden Harnwege und Wirbelsäule.
 Funktionelle und organische Störungen im Hypothalamus- und Hypophysenbereich, isolierte Vaginal- und Hymenalatresien (sog. Gynatresien), die testikuläre Feminisierung, das adrenogenitale Syndrom und schwere Allgemeinerkrankungen runden das Ursachenspektrum ab.

Welche Bedeutung haben Anamnese und körperliche Untersuchung für die Abklärung einer primären Amenorrhoe?

Anamnese und körperliche Untersuchung sind sehr wichtig, da durch sie oft schon die Ursache des Symptoms Amenorrhoe erkannt und das Ausmaß eines

144 Gonaden (Hoden/Ovar)

möglichen Östrogenmangels abgeschätzt werden kann. Alle in **Tabelle 30** aufgeführten Gesichtspunkte sind demnach beachtenswert, wobei sich allerdings hinsichtlich einer primären Amenorrhoe aufgrund ihres Ursachenspektrums das Augenmerk auf folgendes besonders richten sollte:

Anamnestisch wichtig ist in diesen Fällen vor allem die Frage nach der körperlichen Entwicklung und Aktivität, die oft beide bei den gonadal bedingten primären Amenorrhoen gestört sind. Nach dem Menarchealter der Mutter zu fragen, ist dagegen von untergeordneter Bedeutung.

Bei der **Ganzkörperuntersuchung** wären die typischen Merkmale einer Gonadendysgenesie kaum zu übersehen (Tabelle 37). Darüber hinaus erkennt man einen ausgeprägten Östrogenmangel generell an der Unterentwicklung der Genitalorgane und der Mammae sowie am Ausbleiben typischer weiblicher Erwachsenenproportionen. Handelt es sich dagegen nur um eine verspätete Menarche im Rahmen einer Pubertas tarda, so ist die körperliche Entwicklung bis auf mehr oder weniger hypoplastischer Genitalorgane unauffällig.

Bei der **gynäkologischen** Untersuchung würden Fehlbildungen des inneren Genitale aufgedeckt werden, wie sie für das Mayer-Rokitansky-Küster-Syndrom und die Gynatresien typisch sind. Wird dagegen eine Klitorishypertrophie festgestellt, so muß immer an ein adrenogenitales Syndrom, bei Leistenhoden immer an eine testikuläre Feminisierung gedacht werden.

Welche Hormonbestimmungen sind für die Abklärung einer primären Amenorrhoe wichtig?

FSH* ist vorrangig zu bestimmen, da primär gonadale Störungen immer durch deutlich erhöhte Werte gekennzeichnet sind **(Abb. 19)**. Sinnvollerweise sollte gleichzeitig auch **LH*** bestimmt werden, um über den **LH/FSH-Quotienten** die Diagnose einer hypergonadotropen Amenorrhoe weiter zu festigen, was gegeben ist, wenn das basale FSH und LH erhöht sind und der LH/FSH-Quotient < 1 ist. Eine zusätzliche **Östradiol**bestimmung* ist dann meistens entbehrlich, da bei dieser Konstellation ein Östrogenmangel nahezu sicher ist. Bei normalen Gonadotropinspiegeln, dem Fehlen von Genitalmißbildungen sowie einem altersgemäß weitgehend normal entwickelten Äußeren muß dagegen mehr an eine Amenorrhoe hypothalamisch-hypophysärer Genese gedacht werden. Diese Fälle machen dann Hormonbestimmungen erforderlich, wie sie auch bei den übrigen Zyklusstörungen (z. B. sekundäre Amenorrhoe, Oligomenorrhoe) bzw. bei einer Ovarialinsuffizienz (z. B. anovulatorischer Zyklus, Lutealinsuffizienz) sinnvoll sind. Hierbei handelt es sich vor allem um **Prolaktin*,** aber auch um **Testosteron*** und **DHEA-S*** zum Ausschluß einer Hyperandrogenämie sowie um **TSH*** zum Ausschluß einer Schilddrüsenfunktionsstörung (v. a. Hypothyreose). Sollten auch diese Ergebnisse unauffällig sein, so muß sich ein **Gestagentest*** anschließen, über dessen Aussagekraft bereits auf Seite 139 berichtet wurde. Ist die primäre Amenorrhoe dagegen als verzögerte Menarche nur eines der Symptome bei Pubertas tarda, so ist der Schwerpunkt der Hormondiagnostik

---
* s. Praktische Hinweise

etwas anders gelagert (S. 33ff.), ebenso wie im Falle der Abklärung eines adrenogenitalen Syndroms (S. 217f.), bei dem ebenfalls eine primäre Amenorrhoe vorliegen kann.

Welche zusätzlichen diagnostischen Maßnahmen sind heranzuziehen?

Vor jeder gezielten Diagnostik ist ein **Schwangerschaftstest** durchzuführen. Sodann sollte bei erhöhten FSH-Werten vor allem eine Chromosomenanalyse vorgenommen werden, um die primär gonadale Störung einzugrenzen. Geht dagegen der Verdacht in Richtung einer hypothalamisch-hypophysären Störung oder besteht eine Hyperprolaktinämie, so wird eine Röntgenaufnahme der Sella erforderlich, gegebenenfalls ergänzt durch CT oder auch Kernspintomographie (S. 8f.). Weitere diagnostische Maßnahmen richten sich nach der übrigen Klinik (z.B. Gonadendysgenesie, Pubertas tarda, adrenogenitales Syndrom, Ovarialinsuffizienz etc.) und werden an entsprechender Stelle abgehandelt.

Wie wird eine primäre Amenorrhoe therapiert?

Bei **primär gonadalen** Störungen steht eine Östrogen-Gestagen-Dauersubstitution im Vordergrund. Die Dosierung muß so gewählt werden, daß das Längenwachstum nicht beeinträchtigt wird. Eine Sterilitätsbehandlung ist jedoch bei diesen Störungen zwecklos.

Genitalmißbildungen müssen nach Möglichkeit chirurgisch angegangen werden, wobei der Zeitpunkt mit anderen Fachdisziplinen (u.a. Psychologen) genau abzustimmen ist.

Bei **hypothalamisch-hypophysär** bedingter primärer Amenorrhoe hängt die Therapie vom Ergebnis der Differentialdiagnostik ab. Ein bestehender Östrogenmangel sollte nach Möglichkeit immer mit einer Östrogen-Gestagen-Therapie ausgeglichen werden, um langfristig keine Osteoporose zu fördern.

Welche Ursachen können einer sekundären Amenorrhoe zugrunde liegen?

In **Tabelle 32** sind die wesentlichen Ursachen ihrer Häufigkeit nach aufgeführt.
Hiernach ist etwa gleich häufig eine unterschiedlich stark ausgeprägte **Hyperandrogenämie** bzw. **Hyperprolaktinämie** die Hauptursache für die sekundäre Amenorrhoe, wobei der Androgenexzeß wohl überwiegend ovariellen Ursprungs zu sein scheint. Bei etwa einem Drittel der Hyperprolaktinämien wiederum findet man als eigentliche Ursache eine **Hypothyreose.** In diesem Zusammenhang muß jedoch betont werden, daß es häufig schwierig oder gar unmöglich ist, zu entscheiden, ob die insbesondere grenzwertige Veränderung eines bestimmten Hormonspiegels Ursache der Amenorrhoe oder lediglich Begleiterscheinung ist. Hierdurch unterliegen die in **Tabelle 32** gemachten Häufigkeitsangaben generell und insbesondere hinsichtlich der Hyperandrogenämie

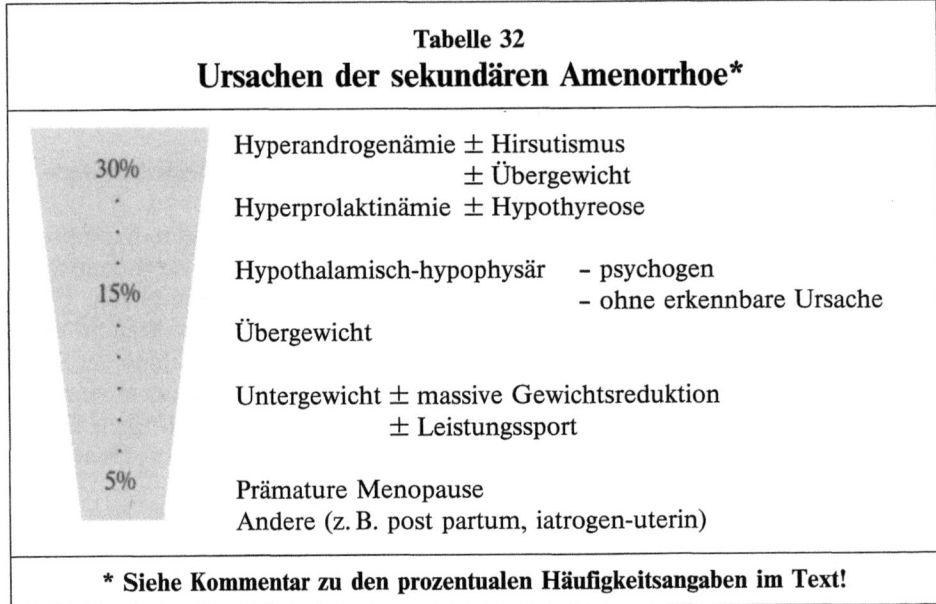

Tabelle 32
Ursachen der sekundären Amenorrhoe*

30%	Hyperandrogenämie ± Hirsutismus ± Übergewicht
	Hyperprolaktinämie ± Hypothyreose
15%	Hypothalamisch-hypophysär – psychogen
	– ohne erkennbare Ursache
	Übergewicht
	Untergewicht ± massive Gewichtsreduktion ± Leistungssport
5%	Prämature Menopause
	Andere (z. B. post partum, iatrogen-uterin)

* Siehe Kommentar zu den prozentualen Häufigkeitsangaben im Text!

einer gewissen Unschärfe. Dies erklärt auch, warum man trotz Normalisierung eines Hormonspiegels nicht selten „Therapieversager" findet.

Eine dritte wichtige Gruppe stellen die als „**hypothalamisch-hypophysär**" eingeordneten sekundären Amenorrhoen dar, bei denen letztlich eine Ursache nicht faßbar ist, mithin also auch die Hormondiagnostik (s. u.) vollkommen unauffällig ist. Werden solche Patientinnen jedoch psychologisch exploriert, so sind häufig Konfliktsituationen erkennbar. Vermutlich kommt es in diesen Fällen im Bereich der hypothalamischen „Umschaltstation" zur inadäquaten hormonellen Umformung psychogener Impulse, wodurch der hypothalamische Pulsgeber für die Gonadotropinfreisetzung nicht optimal arbeiten kann. Nicht in **Tabelle 32** aufgeführt sind die relativ häufigen sog. **Post-pill-Amenorrhoen,** die nach Absetzen der Antibabypille auftreten. Diese Bezeichnung darf jedoch nicht suggerieren, daß die Einnahme der „Pille" die Ursache der Amenorrhoe ist. Es besteht lediglich ein zeitlicher Zusammenhang, kein ursächlicher. Letztlich liegt wohl auch bei dieser Amenorrhoe die Störung auf hypothalamischer Ebene.

Warum kann ein erhöhter Androgenspiegel zur Amenorrhoe führen?

Erhöhte Androgenspiegel stören die koordinierte GnRH-Freisetzung und induzieren eine verstärkte und vermehrte Atresie von Follikeln. Patientinnen mit Androgenisierungserscheinungen wie Seborrhoe, Akne und/oder Hirsutismus haben deshalb gehäuft Zyklusstörungen bis hin zur Amenorrhoe **(Tabelle 32).**

Da aber keine feste Korrelation zwischen den genannten Androgenisierungserscheinungen und der Höhe des Androgenspiegels besteht, findet man nicht selten eine hyperandrogenämische Amenorrhoe, ohne daß typische androgenbedingte Hautveränderungen (schon) vorliegen müssen (asymptomatische Hyperandrogenämie). Durch eine rechtzeitige Hormonbestimmung erkannt, kann man die Hyperandrogenämie aber supprimieren und damit nicht nur den Zyklus gegebenenfalls stabilisieren, sondern auch die langfristigen Folgen eines Androgenexzesses (z. B. Hirsutismus, polyzystisches Ovar-Syndrom) vermeiden.

Warum kann ein deutliches Über- oder Untergewicht zur Amenorrhoe führen?

Wie **Tabelle 32** zeigt, ist ein Über- oder Untergewicht relativ häufig die Ursache einer Amenorrhoe. Bei deutlichem **Übergewicht** können in der größeren Fettmasse vermehrt Androgene zu Östrogenen aromatisiert werden. Durch eine solchermaßen gesteigerte Östrogenproduktion kommt es zur Blockade der hypothalamischen GnRH-Sekretion. Nach Gewichtsabnahme stellt sich oft wieder ein normaler Zyklus ein.

Deutliches **Untergewicht** führt über eine primär eingeschränkte pulsatile Gonadotropinfreisetzung zur Amenorrhoe. Dies ist bei der Anorexia nervosa (Magersucht) und anderen Formen massiven Untergewichts gesetzmäßig zu beobachten. Durch Gewichtszunahme kann eine normale pulsatile Gonadotropinfreisetzung und damit eine normale Regelblutung wieder in Gang kommen.

Welche Bedeutung haben Anamnese und körperliche Untersuchung für die Abklärung einer sekundären Amenorrhoe?

Da jede Amenorrhoe, auch die sekundäre, nur ein Symptom ist, hinter dem sich zahlreiche Ursachen verbergen können, sind Anamnese und körperliche Untersuchung von großer Bedeutung. Die wichtigsten Aspekte sind in **Tabelle 30** zusammengefaßt.

So ist die **Anamnese** erst komplett, wenn vor allem auch das psychosoziale Umfeld der Patientin beleuchtet und nach Medikamenten, extremen Gewichtsschwankungen, Schädeltraumen, Endokrinopathien, schweren Allgemeinerkrankungen und Operationen gefragt wurde.

Die **Ganzkörperuntersuchung** muß ebenfalls alle in **Tabelle 30** aufgeführten Gesichtspunkte umfassen. Bei der sich anschließenden gynäkologischen Untersuchung sind die Beurteilung des Zervixsekrets und die Suche nach einem vergrößerten Ovar bzw. einer Endometriose sehr wichtig. Weitere gezielte Untersuchungen (S. 136ff.) richten sich nach der Klinik und dem Ergebnis der Hormonanalytik.

Welche Hormonbestimmungen sind zur Abklärung einer sekundären Amenorrhoe wichtig?

Nach dem Schwangerschaftstest gehört zum Basisprogramm in jedem Fall die Bestimmung von **Prolaktin***, **FSH***, **Testosteron***, **DHEA-S*** und **TSH***, um primär und schnell eine Hyperprolaktinämie, Erschöpfung des Follikelapparates, Hyperandrogenämie und Schilddrüsenfunktionsstörung (v. a. Hypothyreose) auszuschließen. Bei unauffälligen Werten muß sich ein **Gestagentest*** anschließen, um über den Östrogenhaushalt näheres zu erfahren. Die Bestimmung von **LH*** und **Östradiol*** ist nicht unbedingt primär erforderlich. LH wird aber üblicherweise gleichzeitig mit FSH bestimmt, um durch den **LH/FSH-Quotienten** zusätzliche Informationen über den Funktionszustand der Achse Hypothalamus-Hypophyse-Ovar zu bekommen. Diesbezüglich können folgende Aussagen getroffen werden: **(1)** Sind die basalen LH- und FSH-Werte niedrig bis normal, so spricht ein LH/FSH-Quotient < 1 für einen niedrigen endogenen Östrogenspiegel, wie er für eine **hypogonadotrope Amenorrhoe** typisch ist. **(2)** Ein LH/FSH-Quotient ≫ 2 (LH deutlich erhöht, FSH normal) signalisiert eine hypothalamisch-hypophysär bedingte (chronische) **Anovulation**, eventuell kombiniert mit einem gestörten Androgenhaushalt. **(3)** Bei hohen basalen LH- und FSH-Werten weist ein LH/FSH-Quotient < 1 auf eine **hypergonadotrope Amenorrhoe** hin, wobei ein Östrogenmangel wahrscheinlich ist.

Eine Östradiolbestimmung kann ergänzend oder auch alternativ zum Gestagentest herangezogen werden. In diesem Zusammenhang muß weiterhin als unbeantwortet gelten, ob der gemessene Östradiolspiegel oder der Gestagentest die bessere Langzeitbeurteilung eines Östrogenmangels erlaubt.

Vom Ergebnis des Basisprogramms sollten alle weiteren Hormonbestimmungen einschließlich entsprechender Funktionstests (Metoclopramid-Test*, TRH-Test*, GnRH-Test*) abhängen, es sei denn, daß aufgrund relativ eindeutiger klinischer Verdachtsmomente schon primär eine gezielte Ausweitung oder auch Modifikation des Basisprogramms sinnvoll ist (z. B. Dexamethason-Hemmtest* bei einigen Fällen von Adipositas, ACTH-Test* in unterschiedlicher Modifikation bei Verdacht auf Morbus Addison bzw. auf ein adrenogenitales Syndrom.

Welche Stufendiagnostik ist für die Abklärung einer Amenorrhoe sinnvoll?

Eine auf klinischer Erfahrung und pathogenetischen Erkenntnissen aufbauende Stufendiagnostik ist besonders dann anzustreben, wenn die Laboranalysen aufwendig und kostspielig sind. Andererseits muß eine in sich schlüssige Stufendiagnostik auch Aspekte der Praktikabilität berücksichtigen. So besteht bei einer zu rigide gehandhabten Stufendiagnostik, wie sie auch bei dem WHO-Schema von 1976 zur Klassifizierung der Amenorrhoe vorgesehen ist, stets die Gefahr, daß es durch wiederholte Arztbesuche zur volkswirtschaftlichen Mehrbelastung kommt

---

* s. Praktische Hinweise

oder durch eine übertriebene zeitliche Ausdehnung der Diagnosestellung zur Frustration infertiler Paare, wiederum mit der Gefahr des Arztwechsels und einer damit verbundenen erneuten Analytik. Die oben skizzierte Basisdiagnostik berücksichtigt diese Aspekte. Sie erlaubt eine **rationelle** und **differenzierte Labordiagnostik** der sekundären Amenorrhoe, so daß relativ schnell therapeutische und prognostische Schlußfolgerungen gezogen werden können.

Wie wird eine sekundäre Amenorrhoe therapiert?

Die Therapie richtet sich nach dem Untersuchungsergebnis und dem Anlaß, der die Patientin zum Arzt führte.

Bei Kinderwunsch muß jede Abweichung von der Norm ausgeglichen und die Ovulation gegebenenfalls induziert werden. Ein **hoher FSH-Spiegel** weist jedoch darauf hin, daß die Eierstöcke primär erschöpft sind und somit keine therapeutischen Möglichkeiten mehr bestehen, eine Follikelreifung oder Ovulation anzuregen.

Ohne Kinderwunsch müssen Abweichungen von der Norm dann therapiert werden, wenn diese so schwerwiegend sind (z. B. Prolaktinom, andere Hypophysentumoren, Ovarialtumor, Cushing-Syndrom, Hyperandrogenämie), daß die Patientin einem erhöhten gesundheitlichen Risiko ausgesetzt ist. Dies gilt auch für sekundäre Amenorrhoen aufgrund eines Östrogenmangels (primäre Ovarialinsuffizienz), da dieser schon bei jungen Frauen zur Osteoporose führen kann. Ansonsten sollte man abwarten oder eine symptomatische Therapie mit Östrogen-Gestagen-Kombinationspräparaten vorschlagen. Die Patientin muß beim Abwarten aufgeklärt werden, daß eine sekundäre Amenorrhoe kein 100%iger Konzeptionsschutz ist.

Weibliche Sterilität

· *Definition* · *Häufigkeit* · *Ursachen* · *Anamnese* · *Körperliche Untersuchung* ·
· *Blutungsanomalien* · *Prämenstruelles Syndrom* · *Anovulatorischer Zyklus* ·
Corpus-luteum-Insuffizienz · *Hormondiagnostik* · *Sonstige Diagnostik* ·
· *Therapie* · *Therapiekontrolle* ·

Wann gilt eine Frau als steril?

Eine Frau ist steril, wenn sie unfähig ist, trotz regelmäßiger Kohabitation mit einem fertilen Partner innerhalb eines Jahres schwanger zu werden.

---

* s. Praktische Hinweise

Gonaden (Hoden/Ovar)

Wie häufig liegt die Ursache einer kinderlosen Ehe bei der Frau?

Man schätzt, daß in der Bundesrepublik Deutschland derzeit ca. 10–15% aller Ehepaare ungewollt kinderlos sind. In der Mehrzahl der Fälle werden bei beiden Partnern Funktionsstörungen gefunden. Man sollte deshalb von vornherein jede Sterilität als multifaktoriell ansehen und obligaterweise beide Partner untersuchen, zumal eine konkrete Ursache, die bei der Frau in etwa 40% der Fälle gefunden werden kann, nicht ausschließt, daß der Partner zusätzlich zum Sterilitätsproblem beiträgt.

Welche Ursachen sind bei der Frau zu berücksichtigen?

In **Tabelle 33** sind die wesentlichen Ursachen ihrer Häufigkeit nach aufgeführt.

Hiernach liegt in etwa 40% der Fälle eine hormonelle Störung im weitesten Sinne vor. In einem weiteren Drittel sind mit und ohne kausalen Bezug hormonelle und organische Störungen kombiniert. Unter den organischen Ursachen dominieren Tubenfunktionsstörungen sowie die Endometriose und Dysmukorrhoe.

Bei etwa 15% der Fälle bleibt die Ursache letztlich unklar. Man kann diese Gruppe unter dem Begriff „idiopathisch" zusammenfassen, spricht aber im allgemeinen von einer unerklärbaren Sterilität, wobei grundsätzlich betont werden muß, daß die Patientin durchaus nochmal konzipieren kann.

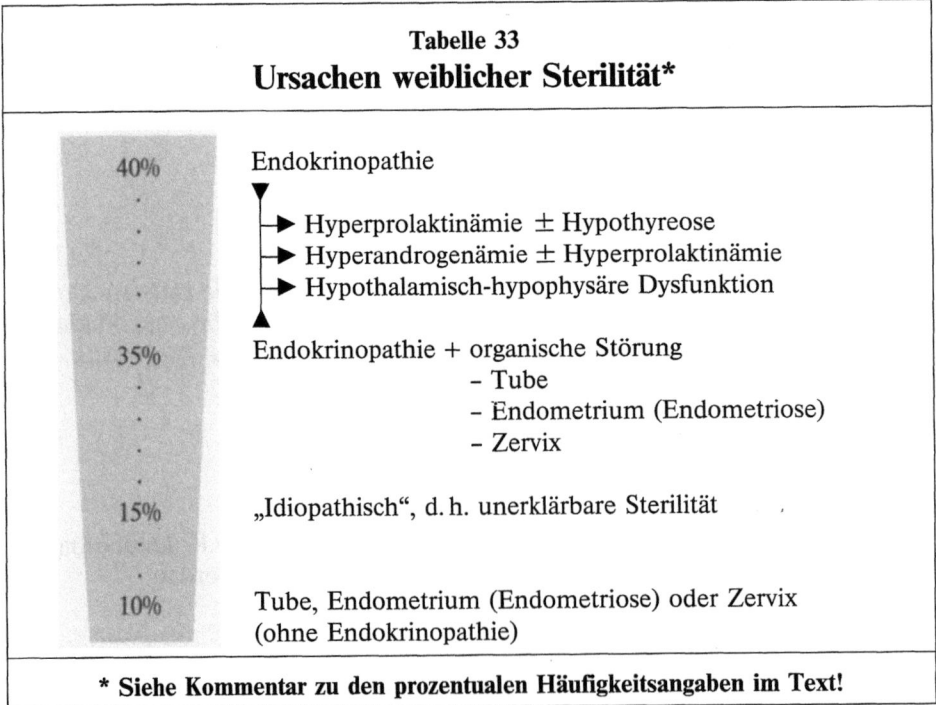

Tabelle 33
Ursachen weiblicher Sterilität*

40%	Endokrinopathie ↳ Hyperprolaktinämie ± Hypothyreose ↳ Hyperandrogenämie ± Hyperprolaktinämie ↳ Hypothalamisch-hypophysäre Dysfunktion
35%	Endokrinopathie + organische Störung – Tube – Endometrium (Endometriose) – Zervix
15%	„Idiopathisch", d. h. unerklärbare Sterilität
10%	Tube, Endometrium (Endometriose) oder Zervix (ohne Endokrinopathie)

* Siehe Kommentar zu den prozentualen Häufigkeitsangaben im Text!

Welches sind die häufigsten hormonellen Ursachen?

An erster Stelle stehen die verschiedenen Formen der **Hyperprolaktinämie** und **Hyperandrogenämie (Tabelle 33)**, wobei der Androgenexzeß wohl überwiegend ovariellen Ursprungs zu sein scheint. Beide Störungen zusammen machen etwa zwei Drittel aller Fälle aus. Häufig sind der Prolaktin- und Androgenspiegel gleichzeitig erhöht. Dies wird mit einer vermehrten Aromatisierung der Androgene zu den Östrogenen erklärt, wobei letztere wiederum die Prolaktinsekretion steigern. Andererseits liegt ca. 20% aller Hyperprolaktinämien eine latente oder manifeste **hypothyreote Stoffwechsellage** zugrunde. Dies hängt mit der Stimulierbarkeit der Prolaktinsekretion durch TRH zusammen, dessen Aktivität bei einer primären Unterfunktion der Schilddrüse gesteigert ist.

Auch an dieser Stelle sei in Analogie zu den Häufigkeitsangaben zur sekundären Amenorrhoe (S. 145f.) betont, daß die in **Tabelle 33** gemachten Zahlenangaben einer gewissen Unschärfe unterliegen, da es häufig schwierig oder gar unmöglich ist, zu entscheiden, ob die insbesondere grenzwertige Veränderung eines bestimmten Hormonspiegels Ursache der Sterilität oder lediglich Begleiterscheinung ist.

Kann Rauchen die Fruchtbarkeit beeinträchtigen?

Selbst bei Frauen mit mäßigem Nikotingenuß ist die Konzeptionswahrscheinlichkeit gegenüber Nichtraucherinnen deutlich reduziert. Die Zeitspanne bis zum Eintritt einer Schwangerschaft wird ca. doppelt so lange veranschlagt.

Können Lebensalter der Frau und Zeitdauer ihrer ungewollten Kinderlosigkeit etwas über die Konzeptionswahrscheinlichkeit aussagen?

Die Konzeptionswahrscheinlichkeit bzw. Fertilitätsprognose hängt sehr vom Alter der Patientin und von der Dauer der ungewollten Kinderlosigkeit ab. So ist die auf ein Jahr bezogene Konzeptionswahrscheinlichkeit bei einer Zwanzigjährigen etwa 70% und damit mehr als doppelt so hoch wie bei einer Dreißigjährigen. Sie fällt dann mit steigendem Lebensalter weiter kontinuierlich ab und liegt im Alter von 45 Jahren schließlich unter 5%. Darüber hinaus verschlechtert sich die Konzeptionswahrscheinlichkeit rapide mit der Dauer einer ungewollten Kinderlosigkeit, so daß nach 5 Jahren nur noch eine Chance von ca. 10% besteht. Dies darf aber nicht dazu führen, daß man in Fällen längerer ungewollter Kinderlosigkeit auf jegliches ärztliches Tun verzichtet.

Welche Bedeutung haben Anamnese und körperliche Untersuchung in der Sterilitätssprechstunde?

Ihre Bedeutung kann gar nicht oft genug betont werden. Allein durch eine gründliche Anamnese und durch eine sorgfältige körperliche Untersuchung können oft organische Ursachen für den unerfüllten Kinderwunsch aufgedeckt, erste Einblicke in den Hormonhaushalt gewonnen und schließlich auch eine erste Abschätzung über die noch vorhandene Konzeptionswahrscheinlichkeit gemacht werden. Deshalb sind alle in **Tabelle 30** aufgeführten Gesichtspunkte zu berücksichtigen. Dies wird erleichtert, indem man der Patientin z. B. einen **Fragebogen** aushändigt, wie er sich in praxi bewährt hat (**Abb. 21**).

Welche Rückschlüsse erlaubt die Frage nach der Regelblutung?

Jede Abweichung des Blutungsrhythmus von der Norm (**Eumenorrhoe:** 28 ± 2 Tage) ist Ausdruck einer **Ovarfunktionsstörung,** bedingt durch eine Dysfunktion der Achse Hypothalamus-HVL-Ovar. Bei etwa der Hälfte aller Frauen mit unerfülltem Kinderwunsch findet man Abweichungen vom normalen Menstruationsintervall, d. h. sog. **Tempoanomalien.** Diesbezüglich spricht man von **Oligomenorrhoe** bei einem Blutungsintervall von 33 Tagen bis zu 3 Monaten, mit fließenden Übergängen zur Eumenorrhoe bzw. zur sekundären Amenorrhoe. Die Oligomenorrhoe ist meist Ausdruck einer verzögerten oder unzureichenden Follikelreifung, der Zyklus kann ovulatorisch oder anovulatorisch sein. Von **Polymenorrhoe** spricht man bei einem Blutungsintervall von weniger als 26 Tagen. Ihr liegt meist eine verkürzte Follikelphase und/oder eine verkürzte Gelbkörperphase zugrunde, wobei der Zyklus wiederum ovulatorisch oder anovulatorisch sein kann.

Neben den Tempoanomalien gibt es auch **Typusanomalien.** Hierbei unterscheidet man zwischen **Hypo-** und **Hypermenorrhoe,** die gekennzeichnet sind durch eine abgeschwächte und oft auf 1-2 Tage verkürzte bzw. durch eine verstärkte und bis zu 7 Tagen verlängerte Blutung. Hypermenorrhoen sind oft Ausdruck von Entzündungen und Myomen ebenso wie die **Meno-Metrorrhagien,** d. h. die völlig unregelmäßigen und verstärkten Blutungen, die überhaupt keinen zeitlichen Zusammenhang zur Menstruation erkennen lassen.

Was verbirgt sich hinter einem prämenstruellen Syndrom?

Wenn die in **Tabelle 29** spezifizierten Symptome einzeln oder in beliebiger Kombination regelmäßig ein paar Tage vor Einsetzen der Regelblutung auftreten, um kurz nach Beginn der Blutung wieder zu verschwinden, so liegt ein prämenstruelles Syndrom vor, das mit über 90%iger Wahrscheinlichkeit auf eine **funktionelle Ovarfunktionsstörung** hinweist, meistens im Sinne einer Corpusluteum-Insuffizienz.

Da das prämenstruelle Syndrom für viele Frauen ein chronischer Zustand ist, an den sie sich gewöhnt haben, muß der Arzt ausdrücklich nach den Symptomen fragen.

Ovar – Spezielle Endokrinologie 153

Abbildung 21
Fragebogen für die Patientin mit Kinderwunsch

Name: _____   Name des Gatten/Partner: _____
Vorname: _____   Vorname: _____
Geburtsdatum: _____ Alter: _____ Geburtsdatum: _____
Adresse: _____ Tel.-Nr. _____ Adresse: _____ Tel.-Nr. _____
Welchen Beruf üben Sie aus? _____ Welchen Beruf übt er aus? _____
Welchen Schulabschluß haben Sie? _____ Welchen Schulabschluß hat er? _____

1. Wie alt waren Sie bei Beginn der monatlichen Blutungen?
   Ca. _____ Jahre.
   ☐ Habe noch nie eine Blutung gehabt.
2. Wann hat bei Ihnen die Brustentwicklung eingesetzt?
   Mit ca. _____ Jahren.
3. Wann hat bei Ihnen die Entwicklung der Scham- und Achselbehaarung eingesetzt?
   Mit ca. _____ Jahren.
4. Gehörten sie während Ihrer Schulzeit
   ☐ zu den größten oder
   ☐ zu den kleinsten Schülerinnen?
   ☐ oder waren Sie eher durchschnittlich groß?
5. Wie regelmäßig waren Ihre monatlichen Blutungen in den ersten Jahren nach Beginn der Blutungen?
   Blutungsrhythmus zwischen _____ und _____ Tagen.
6. a) Wie war in letzter Zeit der Abstand zwischen Ihren monatlichen Blutungen ohne Einnahme von Medikamenten? Zwischen _____ und _____ Tagen.
   b) Wieviel Tage bluten Sie durchschnittlich?
      _____ Tage.
   c) Blutungsstärke:
      ☐ stark   ☐ mittel   ☐ schwach
7. Wann begann Ihre letzte Periodenblutung?
   _____
   Wenn Sie dies nicht mehr genau wissen, geben Sie bitte den Monat oder das Jahr an: _____
8. Stellen Sie in den Tagen vor Einsetzen der Regel folgende Symptome an sich fest?

	nein	leicht	mittel	stark
Brustspannen, empfindliche Brustwarzen	☐	☐	☐	☐
Blähbauch, Völlegefühl	☐	☐	☐	☐
Neigung zur Niedergeschlagenheit (Depression)	☐	☐	☐	☐
Neigung zu aggressivem Verhalten	☐	☐	☐	☐
Migräne	☐	☐	☐	☐
Gewichtszunahme	☐	☐	☐	☐
Morgentliche Schwellung von Händen, Füßen und Gesicht	☐	☐	☐	☐
Neigung zur Akne	☐	☐	☐	☐
Falls ja, wie lange schon? _____ Monate/Jahre Schmerzen während der Periode	☐	☐	☐	☐

9. Haben Sie in den letzten Monaten oder Jahren die morgendliche Aufwachtemperatur gemessen und Temperaturkurven geführt?
   ☐ ja   ☐ nein
   Falls ja,
   ☐ einphasisch   ☐ zweiphasisch

10. Haben Sie, unabhängig von Schwangerschaft und Stillperiode, Abgang von Flüssigkeit aus Ihrer Brust bemerkt?
    ☐ ja   ☐ nein
    Falls ja, wie lange?
    ☐ Monate   ☐ Jahre
    ☐ einseitig   ☐ beidseitig
    Wie sieht (sah) diese Flüssigkeit aus?
    ☐ milchig-weiß   ☐ trübe
    ☐ blutig   ☐ klar
11. a) Ist bei Ihnen schon einmal die Schilddrüse untersucht worden?
       ☐ ja   ☐ nein
       Wenn ja, nehmen Sie oder haben Sie Medikamente dafür eingenommen?
       ☐ ja   ☐ nein
    b) Leiden Sie unter   ja   nein
       Schlafstörungen?   ☐   ☐
       Konzentrationsschwäche?   ☐   ☐
       Frieren Sie leicht?   ☐   ☐
       Schwitzen Sie leicht?   ☐   ☐
12. Halten Sie Ihr Körpergewicht konstant?
    ☐ ja   ☐ nein
    falls nein
    wann _____ und wieviel _____ kg
    haben Sie ab- bzw. zugenommen?
13. Haben Sie eine Zunahme der Körperbehaarung bemerkt?
    ☐ ja   ☐ nein
    falls ja
    wann
14. Hatten Sie schon einmal eine der folgenden Krankheiten oder litten Sie mal daran?
    ☐ ja   ☐ nein
    Schilddrüsenerkrankungen   Wann? _____
    Zuckerkrankheit   Wann? _____
    Nebennierenerkrankungen   Wann? _____
    Lebererkrankungen   Wann? _____
    Tuberkulose   Wann? _____
    Krebs oder andere Tumoren   Wann? _____
    Seelische Erkrankungen   Wann? _____

    Bitte Zutreffendes ankreuzen

Abbildung 21 (Fortsetzung)
Fragebogen für die Patientin mit Kinderwunsch

15. **Nehmen Sie regelmäßig Medikamente ein?**
    ☐ ja ☐ nein
    Falls ja,
    welche? wofür?
    1. _____ _____
    2. _____ _____
    3. _____ _____

16. **Haben Sie Hormontabletten oder sog. Antibabypillen eingenommen?**
    ☐ ja ☐ nein
    Wenn ja,
    welche? wie lange?
    1. _____ von _____ bis _____
    2. _____ von _____ bis _____
    3. _____ von _____ bis _____
    4. _____ von _____ bis _____
    5. _____ von _____ bis _____

17. **Wurden bei Ihnen Bauch- und Unterleibsoperationen durchgeführt?**
    ☐ ja ☐ nein
    Falls ja:
    Welche Operation? _____
    Wann? _____
    1. (Jahr) _____ 2. (Jahr) _____
    Falls im Unterleib, wurden danach die Eileiter überprüft?
    ☐ ja ☐ nein

18. **Hatten Sie Unterleibsentzündungen (Eileiterentzündungen, Eierstockentzündungen oder ähnliche Erkrankungen?)**
    ☐ ja ☐ nein
    Falls ja: Krankenhausbehandlung?
    Wann? _____
    Wo? _____

19. **Waren Sie schon einmal schwanger?**
    ☐ ja ☐ nein
    Falls ja:
    von Ihrem jetzigen Partner?
    ☐ ja ☐ nein
    a) Geburten:
       1. (Jahr) _____ 2. (Jahr) _____ 3. (Jahr) _____
    b) Fehlgeburten:
       1. (Jahr) _____ im wievielten Monat? _____
       2. (Jahr) _____ im wievielten Monat? _____
       3. (Jahr) _____ im wievielten Monat? _____

20. a) **Hatten Sie schon Röteln?**
       ☐ ja ☐ nein ☐ unsicher
    b) **Sind Sie gegen Röteln geimpft?**
       ☐ ja ☐ nein ☐ unsicher
    c) **Falls ja, wurde die Impfung kontrolliert?**
       ☐ ja ☐ nein

21. **Seit wieviel Jahren wünschen Sie sich ein Kind?**
    Seit _____ Jahren.

22. **Seit wieviel Jahren betreiben Sie keinen Empfängnisschutz mehr?**
    Seit _____ Jahren.

23. **Waren Sie wegen Ihres Kinderwunsches bzw. der Kinderlosigkeit in Behandlung anderer Ärzte?**
    ☐ ja ☐ nein
    Falls ja,
    mit welchen Medikamenten _____
    _____
    Wie lange? _____ Jahre
    ☐ beim praktischen Arzt ☐ beim Frauenarzt

24. **Ist bei Ihnen schon einmal die Eileiterdurchgängigkeit untersucht worden?**
    ☐ ja ☐ nein
    Falls ja:
    a) Durchblasung mit Luftgas? ☐
    b) Röntgendiagnostik? ☐
    c) durch Bauchspiegelung? ☐
    Wo? _____
    Wann? _____

25. **Wie häufig haben Sie durchschnittlich sexuellen Verkehr?**
    Ca. _____ mal pro Woche.
    Ca. _____ mal pro Monat.

26. **Wurde Ihr Mann/Partner auf seine Zeugungsfähigkeit hin untersucht?**
    ☐ ja ☐ nein
    Falls ja:
    Von wem? _____
    Wann zuletzt (Jahr)? _____

27. **Sehen Sie seelische Probleme**
    ☐ ja ☐ nein
    a) im Zusammenhang mit Ihrem **Partner**? ☐
    b) in Ihrem **Beruf**? ☐
    c) andere? ☐

28. **Wie sind Sie beschäftigt?**
    Ganztägig ☐   Halbtägig ☐
    Stundenweise ☐
    Wechselschicht ☐   Nachtschicht ☐
    Spätschicht ☐   Nur Tagesarbeit ☐

29. **Rauchen Sie?**   **Ihr Partner?**
    ja ☐ nein ☐   ja ☐ nein ☐
    Falls ja: **Falls ja:**
    Wieviel Zigaretten pro Tag?
    Weniger als 5   ☐   ☐
    5 bis 10   ☐   ☐
    10 bis 20   ☐   ☐
    Mehr als 20   ☐   ☐

Was bedeuten die Begriffe „anovulatorischer Zyklus" und „Corpus-luteum-Insuffizienz"?

Der **anovulatorische Zyklus** ist durch eine zyklisch wiederkehrende Blutung gekennzeichnet, ohne daß es zur Ovulation und Gelbkörperbildung kommt. Der Blutungsrhythmus kann oligo-, poly- oder eumenorrhoisch sein, d. h. auch bei einem normalen Blutungsintervall kann die Ovulation fehlen. Bei ca. einem **Viertel aller Patientinnen**, die wegen einer Ovarfunktionsstörung nicht schwanger werden, liegt ein anovulatorischer Zyklus vor.

Die **Corpus-luteum-Insuffizienz** (Lutealinsuffizienz, Gelbkörperschwäche) ist ein Sammelbegriff für bislang unzureichend definierte Funktionsstörungen des Gelbkörpers, die sich auch klinisch nicht einheitlich darstellen, gehäuft aber mit einem prämenstruellen Syndrom einhergehen. Unter diesen Lutealinsuffizienzen ist nur die verkürzte Gelbkörperfunktion relativ einfach auszumachen, bei der die Basaltemperaturkurve eine verkürzte hypertherme Phase zeigt **(Abb. 20)**, manchmal verbunden mit einer Polymenorrhoe. Häufiger geht der verkürzten Gelbkörperfunktion jedoch eine verlängerte Follikelreifung voraus, so daß das Blutungsintervall normal sein kann. Bei etwa der **Hälfte aller Patientinnen**, die wegen einer Ovarfunktionsstörung nicht schwanger werden, findet man eine Corpus-luteum-Insuffizienz.

Welche Hormonbestimmungen sind für die Abklärung einer Sterilität wichtig?

Das Vorgehen richtet sich danach, ob eine **Tempoanomalie** (v. a. Oligomenorrhoe) bei der Regelblutung vorliegt. Ist dies der Fall, so gelten hinsichtlich der Primärdiagnostik die gleichen Gesichtspunkte wie bei der sekundären Amenorrhoe, d. h. es sind vorrangig und gleichzeitig **Prolaktin*, FSH*, Testosteron*, DHEA-S*** und **TSH*** zu bestimmen, um je nach Ergebnis weitere Bestimmungen und Funktionstests anzuschließen (S. 148).

Dagegen kann bei Patientinnen mit regelmäßigem, vierwöchigem, **anscheinend ovulatorischem** Zyklus und auch sonst unauffälligem anamnestischen und körperlichen Befund anfänglich auf Hormonbestimmungen verzichtet werden. Vielmehr sollte man in diesen Fällen zunächst mittels **Basaltemperaturkurve** und **Zervixindizes** (s. u.) den Zyklus überprüfen. Erst wenn diese Untersuchungen nicht eindeutig auf eine Lutealinsuffizienz hinweisen, sollte die Corpus-luteum-Phase durch die Bestimmung von **Progesteron*** und **Östradiol*** überprüft werden. Hierbei muß die Blutentnahme zum Zeitpunkt der zu erwartenden mittleren Lutealphase erfolgen. Läßt sich dieser Zeitpunkt an Hand der Hyperthermiephase nicht sicher bestimmen, so sollten beide Hormone in drei- bis viertägigem Abstand während der gesamten vermeintlichen Lutealphase bestimmt werden. Sind die Werte zu niedrig (Progesteron < 12 µg/l, Östradiol < 130 ng/l), müssen weitere Hormonbestimmungen folgen (Prolaktin*, FSH*, Testosteron*,

---

* s. Praktische Hinweise

DHEA-S*, TSH*), eventuell ergänzt durch Funktionstests (Metoclopramid-Test*, TRH-Test*). Besteht der geringste Verdacht einer NNR-Funktionsstörung (Hypercortisolismus, Hypocortisolismus, adrenogenitales Syndrom), so muß diese durch geeignete Funktionstests (Dexamethason-Hemmtest*, ACTH-Test*) abgeklärt werden.

Die **alleinige** LH-* oder Östradiol-Bestimmung* hat primär keine Bedeutung für die Sterilitätsdiagnostik. Beide Hormonbestimmungen können jedoch in der vermuteten periovulatorischen Phase einen kurz bevorstehenden Eisprung signalisieren, wenn der LH-Wert > 20 IU/l bzw. der Östradiol-Wert > 300 ng/l ist.

Schließlich erlaubt die LH-Bestimmung in Ergänzung zum FSH, einen LH/FSH-Quotienten zu bilden, über dessen Aussagekraft bereits an anderer Stelle berichtet wurde (S. 148).

Welche diagnostischen Maßnahmen gehören neben den Hormonbestimmungen zur Abklärung einer Sterilität?

Wichtig ist, daß primär auch der **Partner** untersucht wird (S. 110ff.).

Sodann hat sich das Führen einer **Basaltemperaturkurve** (BTK; S. 139ff.) sehr bewährt, um abzuschätzen, ob die Wahrscheinlichkeit eines ovulatorischen oder anovulatorischen Zyklus größer ist und um zu dokumentieren, wie lange ungefähr die Follikel- und Corpus-luteum-Phase dauern **(Abb. 20)**. Das Konzeptionsoptimum ist allerdings an Hand der BTK nicht definitiv festzulegen.

Immer auch sollte der **Zervixindex** (S. 141) verfolgt werden, da er wertvolle Rückschlüsse auf die endogene Östrogenaktivität bzw. Follikelreifung erlaubt.

Der **Postkoitaltest** (Sims-Huhner-Test; S. 103) ist nur indiziert bzw. verwertbar, wenn eine biphasische BTK, ein regelmäßiger Zyklus und ein normaler Zervixindex (8 oder mehr Punkte) vorliegen. Hierbei wird zunächst das zeitliche Konzeptionsoptimum mittels BTK, Zervixindizes und **Follikulometrie** (S. 141) bestimmt. 12–16 Stunden nach vollzogenem Verkehr wird dann bei der Patientin der Zervixschleim auf Anzahl und Beweglichkeit der Spermien beurteilt.

Sofern die vorgenannten Maßnahmen gezeigt haben, daß bei keinem der Partner ein absolutes Fertilitätshindernis vorliegt (z.B. hoher FSH-Spiegel bei der Frau; absolute Zeugungsunfähigkeit des männlichen Partners), müssen die weiblichen Genitalorgane mit Hilfe der **Hystero-Salpingographie** und **Laparoskopie** einschließlich **Chromopertubation** untersucht werden. Die Hystero-Salpingographie ist besonders für die Diagnostik von Uterus-Mißbildungen (z.B. Uterus bicornis) geeignet. Lassen sich die Tuben darstellen, so ist anzunehmen, daß sie durchgängig sind. Dies sagt jedoch nichts darüber aus, ob auch der Eiabnahmemechanismus gewährleistet ist.

Abgerundet werden die diagnostischen Maßnahmen durch eine Titerbestimmung der **Röteln-Antikörper.** Bei seronegativen Frauen ist zur Verhütung der Rötelnembryopathie rechtzeitig, d.h. vor Therapiebeginn, eine Impfung durchzuführen.

---

* s. Praktische Hinweise

Welche Therapiemöglichkeiten gibt es für die sterile Frau?

Insbesondere bei multifaktoriell bedingter Sterilität sollte jeder pathologische Befund korrigiert werden (z. B. Über-/Untergewicht, pathologischer Hormonspiegel). So wird eine funktionelle **Hyperprolaktinämie** mit Bromocriptin oder Lisurid behandelt, ebenso ein Prolaktinom. Nur noch bei suprasellärer Ausdehnung oder bei Makroprolaktinomen sollte neben dem Einsatz eines Prolaktinhemmers auch eine primär operative Vorgehensweise in Erwägung gezogen werden. Bei einer **hypothyreoten** Stoffwechsellage muß mit Levothyroxin substituiert werden. Bei **Hyperandrogenämien** sind Glucocorticoide einzusetzen, sofern sich der Androgenspiegel hierunter normalisieren läßt und sofern dabei die endogene Cortisolsekretion nicht völlig supprimiert wird. Die Normalisierung solcher „Rahmenbedingungen" bietet zwar noch keine Garantie für eine spontane Normalisierung der Ovarfunktion, es werden aber die Voraussetzungen für eine medikamentöse, ambulant durchführbare Ovulationsauslösung mit **Clomiphen** oder anderen Ovulationsauslösern optimiert.

Die Indikation für solch eine **Ovulationsauslöser-Therapie** stellt sich bei allen anovulatorischen Zuständen und bei der Corpus-luteum-Insuffizienz, soweit die FSH-Spiegel nicht erhöht sind. Die **Gonadotropinbehandlung** ist im Gegensatz zur Therapie mit Ovulationsauslösern risikoreicher. Sie kann ebenfalls ambulant durchgeführt werden, setzt aber große persönliche Erfahrung des Arztes und ein täglich analysenbereites Labor voraus.

Welche Hormonbestimmungen gehören zur Therapieüberwachung?

Immer ist natürlich die Normalisierung pathologischer Hormonspiegel unter der gezielten Therapie mit Prolaktinhemmern, Levothyroxin bzw. Glucocorticoiden zu kontrollieren.

Die **Gonadotropinbehandlung** bedarf neben der sonographischen Überwachung des Follikelwachstums (Follikulometrie) vor allem der Kontrolle des Östradiolspiegels im Serum, um das vermeintliche oder tatsächliche unmittelbar präovulatorische Stadium zu erkennen. Die gleichzeitige Bestimmung von Progesteron ist sinnvoll, um die anschließende Lutealphase beurteilen zu können. Als Alternative zur Östradiolbestimmung wird nur noch vereinzelt die Messung der Gesamtöstrogenausscheidung im 24-Stunden-Urin angesehen.

Dagegen können die beiden ersten **Clomiphenbehandlungen** eventuell ohne entsprechende Hormonanalysen erfolgen, sie sollten aber der Überwachung der Zervixindizes und der Basaltemperatur unterliegen.

Schließlich ist hinsichtlich der hormonanalytischen Kontrolle der Corpus-luteum-Phase unter Clomiphen- oder Gonadotropinbehandlung zu berücksichtigen, daß meist eine plurifollikuläre Entwicklung stattgefunden hat und deshalb die sog. Normalwerte für Progesteron und Östradiol meist weit überschritten werden.

Hirsutismus, Virilismus und Hypertrichosis

· Definition · Häufigkeit · Ursachen · Anamnese · Körperliche Untersuchung ·
· Hormondiagnostik · Sonstige Diagnostik · Therapie · Therapiekontrolle ·

Was versteht man unter Hirsutismus, Virilismus und Hypertrichosis?

Unter **Hirsutismus** versteht man einen männlichen Behaarungstyp bei der Frau. Markante Merkmale sind ein deutlicher Bartwuchs, die rhombenförmig zum Nabel ziehende Schambehaarung sowie eine auffallende Terminalbehaarung der Brust, Lumbosakralregion und Oberschenkel.

Beim **Virilismus** findet man neben dem Hirsutismus weitere Zeichen der Maskulinisierung: Klitorishypertrophie, „Adamsapfel" mit tiefer Stimmlage, Glatzenbildung, männliche Körperproportionen und gelegentlich eine Atrophie der Mammae sowie eine Amenorrhoe.

Als **Hypertrichosis** bezeichnet man eine verstärkte, aber typisch feminin lokalisierte Terminalbehaarung. Ein gestörter Androgenhaushalt wird im allgemeinen nicht vermutet.

Wie häufig ist ein Hirsutismus/Virilismus?

Bei immerhin ca. **10%** der jüngeren Frauen liegt ein unterschiedlich ausgeprägter **Hirsutismus** vor. Zusätzliche Zeichen des **Virilismus** sind dagegen **selten**.

Welche Ursachen können einem Hirsutismus/Virilismus zugrunde liegen?

Hirsutismus und Virilismus sind immer Ausdruck einer vermehrten Androgenwirkung auf die androgenen Zielorgane der Frau. Mögliche Ursachen sind in **Tabelle 34** zusammengefaßt.

Am häufigsten sind **ovariell** und **adrenal** bedingte **Funktionsstörungen,** wobei die Hyperthekosis und das polyzystische Ovar-Syndrom lediglich pathologisch-morphologische Substrate, nicht aber Erkrankungen sui generis sind. Bei älteren Frauen ist die häufig zu beobachtende Zunahme der Körperbehaarung insbesondere im Gesicht im allgemeinen die Folge einer postmenopausal auftretenden Hiluszellhyperplasie. Hinter jedem Hirsutismus/Virilismus kann aber auch ein adrenogenitales Syndrom (AGS) oder ein Morbus Cushing stehen. Darüber hinaus war bei Schwangeren in Ausnahmefällen auch schon ein Luteom (Corpus luteum graviditatis) die Ursache.

Gegenüber den funktionell bedingten Formen sind **Tumoren** sehr viel seltener. Schließlich kann es in seltenen Fällen bereits beim Feten durch einen intrauterinen Androgenexzeß zu besonderen Formen des Virilismus kommen (S. 170).

Nicht aufgeführt in **Tabelle 34** ist die **Adipositas,** die ebenfalls Ursache eines gestörten Androgenhaushaltes sein kann, da sie primär zu einer vermehrten Androgenproduktion im Ovar und sekundär auch in der NNR führt.

Tabelle 34
Ursachen des Hirsutismus/Virilismus

● Ovar-/NNR-Dysfunktion	- mit Hyperthekosis/polyzystischem Ovar-Syndrom
↕ ?	- Hiluszellhyperplasie
	- Adrenogenitales Syndrom
	- Frühmanifestation
	- Spätmanifestation (abortiv)
	- Morbus Cushing
	- Luteom
◐ „Idiopathisch"	
◐ Medikamente	- Phenytoin
	- Minoxidil
	- Diazoxid
	- Cyclosporin A
	- Androgene
	- Anabolika
○ NNR-Tumor	- Adenom (Cushing-Syndrom)
	- Karzinom
○ Ovar-Tumor	- Arrhenoblastom
	- Gonadoblastom
	- Hiluszelltumor
	- Gynandroblastom
	- Hypernephroidtumor
○ Akromegalie	
○ Intersexualität	- Adrenogenitales Syndrom (schwerste Verlaufsform)
	- Tumor (intrauteriner Androgenexzeß)
○ Paraneoplasie	- Ektope HCG-Produktion
	- Ektope ACTH-Produktion

● = relativ häufig; ◐ = seltener; ○ = selten

Gibt es einen idiopathischen Hirsutismus?

Von „idiopathisch" spricht man, wenn mit den routinemäßig verfügbaren Methoden keine Abweichung von der Norm gefunden wird. Je höher jedoch der methodische Aufwand getrieben wird, um so öfter können von der Norm abweichende Befunde z. B. hinsichtlich der Androgenproduktionsraten, der biologisch aktiven Androgenfraktionen und/oder der Ansprechbarkeit der Haarbälge auf

Androgene gefunden werden. Die Frage ist also letztlich akademischer Natur, zumal klinisch primär der Ausschluß eines Tumors ganz im Vordergrund steht.

Welche Bedeutung haben Anamnese und körperliche Untersuchung für die Abklärung eines Hirsutismus?

Anamnese und körperliche Untersuchung müssen, wie in **Tabelle 35** detailliert aufgeführt, am Anfang jeder Hirsutismus-Diagnostik stehen. Hierbei gilt es vor allem, frühzeitig einen **tumorbedingten** Hirsutismus einzugrenzen, der fast immer sehr ausgeprägt ist, sich meist in wenigen Monaten entwickelt hat und oft von Zeichen des Virilismus (Klitorishypertrophie etc.) begleitet wird. Betroffen sind am häufigsten Frauen in der 3. und 4. Lebensdekade. Darüber hinaus können die gar nicht so seltenen **medikamentös** bedingten Hirsutismusformen (Tabelle 34) durch gezielte Befragung aufgedeckt werden.

Sehr viel schwieriger ist es, eindeutige anamnestische und körperliche Hinweise für einen **funktionellen** oder auch **idiopathischen** Hirsutismus zu erhalten, da sich diese Formen meist langsam und ohne Virilisierung entwickeln. In solchen Fällen liegt immer bereits eine länger andauernde, d. h. chronische Störung des Androgenhaushaltes vor, die in ihren Anfängen zunächst nicht mit einem Hirsutismus, sondern vielmehr vor allem mit Ovarfunktionsstörungen einhergeht. Deshalb sind anamnestische Angaben über eine schon länger zurückliegende Oligomenorrhoe oder auch eine Sterilität diagnostisch wegweisend für diese Hirsutismusformen.

Schließlich kommt z.B. bei Südeuropäerinnen eine **rassische** Komponente zum Tragen, indem diese Frauen zwar häufig eine Hypertrichosis, aber keinen Hirsutismus haben.

Welche Hormonbestimmungen sind zur Abklärung eines Hirsutismus wichtig?

Wie in **Tabelle 35** zusammengefaßt, steht naturgemäß die **Testosteron***- und **DHEA-S***-Bestimmung an erster Stelle. Testosteron ist von allen Androgenen beim Hirsutismus am häufigsten erhöht, seine Bestimmung dient als „Hirsutismusmarker". DHEA-S stammt fast ausschließlich von der NNR, so daß erhöhte Werte auf eine adrenale Genese des Hirsutismus hinweisen, normale DHEA-S-Spiegel eine adrenale Beteiligung aber nicht ausschließen. Im Zweifelsfall sollte auch der DHEA-Spiegel bestimmt werden, der trotz normaler Testosteron- und DHEA-S-Werte pathologisch sein kann. Deutlich erhöhte Werte von Testosteron (> 1,5 µg/l) und/oder DHEA-S (> 6 mg/l) sind immer auf einen ovariellen oder adrenalen Tumor verdächtig, den es dann mit allen Mitteln auszuschließen gilt. Ein erhöhter Testosteronwert verlangt darüber hinaus den Ausschluß eines (angeborenen) adrenogenitalen Syndroms (AGS). Dies gelingt durch die basale

---

* s. Praktische Hinweise

Tabelle 35
Diagnostische Abklärung des Hirsutismus

ANAMNESE

- Zeitraum des Auftretens
- Geschwindigkeit des Auftretens
- Anamnestische Hinweise auf andere Endokrinopathie, insbesondere
  - Adrenogenitales Syndrom
  - Morbus Cushing/Cushing-Syndrom
- Zyklusanamnese, Sterilität
- Hinweise bei der Patientin auf Virilisierung
- Medikamente (s. Tabelle 34)

KÖRPERLICHE UNTERSUCHUNG

- Lokalisation und Ausmaß des Hirsutismus
- Andere Androgenisierungserscheinungen wie
  - Akne
  - Seborrhoe
  - Alopezie
- Virilismus-Zeichen
- Relation Gewicht zu Körpergröße, Blutdruck
- Cushing-Zeichen
- Schilddrüsenvergrößerung
- Galaktorrhoe
- Gynäkologischer Befund

LABOR- UND ANDERE UNTERSUCHUNGEN

- Testosteron (T) und DHEA-S (DS)
  - ↳ wenn T > 1,5 µg/l und/oder DS > 6 mg/l, immer
    - 17α-Hydroxyprogesteron (ggf. ACTH-Test)
    - Tumorausschluß (s. Text)
- ACTH-Test (17α-Hydroxyprogesteron-Stimulation) bei
  - Jugendlichen
  - Patientin mit Kinderwunsch
- Prolaktin, TSH und LH/FSH bei Patientin mit
  - Kinderwunsch
  - Amenorrhoe
  - Galaktorrhoe
- Dexamethason-Hemmtest bei Cushing-Symptomatik
- Sonogramm der Ovarien
- Beurteilung der Ovarfunktion (z. B. Basaltemperaturkurve)

Bestimmung des **17α-Hydroxyprogesterons***, besser aber noch im Rahmen eines **ACTH-Tests***, mit dem auch verdeckte Schwachformen (cryptic AGS) und das Late-onset-AGS aufgedeckt bzw. bewiesen werden können. Bei Patientinnen mit unerfülltem Kinderwunsch und Androgenisierungserscheinungen empfiehlt es sich sogar, diese Form des ACTH-Tests unabhängig vom Ergebnis der Testosteron- und DHEA-S-Bestimmung gleich mit an den Anfang der Hormondiagnostik zu stellen.

Zusätzliche Hormonbestimmungen richten sich nach der übrigen Klinik. So sollten bei unerfülltem Kinderwunsch auch **Prolaktin*, LH*, FSH*** und **TSH*** primär mit bestimmt werden, ebenso bei bestehender Amenorrhoe oder Galaktorrhoe. Als ein typisches Ergebnis kann dann bei einem funktionell gestörten Androgenhaushalt im Rahmen des polyzystischen Ovar-Syndroms der **LH/FSH-Quotient** deutlich über 2 liegen (LH erhöht, FSH normal), was vermuten läßt, daß der hohe LH-Spiegel Ursache der Hyperthekosis und damit auch Ursache der vermehrten ovariellen Androgensynthese ist.

Bietet die Klinik Verdachtsmomente für einen Hirsutismus auf dem Boden eines Hypercortisolismus (Morbus Cushing, Cushing-Syndrom), so muß dieser mittels eines **Dexamethason-Hemmtests*** ausgeschlossen werden.

Welche diagnostischen Maßnahmen gehören neben den Hormonbestimmungen zur Abklärung eines Hirsutismus/Virilismus?

Ein **einfacher Hirsutismus** mit normalen oder auch mäßig erhöhten Androgenspiegeln bedarf keiner weiteren diagnostischen Maßnahme, es sei denn, daß ein unerfüllter **Kinderwunsch** besteht. In diesen Fällen sollten eine **Basaltemperaturkurve** geführt und zusätzlich mittels **Sonographie** makroskopische Veränderungen der Ovarien aufgedeckt werden. Eine **Laparoskopie,** gegebenenfalls mit **Ovarbiopsie,** sollte sich bei pathologischem Sonogramm anschließen. Ansonsten stellt die Laparoskopie keine Routinemaßnahme dar. Sie sollte aber dann bei Patientinnen mit Kinderwunsch und Hirsutismus durchgeführt werden, wenn sich die Frage nach einer Endometriose oder Tubenfunktionsstörung ohnehin stellt.

Bei **Tumorverdacht,** d. h. bei meist ausgeprägter Klinik und erhöhten Androgenspiegeln, sind **CT** und **Kernspintomographie** der Ovarien, CT, Kernspintomographie und **Szintigraphie** der Nebenniere sowie ein **Katheterismus** der Ovar- oder Nebennierenrindengefäße unbedingt in Erwägung zu ziehen. Die jeweilige Indikation sollte mit spezialisierten Kollegen abgesprochen werden.

Welche Therapiemöglichkeiten stehen zur Verfügung?

Jeder **Tumor** muß nach Möglichkeit **operativ** entfernt werden, bei Malignität müssen außerdem strahlen- und chemotherapeutische Maßnahmen erwogen

---

* s. Praktische Hinweise

werden. Darüber hinaus können alle **Medikamente,** die die Synthese und Freisetzung von Androgenen und/oder deren Wirkung an der Haut blockieren, potentiell als „Antiandrogene" eingesetzt werden. Hierzu gehören **(1) Ovulationshemmer,** die die Hypothalamus-HVL-Ovar-Achse hemmen und damit auch die ovarielle Androgensekretion, **(2) Gestagene** (z. B. Cyproteronacetat), die die Androgenrezeptoren der Haut kompetitiv besetzen, **(3) Glucocorticoide,** die die adrenale Androgensynthese supprimieren und **(4)** mit Einschränkung auch **andere Pharmaka** (z. B. Spironolacton), die die ovarielle Androgensynthese bzw. die für die Androgenisierungserscheinung der Haut hauptverantwortliche 5α-Reduktase hemmen.

Welches Medikament letztlich gewählt wird, hängt davon ab, ob primär die **Hautveränderung** (Akne, Seborrhoe, Hirsutismus), die **Ovarfunktionsstörung** oder die **Hirsutismusprophylaxe** therapeutisch angegangen werden soll. Diesbezüglich sind alle Medikamente, die vorrangig den Hirsutismus mindern sollen, langfristig zu verabreichen, wobei die Dosis der Glucocorticoide so gewählt werden muß, daß kein iatrogenes Cushing-Syndrom entsteht.

Beim **AGS**-bedingten Hirsutismus ist die lebenslange Substitution mit Glucocorticoiden, eventuell ergänzt durch ein Mineralocorticoid, Therapie der Wahl. Allein reicht diese Maßnahme jedoch selten aus, um speziell den Hirsutismus wirksam zu bekämpfen. Andere „Antiandrogene" (s. o.) sind deshalb zusätzlich in Betracht zu ziehen. Andererseits muß betont werden, daß bei Ovarfunktionsstörungen auf dem Boden eines Late-onset-AGS die alleinige Glucocorticoidsubstitution nicht selten zur Normalisierung des Zyklus führt, was noch einmal verdeutlicht, wie wichtig die Aufdeckung dieser AGS-Form ist (s. o.).

Kosmetische Maßnahmen (Rasur, Bleichen, Epilation, Elektrolyse) können zur Minderung des Hirsutismus in Einzelfällen ergänzend zur medikamentösen Therapie sinnvoll sein.

Welche Hormonbestimmungen sind als Therapiekontrolle sinnvoll?

Erhöhte **Testosteron-** und/oder **DHEA-S-Spiegel** sollten relativ kurzfristig innerhalb weniger Wochen auf ihre **Supprimierbarkeit** hin kontrolliert werden, da supprimierbare Werte mit großer Wahrscheinlichkeit einen androgenproduzierenden Tumor ausschließen. Darüber hinaus ist bei **Kinderwunsch**-Patientinnen der Androgenspiegel unter einer medikamentösen Therapie **wiederholt** zu kontrollieren, da ein normaler Androgenspiegel für die Erfüllung des Kinderwunsches Grundvoraussetzung ist.

Im übrigen wird die Therapiekontrolle anhand klinischer Kriterien erfolgen, wobei die Wirksamkeit einer Hirsutismusbehandlung frühestens 6–8 Monate nach Behandlungsbeginn zu beurteilen ist. Die **Akne** dagegen verschwindet unter einer antiandrogenen Therapie meist schon nach 3 Monaten.

Hormonproduzierende Ovarialtumoren

· Häufigkeit · Symptome · Hormondiagnostik · Therapie ·
· Therapiekontrolle ·

Wie häufig sind Ovarialtumoren hormonaktiv?

Nur ca. **5%** aller Ovarialtumoren bilden Hormone. Die Tumoren können gut- oder bösartig sein. Nur das seltene **HCG**-produzierende **Chorionepitheliom** ist immer maligne. Der **östrogenbildende Granulosazelltumor** ist bei weitem am häufigsten, gefolgt vom selteneren östrogenproduzierenden Thekazelltumor. Beide Tumoren kommen ganz überwiegend im höheren Alter vor. Die seltenen **Hypernephroidtumoren** sowie die sehr seltenen Arrhenoblastome, Gonadoblastome und Hiluszelltumoren bilden **Androgene,** das sehr seltene Gynandroblastom Östrogene und Androgene. Die Altersprädilektion der androgenproduzierenden Tumoren liegt zwischen dem 15. und 35. Lebensjahr.

Eine Besonderheit stellen die **thyroxinbildenden** Teratome (Dermoidzysten) dar, die als **Struma ovarii** bezeichnet werden. Ihre Altersprädilektion liegt zwischen dem 30. und 40. Lebensjahr.

Schließlich sei angemerkt, daß das polyzystische Ovar-Syndrom (Stein-Leventhal-Syndrom) nicht zu den Ovarialtumoren zählt.

Welche Symptomatik bieten hormonaktive Ovarialtumoren?

Im Vordergrund steht naturgemäß die mit der pathologischen Hormonsekretion einhergehende Symptomatik, die sich meist rasch entwickelt. Ein palpatorischer Befund oder eine Zunahme des Bauchumfangs (Aszites) ist erst bei größeren Tumoren zu erwarten.

Eine vermehrte **Östrogenbildung** führt im Kindesalter zur Pseudopubertas praecox. In der reproduktiven Phase der Frau dominieren dysfunktionelle Blutungen, postmenopausal plötzlich einsetzende Blutungen. Eine vermehrte **Androgenbildung** führt rasch zur Amenorrhoe, Atrophie der Brust und des Scheidenepithels sowie zur Virilisierung, bei Mädchen vor der Pubertät nur zur Virilisierung. **HCG**-produzierende Ovarialtumoren führen im Kindesalter zur Pseudopubertas praecox, bei erwachsenen Frauen zu Blutungsanomalien und subjektiven Schwangerschaftszeichen. Schließlich kann die **Struma ovarii** zu einer geringgradigen hyperthyreoten Stoffwechsellage führen. Meistens sind diese Tumoren jedoch symptomlos.

Welche Hormonbestimmungen sind bei diesen Tumoren wichtig?

Da die meisten hormonaktiven Ovarialtumoren dem Nachweis durch Ultraschall, CT und Laparoskopie entgehen, ist neben der gynäkologischen Untersuchung vor allem die Bestimmung von **Östradiol*, Testosteron*** bzw. **HCG*** diagnostisch wegweisend, wobei fast immer hochpathologische Werte gefunden werden. Die Struma ovarii dagegen geht meist mit unauffälligen Thyroxinspiegeln einher.

Bei einem erhöhten Testosteronspiegel sollten **DHEA-S*** und **Androstendion** zusätzlich bestimmt werden, um einen möglichen NNR-Prozeß, bei dem im Gegensatz zum Ovarialtumor meistens auch DHEA-S und Androstendion erhöht sind, differentialdiagnostisch abzugrenzen. Diese Hormonbestimmungen sind aber nicht für eine Tumorlokalisation allein ausreichend, da auch einzelne Ovarialtumoren DHEA-S bilden können.

Schließlich sollten bei einem östrogenproduzierenden Ovarialtumor aus Plausibilitätsgründen **LH*** und **FSH*** bestimmt werden, da die Gonadotropine in Gegenwart hoher Östradiolspiegel immer total supprimiert sein müssen.

Wie werden Ovarialtumoren therapiert?

Die **Tumorexstirpation** ist in jedem Fall anzustreben. Hierbei bedarf es jedoch der genauen Risikoabwägung durch den Histologen und Operateur hinsichtlich des Ausmaßes der Operation bzw. zusätzlicher Maßnahmen wie Strahlen- und Chemotherapie bei malignen Tumoren.

Entschieden werden muß auch, ob nach Entfernung beider Ovarien eine Östrogen-Gestagen-Substitutionstherapie sinnvoll ist, da die endometroiden Ovarialtumoren als östrogenabhängig gelten. Bei ihnen ist demnach eine Östrogensubstitution kontraindiziert, die Gestagengabe dagegen erwägenswert.

Welche Hormonbestimmungen können der Nachsorge dienen?

Präoperativ erhöhte Hormonwerte erlauben eine Verlaufsbeurteilung, wobei die Bestimmungen zunächst in vierteljährlichem Abstand durchgeführt werden sollten. Bleiben die Werte postoperativ hoch oder aber kommt es nach einem postoperativen Abfall im weiteren Verlauf zum erneuten Anstieg, so weist dies auf eine Metastasierung bzw. auf ein Rezidiv hin.

---

* s. Praktische Hinweise

Gonaden (Hoden/Ovar)

Intersexualität

· Definition · Häufigkeit · Turner-Syndrom · Reine Gonadendysgenesie ·
· Gemischte Gonadendysgenesie · Hermaphroditismus verus ·
· Pseudohermaphroditismus masculinus · Testikuläre Feminisierung ·
· Reifenstein-Syndrom · Pseudohermaphroditismus femininus · Hypospadie ·
· Mikropenis · Allgemeine Diagnostik · Hormondiagnostik · Therapie ·

Was versteht man unter Intersexualität und wie häufig ist sie?

Intersexualität dient als Oberbegriff für Krankheitsbilder, die durch eine geschlechtschromosomale Aberration und/oder durch eine phänotypische Abweichung des Genitale in gegengeschlechtlicher Richtung gekennzeichnet sind.

Bis auf den echten Zwitter, der sehr selten ist (ca. 300 Fälle weltweit), leiden an den übrigen Formen der Intersexualität mindestens 2‰ der Bevölkerung.

Was ist ein echter Zwitter, was ein Scheinzwitter?

Ein Mensch mit **testikulärem und ovariellem** Gonadengewebe wird als **echter Zwitter** (Hermaphroditismus verus) bezeichnet. Das Genitale ist meistens ambivalent, d. h. weder eindeutig männlich noch eindeutig weiblich geprägt.

Ein Mensch mit **ausschließlich testikulärem** Gonadengewebe und einem ambivalenten, intersexuellen Genitale, das im Extremfall normal weiblich geprägt sein kann, wird als **männlicher Scheinzwitter** (Pseudohermaphroditismus masculinus) bezeichnet. Dagegen liegt ein **weiblicher** Scheinzwitter (Pseudohermaphroditismus femininus) vor, wenn **ausschließlich ovarielles** Gonadengewebe mit einem ambivalenten, intersexuellen Genitale vorkommt, das im Extremfall normal männlich geprägt sein kann.

Was determiniert die Genitalentwicklung?

Für die **männliche** Geschlechtsentwicklung ist ein funktionierendes **Y-Chromosom** erforderlich. Fehlt dies oder auch das zweite X-Chromosom, so entwickelt sich immer das weibliche Geschlecht, bestehend aus innerem (Vagina, Uterus, Tuben) und äußerem Genitale (Labien, Introitus vaginae, Klitoris). Das zweite X-Chromosom ist nur für die normale Ovarentwicklung notwendig. Fehlt es wie z. B. beim Turner-Syndrom (XO), so gehen die ausgeproßten, primären Keimzellen zugrunde. Zurück bleiben sog. Streifengonaden (Streaks).

Das funktionierende **Y-Chromosom** induziert in der befruchteten Eizelle die frühzeitige Synthese eines testikeldeterminierenden Faktors (TDF) bzw. die Prägung des **HY-Antigens,** welches für die Ausdifferenzierung des Gonadengewebes zum Hoden verantwortlich ist. Das dann vom Hoden gebildete **Testoste-**

ron und sog. **Antimüllersche Hormon (AMH)** sowie das im Genitalgewebe aus Testosteron entstehende 5α-Dihydrotestosteron steuern die weitere Entwicklung des männlichen inneren (Ductus deferens, Nebenhoden, Samenbläschen, Prostata) und äußeren Genitale (Skrotum, Penis). Der ausdifferenzierte Hoden modifiziert somit die **primär immer weiblich determinierte** Genitalentwicklung. Deshalb kommt es ausschließlich bei Hodenfunktionsstörungen, abnormer Androgensekretion oder bei einer Resistenz des androgenen Zielgewebes gegenüber Testosteron zum intersexuellen Genitale bzw. zu unterschiedlichen Graden der Virilisierung.

Welche Krankheitsbilder gehören zum Formenkreis Intersexualität?

In **Tabelle 36** ist der Formenkreis Intersexualität unter verschiedenen Aspekten zusammengefaßt.

Hiernach kann die Gruppe der relativ häufigen **geschlechtschromosomalen Aberrationen** von den selteneren männlichen und noch selteneren weiblichen **Pseudohermaphroditismusformen** abgegrenzt werden. Art und Ausmaß der Genitalfehlbildung werden bestimmt vom Grad und Zeitpunkt der Funktionsstörung während der somatischen Entwicklung. Da dies von Fall zu Fall ganz unterschiedlich sein kann, existiert eine Vielfalt intersexueller Krankheitsbilder mit fließenden Übergängen von einem Prototyp zum anderen. Als **Extremvarianten** können deshalb chromosomale Aberrationen ohne jegliche Genitalfehlbildung, ausgeprägte Genitalfehlbildungen ohne chromosomale Aberration, normales weibliches Genitale bei XY- und normales männliches Genitale bei XX-Konstellation vorkommen.

In Ergänzung zu **Tabelle 36** lassen sich die häufigeren Krankheitsbilder wie folgt charakterisieren, wobei das **Klinefelter-Syndrom** bereits auf Seite 105 abgehandelt wurde:

Turner-Syndrom (XO-Gonadendysgenesie). Dieses Syndrom wird bei ca. 4 von 10000 lebend geborenen weiblichen Individuen angetroffen. Es ist gekennzeichnet durch eine Fülle von somatischen Anomalien. Die häufigsten sind in **Tabelle 37** aufgelistet. Das innere und äußere Genitale sind immer rein weiblich, aber zeitlebens infantil. Fehlende Pubertätsentwicklung und primäre Amenorrhoe sind wie der Minderwuchs nahezu obligat. In den Parametrien finden sich Streaks (Streifengonaden). LH und FSH sind vor dem 4. und nach dem 8. Lebensjahr stark erhöht, Östradiol erniedrigt.

Reine Gonadendysgenesie. Es handelt sich um eine ähnliche Störung wie beim Turner-Syndrom, aber ohne dessen typischen Mißbildungen. Die Patienten erreichen eine normale Körperlänge mit oft eunuchoiden Proportionen. Das innere und äußere Genitale sind rein weiblich, in den Parametrien findet man beiderseits Streaks. Primäre Amenorrhoe und Sterilität sind nahezu obligat, ebenso eine gestörte Pubertätsentwicklung. LH und FSH sind stark erhöht, Östradiol erniedrigt. Chromosomal wird zwischen XX- und XY-Formen unterschieden.

Tabelle 36
Formenkreis Intersexualität

Einteilung	Krankheitsbild	Gonaden/Geschlechtschromosomen	Äußeres Genitale
● Geschlechts-chromosomale Aberration	● Klinefelter-Syndrom	Hoden/XXY	m
	● Turner-Syndrom	Streaks/ XO	f
	◐ Reine Gonadendysgenesie		
	- XX-Form	Streaks/XX	f
	- Swyer-Syndrom („XY-Frau")	Streaks/XY	f
	○ Gemischte Gonadendysgenesie	Streaks + rudimentäre Hoden/ XO/XY und andere Mosaike	i
	○ Testikuläre Dysgenesie	Rudimentäre Hoden/XY, z. T. XO/XY und andere Mosaike	i
	○ „XX-Mann"-Syndrom	Hoden/XX	m
	○ Hermaphroditismus verus	Ovar + Hoden/XX, XY und Mosaike	i
◐ Pseudoherm-aphroditismus masculinus	● Androgensynthesestörung	Hoden/XY	f/i
	- Lipoidhyperplasie der Nebenniere		
	- AGS: 3β-OH-Dehydrogenasemangel		
	- Andere Enzymdefekte		
	● Testikuläre Feminisierung	Hoden/XY	f/i
	○ Reifenstein-Syndrom	Hoden/XY	f/i
	○ Oviduktpersistenz (Hernia uteri-Syndrom)	Hoden/XY	m
○ Pseudoherm-aphroditismus femininus	● Kongenitales AGS (21- u. 11-Hydroxylasemangel)	Ovar/XX	m/i
		Ovar/XX	m/i

Tabelle 37
Somatische Anomalien beim Turner-Syndrom

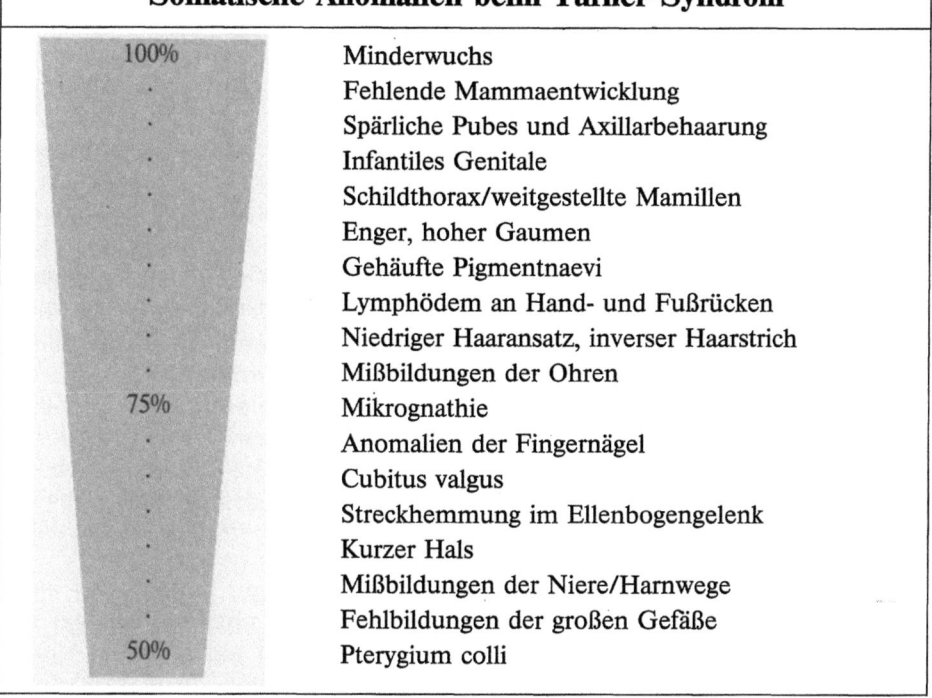

100%	Minderwuchs
·	Fehlende Mammaentwicklung
·	Spärliche Pubes und Axillarbehaarung
·	Infantiles Genitale
·	Schildthorax/weitgestellte Mamillen
·	Enger, hoher Gaumen
·	Gehäufte Pigmentnaevi
·	Lymphödem an Hand- und Fußrücken
·	Niedriger Haaransatz, inverser Haarstrich
·	Mißbildungen der Ohren
75%	Mikrognathie
·	Anomalien der Fingernägel
·	Cubitus valgus
·	Streckhemmung im Ellenbogengelenk
·	Kurzer Hals
·	Mißbildungen der Niere/Harnwege
·	Fehlbildungen der großen Gefäße
50%	Pterygium colli

Gemischte Gonadendysgenesie. Bei ihr liegt ein Mosaik von XO/XY-Zellen vor, was zu einer Mischung von rudimentärem Hodengewebe und Streaks führt. Der Hoden kann intraabdominal, inguinal oder skrotal liegen, kontralateral finden sich Streaks oder eine Mischung von beiden Geweben. Klinisch fällt ein intersexuelles Genitale mit unterschiedlicher Virilisierung auf. Die übrige Körperentwicklung ist meist normal, der Phänotyp ist entweder weiblich oder männlich. Amenorrhoe und Sterilität sind obligat, die Pubertät ist fast immer gestört. Eine pathognomonische Hormonkonstellation ist nicht bekannt.

Hermaphroditismus verus (echter Zwitter). Er ist gekennzeichnet durch das gleichzeitige Vorhandensein von Hoden und Ovar, wobei ovarielles und testikuläres Gewebe in einer Gonade vereint sein können (Ovotestis). Je nach Lokalisation und Dysgenesie der Gonaden ergeben sich erhebliche Varianten in der Entwicklung des inneren und äußeren Genitale. Ein- oder doppelseitige Tuben und ein Uterus sind regelmäßig angelegt, die Prostata bei etwa einem Drittel der Fälle. Das äußere Genitale ist immer intersexuell mit Extremvarianten nach beiden Seiten. Im allgemeinen ist die Ausbildung des Phallus vorherrschend, so daß die meisten Neugeborenen als Knaben erzogen werden. Hormonanalytisch findet man einen Anstieg des Testosterons und Östradiols im HCG- bzw. HMG-Test.

Pseudohermaphroditismus masculinus (männlicher Scheinzwitter). Diese bezüglich Formenvielfalt größte Gruppe von Erkrankungen ist gekennzeichnet durch ein weibliches oder zwittriges Genitale unterschiedlicher Prägung bei unauffälligen Hoden. Pathobiochemisch liegt dieser Gruppe eine Androgensynthesestörung oder eine Androgenresistenz zugrunde.

Bei den **Androgensynthesestörungen** handelt es sich um partielle **Enzymdefekte** des Hodens (und der Nebennierenrinde), die u. a. zu einem Mangel an Testosteron führen, womit die testosteronabhängige Entwicklung des inneren und äußeren Genitale gestört ist. Je nach Ausmaß des Defekts kommt es zu einer unvollständigen Virilisierung des äußeren Genitale mit blind endender Vagina. Da die Produktion des Antimüllerschen Hormons (AMH) ungestört abläuft, werden Tuben und Uterus nicht angelegt, das innere Genitale ist infantil männlich. Androstendion, LH und FSH sind erhöht, Testosteron erniedrigt. In sehr seltenen Fällen kann als Enzymdefekt auch ein **5α-Reduktasemangel** vorliegen, wodurch es in den androgenen Zielorganen nicht zur Umwandlung von Testosteron in 5α-Dihydrotestosteron (DHT) kommt. Da DHT letztlich für die Androgenwirkung verantwortlich ist, kommt es bei entsprechendem Mangel zu einem intersexuellen äußeren Genitale. Das zirkulierende Hormonprofil ist dabei wenig verändert.

Andere Fälle von Pseudohermaphroditismus masculinus beruhen auf einer **Androgenresistenz.** Hierbei liegt entweder ein Defekt oder ein Mangel des **Androgenrezeptors** vor, wodurch Testosteron bzw. DHT auf zellulärer Ebene der androgenen Zielorgane keine Wirkung entfalten kann. In diese Gruppe gehören u. a. die nicht ganz so seltene **testikuläre Feminisierung** (Häufigkeit 1:20000) und das sehr seltene **Reifenstein-Syndrom.** Bei beiden Krankheitsbildern findet man ein weibliches oder seltener intersexuelles äußeres Genitale. Klinisch richtungsweisend sind inguinal tastbare Hoden, eine primäre Amenorrhoe und das Fehlen der Sekundärbehaarung („hairless women"). Die Brustentwicklung ist weiblich, die kurze Vagina endet blind, sie reicht jedoch häufig zur Kohabitation aus. Das innere Genitale ist infantil männlich (AMH-Effekt). Bei den inkompletten Formen kommt es zur unterschiedlichen Ausprägung männlicher Stigmata, die in der Pubertät stark zunehmen können. LH und FSH sind meist mittelgradig erhöht, ebenso Östradiol. Die Testosteronkonzentration liegt dagegen im männlichen Referenzintervall.

Pseudohermaphroditismus femininus (weiblicher Scheinzwitter). Er ist wesentlich seltener als der männliche. Zu ihm gehören vor allem die beiden häufigsten Formen des kongenitalen **adrenogenitalen Syndroms** (AGS). Sehr viel seltener kann es auch durch einen androgenproduzierenden Tumor der Mutter (oder des Feten) oder durch eine iatrogene Androgenzufuhr zur Virilisierung des weiblichen Embryos gekommen sein, wobei allerdings eine komplette Virilisierung nur bis zur 14. Schwangerschaftswoche möglich ist. Später einsetzende Prozesse führen dagegen lediglich zur Klitorishypertrophie und Virilisierung der sekundären Geschlechtsmerkmale. Bei AGS-bedingten weiblichen Scheinzwittern ist vor allem 17α-Hydroxyprogesteron oder aber 11-Desoxycortisol erhöht.

Was muß bei einer Hypospadie beachtet werden?

Eine Hypospadie liegt vor, wenn die Harnröhre eine nach unten offene Rinne bildet bzw. die Harnröhrenmündung unterhalb ihrer normalen Stelle liegt. Bei jedem 350. männlichen Neugeborenen muß mit dieser Fehlbildung gerechnet werden. Bei einem deutlichen Phallus mit Hypospadie an der Glans oder am Schaft steht die männliche Geschlechtszuweisung außer Frage. Bei einer perinealen Hypospadie dagegen ist eine weitergehende Diagnostik indiziert. Im allgemeinen bieten die leichteren Formen keine faßbaren hormonellen Störungen.

Was muß bei einem Mikropenis beachtet werden?

Eltern klagen häufig über einen zu kleinen Penis ihres Säuglings. Normalerweise erwartet man bei Frühgeborenen eine Länge des gestreckten Phallus von ca. 2 cm, bei Reifgeborenen von ca. 3 cm.

Da die Penislänge des Säuglings von der fetalen Gonadotropin- und Testosteronproduktion abhängt, ist bei tatsächlich zu kleinem Penis die Sekretionsleistung des HVL und der Leydigzellen mittels **HCG*-** und **GnRH-Test*** zu überprüfen. Außerdem sollte in der Säuglingszeit über 3 Monate eine probeweise Behandlung mit vierwöchentlichen Depot-Testosteroninjektionen à 50 mg durchgeführt werden, um ein bestehendes Penislängendefizit auszugleichen und um das voraussichtliche Peniswachstum in der Pubertät abzuschätzen. Nach der Behandlung muß in den ersten beiden Lebensjahren besonders auf Körpergröße und Knochenalter geachtet werden.

Welche diagnostischen Maßnahmen sind für die Abklärung intersexueller Krankheitsbilder wichtig?

In allen Fällen ist neben der **Anamnese** eine eingehende **körperliche Untersuchung** unerläßlich mit Inspektion des äußeren Genitale, einer rektalen und wenn möglich vaginalen Tastuntersuchung sowie einer sonographischen und röntgenologischen (i.v. Pyelogramm, Genitographie) Darstellung des inneren Genitale. Darüber hinaus ist eine **Chromosomenanalyse** obligat. Zur erweiterten Diagnostik gehören dann die Laparotomie und die histologische Untersuchung der Gonaden.

Welche Hormonbestimmungen sind wichtig?

In jedem Fall muß die Hypothalamus-HVL-Gonaden-Achse durch die Bestimmung von **LH*, FSH*, Testosteron*** und **Östradiol*** überprüft werden. Des weiteren muß in vielen Fällen zum Ausschluß eines adrenogenitalen Syndroms

---

* s. Praktische Hinweise

vorrangig **17α-Hydroxyprogesteron*** bestimmt werden. Darüber hinaus ist ein **HCG*-** bzw. **HMG-Test*** indiziert, wenn Gonaden nicht getastet werden können oder keine Klarheit über ihre Hormonsekretion besteht, d. h. ob Testosteron oder Östradiol stimulierbar ist.

Bei Verdacht auf eine gestörte Testosteronverwertung in den androgenen Zielorganen (Rezeptormangel, -defekt; 5α-Reduktasemangel) muß eine Bestimmung des Androgenrezeptors oder der 5α-Reduktaseaktivität im probeweise entnommenen Genitalgewebe angestrebt werden.

Die Indikation zur Hormonanalytik sollte von Anfang an mit einem Spezialisten besprochen werden, um unnötigen Aufwand und Zeitverlust zu vermeiden. Dies gilt auch für die Differentialdiagnostik und den sich daraus ableitenden therapeutischen Konsequenzen.

Welche therapeutischen Grundsätze sollten beachtet werden?

Die Diagnose sollte rasch gestellt werden, damit **frühzeitig** eine **Geschlechtszuweisung** erfolgen kann. Diese richtet sich nach dem Genitalbefund und der Möglichkeit, durch **rekonstruktive Chirurgie** entweder die Gestaltung eines weiblichen oder männlichen Genitale zu optimieren. Jeweils gegengeschlechtliche Gonaden müssen entfernt werden. Die **Hormonsubstitution** mit Testosteron- oder Östrogen/Gestagen-Präparaten richtet sich nach dem Funktionsgrad der vorhandenen Gonaden. Sie sollte nicht vor dem 14. Lebensjahr begonnen werden. Beim adrenogenitalen Syndrom dagegen ist eine Cortisolsubstitution sofort einzuleiten.

Wird die Erkrankung erst bei Adoleszenten oder Erwachsenen zum medizinischen Problem, so richtet sich die Versorgung einschließlich rekonstruktiver chirurgischer Maßnahmen möglichst nach der **angenommenen Geschlechtsrolle.** Auch in diesen Fällen müssen gegengeschlechtliche Gonaden entfernt werden. Pubertätszeichen sind durch eine entsprechende Hormonsubstitution zu induzieren.

Wird bei **Gonadendysgenesien** an Hand der Chromosomenanalyse ein Y-Chromosom gefunden (Tabelle 36), so muß wegen der erhöhten Tumorinzidenz (ca. 20%) in jedem Fall rein **prophylaktisch** eine **Gonadektomie** durchgeführt werden. Besteht eine **Androgenresistenz,** so gilt die Hodenentfernung nach der Pubertät als optimaler Zeitpunkt.

Die **psychosomatische Beratung** intersexueller Patienten umfaßt die komplette Aufklärung über das Wesen und die möglichen Therapieformen der Erkrankung. Hierbei ist es allerdings nicht in jedem Fall sinnvoll, den Patienten und Angehörigen einen chromosomalen oder gonadalen Befund mitzuteilen, der der angenommenen Geschlechtsrolle widerspricht. Viel wichtiger ist die Klarstellung, daß die Erkrankung nichts mit Homosexualität, Transsexualität oder sexueller Kriminalität zu tun hat.

---

* s. Praktische Hinweise

Schwangerschaft
Spezielle Endokrinologie

Verlaufsbeurteilung einer Schwangerschaft

· *Hormonelle Veränderungen · HCG · Östriol · HPL · Schwangerschaftstest ·*
· *Verlaufskontrolle · Gestörte Frühschwangerschaft · Blutung ·*
· *Risikoschwangerschaft · Gestörte Spätschwangerschaft ·*
· *Hormondiagnostik · Fetale Fehlbildungen · AFP ·*

Welche Hormonspiegel eignen sich zur Verlaufsbeurteilung der Schwangerschaft?

In **Abb. 22** sind die Konzentrationsverläufe der üblicherweise zur Verlaufsbeurteilung herangezogenen Hormone (und AFP) zusammengefaßt.

Es handelt sich im **Serum** um **HCG*** (humanes Choriongonadotropin), **HPL*** (humanes plazentares Laktogen) und **Östriol***. Analog zum Östriol, aber quantitativ weniger ausgeprägt, verlaufen die Konzentrationsänderungen von Östradiol und Östron. Darüber hinaus erfahren auch Progesteron und 17α-Hydroxyprogesteron typische Veränderungen vor allem in der ersten Hälfte der Schwangerschaft (s. u.).

Im **Urin** kann zur Beurteilung der fetoplazentaren Einheit auch noch die **Gesamtöstrogen**-Ausscheidung* herangezogen werden. Die gleiche Aussagekraft besitzt aber auch die **Östriol**-Ausscheidung, die sich parallel zum Serum-Östriol verändert. Gleichermaßen parallele Verläufe im Serum und im Urin bietet das HCG.

Warum ist HCG für die Frühschwangerschaft die wichtigste Meßgröße?

HCG gilt als **schwangerschaftsspezifisches** Hormon, dessen Konzentration von allen Hormonen als erstes sehr drastische Veränderungen erfährt **(Abb. 22)**. Diese frühzeitigen Konzentrationsanstiege hängen damit zusammen, daß die befruchtete Eizelle bzw. Blastozyste schon vor ihrer Nidation HCG synthetisiert, so daß es bereits ca. 9 Tage nach dem präovulatorischen LH-Peak im Serum der Schwangeren nachweisbar wird. Bei normalem Verlauf steigt die HCG-Konzentration dann exponentiell steil an, mit Werten, die sich etwa alle 2–3 Tage verdoppeln. In der 7. bis 8. Schwangerschaftswoche schließlich erreicht der HCG-Spiegel 50 000–300 000 IU/l, fällt danach wieder ab und bildet im 3. Trimenon ein langgestrecktes Plateau mit Werten zwischen 5 000–30 000 IU/l.

---

* s. Praktische Hinweise

Gonaden (Hoden/Ovar)

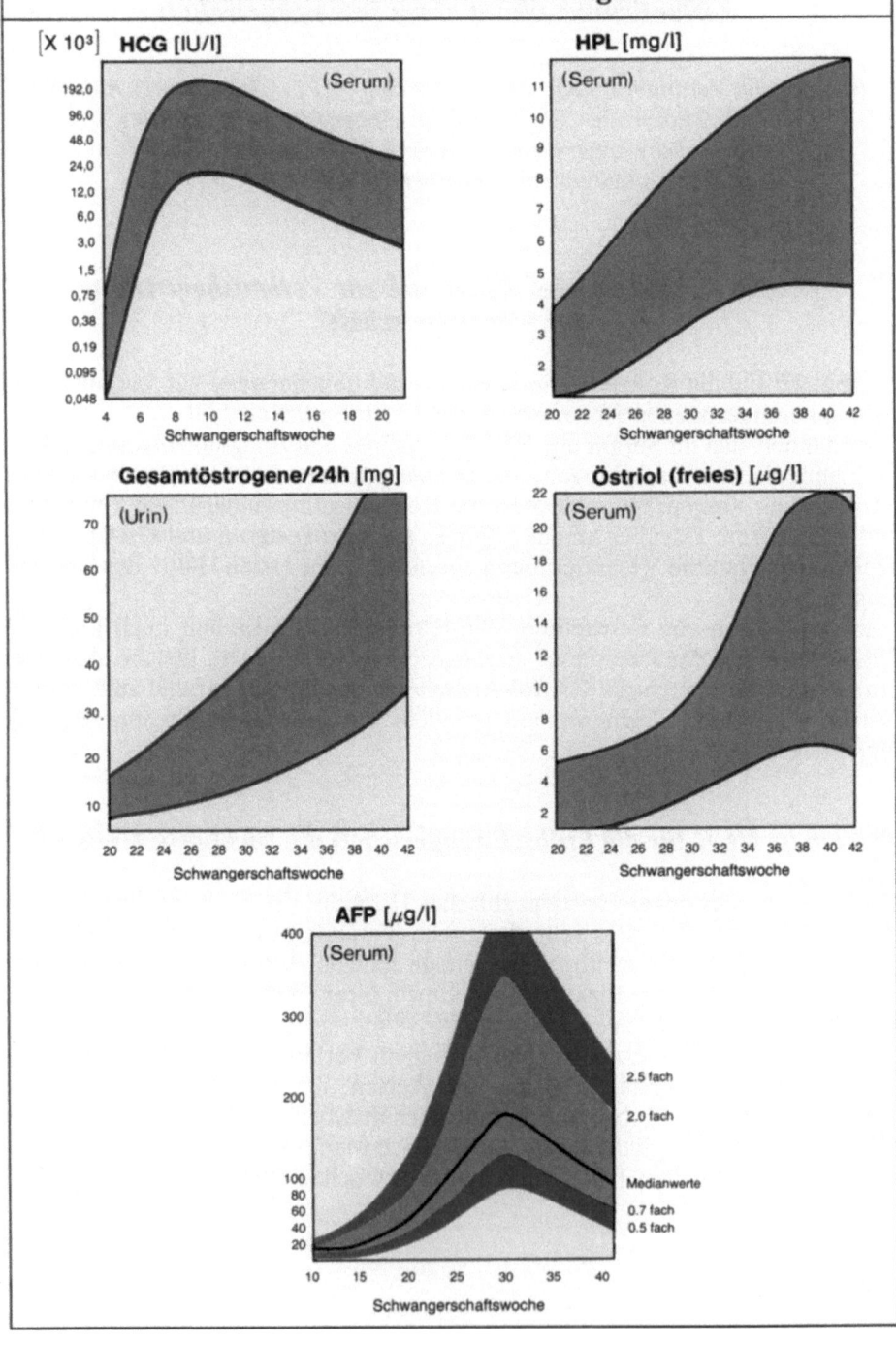

Abbildung 22
Konzentrationsänderungen von Hormonen und vom AFP während der normalen Schwangerschaft

Wann kann mit einem positiven Schwangerschaftstest gerechnet werden?

Schwangerschaftstests beinhalten den qualitativen **HCG-Nachweis im Urin.** Dies gelingt ab einer HCG-Konzentration von 500–1000 IU/l oder auch schon darunter, so daß der Test **wenige Tage** nach Ausbleiben der erwarteten Regelblutung bzw. noch früher positiv ausfallen kann. Da im allgemeinen der Zeitpunkt des Eisprungs nicht exakt zu datieren ist (normalerweise um den 14. Zyklustag herum) und demnach ein relativ spät erfolgter Eisprung nicht auszuschließen ist, sollte bei negativem Ergebnis eine Testwiederholung innerhalb einer Woche erfolgen. Bestätigt sich dann das negative Ergebnis, so kann man mit hoher Wahrscheinlichkeit eine Schwangerschaft verneinen.

Noch empfindlicher als ein Schwangerschaftstest ist die **HCG-Bestimmung im Serum***, mit der schon **unmittelbar** nach der Implantation, d. h. 8–10 Tage nach dem angenommenen Eisprung, eine Schwangerschaft nachzuweisen ist, was bei Fertilitätsproblemen von Interesse sein kann.

Wie verändern sich die Spiegel von 17α-Hydroxyprogesteron, Progesteron und Östradiol während der Frühschwangerschaft?

Mit diesen drei Hormonen kann in den ersten Wochen der Schwangerschaft die unter HCG-Einfluß stehende Hormonproduktion des Corpus luteum graviditatis abgeschätzt werden. Diese Hormonproduktion hat in ausreichender Menge zu erfolgen, um den Fortbestand der Gravidität während der ersten sechs Schwangerschaftswochen zu garantieren. Erst danach übernimmt der Trophoblast mit seiner Hormonproduktion zunehmend diese Aufgabe, wobei allerdings nur Progesteron und Östradiol vom Trophoblasten gebildet werden. Deshalb nimmt die Konzentration von **17α-Hydroxyprogesteron** zwischen der 6. und 12. Schwangerschaftswoche allmählich ab, die von **Progesteron** und **Östradiol** dagegen bleibt unverändert bzw. nimmt langsam im weiteren Verlauf der Schwangerschaft zu. Ein frühzeitiger, pathologischer Abfall aller drei Steroide ist demnach prognostisch sehr ungünstig und geht klinisch oft mit Schmierblutungen und Unterbauchbeschwerden einher.

Welche Gefahr droht bei einer Blutung in der Frühschwangerschaft?

Eine aus dem Cavum uteri kommende Blutung muß immer als ein erstes und sehr ernst zu nehmendes Symptom einer drohenden oder schon unabwendbaren **Fehlgeburt** (Abort) gewertet werden, zumal ca. 10% aller erkannten Schwangerschaften vorzeitig enden, die meisten bis zum Ende des 3. Schwangerschaftsmonats. Die Wahrscheinlichkeit eines Aborts ist um so größer, je früher und heftiger die Blutung eintritt. Die Blutung kann aber auch Zeichen einer **Extrauteringravidität** sein (Sonogramm!). Darüber hinaus muß differentialdiagnostisch bei uterinen Blutungen im 2. Trimenon an eine **Blasenmole** oder ein **Chorionepitheliom,**

---
* s. Praktische Hinweise

im 3. Trimenon an eine **Plancenta praevia** oder eine vorzeitige Lösung der richtig sitzenden Plazenta gedacht werden.

Bleibt eine Schwangerschaft trotz abgelaufener Blutung intakt, so ist im weiteren Verlauf das Risiko einer **Frühgeburt** erhöht, während eine höhere Mißbildungsrate nicht sicher zu belegen ist.

Welche diagnostischen Maßnahmen gehören zu jeder Verlaufskontrolle einer Frühschwangerschaft?

Neben der **gynäkologischen Untersuchung** ist die **Sonographie** die wichtigste Methode zur Verlaufsbeurteilung der Frühschwangerschaft und darüber hinausgehend auch der übrigen Gravidität.

Mit hochauflösenden Geräten kann man gewöhnlich **ab der 6. Schwangerschaftswoche** die intrauterine Fruchthöhle nachweisen und deren wachsenden Durchmesser als Maß für den Fortgang der Schwangerschaft heranziehen. **Ab der 8. Woche** ist die Vitalität des Embryos sonographisch nachweisbar. Darüber hinaus sind mit einem Sektorscanner zur etwa gleichen Zeit auch erstmals Herzaktionen erkennbar.

Bei einer **Extrauteringravidität** dagegen fehlt die intrauterine Fruchthöhle trotz hochaufgebautem Endometrium. Für die **Blasenmole** wiederum sind diffuse Binnenechos (sog. Schneegestöberbild) in der Fruchthöhle bei gleichzeitig fehlendem Nachweis eines vitalen Embryos typisch.

Welche Hormonbestimmungen sind bei einer gestörten Frühschwangerschaft wichtig?

Bis zur 8. Schwangerschaftswoche sollte bei einer **Blutung,** auffälligen **Unterbauchbeschwerden** oder einem **nicht der Zeit** entsprechenden palpatorisch-sonographischen Befund **HCG im Serum*** bestimmt werden, am besten seriell im Abstand von wenigen Tagen. Liegt hierbei ein Wert unterhalb des Referenzintervalls oder fällt der HCG-Spiegel zu einer Zeit ab, in der normalerweise ein Anstieg mit einer Verdoppelungsrate innerhalb von 2–3 Tagen erfolgen muß, so gilt dies als ein prognostisch sehr ungünstiges Zeichen. Die Gefährdung der Frühschwangerschaft bzw. die Funktion des Schwangerschaftsgelbkörpers kann dann durch die Bestimmung von Progesteron*, 17α-Hydroxyprogesteron* und Östradiol* zusätzlich beurteilt werden (s. o.). Diese ergänzenden Bestimmungen verbessern jedoch kaum die prognostische Aussage, die die alleinige HCG-Bestimmung bietet.

Auch bei der Frage nach einer **Extrauteringravidität** ist die **HCG**-Bestimmung am aussagekräftigsten. In ca. 70% der Fälle ist der Spiegel < 6000 IU/l, in 50% der Fälle sogar < 1500 IU/l. Sehr selten kann aber auch ein Wert bis zu 100 000 IU/l gefunden werden. **Blasenmole** und **Chorionepitheliom** weisen dagegen gewöhnlich sehr hohe Konzentrationen (200 000 – 1 000 000 IU/l) auf.

---

* s. Praktische Hinweise

Liegt aufgrund anamnestischer und klinischer Kriterien eine **Risikoschwangerschaft** vor, so sollte grundsätzlich in der 6. Schwangerschaftswoche erstmals **HCG** bestimmt und eventuell mehrfach wiederholt werden. Zusätzliche Hormonbestimmungen (z. B. 17α-Hydroxyprogesteron, Progesteron, Östradiol) sind dagegen im allgemeinen entbehrlich.

Schließlich muß betont werden, daß bei vollkommen unauffälliger Schwangerschaft Hormonbestimmungen im Sinne eines Screenings **nicht** vertretbar sind.

Welche Hormonbestimmungen sind in der Spätschwangerschaft wichtig?

Am meisten bewährt haben sich **Östriol*** und **HPL***, die üblicherweise gemeinsam im Serum bestimmt werden. Die **Indikation** für eine serielle Bestimmung im Abstand von ein- bis zweimal wöchentlich ist gegeben, wenn die klinische Situation, Ultraschall, Cephalo- und Thorakometrie sowie insbesondere die Kardiotokographie eine erhöhte Aufmerksamkeit und gegebenenfalls Einstellung auf eine vorzeitige Entbindung verlangen. Auch bei **Risikoschwangerschaften** helfen beide Bestimmungen, eine drohende Plazentainsuffizienz zu erkennen.

Dagegen ist ein serielles hormonelles Screening aller Spätschwangerschaften grundsätzlich **nicht** vertretbar, obwohl es im Ermessen des behandelnden Gynäkologen liegen sollte, zu Beginn des 3. Trimenons eine Referenzuntersuchung auf Östriol und/oder HPL durchführen zu lassen.

Auch bei **Mehrlingsschwangerschaften** ist ein serielles Screening in Frage zu stellen, da die Interpretation der Hormonwerte zwar an Hand spezieller Referenzintervalle möglich ist, die Konzentration im mütterlichen Blut aber nichts Sicheres über die Versorgungsbedingung jedes einzelnen Feten aussagt.

Was macht die Östriolbestimmung so aussagekräftig?

Östriol im Serum der Schwangeren ist das Produkt einer gemeinschaftlichen Syntheseleistung des Feten und der Plazenta, indem die fetale Nebennierenrinde der Plazenta bestimmte sulfatierte Vorstufen für die letzten Schritte der Östriolbiosynthese liefert. Man bezeichnet diese gemeinschaftliche Syntheseleistung auch als **fetoplazentare Einheit.** Erniedrigte Östriolwerte in der Spätschwangerschaft sind deshalb immer Ausdruck einer Insuffizienz dieser funktionellen Einheit und mithin Ausdruck einer fetalen Mangelentwicklung, die eine vorzeitige Entbindung erforderlich machen kann.

Bei der **Beurteilung der Östriolwerte** ist jedoch zu berücksichtigen, daß die Streuung der Werte im 3. Trimenon sehr groß ist **(Abb. 22)** und die Konzentration auch noch einer tageszeitlichen Rhythmik mit niedrigeren Werten in den Morgen- als in den Abendstunden unterworfen ist. Dies erklärt die Forderung nach einer streng standardisierten und seriellen Östriolbestimmung*. Besonders aussagekräftig ist die Erstellung eines **Tagesprofils** (Blutentnahme morgens zwischen 8 und 9 Uhr und abends zwischen 18 und 19 Uhr), da bei fetaler Mangelent-

---
* s. Praktische Hinweise

wicklung als erstes die Tagesrhythmik aufgehoben ist. Weiterhin ist zu berücksichtigen, daß **exogene Glucocorticoide,** die der Schwangeren z. B. mit dem Ziel einer vorzeitigen Stimulierung der fetalen Lungenreife verabreicht werden, den Östriolspiegel erniedrigen (supprimieren) können, was dann nicht als prognostisch ungünstiges Zeichen angesehen werden darf. Je nach Wirkungsdauer des verabreichten Glucocorticoids erholen sich die Östriolwerte 3–4 Tage nach Absetzen des Präparats.

Schließlich sei angemerkt, daß auch die **Ausscheidung** der **Gesamtöstrogene* (Abb. 22)** bzw. alternativ die des **Östriols** im 24-Stunden-Urin die Funktionstüchtigkeit der fetoplazentaren Einheit widerspiegelt. Die Urinanalysen sind aber wegen der möglichen Fehler beim Urinsammeln mit einer geringeren Aussagekraft belastet. Ihr Vorteil liegt in der 24stündigen Sammelperiode, wodurch die diurnalen Rhythmen und Kurzzeitschwankungen integriert werden.

Was macht die HPL-Bestimmung so aussagekräftig?

Die HPL-Konzentration im Blut der Schwangeren **(Abb. 22)** korreliert zur Masse und zum Differenzierungsgrad der Plazenta. Ein von vornherein erniedrigter HPL-Wert (< 4 mg/l) oder eine kontinuierliche Abnahme der Konzentration wird deshalb gehäuft bei **intrauteriner Wachstumsretardierung** gefunden. Beides kann darüber hinaus bei einer bestehenden Gestose ein erhöhtes fetales Risiko signalisieren.

Ein Vorteil der HPL-Bestimmung gegenüber dem Östriol ist darin zu sehen, daß wesentliche Spontanschwankungen, zirkadiane Rhythmen und eine Beeinflussung durch Medikamente beim HPL nicht bekannt sind. Trotzdem ist seine diagnostische Aussagekraft geringer als die des Östriols.

Welche Bestimmungen eignen sich für die Diagnostik fetaler Mißbildungen?

Lediglich das schwangerschaftsassoziierte **Alpha-Fetoprotein (AFP)** erlaubt Rückschlüsse auf fetale Mißbildungen. Hormonbestimmungen sind diesbezüglich ohne Wert.

Was macht die AFP-Bestimmung so aussagekräftig?

AFP wird physiologischerweise nahezu ausschließlich vom Embryo bzw. Feten gebildet, gelangt über das Fruchtwasser in das Blut der Schwangeren und steigt dort bis etwa zur 35. Schwangerschaftswoche kontinuierlich an **(Abb. 22)**. Bei offenen und gedeckten **Dysraphien** (Anenzephalus, Spina bifida), **Bauchdeckendefekten** (Omphalozele) und kongenitaler **Nephrose** gelangt vermehrt AFP via Fruchtwasser in das mütterliche Blut. In ca. 90% der Fälle mit **offener Spina**

---

* s. Praktische Hinweise

bifida finden sich deshalb AFP-Werte **oberhalb** des Referenzintervalls. Differentialdiagnostisch ist aber auch an Mangelgeburten, EPH-Gestosen und Diabetes mellitus zu denken, da in diesen Fällen ebenfalls erhöhte AFP-Werte gefunden werden.

Erniedrigte AFP-Werte dagegen finden sich gehäuft bei **gestörter Schwangerschaft,** bei **Fehlbildungen** der ableitenden Harnwege und auch beim **Down-Syndrom.** Sie bedürfen deshalb, wie die erhöhten Werte, einer weiteren differentialdiagnostischen Abklärung (s. u.). Schließlich sei angemerkt, daß **kein** AFP mehr nachweisbar ist, wenn der Fetus abgestorben ist (z. B. missed abortion).

Wann soll AFP bestimmt werden?

Da allein schon die Dysraphie eine Inzidenzrate von regional unterschiedlich bis zu 0,5/1000 Schwangerschaften hat, wird ein **Screening** in der **16. bis 18. Schwangerschaftswoche** empfohlen.

Bei einem **erhöhten** Wert sollte zunächst kurzfristig die Bestimmung wiederholt, eine Mehrlingsschwangerschaft ausgeschlossen und das Gestationsalter noch einmal genau überprüft werden. Bestätigt sich der pathologische Wert, so muß eine Ultraschall-Organdiagnostik, eine AFP-Bestimmung im Fruchtwasser sowie gegebenenfalls eine Bestimmung der nervenspezifischen Azetylcholinesterase erfolgen. In 10–15% der Fälle mit erhöhten AFP-Werten im Serum finden sich auch im Fruchtwasser erhöhte Konzentrationen. Bei wiederholt **erniedrigten** AFP-Werten sollte ein Humangenetiker konsultiert werden.

Schilddrüse und Schwangerschaft

· Euthyreote Struma · Hyperthyreose · Hypothyreose ·
· Post-partum-Thyreoiditis · Hormondiagnostik ·

Wie ist eine Schwangere mit euthyreoter Struma zu führen, wie einer Struma vorzubeugen?

Da in der Schwangerschaft ein **höherer Jodbedarf** besteht, muß in Jodmangelgebieten, zu denen auch die Bundesrepublik gehört, die Schilddrüse häufiger ein exogenes Joddefizit kompensieren. Die sichtbare Folge ist das Auftreten bzw. Wachstum einer euthyreoten (Jodmangel-) Struma bei der Schwangeren. Beim Kind kann unter diesen Bedingungen außerdem eine **Neugeborenenstruma** resultieren, unter Umständen mit hypothyreoter Stoffwechsellage und retardiertem Knochenalter.

Deshalb sollte bei Schwangeren, insbesondere in Jodmangelgebieten, eine **Strumaprophylaxe** durchgeführt werden, bestehend aus 200 µg Jodid pro Tag (z. B. als Tabletten) zusätzlich zur Nahrung. Bei einer schon **vor** der Schwangerschaft bestehenden euthyreoten Struma darf deshalb auch die bisherige Therapie nicht abgesetzt werden, wozu viele Schwangere aus verständlicher „Angst vor Tabletten" neigen. Die laufende Dosierung muß vielmehr um ca. 50% erhöht werden. Bei einer **neu** in der Schwangerschaft aufgetretenen Struma muß unverzüglich mit der Behandlung begonnen werden, wobei nach Konsultation eines Spezialisten im allgemeinen bei einer Struma diffusa nicht nur Thyroxin, sondern zusätzlich auch Jodid verabreicht werden sollte (z. B. 100–150 µg Levothyroxin plus 200 µg Jodid/die).

Wie ist eine hyperthyreote Schwangere zu führen?

Manifest ausgeprägt hyperthyreote Frauen werden selten schwanger. Eine Konzeption findet deshalb nur bei leichten unbehandelten Formen statt oder bei Frauen, die bereits unter thyreostatischer Therapie stehen.

Falls überhaupt notwendig, so ist während der Schwangerschaft die Therapie der Wahl die **alleinige Gabe eines Thyreostatikums,** d. h. ohne die sonst oft angewandte Kombination mit Schilddrüsenhormonen. Die Dosierung ist möglichst niedrig zu wählen (z. B. Carbimazol 10–20 mg/die initial, später 5–10 mg/die), da Thyreostatika die Plazenta passieren, die Schilddrüsenhormone aber kaum. Somit kann der Fetus nicht nur in eine Schilddrüsenunterfunktion geraten, sondern es kann auch die fetale Schilddrüsenentwicklung negativ beeinflußt werden. Teratogene Schädigungen durch Thyreostatika sind jedoch nicht bekannt.

Erfahrungsgemäß bessert sich oft schon durch **veränderte Proteinbindungsverhältnisse** die Stoffwechsellage während der Gravidität. Leichte Hyperthyreosen erfordern deshalb häufig keine Therapie. Darüber hinaus ändert sich während der Schwangerschaft der **Immunstatus,** so daß eine Autoimmun-Hyperthyreose (Morbus Basedow) schon dadurch in Remission kommen kann. Bei Gabe von Thyreostatika sollte deshalb durch einen **Auslaßversuch,** d. h. durch ein Absetzen des Medikaments **nach dem ersten Trimenon** die Stoffwechsellage kontrolliert werden. Im Falle eines Hyperthyreoserezidivs ist bei Strumaträgerinnen unter Umständen eine sofortige Operation zu erwägen, ansonsten die Thyreostatikatherapie wieder aufzunehmen. Post partum sollte die Mutter zumindest bei Einnahme höherer Mengen eines Thyreostatikums **abstillen,** um eine Strumabildung beim Säugling zu verhindern, wenn auch in jüngster Zeit darauf hingewiesen wird, daß diesbezüglich kaum ein Risiko besteht.

Wie ist eine hypothyreote Schwangere zu führen?

Hypothyreote Frauen werden erschwert oder gar nicht schwanger, so daß eine Konzeption oft erst nach einer **Thyroxinsubstitution** erfolgt. Die Medikation ist während der Schwangerschaft beizubehalten, wobei mit einer **Dosissteigerung** um durchschnittlich 50% aufgrund des erhöhten Bedarfs zu rechnen ist. Die Schilddrüsenhormone passieren die Plazentaschranke nicht oder nur inkonstant in geringsten Mengen. Da während der Schwangerschaft die thyreoidale Jodavidität und renale Jodelimination zunehmen, wird aus kindlicher Indikation die **simultane Gabe von Jodid** empfohlen.

Wie sind die Schilddrüsenhormonwerte bei Schwangeren zu beurteilen?

Durch einen östrogenbedingten **Anstieg** insbesondere des Thyroxin-bindenden Globulins (TBG) kann es zu **erhöhten** Gesamt-Thyroxin-(TT_4-) und Gesamt-Trijodthyronin-(TT_3-) Werten kommen, ohne daß eine **hyperthyreote Stoffwechsellage** vorliegt. Um durch solche TT_4-Werte nicht einer Fehlinterpretation anheim zu fallen, sollte deshalb bei Schwangeren immer TSH* mit einem neuen, sehr sensitiven Test bestimmt werden. Besteht dennoch Unklarheit, so kann sich ein TRH-Test* anschließen, für den prinzipiell keine Kontraindikation in der Schwangerschaft besteht. Die direkte (FT_4-, FT_3-RIA) oder indirekte (FT_4-Index) Bestimmung der freien, d. h. ungebundenen Schilddrüsenhormone ist für die Ausschlußdiagnostik einer hyperthyreoten Stoffwechsellage entbehrlich, für deren Nachweis dagegen notwendig.

Sinngemäß gilt, daß durch TT_4-Werte, die noch an der unteren Grenze des Referenzintervalls liegen, eine **hypothyreote Stoffwechsellage** der Schwangeren übersehen werden kann. Um diese wiederum sicher auszuschließen, sollte immer TSH bestimmt werden.

Welche Hormonbestimmungen sind als Therapiekontrolle sinnvoll?

Die Kontrollen sind engmaschig, d. h. mindestens 14tägig durchzuführen. Bei einer **Hypothyreose** reicht in problemlosen Fällen die **TT_4*- und TSH***-Bestimmung aus, wobei zum Zeitpunkt der Blutentnahme die letzte Thyroxineinnahme ein Tag zurückliegen sollte. Bei unbefriedigender Verlaufsform sollte zusätzlich die freie Schilddrüsenhormonfraktion direkt mittels FT_4-RIA oder indirekt mittels FT_4-Index bestimmt und gegebenenfalls zusätzlich ein TRH-Test durchgeführt werden. Bei einer **Hyperthyreose** sollten grundsätzlich die **freien Schilddrüsenhormonfraktionen** bestimmt werden (FT_4-RIA oder FT_4-Index; FT_3-RIA) und zusätzlich die Meßgrößen, mit denen der Nachweis der Hyperthyreose gelang.

Welche Schilddrüsenprobleme können nach der Entbindung auftreten?

In den ersten Monaten nach der Entbindung können Autoimmunprozesse wieder aufflackern, so daß es dann zur **Post-partum-Thyreoiditis** kommt, entweder in Form eines (erneuten) Schubes einer Basedow-Hyperthyreose oder einer zur Hypothyreose neigenden Hashimoto-Thyreoiditis, die dann auch persistieren kann.

---

* s. Praktische Hinweise

Lag deshalb schon vor der Gravidität eine **Immunthyreopathie** vor bzw. wurden während einer Schwangerschaft vor allem mikrosomale **Schilddrüsenantikörper** nachgewiesen, so sollte nicht nur die Schilddrüsenfunktion, sondern auch der Immunstatus (mikrosomale Antikörper, gegebenenfalls auch Thyreoglobulin- und TSH-Rezeptor-Antikörper) im ersten Jahr nach der Entbindung etwa vierteljährlich kontrolliert werden. Eine Schilddrüsenfunktionsstörung ist dann rechtzeitig zu behandeln.

Nebenniere

Nebennierenrinde
Allgemeine Endokrinologie

· *Anatomisch-funktionelle Einheit* ·
· *Hormonsekretion* · *Cortisolwirkung* · *Aldosteronwirkung* ·
· *Ursachen, Symptome und Diagnostik von Funktionsstörungen* ·

Welche anatomisch-funktionelle Gliederung findet man in der Nebennierenrinde (NNR)?

Die NNR des **Erwachsenen** besteht aus drei Schichten, deren Zellen sich hinsichtlich Form und Anordnung deutlich voneinander unterscheiden. Die äußere **Zona glomerulosa** bildet ausschließlich Mineralocorticoide, die mittlere **Zona fasciculata** hauptsächlich Glucocorticoide und die dem Nebennierenmark benachbarte innere **Zona reticularis** vorwiegend Sexualsteroide. Alle Schichten sind reich an Lipoideinlagerung und durch ein dichtes Kapillarnetz an den Blutkreislauf angeschlossen.

Die **fetale** NNR besteht etwa ab dem 3. Schwangerschaftsmonat zunächst nur aus einer Außen- und Innenschicht, die sich postnatal partiell zurückbilden, um dann zu der oben skizzierten dreischichtigen Struktur heranzuwachsen.

Welche Hormone werden von der NNR synthetisiert und an die Blutbahn abgegeben?

Aufgrund ihres reichhaltigen Enzymbesatzes werden in der NNR eine Vielzahl von Steroiden mit glucocorticoider, mineralocorticoider und androgener Wirksamkeit als Zwischen- und Endprodukte gebildet, ohne daß es zu einer wesentlichen Speicherung in der NNR kommt.

Der biologisch wichtigste Vertreter der Glucocorticoide ist das **Cortisol**. Es wird täglich in großen Mengen (ca. 20–30 mg) aus Cholesterin neu gebildet. Seine Sekretion unterliegt einem ausgeprägten Tagesrhythmus mit vergleichsweise hohen Werten in den Morgen- und deutlich niedrigeren in den Abendstunden.

Tabelle 38
Wirkungen des Cortisols

	Physiologisch	Überschuß (endogen/exogen)
Kohlenhydratstoffwechsel	Förderung der Glukoseneubildung Verminderung der Glukosetoleranz	Diabetogene Stoffwechsellage
Proteinstoffwechsel	Förderung des Proteinabbaus (Katabolie)	Hautatrophie Osteoporose Muskelschwund/-schwäche Wachstumsverzögerung bei Kindern
Fettstoffwechsel	Förderung des Fettabbaus (Lipolyse)	Hyperlipoproteinämie Fettverteilungsstörung
Wasser-/Elektrolythaushalt	Förderung der Natriumretention	Hypervolämie
	Hemmung der Wasserdurchlässigkeit der distalen Nierentubuli	Hypertonie, Ödeme
	Förderung der Kaliumausscheidung	Hypokaliämie Metabolische Alkalose
	Hemmung der enteralen Kalziumresorption	Hypokalzämie
Kreislauf	Förderung der Gefäßreagibilität auf Katecholamine und Angiotensin II	Hypertonie
Hämatopoese	Förderung der neutrophilen Granulozytopoese	Leukozytose
	Hemmung der eosinophilen Granulozytopoese	Eosinopenie
	Hemmung der Lymphozytopoese	Lymphozytopenie Gesteigerte Infektanfälligkeit
	Förderung der Thrombozytopoese	Thrombozytose

Bindegewebsstoffwechsel	Hemmung proliferativer Prozesse Hemmung mesenchymaler Reaktionen Förderung der zellulären Membranstabilität	Antiphlogistische Wirkung Antiallergische Wirkung Antirheumatische Wirkung Striae rubrae distensae Vaskuläre Purpura
Magen-Darm-Trakt	Förderung der Salzsäureproduktion Förderung der Pepsinproduktion	Ulkusneigung (?) Neigung zu gastrointestinalen Blutungen (?)
ZNS	Förderung der Erregbarkeit	Stimmungslabilität Endokrines Psychosyndrom

Der biologisch wichtigste Vertreter der Mineralocorticoide ist das **Aldosteron**. Es wird täglich in wesentlich geringerer Menge (ca. 0,005–0,2 mg) als das Cortisol gebildet. Auch beim Aldosteron besteht ein diurnaler, allerdings im Vergleich zum Cortisol weniger ausgeprägter Sekretionsrhythmus.

Darüber hinaus sezerniert die NNR biologisch schwach wirksame Androgene in zum Teil großen Mengen, vor allem **Dehydroepiandrosteron (DHEA)** bzw. sein **Sulfat** (20–50 mg/die) sowie **Androstendion** und **11-Hydroxyandrostendion**. Dagegen fällt die adrenale Testosteron- und Östrogensynthese weder quantitativ noch biologisch ins Gewicht.

Welche physiologische Rolle spielt Cortisol?

Die vielschichtigen Angriffspunkte des Cortisols sind in **Tabelle 38** zusammengefaßt.

Bezüglich der Beeinflussung **physiologischer** Abläufe im Organismus stehen die Gluconeogenese, der Proteinabbau, die Lipolyse und die Wasserbilanzierung im Vordergrund. Die Wirkung auf den Intermediärstoffwechsel kann man zusammenfassend als **ergotrop** bezeichnen, indem der einzelnen Zelle auf Kosten von Proteinen und Fett vermehrt leicht verfügbares Betriebsmaterial in Form von Glukose angeboten wird. Dagegen wird, sieht man von der Cortisolsubstitutionstherapie bei bei NNR-Insuffizienz einmal ab, bei einer **therapeutisch** notwendigen Verabreichung von synthetischen Glucocorticoiden fast ausschließlich deren **antiinflammatorische** und **immunsuppressive** Wirkung genutzt.

Wie wird die Cortisolsekretion gesteuert?

Eine dem Bedarf angepaßte Cortisolsekretion erfolgt durch den in **Abb. 7** dargestellten Regelkreis der Achse Hypothalamus-HVL-NNR. Hiernach ist **ACTH** der wichtigste Stimulus für die Biosynthese und Sekretion von Cortisol. Die Wirkung wird vermittelt über eine ACTH-Bindung an zellmembranständige Rezeptoren und nachfolgende Aktivierung des zyklischen AMP-Systems. Der Stimulus kann sehr schnell umgesetzt werden, da schon wenige Minuten nach einer ACTH-Ausschüttung die Konzentration im NNR-Venenblut ansteigt. Cortisol wiederum hemmt die ACTH-Ausschüttung, was als **negative Rückkopplung** bezeichnet wird. Diese ist um so ausgeprägter, je steiler der **Anstieg** (Differentialeffekt) und je höher über einen gegebenen Zeitraum die zirkulierende **Konzentration** (Integraleffekt) des Cortisols sind. Schwächt sich andererseits die negative Rückkopplung ab (Cortisolabfall) oder ist sie nahezu aufgehoben (Cortisolmangel), so kommt es zu einer vermehrten ACTH-Ausschüttung.

Neben diesen bekannten Regulationsmechanismen scheint aber noch eine **ACTH-unabhängige Cortisolsekretion** möglich zu sein, da nicht immer einer episodischen Cortisolausschüttung ein ACTH-Anstieg vorauszugehen braucht. Offen ist auch, ob die ausgeprägte Tagesrhythmik der Cortisolsekretion ausschließlich Folge des diurnalen ACTH-Sekretionsrhythmus ist oder ob nicht noch andere Mechanismen hierfür verantwortlich sind.

Welche physiologische Rolle spielt Aldosteron?

Aldosteron ist maßgeblich an der Homöostase des **extrazellulären Flüssigkeitsvolumens** und des **Kaliumhaushaltes** beteiligt, indem es die renale Rückresorption der Natriumionen im Austausch gegen Kalium- und Wasserstoffionen fördert **(Abb. 23)**. Aufgrund der Natriumrückresorption wird passiv auch H_2O reabsorbiert und extrazellulär zurückgehalten. Diese aldosteronvermittelten Prozesse spielen sich vorwiegend in den Nierenepithelien, aber auch in den Speichel- und Schweißdrüsen sowie im Gastrointestinaltrakt ab.

Der molekulare Wirkmechanismus des Aldosterons ist nicht bekannt. Wahrscheinlich erfolgt über intrazelluläre Aldosteronrezeptoren eine Modulation des zellulären Energiepotentials und/oder Enzymbesatzes, wodurch der transepitheliale Natriumtransport den jeweiligen Bedürfnissen angepaßt wird.

Wie wird die Aldosteronsekretion gesteuert?

Wie **Abb. 23** zeigt, sind an der Steuerung der Aldosteronsekretion das Renin-Angiotensin-System, Kalium, Natrium sowie ACTH beteiligt.

Renin ist ein Enzym und wird im juxtaglomerulären Apparat der Niere durch einen Konzentrationsabfall des intravasalen Natriums, durch eine intravasale Volumenabnahme und/oder durch eine Senkung des Blutdrucks freigesetzt. Es spaltet sodann das aus der Leber stammende Angiotensinogen zu Angiotensin I, welches wiederum mittels eines „Converting enzyme" in Angiotensin II umgewandelt wird. **Angiotensin II** bewirkt zweierlei, einmal eine direkte Vasokonstriktion der Blutstrombahn und außerdem eine Steigerung der adrenalen Aldosteronsekretion. Die Folge ist ein sofortiger, vasokonstriktorisch bedingter Anstieg des Blutdrucks sowie eine langsamer reagierende Blutdruckerhöhung aufgrund der aldosteronvermittelten Natrium- und Volumenvermehrung.

Natrium soll neben der im Vordergrund stehenden und über das Renin-Angiotensin-System erfolgenden Regulation der Aldosteronsekretion diese auch direkt hemmen können, sobald die zirkulierende Natriumkonzentration übermäßig ansteigt. Anstiege von **Kalium** oder **ACTH** stimulieren dagegen die Aldosteronsekretion durch unmittelbaren Angriff an der NNR.

Welche physiologische Rolle spielen die von der NNR stammenden Androgene?

Die Ausbildung der **weiblichen** Pubes, der Axillarbehaarung sowie der Talgdrüsen unterliegt dem Einfluß der adrenal freigesetzten Androgene. Darüber hinaus ist der bei 7–8jährigen Jungen und Mädchen gleichermaßen zu beobachtende kleine **eingeschobene Wachstumsschub** auf die mit vermehrter Androgenproduktion (vor allem DHEA und DHEA-S) einhergehenden NNR-Reifung zurückzuführen. Weitere spezifische Funktionen sind nicht bekannt. DHEA und Androstendion werden jedoch peripher in **Testosteron** und **Östrogene** umgewandelt, wodurch sie indirekt den Androgen- und Östrogenhaushalt des Menschen mit beeinflussen.

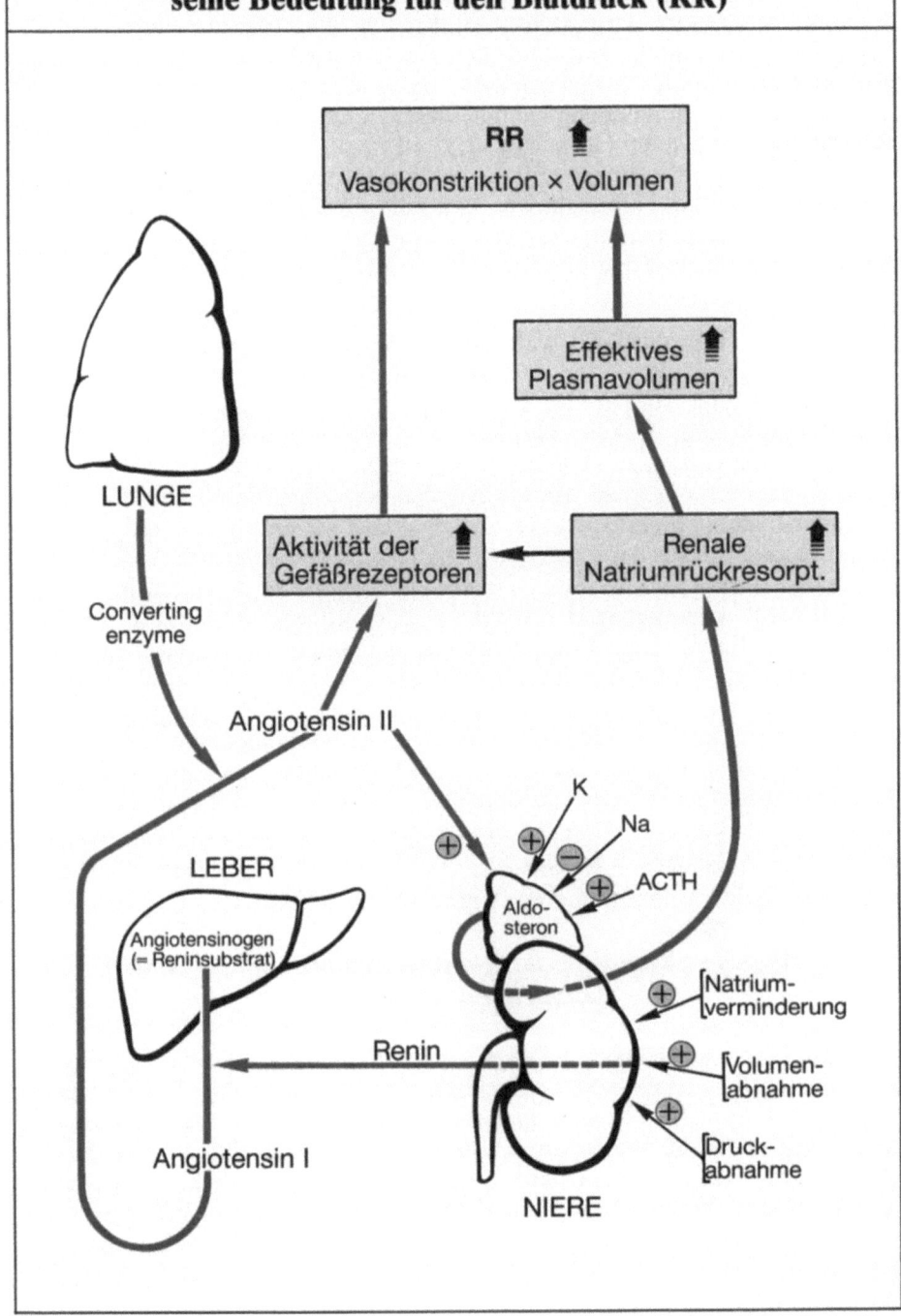

Abbildung 23
Regelkreis Aldosteron-Renin-Angiotension und seine Bedeutung für den Blutdruck (RR)

Welche Ursachen können einer gestörten NNR-Funktion zugrunde liegen?

Tabelle 39 (S. 190/191) faßt die Ursachen zusammen.

Die bei weitem häufigste Form sind **sekundäre Überfunktionen,** vor allem der sekundäre Hyperaldosteronismus, gefolgt vom vergleichsweise schon selteneren Morbus Cushing, bei dem ein Hypercortisolismus aufgrund eines autonomen hypophysär-hypothalamischen ACTH-Exzesses besteht. Primäre, d. h. von der NNR selbst ausgehende Überfunktionen, zu denen unter anderem das Conn- und (periphere) Cushing-Syndrom gehören, sind demgegenüber selten, ebenso die primären und sekundären Unterfunktionen der NNR.

Die unterschiedliche Wertekonstellation von meist nur zwei Labor-Meßgrößen erlaubt im allgemeinen sehr gut, primäre und sekundäre Über- bzw. Unterfunktionen der NNR voneinander abzugrenzen **(Tabelle 39).**

Bei welchen klinischen Symptomen muß an eine gestörte NNR-Funktion gedacht werden?

Bei einer **NNR-Überfunktion** stehen naturgemäß je nach Fall die typischen Symptome eines Glucocorticoid-, Mineralocorticoid- oder Androgenexzesses im Vordergrund. Mischbilder sind aber auch möglich, zumal Cortisol eine intrinsische mineralocorticoide Wirkung besitzt.

Die typischen Symptome des **Glucocorticoidexzesses** sind in **Tabelle 40** zusammengefaßt. Sie werden beim Morbus Cushing (S. 44 ff.) und beim Cushing-Syndrom (S. 194 ff.) näher besprochen. An dieser Stelle sei lediglich erwähnt, daß bei einem länger unbehandelten Morbus Cushing zu den Hypercortisolismus-Zeichen noch solche Symptome hinzutreten können, die lokale Folgen des

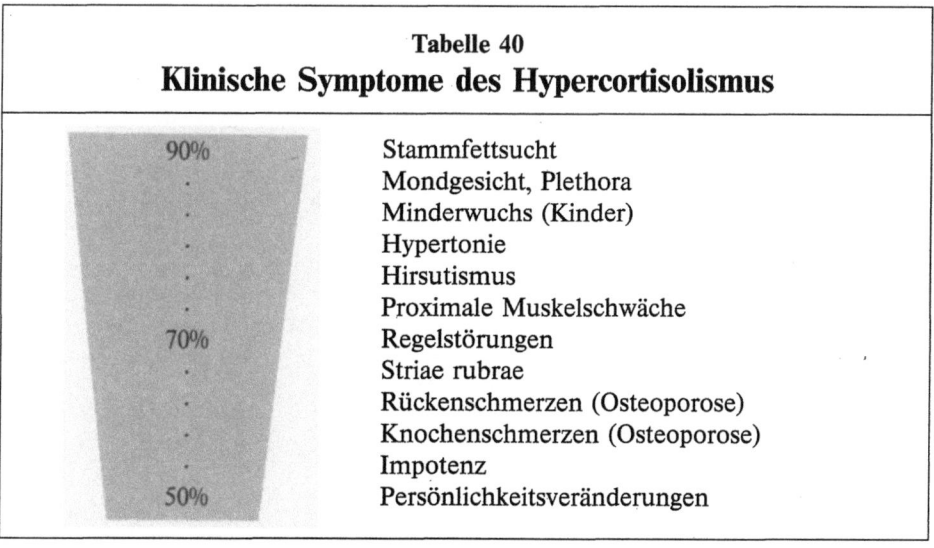

Tabelle 40
Klinische Symptome des Hypercortisolismus

90%	Stammfettsucht
.	Mondgesicht, Plethora
.	Minderwuchs (Kinder)
.	Hypertonie
.	Hirsutismus
.	Proximale Muskelschwäche
70%	Regelstörungen
.	Striae rubrae
.	Rückenschmerzen (Osteoporose)
.	Knochenschmerzen (Osteoporose)
.	Impotenz
50%	Persönlichkeitsveränderungen

Tabelle 39
Formenkreis der gestörten NNR-Funktion

Einteilung	Krankheitsbild	Hormone	Ursache
● Sekundäre Überfunktion	● Sekundärer Hyperaldosteronismus	Aldo. ↑, PRA ↑	Intravasaler Volumenmangel – „Ödemkrankheiten" – Diuretikamedikation – Chronischer Laxantienabusus – Bartter-Syndrom Verminderte Nierendurchblutung – Renovaskulär (z. B. Nierenarterienstenose) – Renoparenchymatös – Maligne Hypertonie Endokrin (z. B. Schwangerschaft)
	◐ Morbus Cushing	Cort. ↑ ACTH n/↑	Hypothalamisch-hypophysäre Dysfunktion mit ACTH-Exzeß – Hypophysäres Mikroadenom – Hypophysäres Makroadenom – Hypophysäre Zellhyperplasie
	○ Ektopes ACTH-Syndrom	Cort. ↑ ACTH ↑↑	ACTH-produzierende Neoplasie – Kleinzelliges Bronchialkarzinom – Andere kleinzellige Karzinome

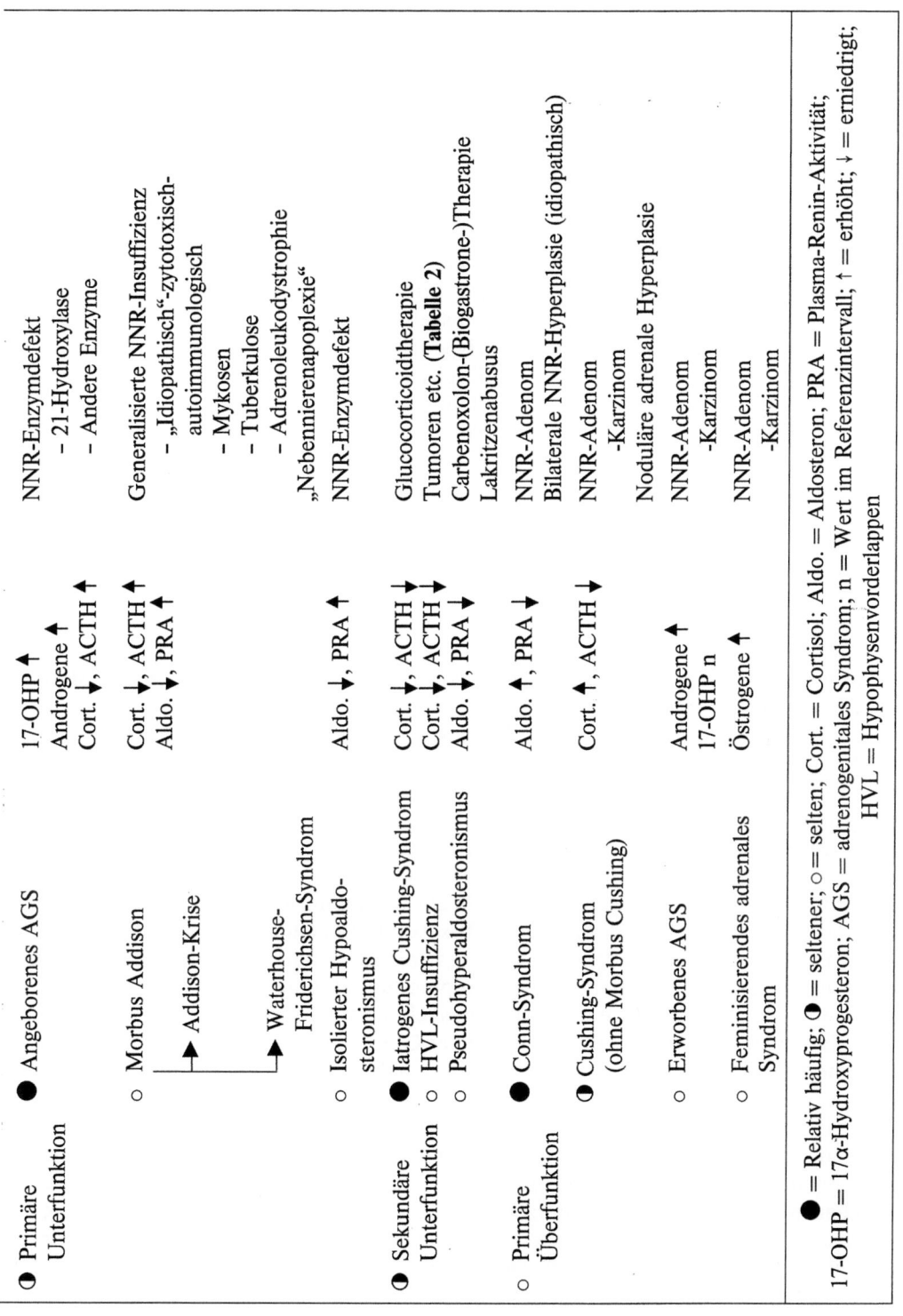

● Primäre Unterfunktion	● Angeborenes AGS	17-OHP ↑ Androgene ↑ Cort. ↓, ACTH ↑	NNR-Enzymdefekt - 21-Hydroxylase - Andere Enzyme
	○ Morbus Addison	Cort. ↓, ACTH ↑ Aldo. ↓, PRA ↑	Generalisierte NNR-Insuffizienz - „Idiopathisch"-zytotoxisch-autoimmunologisch - Mykosen - Tuberkulose - Adrenoleukodystrophie
	↓ Addison-Krise		
	↓ Waterhouse-Friderichsen-Syndrom		„Nebennierenapoplexie"
	○ Isolierter Hypoaldosteronismus	Aldo. ↓, PRA ↑	NNR-Enzymdefekt
● Sekundäre Unterfunktion	● Iatrogenes Cushing-Syndrom	Cort. ↓, ACTH ↓	Glucocorticoidtherapie
	○ HVL-Insuffizienz	Cort. ↓, ACTH ↓	Tumoren etc. (**Tabelle 2**)
	○ Pseudohyperaldosteronismus	Aldo. ↓, PRA ↓	Carbenoxolon-(Biogastrone-)Therapie Lakritzenabusus
● Primäre Überfunktion	● Conn-Syndrom	Aldo. ↑, PRA ↓	NNR-Adenom Bilaterale NNR-Hyperplasie (idiopathisch)
○	◐ Cushing-Syndrom (ohne Morbus Cushing)	Cort. ↑, ACTH ↓	NNR-Adenom -Karzinom Noduläre adrenale Hyperplasie
	○ Erworbenes AGS	Androgene ↑ 17-OHP n	NNR-Adenom -Karzinom
	○ Feminisierendes adrenales Syndrom	Östrogene ↑	NNR-Adenom -Karzinom

● = Relativ häufig; ◐ = seltener; ○ = selten; Cort. = Cortisol; Aldo. = Aldosteron; PRA = Plasma-Renin-Aktivität; 17-OHP = 17α-Hydroxyprogesteron; AGS = adrenogenitales Syndrom; n = Wert im Referenzintervall; ↑ = erhöht; ↓ = erniedrigt; HVL = Hypophysenvorderlappen

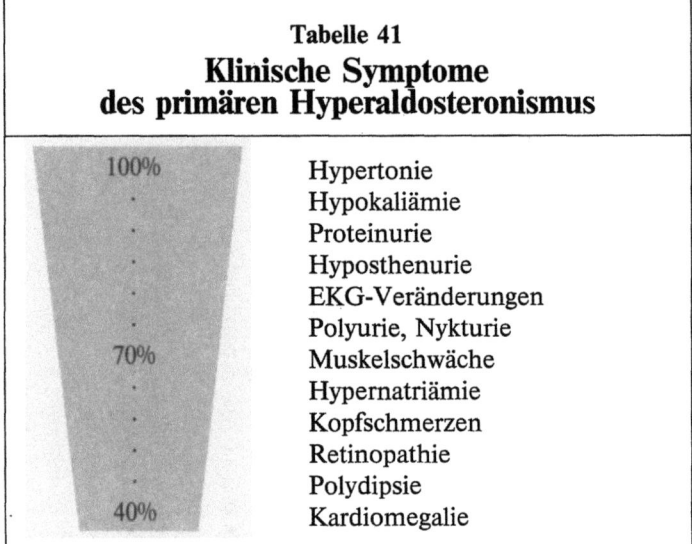

**Tabelle 41
Klinische Symptome
des primären Hyperaldosteronismus**

100%	Hypertonie
·	Hypokaliämie
·	Proteinurie
·	Hyposthenurie
·	EKG-Veränderungen
·	Polyurie, Nykturie
70%	Muskelschwäche
·	Hypernatriämie
·	Kopfschmerzen
·	Retinopathie
·	Polydipsie
40%	Kardiomegalie

progressiven Wachstums eines ACTH-produzierenden HVL-Adenoms sind: Gesichtsfeldausfälle, HVL-Insuffizienz etc.

Die typischen Symptome des **Mineralocorticoidexzesses** sind in **Tabelle 41** zusammengefaßt. Subjektiv stehen Kopfschmerzen aufgrund der Hypertonie sowie Muskelkrämpfe und Parästhesien aufgrund der Hypokaliämie im Vordergrund. Weitere Einzelheiten finden sich auf S. 202 ff.

Ein **Androgenexzeß**, z. B. aufgrund eines angeborenen adrenogenitalen Syndroms (S. 212 ff.), kann abhängig von seiner Schwere und vom Zeitpunkt seines Auftretens beim **weiblichen Geschlecht** zur Maskulinisierung, zur heterosexuellen Frühreife, zur Virilisierung, zum Hirsutismus oder auch nur zu Zyklusstörungen führen. Bei **Jungen** dagegen kann es zur isosexuellen Frühreife kommen, bei Neugeborenen auch zur Penishypertrophie und zu einem pigmentierten Skrotum. Beim Mann bleibt der Androgenexzeß meist unbemerkt.

Bei einer **NNR-Insuffizienz** können der Gluco- und Mineralocorticoidmangel unterschiedlich stark ausgeprägt sein, so daß die klinische Symptomatik anfänglich, insbesondere bei den sekundären Formen, oft sehr verschwommen ist. Im weiteren Verlauf sind dann Symptome, wie sie für den Morbus Addison typisch sind, recht häufig, d.h. Abnahme der Leistungsfähigkeit, Gewichtsverlust, schnelle Ermüdbarkeit, Muskelschwäche, Kollapsneigung (Hypotonie), Erbrechen und abdominelle Schmerzen. Darüber hinaus ist für die **primäre** NNR-Insuffizienz eine Zunahme der Hautpigmentierung auch ohne Sonneneinwirkung typisch, während bei den **sekundären** Formen, d. h. bei der partiellen oder kompletten HVL-Insuffizienz, eine blasse, wachsfarbene Haut vorliegt.

Welche diagnostischen Maßnahmen sind für die Abklärung einer NNR-Funktionsstörung wichtig?

Neben einer sorgfältigen **Anamnese** und **körperlichen Untersuchung,** zu der immer auch eine **Blutdruckmessung** gehört, können sinnvoll sein:

Hormonbestimmungen. Eine auch ambulant bequem durchführbare Primärdiagnostik zum Ausschluß folgender Verdachtsdiagnosen bietet sich an:
1. Hypercortisolismus: **Dexamethason-Hemmtest*.**
2. Cortisolmangel: **ACTH-Test*.**
3. Hyperaldosteronismus: **Aldosteron im 24-Stunden-Urin*.**
4. Aldosteronmangel: **Aldosteron*** und **Plasma-Renin-Aktivität (PRA)*.**
5. Angeborenes adrenogenitales Syndrom (AGS): **17α-Hydroxyprogesteron*.**
6. Erworbenes AGS (virilisierender NNR-Tumor): **DHEA-S*** und **Testosteron*.**

Vom Ergebnis der genannten Analytik hängt es ab, inwieweit zusätzliche Hormonbestimmungen, gegebenenfalls sogar aus seitengetrennt entnommenem Nebennierenvenenblut, angebracht sind, um die Verdachtsdiagnose zu bestätigen bzw. letztlich doch verwerfen zu können. Hierzu zählen dann auch die Hormone des HVL.

Sonstige Laboratoriumsuntersuchungen. Die **Natrium-** und die **Kalium**bestimmung im Serum und 24-Stunden-Urin gehören zur Basisdiagnostik, vor allem wenn die Beurteilung des Mineralocorticoidhaushaltes ansteht. Diesbezüglich wurde die **PRA** bereits bei den Hormonbestimmungen genannt. Eine **HLA-Typisierung** ist beim AGS zur Erkennung heterozygoter Merkmalsträger durchzuführen (S. 218). Schließlich muß beim Morbus Addison nach **zirkulierenden Antikörpern** gegen Nebennierengewebe gesucht werden (S. 223).

Bildgebende Verfahren. Die **Sonographie** (zumindest bei Kindern) und die **Computertomographie (CT)** haben ihren festen Platz in der Beurteilung der NNR (Hyperplasie, Tumor, Atrophie). Die NNR-**Szintigraphie** ist wesentlich seltener indiziert, d. h. erst in schwierigen Fällen, in denen vor allem das CT keine eindeutigen Ergebnisse gebracht hat. Zudem ist die gonadale Strahlenbelastung hierbei nicht unerheblich. Sie ist allein deshalb vor allem bei jüngeren Patienten möglichst zu vermeiden. Eine **Nebennierenvenographie** sollte durchgeführt werden, wenn sowieso eine seitengetrennte Nebennierenvenenkatheterisierung ansteht, um Blut für Hormonbestimmungen zu gewinnen. Schließlich wird die **Kernspintomographie** zunehmend bei unklaren CT-Befunden in Erwägung gezogen.

Besteht der Verdacht einer hypothalamisch-hypophysär bedingten NNR-Funktionsstörung, so müssen die bildgebenden Untersuchungen auf die **Sella-Region** ausgedehnt werden (S. 8). Schließlich gehören beim angeborenen weibli-

---
* s. Praktische Hinweise

chen AGS ein **Urogramm** und eine **Genitographie** zum Basisprogramm, beim präpubertär bestehenden Androgenexzeß bei beiden Geschlechtern das **Röntgen der linken Hand** zur Bestimmung des Knochenalters.

Weitere Einzelheiten zum diagnostischen Vorgehen finden sich in den speziellen Kapiteln (s. u.).

Nebennierenrinde
Spezielle Endokrinologie

Cushing-Syndrom

· Definition · Häufigkeit · Ursachen · Symptome · Morbus Cushing ·
· Adipositas simplex · Hormondiagnostik · Sonstige Diagnostik ·
· Therapie · Therapiekontrolle ·

Wann spricht man von einem Cushing-Syndrom, wann von einem iatrogenen Cushing-Syndrom?

Ein **primärer,** d. h. von der NNR selbst ausgehender Hypercortisolismus (Glucocorticoidexzeß) wird als Cushing-Syndrom bezeichnet, dagegen eine Cushing-Symptomatik aufgrund einer hochdosierten Glucocorticoid**medikation** als iatrogenes Cushing-Syndrom.

Der Begriff „Cushing-Syndrom" sollte trotz ähnlicher klinischer Symptomatik nicht für den Morbus Cushing („zentralen Cushing") und auch nicht für das ektope ACTH-Syndrom benutzt werden, da in diesen Fällen der Hypercortisolismus auf einer inappropriat gesteigerten ACTH-Sekretion basiert, mit gänzlich anderen therapeutischen Implikationen (S. 51).

Wie häufig ist ein Cushing-Syndrom und welche Ursachen können ihm zugrunde liegen?

Das **Cushing-Syndrom** ist bei Erwachsenen und Kindern mit einer geschätzten Inzidenz von unter 1:10000 gleichermaßen **sehr selten.** Bei **Erwachsenen** entfallen bezüglich aller Formen von **endogenem** Hypercortisolismus nur 15% auf ein Cushing-Syndrom, dagegen ca. 70% auf den Morbus Cushing („zentralen Cushing") und ca. 15% auf das ektope ACTH-Syndrom. Bei **Kindern** dagegen liegt in etwa 80% aller Fälle mit endogenem Hypercortisolismus tatsächlich ein Cushing-Syndrom, d. h. ein NNR-Tumor zugrunde.

Als **Ursache** des Cushing-Syndroms findet man bei **Erwachsenen** meist ein solitäres NNR-**Adenom,** seltener ein Karzinom und ganz selten eine noduläre Hyperplasie. Bei **Kindern** dagegen überwiegen die **Karzinome.** Die zuvor genannte **noduläre Hyperplasie** ist vermutlich eine Variante des Morbus Cushing, indem es zunächst aufgrund eines ACTH-Exzesses zur NNR-Hyperplasie kommt, aus der sich autonome multiple Noduli herauskristallisieren, die übermäßig Cortisol produzieren.

Bei der ganz überwiegenden Zahl von Patienten mit typischer Cushing-Symptomatik muß nicht zuletzt auch wegen der Seltenheit, mit der endogene Hypercortisolismusformen vorkommen, davon ausgegangen werden, daß es sich um ein **iatrogenes Cushing-Syndrom** im Rahmen einer systemischen, meist längerfristigen Glucocorticoidmedikation handelt. Die **Schwellendosis** für das iatrogene Cushing-Syndrom ist individuell sehr unterschiedlich, im Mittel liegt sie bei etwa 30 mg Cortisol/die bzw. dessen Äquivalent bei anderen Glucocorticoiden.

Schließlich kann auch ein **exzessiver Alkoholmißbrauch** zu einer Cushing-Symptomatik führen, die sich weder klinisch noch laborchemisch vom eigentlichen Cushing-Syndrom unterscheidet und deshalb als **Pseudo-Cushing-Syndrom** bezeichnet wird. Diskutiert wird, ob es in diesen Fällen durch den meist vorliegenden schweren Leberschaden oder durch eine direkte, alkoholbedingte Schädigung des ZNS zur Glucocorticoidstoffwechselstörung gekommen ist.

Bei welchen klinischen Symptomen muß an ein Cushing-Syndrom gedacht werden?

In **Tabelle 40** sind die wesentlichen Symptome des Hypercortisolismus ihrer Häufigkeit nach aufgeführt. Sie gelten grundsätzlich sowohl für das Cushing-Syndrom als auch für den Morbus Cushing („zentralen Cushing"), so daß es vom Aspekt her oft schwierig ist, zwischen beiden Formen zu unterscheiden. Trotzdem gibt es folgende Hinweise, die eher für einen Morbus Cushing bzw. für ein Cushing-Syndrom sprechen:

So ist der **Morbus Cushing** differentialdiagnostisch um so wahrscheinlicher, je mehr von den in **Tabelle 40** aufgeführten Symptomen anzutreffen sind. Vor allem aber auch dann, wenn es manchmal aufgrund des ACTH-Exzesses zu einer indianerartigen Braunpigmentierung der Haut sowie – sehr selten – als Ausdruck des progressiven Wachstums eines HVL-Adenoms zu Gesichtsfeldausfällen, zu Kopfschmerzen und zur Ausfallssymptomatik anderer hypophysärer Partialfunktionen kommt. Darüber hinaus weisen bei der **Frau** insbesondere ein Hirsutismus und Regelstörungen eher auf einen Morbus Cushing hin, was mit dem ACTH-Exzeß zusammenhängt, durch den es nicht nur zum Hypercortisolismus, sondern oft auch zur vermehrten adrenalen Androgenproduktion kommt. Letztere ist bei einem NNR-**Adenom** als Ursache des Hypercortisolismus naturgemäß weniger gegeben, da die ACTH-Sekretion weitgehend supprimiert ist. Beim **Mann** sind aufgrund ähnlicher pathophysiologischer Abläufe der Libidoverlust, die Impotenz und die Oligozoospermie ebenfalls typischer für einen Morbus Cushing als für ein Cushing-Syndrom, da in diesen Fällen die vermehrte adrenale Androgenproduktion zur Suppression der LH/FSH-Sekretion führen kann. Auch die übrige Symptomatologie ist, wie schon angedeutet, beim NNR-Adenom viel variabler als beim Morbus Cushing, da die Cortisolproduktion der Adenome erhebliche Fluktuationen aufweisen kann. Sogar spontane Remissionen sind beschrieben worden.

Das NNR-**Karzinom,** das in 85–90% hormonaktiv ist, zeichnet sich durch einen rasch progredienten Krankheitsverlauf aus, wobei die Cushing-Symptomatik im allgemeinen sehr ausgeprägt ist. In 50% der Fälle besteht ein Androgenexzeß, der bei Mädchen zu einer Virilisierung führt und der bei beiden Geschlechtern im kindlichen Alter die hypercortisolismusbedingte Wachstumsverzögerung und die retardierte Skelettreife kaschieren kann. Die Karzinome sind bei Diagnosestellung oft bereits weit fortgeschritten und palpabel, da sie vor allem inaktive Vorstufen des Cortisols übermäßig produzieren und somit erst bei großer Tumormasse klinisch im Sinne der Cushing-Symptomatik imponieren.

Wie läßt sich eine einfache Adipositas gegenüber der cortisolbedingten Stammfettsucht abgrenzen?

Diese Frage stellt sich oft im klinischen Alltag, da die einfache Adipositas häufig vorkommt, nicht selten auch kombiniert mit Hochdruck und/oder Diabetes mellitus, bei jungen Frauen auch mit Regelanomalien und/oder mildem Hirsutismus. Ein wichtiges klinisches Unterscheidungsmerkmal besteht darin, daß Patienten mit gewöhnlicher Adipositas einen generalisierten, d. h. auch die Extremitäten betreffenden Fettansatz zeigen. Bei der cortisolbedingten **Stammfettsucht** dagegen sind die Extremitäten praktisch immer frei von übermäßigem Fettansatz. Darüber hinaus ist die Abweichung vom Normalgewicht bei der einfachen Adipositas oft viel massiver, außerdem sind die Striae rubrae vergleichsweise kürzer und weniger breit.

Die sichere Abgrenzung gelingt jedoch laborchemisch, d. h. mit dem **Dexamethason-Hemmtest*** (s. u.).

Welche Hormonbestimmungen sind für die Abklärung eines Cushing-Syndroms wichtig?

Wie in **Abb. 24** schematisch dargestellt, sollte am Anfang jeder fraglichen Cushing-Symptomatik der niedrig dosierte **Dexamethason-Hemmtest*** stehen, mit dem ein Hypercortisolismus jedweder Genese (Morbus Cushing, Cushing-Syndrom, ektopes ACTH-Syndrom) ausgeschlossen ist, wenn eine Supprimierbarkeit des Serum-Cortisolspiegels unter 30 µg/l gelingt. Der Test ist auch ambulant bequem durchführbar und der einmaligen basalen **Cortisolbestimmung*** immer vorzuziehen, da episodische Hypersekretionen (Spontanschwankungen), Streßsituationen (z. B. Blutentnahme) sowie eine Östrogen-Einnahme scheinbar pathologisch erhöhte Cortisolwerte vortäuschen können. Der Dexamethason-Hemmtest ist auch dem verkürzten **Cortisol-Tagesprofil*** überlegen, bei dem die zuvor genannten Einflußgrößen ebenfalls zu unklaren Befunden führen können, obwohl man andererseits bei einem mindestens 50%igen Abfall des Abend-

---

* s. Praktische Hinweise

wertes gegenüber dem Morgenwert schon davon ausgehen darf, daß keine Autonomie der Cortisolsekretion vorliegt.

Liefert der Dexamethason-Hemmtest grenzwertige Ergebnisse, so sollte die Ausscheidung des **freien Cortisols im 24-Stunden-Urin*** bestimmt werden **(Abb. 24)**. Ein Wert < 110 µg/24 Std. gilt als Ausschlußkriterium für einen Hypercortisolismus, wobei auch nahezu alle Patienten mit einer Adipositas simplex unterhalb dieses Wertes bleiben. Die Bestimmung des freien Cortisols hat die früher häufig durchgeführte **17-OHCS-Bestimmung** abgelöst, die heute mehr oder weniger als obsolet gilt.

Ist der Hemmtest mit 1 oder 2 mg Dexamethason eindeutig pathologisch bzw. ist die Ausscheidung des freien Cortisols erhöht, so gilt ein Hypercortisolismus als gesichert. Für seine differentialdiagnostische Abklärung eignet sich der **8 mg-Dexamethason-Hemmtest (Abb. 24)**. Hierbei sprechen ein deutlicher Abfall des Basalwertes (> 40%) oder aber, was in etwa 10% der Fälle vorkommen kann, ein paradoxer Anstieg für einen Morbus Cushing („zentralen Cushing"), der dann mittels gezielter Hypophysendiagnostik weiter abgeklärt werden muß (S. 8f.).

Ist die Supprimierbarkeit mit 8 mg Dexamethason unbefriedigend (< 40%), so kann mit einer **ACTH-Bestimmung*** weiter differenziert werden **(Abb. 24)**, da in diesen Fällen sehr niedrige Werte eindeutig ein Cushing-Syndrom sichern, erhöhte basale Werte dagegen für einen Morbus Cushing oder ein ektopes ACTH-Syndrom sprechen. Die weitere Differenzierung dieser beiden Formen eines autonomen ACTH-Exzesses gelingt dann mit dem **CRH-Test* (Abb. 24)**, es sei denn, daß der basale ACTH-Wert extrem erhöht ist, was erfahrungsgemäß fast immer für ein ektopes ACTH-Syndrom spricht. Beim Morbus Cushing dagegen sind die ACTH-Basalwerte eher grenzwertig oder nur mäßig erhöht.

Wie **Abb. 24** weiter zeigt, kann schließlich noch das Ergebnis der **DHEA-S-Bestimmung*** Hinweise dafür liefern, ob es sich beim Cushing-Syndrom um ein NNR-Karzinom oder -Adenom handelt. Die bei dieser Fragestellung früher oft bestimmte **17-Ketosteroid-Ausscheidung** ist heute obsolet.

Welche Schwierigkeiten kann es bei der Befundinterpretation geben?

Das in **Abb. 24** dargestellte diagnostische Vorgehen zur Abklärung einer Cushing-Symptomatik hat sich bewährt. Dennoch kann es immer wieder zur Diskrepanz zwischen Hormonanalytik, Klinik und morphologischem Substrat kommen. Diesbezüglich ist folgendes besonders hervorzuheben:

Noduläre Hyperplasie der NNR. An sie muß bei allen paradoxen Laborergebnissen in Verbindung mit einer vorhandenen Cushing-Symptomatik gedacht werden, insbesondere wenn trotz pathologischer Dexamethason-Hemmtestergebnisse die basalen ACTH-Werte immer noch gut nachweisbar sind, Hinweise für einen NNR-Tumor mittels bildgebender Verfahren nicht sicher gegeben sind und auch keine Anhaltspunkte für ein ektopes ACTH-Syndrom bestehen.

---

* s. Praktische Hinweise

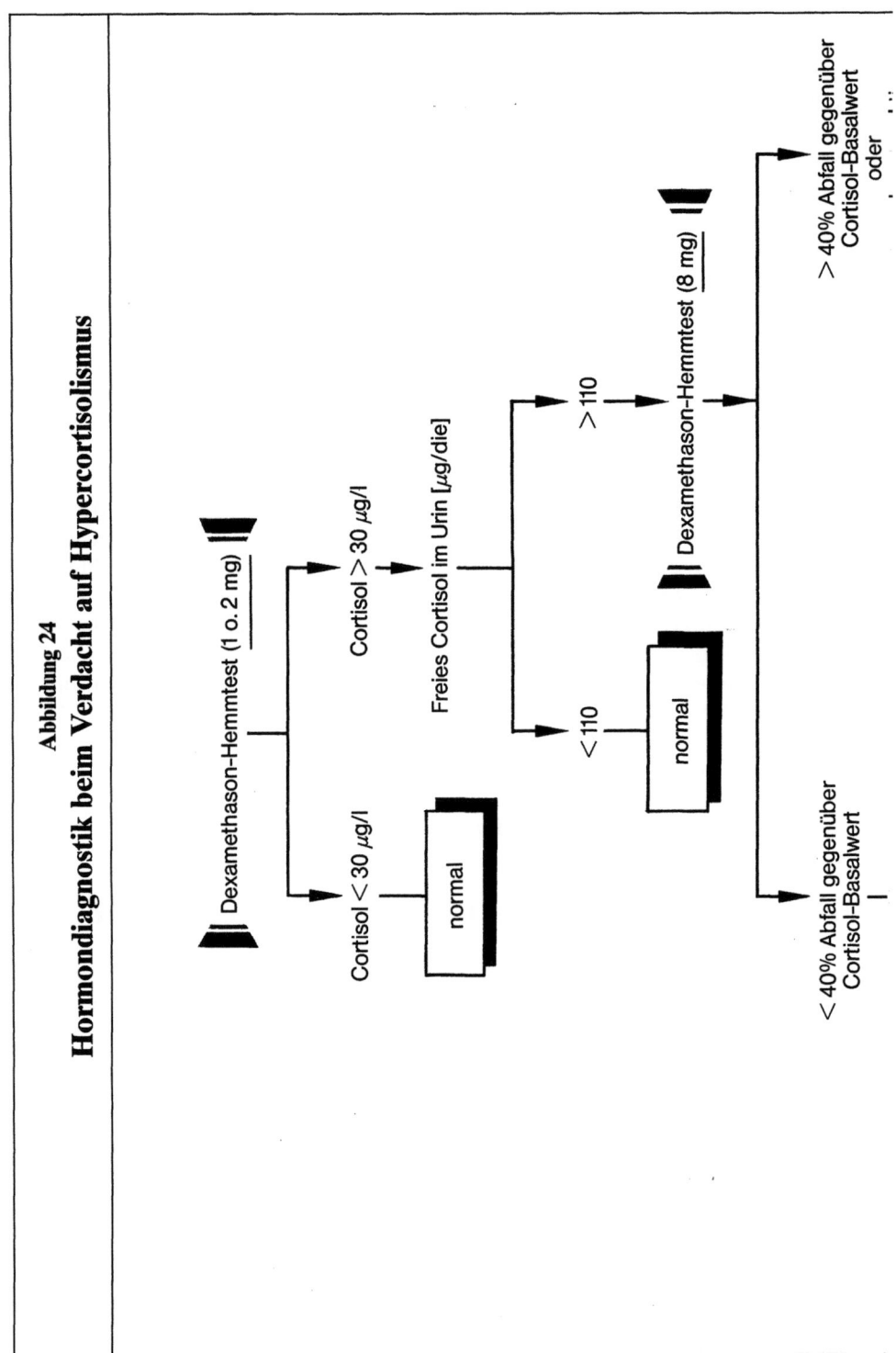

Abbildung 24
Hormondiagnostik beim Verdacht auf Hypercortisolismus

Nebennierenrinde – Spezielle Endokrinologie   199

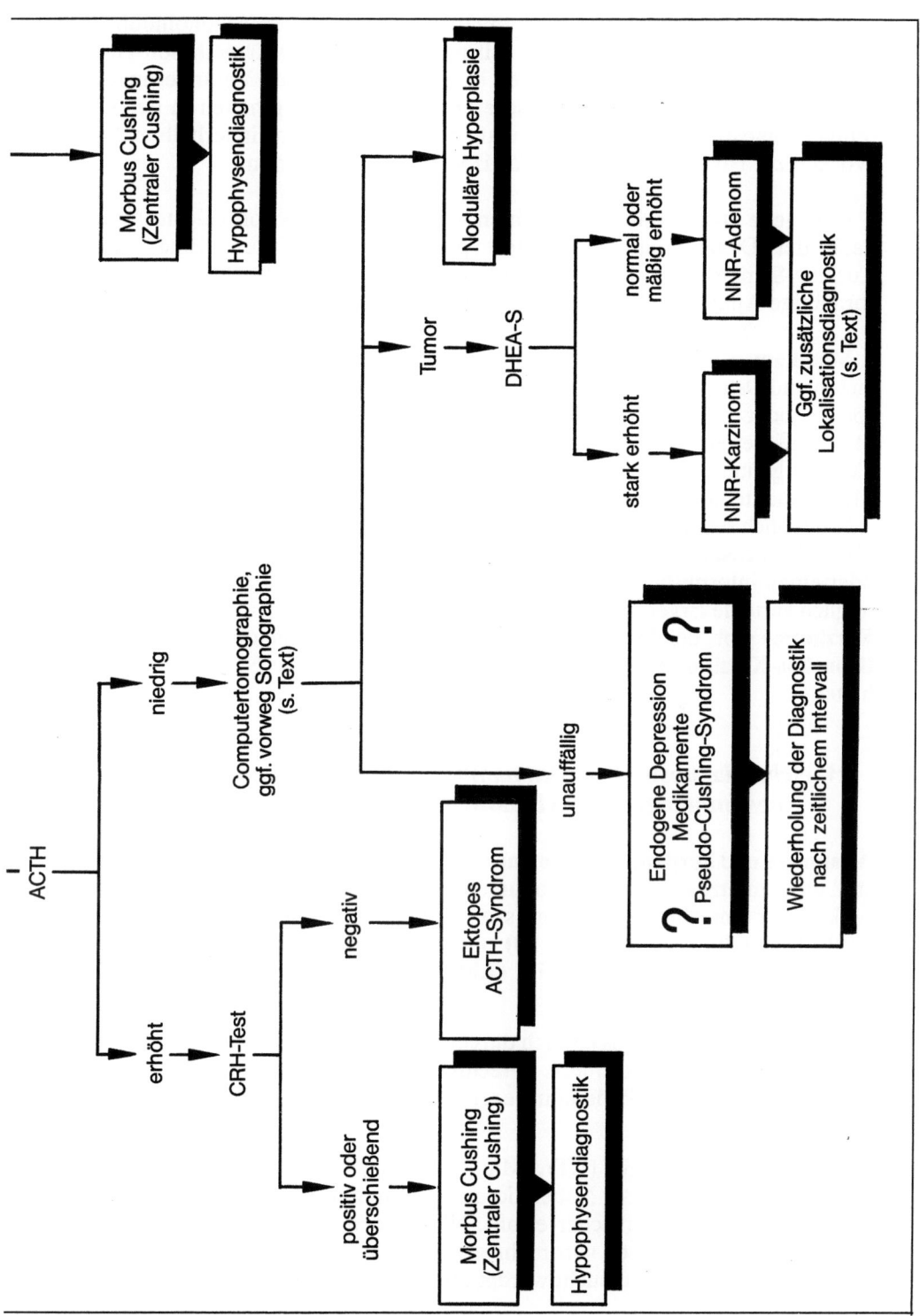

Pseudo-Cushing-Syndrom. Nach exzessivem langjährigen Alkoholmißbrauch kann es zur Cushing-Symptomatik mit pathologischem Dexamethason-Hemmtest kommen. Morphologisch finden sich keine auffälligen Veränderungen im NNR- oder Sella-Bereich. Anamnese und Alkoholentzug helfen in der Differentialdiagnostik, wobei es nach entsprechender Abstinenz innerhalb mehrerer Wochen zur Normalisierung des Cortisolstoffwechsels kommt.

Endogene Depression. Durch einen veränderten Glucocorticoidstoffwechsel kann der Dexamethason-Hemmtest pathologisch ausfallen. Eine typische Cushing-Symptomatik besteht nicht, morphologische Substrate fehlen. Eine sorgfältige Anamnese hilft, den Sachverhalt aufzuklären.

Medikamente. Insbesondere Antiepileptika (Phenytoin), aber auch Spironolacton und Östrogene (Anti-Baby-Pille) können deutlich erhöhte basale Cortisolspiegel oder pathologische Ergebnisse im Dexamethason-Hemmtest zeigen, ohne daß weitere Anhaltspunkte für ein Cushing-Syndrom oder einen Morbus Cushing gefunden werden. Dies unterstreicht die Bedeutung einer sorgfältigen Medikamentenanamnese.

Schließlich sei erwähnt, daß es sowohl ACTH-produzierende HVL-**Adenome** als auch cortisolproduzierende NNR-**Adenome** gibt, die spontan remittieren oder einen intermittierenden Verlauf nehmen (periodische Hormogenese) und folglich variable Ergebnisse im Dexamethason-Hemmtest zeigen, daß es NNR-**Karzinome** gibt, bei denen die Cortisolproduktion supprimierbar ist und daß es **Bronchus-Karzinoide** gibt, die sich hormonanalytisch wie NNR-Tumoren verhalten.

Welche diagnostischen Maßnahmen gehören neben den Hormonbestimmungen zur Abklärung eines Cushing-Syndroms?

Anamnese und **körperliche Untersuchung** gehören an den Anfang jeder Diagnostik, nicht zuletzt auch, um scheinbar unerwartete Ergebnisse in der Hormonanalytik besser einordnen zu können (s. o.). Erst wenn die **Klinik** auf einen Hypercortisolismus hinweist **(Tabelle 40)** und die **Hormonanalytik** diesen im Sinne eines Cushing-Syndroms bestätigt **(Abb. 24),** ist eine Lokalisationsdiagnostik gerechtfertigt.

Sonographie. Sie hat als einfach durchführbare Methode in der NNR-Diagnostik vor allem bei Kindern ihre Berechtigung. Sie verlangt aber viel Erfahrung und kann bei adipösen Patienten wegen vieler Fehldeutungsmöglichkeiten kaum empfohlen werden.

Computertomographie (CT). Mit ihr gelingt in über 90% der Fälle die Darstellung normalgroßer Nebennieren; Tumoren werden ab einem Durchmesser von etwa 0,5–1 cm sicher erfaßt. NNR-Adenome und -Karzinome haben gewöhnlich Durchmesser von mehr als 2 cm. Besteht ein Karzinomverdacht, sollte die Leber mit untersucht werden, um gegebenenfalls Metastasierungen zu erkennen.

Nebennierenvenographie. Wird in schwierigen Fällen (z. B. übliche Hormondiagnostik und CT nicht eindeutig) eine **seitengetrennte Hormonanalytik** notwendig, so sollte sich nach bilateraler Nebennierenvenenkatheterisierung und erfolgter Blutentnahme eine Kontrastdarstellung der Nebennierenvenen anschließen.

NNR-Szintigraphie. Sie hat gegenüber dem CT an Bedeutung verloren und sollte insbesondere bei jüngeren Patienten wegen der nicht unerheblichen gonadalen Strahlenbelastung möglichst nicht zur Anwendung kommen. Dagegen wird die **Kernspintomographie** als aussagekräftigstes bildgebendes Verfahren bei unklaren CT-Befunden zunehmend eingesetzt.

Liefert die Hormonanalytik dagegen Hinweise für einen Morbus Cushing („zentralen Cushing") oder für ein ektopes ACTH-Syndrom, so ergeben sich naturgemäß andere Schwerpunkte in der Lokalisationsdiagnostik (S. 8f.).

Schließlich sollte beim Hypercortisolismus immer die **Wirbelsäule** geröntgt werden, um das Ausmaß einer möglichen Osteoporose beurteilen zu können.

Wie wird ein Cushing-Syndrom therapiert?

Beim NNR-**Adenom** ist die operative Entfernung der betroffenen Nebenniere Therapie der Wahl. Da die kontralaterale Nebenniere atrophisch ist, muß mit Cortisol (ca. 25 mg/die) postoperativ so lange substituiert werden, bis sich die atrophische Nebenniere erholt hat, was zum Teil mehrere Monate bis Jahre dauern kann.

Beim inoperablen **Karzinom** und bei der **nodulären Hyperplasie** bieten sich verschiedene medikamentöse Behandlungsversuche an (u. a. Enzymhemmer der Glucocorticoidsynthese), die aber eine enge Zusammenarbeit zwischen Endokrinologen und Onkologen voraussetzen.

Welche Hormonbestimmungen sind als Therapiekontrolle notwendig?

Nach einer Adenomentfernung ist regelmäßig die endogene Glucocorticoidsekretion zu kontrollieren, da über einen längeren Zeitraum eine Insuffizienz der kontralateralen Nebennierenrinde besteht. Außerdem kann immer ein Rezidiv auftreten.

Primärer Hyperaldosteronismus

· Definition · Häufigkeit · Ursachen · Symptome · Hypertonie ·
· Hormondiagnostik · Sonstige Diagnostik · Therapie · Therapiekontrolle ·

Wann spricht man vom primären Hyperaldosteronismus und wie häufig ist er?

Vom primären Hyperaldosteronismus (= **Conn-Syndrom**) spricht man bei einer autonomen, primär von der NNR selbst ausgehenden exzessiven Aldosteronproduktion. Es handelt sich um eine **seltene Erkrankung,** deren Inzidenz bei Erwachsenen wohl unter 1/5000 liegt. Im Kindesalter sind weltweit sogar nur ca. 20 Fälle bekannt. Schätzungsweise 0,5% der arteriellen Hypertonien lassen sich auf einen primären Hyperaldosteronismus zurückführen.

Welche Ursachen können ihm zugrunde liegen?

In ca. 80% der Fälle handelt es sich um ein **solitäres Adenom,** in ca. 20% um eine bilaterale, ätiologisch unklare und deshalb **idiopathisch** genannte **adrenale Hyperplasie (IAH).** Sehr selten sind **multiple** Adenome, als Rarität gilt das NNR-**Karzinom.**

Bei welchen klinischen Symptomen muß an einen primären Hyperaldosteronismus gedacht werden?

In **Tabelle 41** sind die wesentlichen objektiven Befunde und subjektiven Beschwerden ihrer Häufigkeit nach aufgeführt.
Die auf der mineralocorticoiden Wirkung des Aldosterons basierenden Kardinalbefunde sind eine mäßige bis schwere **Hypertonie** und eine grenzwertige bis deutliche **Hypokaliämie.** Die übrigen Befunde und Beschwerden sind deren Folgezustände. Ödeme gehören nicht zum primären Hyperaldosteronismus.

Warum kommt es beim primären Hyperaldosteronismus zur Hypertonie, nicht aber zu Ödemen?

Die autonome exzessive Aldosteronsekretion führt zur Erhöhung des Gesamtkörpernatriums und damit zur vermehrten intravasalen Wasserretention, d.h. zur Hypervolämie, die letztlich den arteriellen Bluthochdruck bedingt. Die zunehmend positive Natriumbilanz bzw. Wasserretention erfährt ihre Begrenzung jedoch im sog. **Escape-Phänomen,** in dem die permanent gesteigerte Natriumreabsorption in den auf Aldosteron ansprechenden Nephronabschnitten durch eine verminderte Natriumreabsorption in den auf Aldosteron nicht ansprechenden Nephronabschnitten partiell kompensiert wird. Damit parallel läuft die

Kompensation der Wasserretention, so daß es beim primären Hyperaldosteronismus im allgemeinen nicht zu Ödemen kommt.

Welche Hormonbestimmungen sind für die Abklärung eines primären Hyperaldosteronismus wichtig?

In **Abb. 25** (S. 204/205) sind die wesentlichen Aspekte einer abgestuften laborchemischen Diagnostik zusammengefaßt.

Eine aussagekräftige Interpretation von Kalium-, Plasma-Renin-Aktivitäts-* und Aldosteronwerten* ist nur möglich, wenn der Patient **Diuretika** und sonstige **Medikamente (Tabelle 42),** die in den Regelkreis Renin-Angiotensin-Aldosteron eingreifen, mindestens 14 Tage vorher abgesetzt hat, was bei Hypertonikern vor allem hinsichtlich der Antihypertensiva nicht selten zu klinischen Pro-

---

* s. Praktische Hinweise

Tabelle 42
Pharmaka mit Beeinflussung der Aldosteron- und Reninsekretion

Internationaler Freiname	Handelsname (z. B.)	Stoffklasse
	ERHÖHUNG	
Bisacodyl	Dulcolax	Laxantium
Dihydralazin	Nepresol	Antihypertonikum
Furosemid	Lasix	Diuretikum
Gentamicin	Refobacin	Antibiotikum
Hydrochlorothiazid	Esidrix	Diuretikum
Lithium	Hypnorex	Antidepressivum
Minoxidil	Lonolox	Antihypertonikum
Spironolacton	Aldactone	Aldosteron-Antagonist
Östrogene	–	–
Kalium-Präparate	–	–
	ERNIEDRIGUNG	
Carbenoxolon	Biogastrone	Antazidum
Clonidin	Catapresan	Antihypertonikum
Guanethidin	Ismelin	Antihypertonikum
Heparin	Liquemin	Antikoagulans
α-Methyldopa	Presinol	Antihypertonikum
Metyrapon	Metopiron	Steroid-Biosynthesehemmer
Propanolol	Dociton	β-Rezeptorenblocker
Reserpin	Serpasil	Antihypertonikum
Corticoide	–	–
Lakritze	–	–

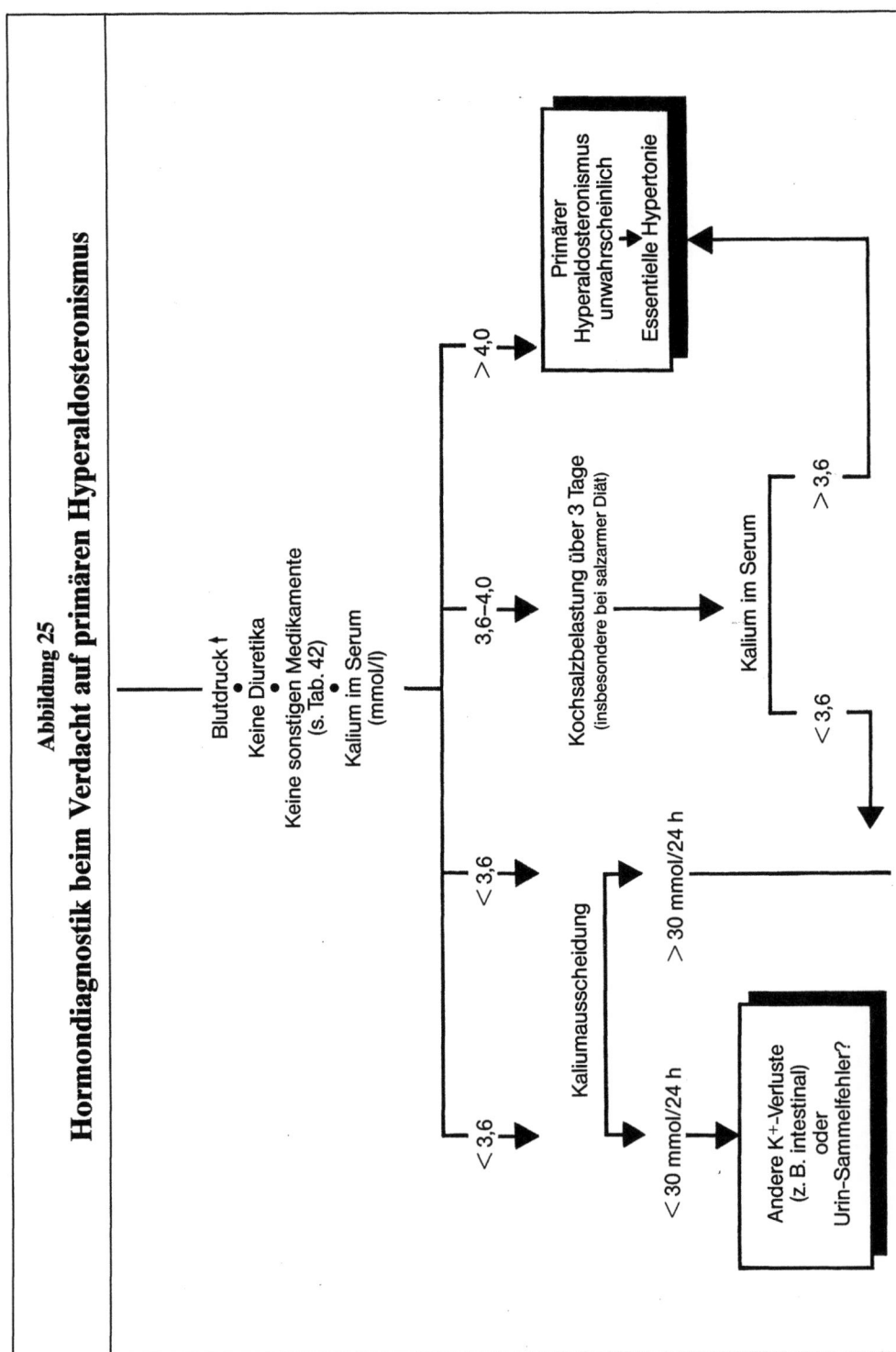

Abbildung 25
Hormondiagnostik beim Verdacht auf primären Hyperaldosteronismus

Nebennierenrinde – Spezielle Endokrinologie

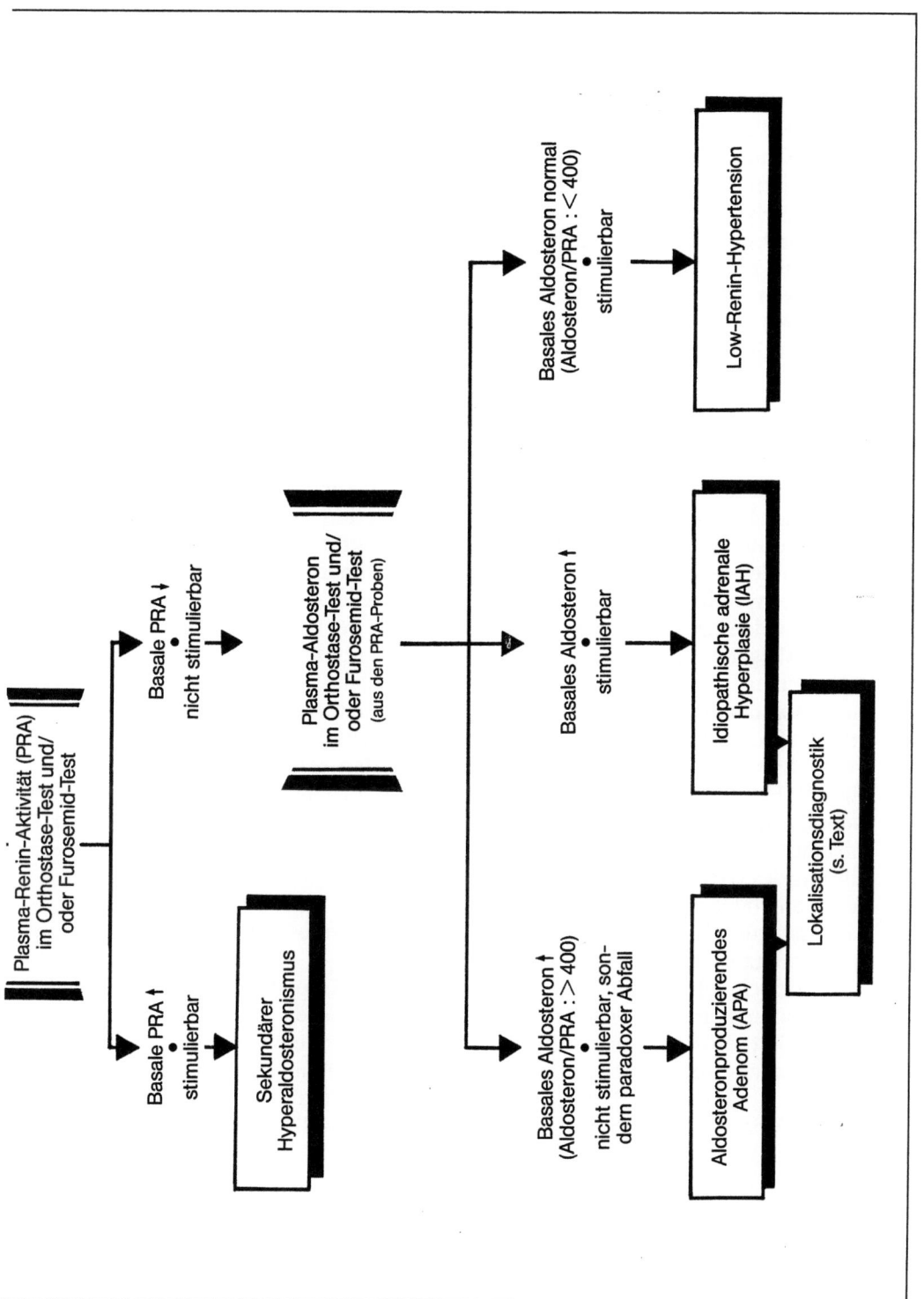

blemen führt. Auch sollte der Patient möglichst **nicht** unter einer **salzarmen Diät** stehen. Nur wenn die genannten Voraussetzungen erfüllt sind, sprechen ständig **erniedrigte Kaliumspiegel** im Serum bei gleichzeitig **erhöhter Kaliumausscheidung** für einen Hyperaldosteronismus. Neben der Hyperkaliurie findet man in solchen Fällen meist eine erniedrigte Natriumausscheidung, so daß der Natrium/Kalium-Quotient im Urin nahe 1 oder darunter liegt. Liegen relativ niedrige Kaliumwerte im Serum vor (3,6–4,0 mmol/l), was in seltenen Fällen auch für den primären Hyperaldosteronismus gelten kann, so weist bei diesen Patienten eine durch Kochsalzbelastung induzierbare Hypokaliämie auf einen Hyperaldosteronismus hin **(Abb. 25)**.

Erst wenn die **Kaliumwerte** gesichert pathologisch sind bzw. eine Hypokaliämie durch Salzbelastung leicht induzierbar ist, hat die Bestimmung der **Plasma-Renin-Aktivität (PRA)*** und des **Aldosterons*** ihre Indikation, wobei die Stimulierbarkeit beider Meßgrößen im **Orthostase-*** und/oder **Furosemid-Test*** diagnostisch immer mit beurteilt werden sollte. Folgt man der **Stufendiagnostik** in **Abb. 25,** so kann man sogar mit der Bestimmung des Aldosterons so lange warten, bis die PRA-Werte vorliegen. Sind diese nämlich erhöht und deutlich stimulierbar, so spricht dies eindeutig für einen **sekundären** Hyperaldosteronismus (s.u.). Erst bei erniedrigten basalen PRA-Werten und fehlender Stimulation helfen die aus den gleichen Proben dann nachzubestimmenden Aldosteronwerte, zwischen den beiden häufigsten Ursachen des primären Hyperaldosteronismus (aldosteronproduzierendes Adenom; idiopathische adrenale Hyperplasie) zu unterscheiden bzw. von diesen gegebenenfalls die bei etwa 25 % aller Hypertonikern vorliegende Low-Renin-Hypertension abzugrenzen **(Abb. 25)**.

Die einmalige basale Bestimmung der PRA und des Aldosterons im Plasma ist unter **ambulanten** Bedingungen immer problematisch, vor allem wegen der orthostatischen Stimulation sowohl der Aldosteronsekretion als auch der PRA, wodurch es kurzfristig zu deutlich erhöhten Werten kommen kann, die klinisch ohne Relevanz sind. Die alleinige Bestimmung der basalen Blutspiegel ist deshalb abzulehnen, d.h., es sollte zumindest immer auch deren Stimulierbarkeit mit beurteilt werden. Wenn jedoch die ambulante Situation eine korrekte Durchführung des Orthostase-* und/oder Furosemid-Tests* nicht erlaubt, so daß lediglich mehr oder weniger „stimulierte" Plasmawerte beurteilt werden müssen, dann ist zum **Ausschluß** eines Hyperaldosteronismus die Bestimmung der **Aldosteronausscheidung*** die geeignetere Methode.

Schließlich sei erwähnt, daß bei Patienten mit Hypertonie, Hypokaliämie, Hyperkaliurie und supprimierter PRA wider Erwarten auch das **Aldosteron supprimiert** sein kann. In diesen Fällen mag vor allem ein veränderter Aldosteronstoffwechsel durch eine Leber- oder Nierenerkrankung, ein intermittierender Diuretikaabusus oder aber exogen induzierte Mineralocorticoideffekte, z.B. durch Carbenoxolon oder andere Pharmaka **(Tabelle 42),** vorliegen.

---

* s. Praktische Hinweise

Welche diagnostischen Maßnahmen gehören neben den laborchemischen Untersuchungen zur Abklärung eines primären Hyperaldosteronismus?

Folgende **bildgebende Verfahren** und die **seitengetrennte adrenale Venenkatheterisierung** haben ihre abgestufte Indikation erst, wenn der primäre Hyperaldosteronismus bereits laborchemisch gesichert ist:

Computertomographie (CT). Ein CT der Nebennieren ist die erste Maßnahme bei gesichertem primären Hyperaldosteronismus. Findet sich ein **unilateraler** Tumor von mehr als 1 cm Durchmesser, so darf die Diagnostik im Sinne eines aldosteronproduzierenden Adenoms (APA) als abgeschlossen gelten. Ein kleinerer unilateraler Tumor verlangt dagegen weitere diagnostische Maßnahmen (s. u.), wenn der Orthostase-Test stimulierbare Aldosteronwerte zeigt und deshalb eher an eine idiopathische adrenale Hyperplasie (IAH) gedacht werden muß. Ist das CT beider Nebennieren unauffällig und seitengleich oder aber auch **bilateral** tumorös verändert, so darf bei stimulierbaren Aldosteronwerten im Orthostase-Test eine IAH, gegebenenfalls auch nodulärer Art, als gesichert gelten. Bei abfallenden Aldosteronwerten dagegen müssen weitere diagnostische Maßnahmen durchgeführt werden.

Kernspintomographie (NMR). Sie wird bei unklaren CT-Befunden immer öfter mit Erfolg herangezogen.

Szintigraphie. Sie ist nur noch indiziert, wenn CT und NMR keine eindeutige Aussage erlauben oder wenn die Befunde nicht zum Ergebnis des Orthostase-Tests passen. Der Vorteil der Szintigraphie gegenüber CT und NMR besteht in der Möglichkeit, Funktion und anatomische Besonderheiten der NNR miteinander zu korrelieren.

Seitengetrennte Venenkatheterisierung. Auch dieses Verfahren ist nur in Zweifelsfällen indiziert, wenn CT, NMR und Szintigraphie keine eindeutige Aussage erlauben. Neben Aldosteron ist auch Cortisol zu bestimmen, um die erfolgreiche Katheterisierung insbesondere der schwierig zu findenden rechten Nebennierenvene zu dokumentieren. Während normalerweise die **Aldosteronkonzentration** in den Nebennierenvenen zwischen **100 und 450 ng/l** liegt, werden bei unilateralen **Adenomen** mittlere Konzentrationen von **5000 ng/l** gefunden. Die Absolutwerte sind aber weniger aufschlußreich als das Konzentrationsverhältnis zwischen beiden Venen, da eine **Seitendifferenz** um mehr als das **Zehnfache** für ein unilaterales Adenom nahezu beweisend ist. Bei der IAH dagegen findet man in beiden Nebennierenvenen meist deutlich erhöhte Werte (im Mittel 2500 ng/l).

Wie wird ein primärer Hyperaldosteronismus therapiert?

Beim **solitären Adenom** ist die unilaterale Adrenalektomie Therapie der Wahl. Ihr therapeutischer Erfolg hinsichtlich der postoperativen Normalisierung des

Blutdrucks kann präoperativ durch die probatorische Einnahme von **Spironolacton** (200–400 mg/die) abgeschätzt werden. Je deutlicher nämlich der Blutdruck unter Spironolacton abfällt, um so mehr fällt der Blutdruck auch postoperativ ab.

Sprechen nur die Laborbefunde für ein Adenom, was bei den modernen bildgebenden Verfahren allerdings nur noch selten der Fall ist, so sollte eine chirurgische Exploration zum Auffinden des Adenoms vorgenommen werden.

Liegt beidseitig eine **mikro-** oder **makronoduläre Hyperplasie** vor, sind beide Nebennieren zu entfernen. Bei einer bilateralen **idiopathischen adrenalen Hyperplasie (IAH)** gilt Spironolacton als Mittel erster Wahl.

Welche Hormonbestimmungen sind als Therapiekontrolle notwendig?

Bei unilateraler **Adrenalektomie** muß vor allem der Cortisolspiegel regelmäßig kontrolliert werden. Eine gelegentliche Bestimmung des Aldosterons und der PRA ist ebenfalls sinnvoll. Außerdem sind der Blutdruck und die Elektrolyte regelmäßig zu kontrollieren.

Unter **Spironolactontherapie** dagegen ist eine hormonanalytische Beurteilung des Renin-Angiotensin-Aldosteron-Systems nicht möglich, so daß der Therapieerfolg an einer Normalisierung des Blutdrucks und des Kaliumhaushalts gemessen werden muß.

Sekundärer Hyperaldosteronismus

· *Definition* · *Häufigkeit* · *Ursachen* · *Ödemkrankheiten* · *Symptome* ·
· *Hypertonus* · *Hormondiagnostik* · *Therapie* ·

Wann spricht man vom sekundären Hyperaldosteronismus und wie häufig ist er?

Ein sekundärer Hyperaldosteronismus liegt vor, wenn es zu einer nicht autonomen, sondern **reaktiv gesteigerten Aldosteronsekretion** kommt. Sie kann durch zahlreiche Grundkrankheiten und verschiedene Medikamente verursacht werden, weshalb der sekundäre Hyperaldosteronismus **wesentlich häufiger** als der primäre ist.

Welche Grundkrankheiten und Medikamente führen gehäuft zum sekundären Hyperaldosteronismus?

Die wichtigsten Erkrankungen und Medikamente sind in **Tabelle 43** in Verbindung mit **Tabelle 42** zusammengefaßt.

Im Vordergrund stehen sog. **Ödemkrankheiten**, d. h. vor allem die **Herzinsuffizienz**, der **Aszites** und das **nephrotische Syndrom**. Hierbei kommt es primär zur

Tabelle 43
Klinische Leitsymptome und Ursachen des sekundären Hyperaldosteronismus

Leitsymptom	Ursache
● Keine Hypertonie – Wasserretention	– Herzinsuffizienz – Aszites – Nephrotisches Syndrom – Proteinmangel – Allergisches Ödem – Idiopathisches Ödem – Schwangerschaft
◐ Keine Hypertonie – keine Wasserretention	– Diuretika – Laxantienabusus – Andere Medikamente **(Tabelle 42)** – Bartter-Syndrom – Diabetes insipidus – Anorexia nervosa – Exsikkose – Salzverlust (z. B. 21-Hydroxylasemangel-AGS)
◐ Hypertonie – keine Wasserretention	– Renovaskuläre Hypertonie (z. B. Nierenarterienstenose) – Renoparenchymatöse Hypertonie – Maligne Hypertonie – Phäochromozytom – Reninproduzierender Nierentumor

● = Relativ häufig; ◐ = seltener
AGS = adrenogenitales Syndrom

extravasalen Wasserretention, damit zum latenten oder manifesten intravasalen Volumenmangel (Hypovolämie) und folglich zur Steigerung der Renin- und Aldosteronsekretion. Der gleiche Mechanismus liegt auch dem **schwangerschaftsbedingten** sekundären Hyperaldosteronismus zugrunde, bei dem der relativ hohe Östrogenspiegel zur vermehrten extravasalen Wasserretention führt.

Neben den Ödemkrankheiten kommen vor allem **Diuretika** und **Laxantien** als Ursache in Frage, wobei in diesen Fällen primär eine forcierte Wasserelimination zur Hypovolämie und damit kompensatorisch zur Stimulation des Renin-Aldosteron-Systems führt. Auch bei der **Exsikkose,** dem **Salzverlust,** der **Anorexia** nervosa und dem **Diabetes insipidus** ist eine durch Wasserverlust bedingte Hypovolämie der primäre Auslöser des sekundären Hyperaldosteronismus, während er beim **Bartter-Syndrom** primär auf einer vermutlich prostaglandinbedingten Weitstellung der Gefäße und einer daraus resultierenden Hypovolämie beruht.

Als weitere Ursachengruppe für eine gesteigerte Renin-Aldosteron-Sekretion gelten Zustände, die mit einer **verminderten Nierendurchblutung** einhergehen, besonders also renovaskuläre und renoparenchymatöse Erkrankungen.

Bei welchen klinischen Symptomen muß an einen sekundären Hyperaldosteronismus gedacht werden?

Bei allen Erkrankungen, die mit **Ödem-** oder **Aszitesbildung** einhergehen, besteht meist ein sekundärer Hyperaldosteronismus, ebenso bei einem Teil der Patienten mit **Bluthochdruck (Tabelle 43)**.

Fehlen jedoch Zeichen der Wasserretention und fehlt ein Hypertonus, so werden die Patienten möglicherweise erst durch klinische **Zeichen der Hypokaliämie,** d.h. durch Adynamie, intermittierende Lähmungen, Herzrhythmusstörungen und Parästhesien auffällig. Dies trifft besonders für Patienten zu, die Diuretika einnehmen oder bei denen ein Laxantienabusus besteht.

Welche Hormonbestimmungen sind für die Abklärung eines sekundären Hyperaldosteronismus wichtig?

Die Bestimmung der **PRA*** und des **Aldosterons*** kann herangezogen werden, sie ist aber nicht in allen Fällen absolut indiziert.

So wird man bei den in **Tabelle 43** aufgeführten Ödemkrankheiten, bei der Einnahme von Diuretika und bestimmten anderen Medikamenten (Tabelle 42), beim Laxantienabusus und schließlich auch bei Erkrankungen, die mit einem Wasserverlust einhergehen, einen sekundären Hyperaldosteronismus auch ohne Bestimmung der PRA und des Aldosterons annehmen dürfen, wenn eine Hypokaliämie und Hyperkaliurie wiederholt nachweisbar sind.

Eine primäre diagnostische Bedeutung haben die PRA und das Aldosteron nur, wenn eine **Hypertonie** bei gleichzeitig bestehender **Hypokaliämie** vorliegt. In diesen Fällen sollte immer ein primärer bzw. sekundärer Hyperaldosteronismus gemäß **Abb. 25** abgeklärt werden. Die Abbildung macht deutlich, daß hierbei die PRA-Bestimmung im Rahmen eines **Orthostase*-** und/oder **Furosemid-Tests*** den höchsten diagnostischen Stellenwert besitzt, da bei basal hohen und zusätzlich noch stimulierbaren PRA-Werten ein **sekundärer** Hyperaldosteronismus als gesichert gelten darf und es im weiteren nur noch diagnostisch darum gehen kann, die Ursache der Hypertonie herauszufinden. Hierbei muß vor allem an renovaskuläre (z.B. Nierenarterienstenose) oder renoparenchymatöse Erkrankungen gedacht werden. Sollte sich dies bestätigen, so ist aus prognostischen Gründen vor einer eventuellen Nephrektomie oder Beseitigung einer

---

* s. Praktische Hinweise

Nierenarterienstenose eine **seitengetrennte adrenale Venenkatheterisierung** zur Bestimmung der PRA und des Aldosterons anzustreben, denn je größer die Seitendifferenz der Werte ist, um so mehr kommt es postoperativ zur Blutdrucksenkung.

Wie **Abb. 25** weiterhin verdeutlicht und wie bereits bei der Abklärung des primären Hyperaldosteronismus erwähnt (s. o.), sprechen hohe PRA-Werte zwar immer für einen sekundären Hyperaldosteronismus, supprimierte dagegen nicht immer für einen primären. Vielmehr gibt es eine sog. **Low-Renin-Hypertension,** die immerhin etwa 25% aller essentiellen Hypertonien ausmacht. Als Ursache wird eine funktionelle Schwäche des Renin-Angiotensin-Systems bzw. alternativ eine erhöhte Sekretion laborchemisch nicht faßbarer Mineralocorticoide diskutiert.

In **Tabelle 44** sind wegen der großen Bedeutung, die der Bluthochdruck im klinischen Alltag spielt, noch einmal verschiedene Hypertonieformen unter dem Gesichtspunkt erhöhter bzw. erniedrigter PRA-Werte zusammengefaßt.

Wie wird ein sekundärer Hyperaldosteronismus therapiert?

Mit der erfolgreichen Behandlung der **Grundkrankheit** geht auch der sekundäre Hyperaldosteronismus zurück. Ist die Grundkrankheit nicht zu beherrschen, so helfen in erster Linie Aldosteronantagonisten (Spironolacton).

Tabelle 44
Plasma-Renin-Aktivität (PRA) bei Hypertonien unterschiedlicher Genese

PRA erhöht	– Essentielle Hypertonie unter Diuretika
	– Renovaskuläre Hypertonie
	– Renoparenchymatöse Hypertonie
	– Maligner Hypertonus
	– Reninproduzierender Nierentumor
PRA erniedrigt	– Essentielle Hypertonie
	– Primärer Hyperaldosteronismus
	– Cushing-Syndrom
	– Corticosteronproduzierender Tumor
	– 11-Desoxycorticosteronproduzierender Tumor
	– 11-Hydroxylasemangel (adrenogenitales Syndrom)
	– 17-Hydroxylasemangel (adrenogenitales Syndrom)

Adrenogenitales Syndrom (AGS)

· Definition · Häufigkeit · 21-Hydroxylasemangel ·
· 11-Hydroxylasemangel · 3β-Hydroxysteroiddehydrogenasemangel · Symptome ·
· Late-onset-AGS · Hormondiagnostik · Heterozygoten-Test ·
· Pränatale Diagnostik · Therapie · Therapiekontrolle ·

Wann spricht man von einem angeborenen, wann von einem erworbenen AGS und wie häufig sind beide Formen?

Beim **angeborenen** AGS liegt ein unterschiedlich stark ausgeprägter Enzymdefekt der Steroidbiosynthese vor, der in der NNR vor allem zu einer gestörten Cortisolsekretion führt. Der autosomal rezessiv vererbbare Defekt kann, wie **Abb. 26** zeigt, verschiedene Enzyme betreffen. Auch das sog. „cryptic"- und das Late-onset-AGS, das erst im Erwachsenenalter klinisch auffällig wird, gehören zum Formenkreis des angeborenen AGS und sollten nicht als „erworben" bezeichnet werden. Von einem **erworbenen** AGS spricht man nur, wenn es aufgrund eines androgenproduzierenden NNR-Tumors (Adenom, Karzinom) zur Virilisierung kommt.

Das **angeborene** AGS ist die **häufigste** NNR-Erkrankung des Kindes. Seine Inzidenz wird auf 1:5000 geschätzt. Darüber hinaus ist ungefähr jeder 35. Bundesbürger ein heterozygoter, klinisch unauffälliger Merkmalsträger. Sind beide Eltern heterozygot belastet, wird das Kind mit 25%iger Wahrscheinlichkeit an einem AGS leiden. Das **erworbene** AGS ist **sehr selten.**

Welches sind die häufigsten Enzymdefekte beim angeborenen AGS?

In **Tabelle 45** ist der Formenkreis des angeborenen AGS nach den verschiedenen Enzymdefekten aufgeschlüsselt.

In über 90% aller Fälle liegt ein **21-Hydroxylasemangel** vor. Daneben handelt es sich vorwiegend nur noch um einen 11-Hydroxylase- oder, noch seltener, um einen 3β-Hydroxysteroiddehydrogenasemangel. Die anderen, extrem seltenen Enzymdefekte gehören zwar ebenfalls zum Formenkreis des AGS, bei ihnen fehlt jedoch die das klinische Bild wesentlich mitbestimmende Virilisierung.

Bei welchen klinischen Symptomen muß an ein angeborenes AGS gedacht werden?

In **Tabelle 45** ist die Klinik der einzelnen AGS-Formen zusammengefaßt. Sie wird pathophysiologisch bestimmt durch die Art und das Ausmaß des Enzymdefektes. So kommt es bei den drei häufigsten Formen aufgrund der mangelnden Cortisolbiosynthese zum ACTH-Exzeß und damit zur beidseitigen NNR-Hyperplasie (sog. kongenitale adrenale Hyperplasie). Sie kann als frustraner Versuch gedeutet werden, den Enzymdefekt zu kompensieren. Dies führt jedoch vor dem

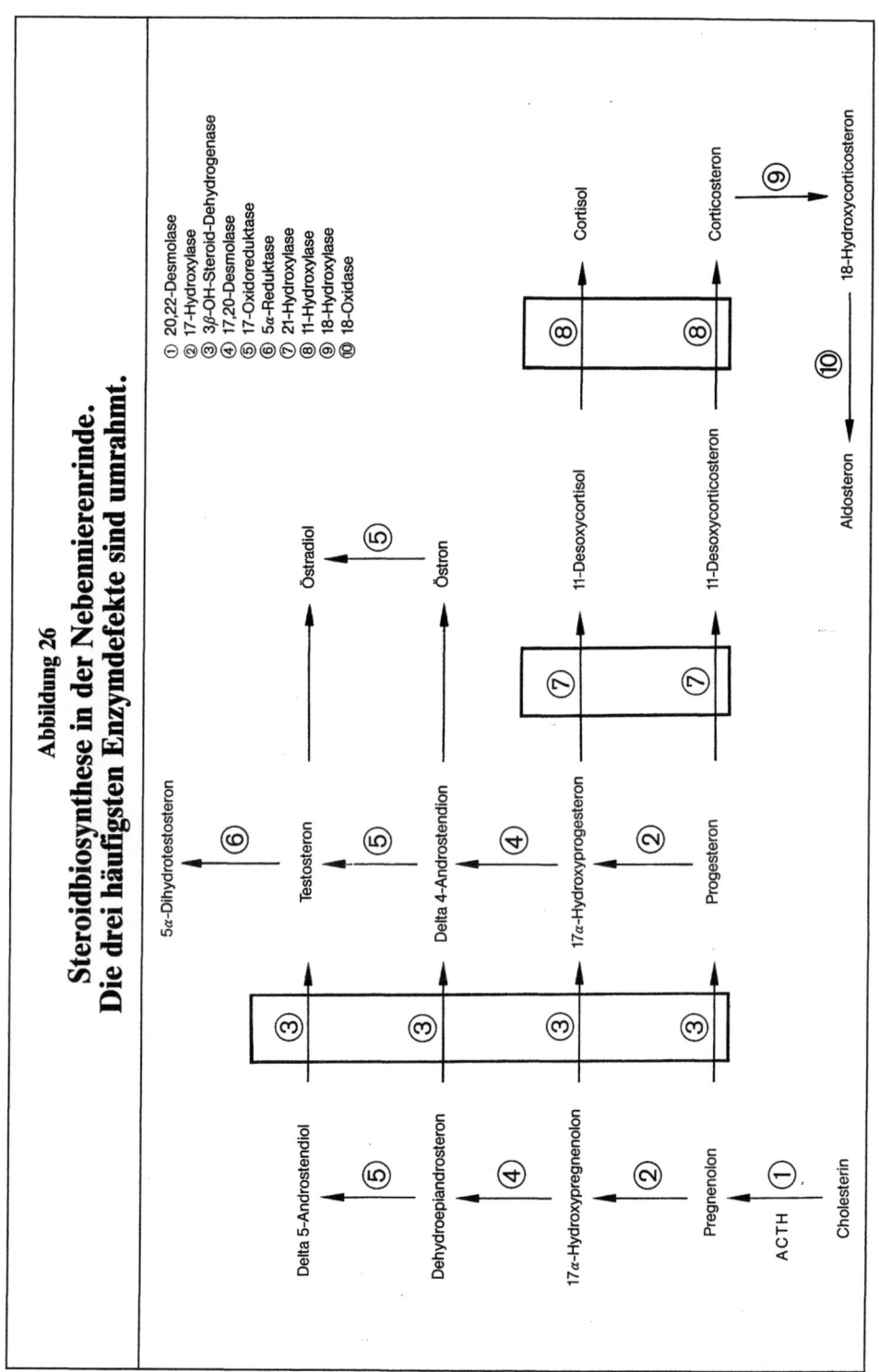

Abbildung 26
Steroidbiosynthese in der Nebennierenrinde.
Die drei häufigsten Enzymdefekte sind umrahmt.

Tabelle 45
Formenkreis des angeborenen adrenogenitalen Syndroms (AGS)

Enzymdefekt	Klinik	Hormone

● 21-Hydroxylasemangel	Salzverlustsyndrom: möglich
	Hypotonie: möglich
	Addison-Krise
	Virilisierung bei ♀ und ♂
	   – Klitorishypertrophie
	   – Penishypertrophie
	   – Sinus urogenitalis
	Pseudopubertas praecox
	   – Heterosexuell bei ♀
	   – Isosexuell bei ♂
	Prämature Pubarche
	Beschleunigtes Wachstum
	Akzeleration des Knochenalters
	Minderwuchs
	Hirsutismus (Late-onset-AGS)
	Amenorrhoe (Late-onset-AGS)
		↑ – 17-OHP
		   – Pregnantriol
		   – Testosteron
		   – PRA
		   – ACTH
		↓ – Cortisol*
		   – Aldosteron*
		   – 11-Desoxycorticosteron

○ 11-Hydroxylasemangel	Salzverlustsyndrom: nein
	Hypertonie: ja
	Virilisierung bei ♀ und ♂
	   – Klitorishypertrophie
	   – Penishypertrophie
	   – Sinus urogenitalis
	Pseudopubertas praecox
	   – Heterosexuell bei ♀
	   – Isosexuell bei ♂
		↑ – 11-Desoxycortisol
		   – 11-Desoxycorticosteron
		   – Testosteron
		   – Pregnantriol
		   – ACTH
		↓ – Cortisol*
		   – Aldosteron*
		   – PRA

Nebennierenrinde – Spezielle Endokrinologie 215

Enzymdefekt	Klinik	Veränderung	Parameter
● 3β-Hydroxysteroid-dehydrogenasemangel	Salzverlustsyndrom: ja Hypotonie: ja Addison-Krise Genitale – Leicht virilisiert bei ♀ (Klitorishypertrophie) – Mangelhaft virilisiert bei ♂	↑ ↓	– Dehydroepiandrosteron – PRA – ACTH – Testosteron, Östrogene – Cortisol, Aldosteron – 11-Desoxycorticosteron
○ 17-Hydroxylasemangel	Salzverlustsyndrom: nein Hypertonie: ja Hypogonadismus – Primäre Amenorrhoe – Fehlende Pubertät (♀ und ♂) Weiblicher Phänotypus Starke Hautpigmentierung	↑ ↓	– 11-Desoxycorticosteron – Corticosteron – ACTH – LH/FSH – Cortisol – Androgene – Östrogene – PRA
○ 17, 20-Desmolasemangel	Salzverlustsyndrom: nein Keine NNR-Insuffizienz Hypogonadismus – Primäre Amenorrhoe – Fehlende Pubertät (♀ und ♂) Zwittriges Genitale bei ♂	↑ ↓	– 17-OHP – Pregnantriol – LH/FSH – Androgene – Östrogene
○ 20, 22-Desmolasemangel	Frühe, letale Addison-Krise Kongenitale Lipoid-Hyperplasie Ausfall aller NNR-Steroide Weibliche Genitalisierung	↑ ↓	– ACTH – LH/FSH – Androgene, Östrogene – Cortisol, Aldosteron

● = Sehr häufig; ◐ = selten; ○ = extrem selten; PRA = Plasma-Renin-Aktivität; 17-OHP = 17α-Hydroxyprogesteron; AGS = adrenogenitales Syndrom

Enzymdefekt zum **Substratstau** und damit zur überproportionalen Ausnutzung alternativer Stoffwechselwege **(Überlauf)**, was vor allem eine inadäquate **Mehrbildung von Androgenen** bedeutet. Darüber hinaus kommt es in schweren Fällen nicht nur zum Cortisol-, sondern auch zum Mineralocorticoidmangel und damit zum **Salzverlust,** der dann die Klinik des AGS lebensbedrohend verschlechtert. In Ergänzung zu **Tabelle 45** lassen sich die drei häufigsten Enzymdefekte wie folgt beschreiben:

21-Hydroxylasemangel. Beim **schweren** 21-Hydroxylasemangel liegt bereits intrauterin eine vermehrte Androgenbildung vor, so daß **Mädchen** schon bei Geburt eine **Virilisierung** bis hin zur **Maskulinisierung** ihres Genitale zeigen. Es sind jedoch nie Hoden, sondern immer Vagina, Uterus, Tuben und Ovarien angelegt. **Knaben** dagegen sind bei der Geburt klinisch oft unauffällig oder fallen lediglich durch eine **Penishypertrophie** und/oder durch ein **pigmentiertes Skrotum** auf. Die übrige postnatale Symptomatik setzt in schweren Fällen bei beiden Geschlechtern in der Regel zwischen der 3. und 5. Lebenswoche ein. Sie wird diktiert durch den Mineralocorticoidmangel mit seinem lebensbedrohenden **Salzverlustsyndrom.** Es ist **klinisch** gekennzeichnet durch Exsikkose (eingesunkene Fontanelle, halonierte Augen), Erbrechen, Anorexie, Lethargie und hypotone Blutdruckkrisen, **laborchemisch** durch eine Hyponatriämie, Hyperkaliämie und Azidose. Durch geringe äußere Anlässe (z. B. Infekt) kann es zur krisenhaften Verschlechterung mit Gewichtssturz, schwerer Dehydratation und hypovolämischem Schock (Addison-Krise) kommen.

In etwa 50% der Fälle tritt der 21-Hydroxylasemangel in **milder** Form auf, so daß naturgemäß auch die Symptomatik weniger ausgeprägt ist, ganz fehlt **(cryptic AGS)** oder sich unter Umständen erst sehr spät manifestiert **(Late-onset-AGS).** Da der Minimalbedarf an Gluco- und Mineralocorticoiden durch die hyperplastische NNR gedeckt wird, fehlt vor allem das Salzverlustsyndrom. Bei Knaben bleibt deshalb ein milder 21-Hydroxylasemangel oft zeitlebens unerkannt. Ansonsten kann es bei Jungen zur isosexuellen, bei Mädchen zur heterosexuellen **Pseudopubertas praecox** mit prämaturer Pubarche, prämaturem Wachstumsschub, akzeleriertem Knochenalter und vorzeitigem Epiphysenfugenschluß kommen. Der Enzymmangel kann bei Frauen aber nicht selten auch nur durch eine **Amenorrhoe** und andere **Regelanomalien** sowie durch einen **Hirsutismus** klinisch apparent werden, weshalb vor allem in der Sterilitätssprechstunde bei entsprechender Symptomatik diese milde, meist als **Late-onset-AGS** bezeichnete Form des 21-Hydroxylasemangels immer in die Differentialdiagnose mit einbezogen werden muß.

11-Hydroxylasemangel. Beim **schweren** 11-Hydroxylasemangel kommt es zur vermehrten Androgenbildung und zu einem Substratstau von Desoxycortisol und Desoxycorticosteron. Letzteres ist nach Aldosteron das wirksamste Mineralocorticoid, so daß es nicht wie beim schweren 21-Hydroxylasemangel zum Salzverlustsyndrom, sondern zur inadäquaten Natrium- und Wasserretention sowie zur Hypokaliämie kommt. Deshalb ist die Klinik dieser AGS-Form nicht nur durch die Auswirkungen des **Androgenexzesses** (Genitalveränderungen, Pseudopubertas praecox) sondern auch durch einen **Bluthochdruck** gekennzeichnet, **mil-**

dere Formen bei der Frau neben einer Hypertonie durch Hirsutismus und Regelanomalien.

3β-Hydroxysteroiddehydrogenasemangel. Beim **schweren** 3β-Hydroxysteroiddehydrogenasemangel kommt es zum Cortisol-, Aldosteron-, Testosteron- und Östrogenmangel. Angestaut wird vor allem das schwach androgenwirksame Dehydroepiandrosteron (DHEA). Neben den klinischen Zeichen des Mineralo- und Glucocorticoidmangels **(Salzverlustsyndrom, Addison-Krise)** kommt es deshalb bei **Mädchen** zur leichten **Virilisierung** des Genitale (Klitorishypertrophie). Bei **Knaben** dagegen reicht die androgene Wirksamkeit des DHEA für eine männliche Genitalentwicklung nicht aus. Das Genitale bleibt **ambivalent.** Auch dieses AGS kann in **milder** Form vorkommen und dann bei Frauen lediglich zum Hirsutismus und zu Regelanomalien führen.

Welche Hormonbestimmungen sind für die Abklärung eines AGS wichtig?

Verdachtsmomente für ein **schweres angeborenes** AGS liefern meist **Anamnese, Klinik** und/oder die sorgfältige **körperliche Untersuchung** des Patienten, bei Mädchen komplettiert durch ein **Urogramm** und eine **Genitographie.** Mit den sich anschließend gezielt durchzuführenden Hormonbestimmungen läßt sich dann der jeweilige Substratstau und damit der zugrunde liegende Enzymdefekt relativ sicher belegen. Folgende Hormonbestimmungen bieten sich an:

Bei dem ganz überwiegend abzuklärenden **21-Hydroxylasemangel** ist das **17α-Hydroxyprogesteron***, ab dem 3. Lebensmonat sinnvollerweise zusätzlich die **Pregnantriolausscheidung*** zu bestimmen. Deutlich erhöhte Werte sind in jedem Alter für einen 21-Hydroxylasemangel beweisend. Ein zusätzlich bestehendes Salzverlustsyndrom wird bestätigt durch massiv erhöhte **PRA***-Werte.

Besteht klinisch der Verdacht eines **11-Hydroxylasemangels** (z. B. Virilisierung plus Hochdruck), so ist neben der Bestimmung des **17α-Hydroxyprogesterons*** die Kontrolle des **11-Desoxycortisols*** und **11-Desoxycorticosterons*** indiziert. Erhöhte Werte sind wiederum beweisend. Eine sinnvolle Ergänzung stellt die **PRA-Bestimmung*** dar, da erniedrigte bzw. supprimierte Werte die Diagnose untermauern.

Beim Verdacht eines **3β-Hydroxysteroiddehydrogenasemangels** muß **DHEA-S*** bestimmt werden, das in schweren Fällen immer erhöht ist. Auch hier bestätigen massiv erhöhte **PRA***-Werte ein gleichzeitig bestehendes Salzverlustsyndrom.

In Fällen mit **unklarer Symptomatik,** in **anbehandelten Fällen** oder auch beim Verdacht eines **Late-onset-AGS** sind die Ergebnisse der genannten Hormonbestimmungen oft nicht eindeutig, so daß dann die Durchführung eines **ACTH-Tests*** notwendig wird. Mit ihm überprüft man in diesen Fällen aber nicht die

---

* s. Praktische Hinweise

Stimulierbarkeit des Cortisols, sondern die vor dem Enzymdefekt liegenden Präkursoren, d. h. beim 21-Hydroxylasemangel 17α-Hydroxyprogesteron*, beim 11-Hydroxylasemangel 11-Desoxycortisol/11-Desoxycorticosteron* und beim 3β-Hydroxysteroiddehydrogenasemangel DHEA-S*.

Besteht der Verdacht eines **erworbenen** AGS, so kann diese sehr seltene Form durch hohe Testosteron- und/oder DHEA-S-Spiegel sowie durch unauffällige 17α-Hydroxyprogesteron- und Pregnantriolwerte vom angeborenen AGS meist eindeutig abgegrenzt werden.

Wie kann man klinisch unauffällige Konduktoren laborchemisch erkennen?

Wie schon erwähnt, ist fast jeder **35. Mensch** in der Bundesrepublik ein heterozygoter, klinisch unauffälliger **Merkmalsträger,** der die AGS-Veranlagung auf seine Kinder übertragen kann. Diese männlichen und weiblichen Konduktoren mit einem relativ einfachen Test zu erkennen, stellt deshalb eine permanente Herausforderung für den Diagnostiker dar. Die folgenden zwei Tests haben sich inzwischen als besonders aussagekräftig, wenn auch noch nicht als ideal, herauskristallisiert:

Zum einen handelt es sich um den bereits erwähnten **ACTH-Test***, der unter dieser Fragestellung als **Heterozygoten-Test** bezeichnet wird. Er kann nämlich nicht nur klinisch relativ milde homozygote Fälle, wie z. B. das Late-onset-AGS, erkennen (s. o.), sondern zu ca. 80% auch zwischen heterozygoten und genetisch unbelasteten Personen diskriminieren. Deshalb erscheint es sinnvoll, bei verdächtiger Familienanamnese möglichst alle Mitglieder diesbezüglich zu untersuchen, zumindest aber diejenigen, die Nachwuchs planen. Als Screeningtest für alle Eltern mit Kinderwunsch erscheint der Test jedoch ungeeignet, da er hierfür diagnostisch nicht ausreichend spezifisch und sensitiv ist.

Als Alternative zum Heterozygoten-Test wird zunehmend die **HLA-Typisierung** genutzt, da auf dem Chromosom 6 das Gen für die 21-Hydroxylase eng assoziiert ist mit dem des jeweiligen HLA-Typs. Ein Nachteil dieser Methode ist allerdings, daß für die Erkennung heterozygoter Merkmalsträger und auch homozygoter Schwachformen (z. B. Late-onset-AGS) in der zu untersuchenden Familie bei einem gesicherten AGS-Fall (sog. Indexfall) bereits der HLA-Typ bekannt sein muß.

Welche pränatale AGS-Diagnostik gibt es?

Besteht eine familiäre AGS-Belastung, so empfiehlt es sich, möglichst früh nach Beginn der Schwangerschaft **17α-Hydroxyprogesteron** im **Fruchtwasser** zu messen. Deutlich erhöhte Werte (> 1,0 µg/l) sprechen für ein homozygotes AGS und verlangen bei weiblichen Feten sofortige therapeutische Konsequenzen (s. u.).

---

* s. Praktische Hinweise

Eine **HLA-Typisierung** aus Amnionzellen des Fruchtwassers bzw. aus einer bioptisch gewonnenen Amnionzotte sollte ebenfalls vorgenommen werden, falls in der Familie bereits ein Indexfall bekannt ist.

Wie wird ein angeborenes AGS therapiert?

Grundsätzliches Behandlungsziel ist es, der Addison-Krise, der Virilisierung bzw. dem Androgenexzeß sowie dem Minderwuchs zu begegnen. Deshalb müssen alle angeborenen AGS-Fälle mit **Cortisol** substituiert werden, bei bestehendem Salzverlustsyndrom zusätzlich mit einem **Mineralocorticoid**. Erfolgt die Substitution rechtzeitig und wird sie auf Dauer fortgesetzt, so kann ein AGS zeitlebens relativ gut beherrscht werden. Je später dagegen der Behandlungsbeginn ist, um so weniger Möglichkeiten bestehen, die körperlichen Entwicklungsstörungen medikamentös zu korrigieren. Im einzelnen sind folgende therapeutischen Grundsätze zu beachten:

Wenn schon **pränatal** bei **weiblichen** Feten ein AGS diagnostiziert wurde, so muß zur Vermeidung von Genitalfehlbildungen sofort mit einer **Glucocorticoidmedikation der Mutter** (z.B. 1–2 mg Dexamethason/die) begonnen werden. Hierdurch kommt es zur Suppression der überhöhten embryonalen Androgenproduktion, so daß eine Virilisierung des weiblichen Genitale aufgehalten oder zumindest abgeschwächt wird.

Nach der Geburt bis hin zur **Pubertät** ist dann das **kurzwirkende Hydrocortison** zu verabreichen. Die optimale Dosierung muß individuell herausgefunden werden. Sie liegt erfahrungsgemäß zwischen 20–25 mg/m^{2}KO/die und sollte angepaßt an die endogene zirkadiane Cortisolsekretion gegeben werden, d.h. die größte Teilmenge morgens so früh wie möglich, eine mittlere mittags und die kleinste abends so spät wie möglich. Unter- wie Überdosierungen müssen unbedingt vermieden werden. Vor allem wegen der Gefahr einer Überdosierung, die zur Somatomedinsuppression und damit zur Retardierung des Längenwachstums und der Knochenreifung führt, wird vor der Pubertät das kurzwirkende Hydrocortison verabreicht. Nach der Pubertät dagegen haben sich längerwirkende Glucocorticoide (z.B. Dexamethason) bewährt.

Dem Salzverlustsyndrom begegnet man, ebenfalls individuell angepaßt, mit einer ausreichenden täglichen **Kochsalzzufuhr** (z.B. 1–5 g) sowie mit der Gabe eines **Mineralocorticoids**, z.B. Fludrocortison (0,1 mg/m^{2}KO/die) in zwei bis drei Einzeldosen. Da die glucocorticoide Wirkung des Fludrocortisons nur $^1/_{16}$ des Cortisols ausmacht, besteht keine Gefahr einer Wachstumshemmung.

Werden AGS-Kinder erst **spät** entdeckt, droht aufgrund des bereits bestehenden akzelerierten Knochenalters ein Minderwuchs. Deshalb sollte in allen Fällen, in denen das Knochenalter dem Längenalter um mehr als ein Jahr voraus ist, neben der genannten Corticoidsubstitution bis zur Pubertät zusätzlich **Cyproteronacetat** (150 mg/m^{2}KO/die in zwei Einzeldosen) zur Minderung der ossären Androgenwirkung verabreicht werden.

Schließlich sollten AGS-Patienten mit ausgeprägtem Enzymdefekt, die lebenslang unter sorgfältiger Substitution stehen müssen, einen **Cortisolausweis** bei sich tragen, damit ihnen in Ausnahmesituationen (z.B. Unfall, Operation, Infektion) schnell eine bis zu fünffach höhere Glucocorticoiddosis verabreicht wird, um eine drohende Addison-Krise abzuwehren.

Zeitlebens substitutionsbedürftig sind auch **Frauen,** bei denen **Androgenisierungserscheinungen** (z.B. Hirsutismus, Akne, Alopezie) auf ein Late-onset-AGS zurückzuführen sind. Nicht ganz selten können sogar Regelanomalien einziger Ausdruck eines AGS-bedingten, sehr diskreten Androgenexzesses sein. Auch in diesen Fällen sind Glucocorticoide zu verabreichen.

Wann und wie werden bei Mädchen die Genitalveränderungen korrigiert?

Eine **vergrößerte Klitoris** sollte möglichst unter Erhaltung der Glans **vor** dem **zweiten Geburtstag** operativ verkürzt oder versenkt werden. Eine Klitorektomie ist obsolet. Ein **Sinus urogenitalis** sollte **nach** der **Pubertät** eröffnet und eine Scheidenplastik angelegt werden. Eine adäquate Östrogensubstitution verhindert Schrumpfungstendenzen. Zur Verbesserung des freien Urinabflusses und damit zur Vermeidung rezidivierender, aufsteigender Harnwegsinfektionen sind jedoch operative Korrekturen oft schon vor der Pubertät nötig.

Welche Hormonbestimmungen sind als Therapiekontrolle notwendig?

Die regelmäßig und unter standardisierten Bedingungen durchzuführende Bestimmung des **17α-Hydroxyprogesterons*** im Serum (und zunehmend auch im Speichel) hat sich als Therapiekontrolle sehr bewährt. Auch die **Pregnantriolbestimmung*** kann herangezogen werden, wobei ihr Nachteil im umständlichen Sammeln des 24-Stunden-Urins liegt, ihr Vorteil aber darin besteht, daß zirkadiane und spontane Schwankungen des 17α-Hydroxyprogesterons nicht zum Tragen kommen.

Beim Salzverlustsyndrom muß außerdem der Elektrolythaushalt ständig kontrolliert werden. Hierzu eignet sich neben der Natrium- und Kaliumbestimmung vor allem die Messung der **Plasma-Renin-Aktivität (PRA)***. Ist diese bei unauffälligen Elektrolytwerten erhöht, muß ein okkultes Salzverlustsyndrom angenommen und die Mineralocorticoidsubstitution entsprechend angepaßt werden.

---

* s. Praktische Hinweise

Primäre NNR-Insuffizienz (Morbus Addison)

· Definition · Häufigkeit · Ursachen · Symptome · Differentialdiagnose ·
· Hormondiagnostik · Sonstige Diagnostik · Therapie · Therapiekontrolle ·

Wann spricht man vom Morbus Addison und wie häufig ist er?

Ein Morbus Addison liegt vor, wenn es aufgrund einer primären **Destruktion** von NNR-Gewebe zum Cortisol- **und** Aldosteronmangel kommt. Der Morbus Addison ist gegenüber den sekundären NNR-Insuffizienzen abzugrenzen **(Tabelle 39)**, bei denen es entweder durch einen primären ACTH-Mangel im Rahmen einer HVL-Insuffizienz oder aber iatrogen durch eine Corticoid-Langzeittherapie (iatrogenes Cushing-Syndrom) zur Atrophie der NNR gekommen ist. Abzugrenzen ist der Morbus Addison schließlich auch vom AGS (s.o.), bei dem Enzymdefekte der Steroidbiosynthese zum Cortisol- und Aldosteronmangel führen.

Der Morbus Addison ist mit einer Inzidenz von ca. 1:20000 **selten,** jedoch häufiger als die sekundäre Form auf dem Boden eines primären ACTH-Mangels. Bei weitem am häufigsten ist aber die iatrogen induzierte und nach abruptem Absetzen der Corticoidmedikation klinisch manifest werdende NNR-Insuffizienz.

Welche Ursachen können dem Morbus Addison zugrunde liegen?

Die **„idiopathisch"-zytotoxische Form (Autoimmunadrenalitis)** stellt mehr als 75% aller Fälle (Tabelle 39), wobei vor allem im Kindesalter häufig noch andere endokrine und nicht endokrine Organe (Nebenschilddrüse, Schilddrüse, Pankreas, Gonaden, Nervengewebe) mit betroffen sind (sog. Autoimmunpolyendokrinopathie). Zweithäufigste Ursache sind **Mykosen,** während die **Tuberkulose** an Bedeutung verloren hat.

Über die Ursachen der **akuten,** lebensbedrohlichen NNR-Insuffizienz (Addison-Krise) wird an anderer Stelle berichtet (S. 226f.).

Bei welchen klinischen Symptomen muß an einen Morbus Addison gedacht werden?

Die häufigsten klinischen Zeichen und objektiven Befunde sind in **Tabelle 46** zusammengefaßt. Sie sind letztlich Folge des Cortisol- und Aldosteronmangels.

Klinisch besonders auffällig ist die **Hyperpigmentierung** der Haut und Schleimhaut. Sie ist zugleich ein wichtiges Unterscheidungsmerkmal gegenüber der sekundären NNR-Insuffizienz, bei der die Patienten fast immer eine auffallend blasse Haut zeigen. Die Hyperpigmentierung ist Ausdruck des erhöhten ACTH-Spiegels bzw. der im ACTH vorkommenden melanotropen Peptidsequenz. Die hohen ACTH-Spiegel wiederum sind Folge des Cortisolmangels und des damit verbundenen Fortfalls der negativen Rückkoppelung zur ACTH-Sekretion.

Tabelle 46
Klinische Symptome des Morbus Addison

100%	Schwäche, Müdigkeit, Apathie
	Verwirrtheit, Depression
	Gewichtsverlust
	Anorexie, Appetitlosigkeit
	Hyperpigmentierung der Haut
90%	Nausea, Erbrechen
	Hypotonie (RR < 110/70)
	Gastrointestinale Symptome
	Elektrolytstörungen (Hyperkaliämie)
	Hypoglykämieneigung
80%	Pigmentierung der Schleimhäute

Neben der Hyperpigmentierung sind die Zeichen des **Salzverlustes** (z. B. Schwäche, Gewichtsverlust, Hypotonie) und die **Hyperkaliämie** mehr oder weniger obligat. Sie sind Ausdruck des erheblichen Aldosteronmangels, der in diesem Ausmaß nur beim Morbus Addison vorkommt, nicht dagegen bei der sekundären NNR-Insuffizienz, die üblicherweise noch eine für die Homöostase des Elektrolyt- und Wasserhaushaltes ausreichende Aldosteronsekretion aufweist.

Säuglinge mit Morbus Addison fallen zunächst durch **unklares Erbrechen** sowie eine **Hyperkaliämie** auf. Die Symptomatik ähnelt dem Salzverlustsyndrom beim AGS. Erst später gesellen sich die übrigen typischen Symptome des Morbus Addison hinzu.

Eine **akute** Verschlechterung des Zustandes bei bestehendem Morbus Addison führt zur sog. **Addison-Krise,** die vor allem durch Symptome des **Schocks** gekennzeichnet ist (s. u.).

Welche Hormonbestimmungen sind für die Abklärung eines Morbus Addison wichtig?

Cortisol*. Nur wenn lediglich ein sehr vager Verdacht besteht, genügt manchmal die Bestimmung des basalen Cortisols in den Morgenstunden (8–10 Uhr). Bei unauffälligem Ergebnis (> 80 µg/l) ist eine NNR-Insuffizienz praktisch ausgeschlossen, sieht man einmal von **schwerstkranken** Patienten ab, bei denen sich aufgrund der extremen Streßsituation hinter scheinbar „normalen" Cortisolwerten (bis ca. 150 µg/l) trotzdem eine NNR-Insuffizienz verbergen kann. Ein wiederholt grenzwertiger oder sogar erniedrigter Basalwert (< 60 µg/l) verlangt dagegen weitere Analysen.

---

* s. Praktische Hinweise

ACTH-Test*. Wie in **Abb. 27** schematisch dargestellt, sollte dieser Test am **Anfang jeder Ausschlußdiagnostik** stehen, da bei einem Cortisolanstieg von mehr als 100 µg/l praktisch jede Art von NNR-Insuffizienz ausgeschlossen ist, auch bei grenzwertig erniedrigtem Basalwert. Darüber hinaus ist ein erniedrigter Basalwert, der nach ACTH-Gabe nicht oder nur wenig ansteigt (< 70 µg/l), für eine NNR- Insuffizienz nahezu beweisend und verlangt zur sicheren Unterscheidung zwischen primärer und sekundärer Insuffizienz die Durchführung des **ACTH-Langtests*.** Sollte dann aufgrund des Testergebnisses eher eine sekundäre NNR-Insuffizienz in Frage kommen, so wird bezüglich weiterer Hormonbestimmungen auf Seite 50 verwiesen. Dort wird auch beschrieben, wie man das Ausmaß einer iatrogenen, d.h. durch eine Glucocorticoidmedikation bewirkte NNR-Insuffizienz abschätzen kann.

ACTH*. Diese Bestimmung ist für die Ausschlußdiagnostik entbehrlich. Sie sollte aber zur Bestätigung eines Morbus Addison herangezogen werden **(Abb. 27)**, wobei die morgendlichen ACTH-Spiegel im Bestätigungsfall deutlich erhöht sind (200 ng/l und mehr). Finden sich wider Erwarten nicht meßbare oder niedrignormale Werte, so muß an eine sekundäre NNR-Insuffizienz gedacht oder aber eine Insuffizienz generell in Frage gestellt werden.

Weitere Hormonbestimmungen. Aldosteron im **Serum*** oder alternativ auch im **24-Stunden-Urin*** sollte bei gesichertem Morbus Addison zur Beurteilung der verbliebenen Mineralocorticoidsekretion bestimmt werden, am sinnvollsten zusammen mit der **Plasma-Renin-Aktivität (PRA)*,** die bei einer primären NNR-Insuffizienz fast immer deutlich erhöht ist. Bei **Säuglingen** ist die zusätzliche Bestimmung des **17α-Hydroxyprogesterons*** indiziert, um laborchemisch den Morbus Addison vom AGS zu unterscheiden, was klinisch Schwierigkeiten bereiten kann, da sich beide Erkrankungen hinsichtlich der Salzverlust-Symptomatik sehr ähneln.

Schließlich sei angemerkt, daß die **17-OHCS-Bestimmung** im Urin, die früher häufig durchgeführt wurde, keine Indikation mehr besitzt.

Welche diagnostischen Maßnahmen gehören neben den Hormonbestimmungen zur Abklärung eines Morbus Addison?

Am Anfang sollte immer eine sorgfältige **Anamnese** und eingehende **körperliche Untersuchung** stehen, da die geklagten Symptome und objektiven Befunde **(Tabelle 46)** meist so typisch sind, daß alsbald die Verdachtsdiagnose Morbus Addison gestellt wird. Wichtigste Spezialuntersuchung ist dann neben den Hormonbestimmungen der Nachweis zirkulierender **Antikörper gegen Nebennierengewebe,** der in etwa 60% der Fälle gelingt und dann endgültiger Beweis dafür ist, daß eine Autoimmunadrenalitis zur NNR-Insuffizienz geführt hat. Darüber hinaus verlangt ein positiver Antikörperbefund die Suche nach weiteren, oft gleichzeitig bestehenden Autoimmunendokrinopathien (z.B. Schilddrüse, Nebenschilddrüse, Gonaden). Ein negativer Antikörperbefund schließt eine Autoim-

---

* s. Praktische Hinweise

224   Nebenniere

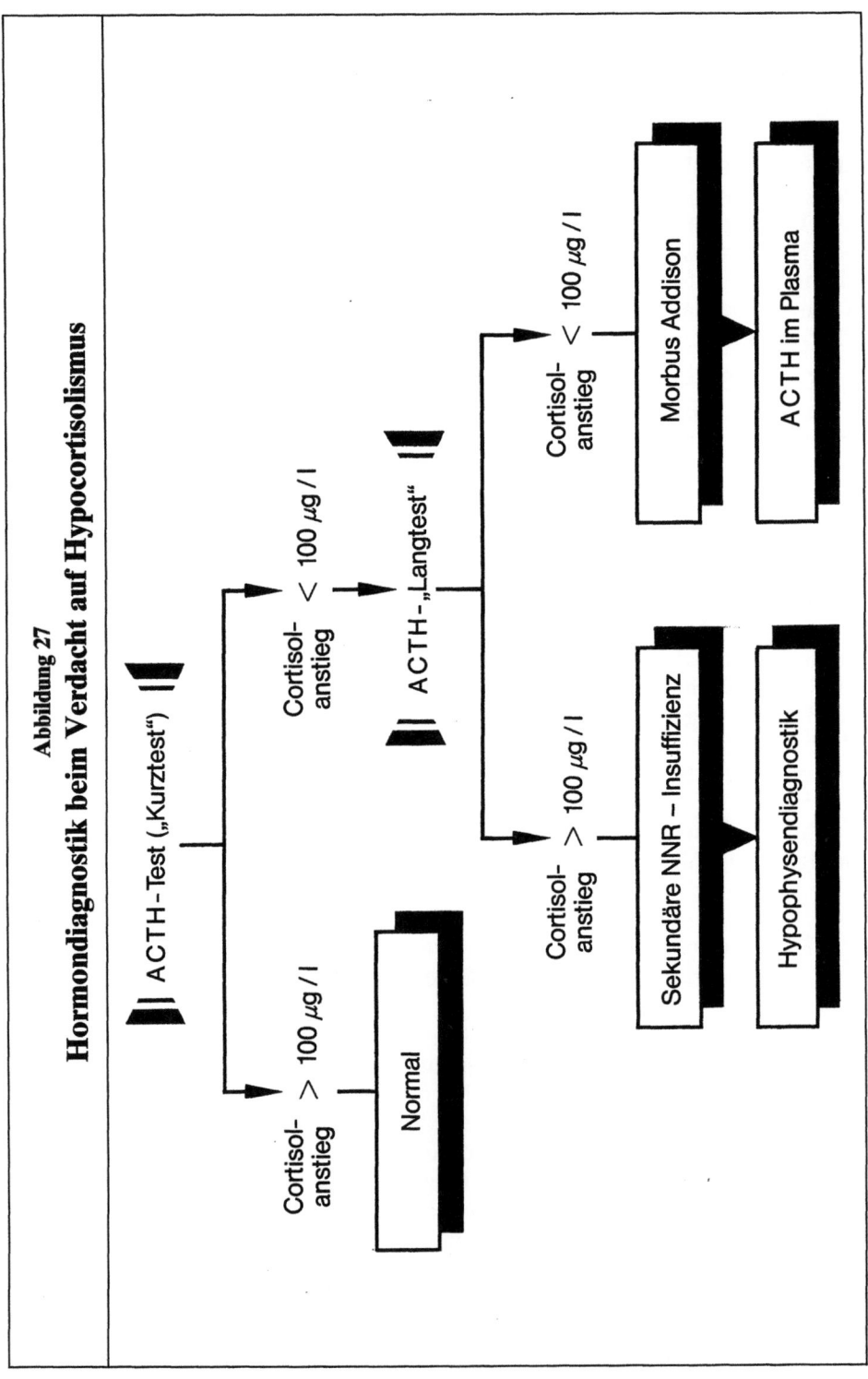

Abbildung 27
Hormondiagnostik beim Verdacht auf Hypocortisolismus

munadrenalitis zwar nicht aus, Mykosen oder eine Tuberkulose kommen dann jedoch als Ursache eher in Frage, wobei sich tuberkulöse Herde gegebenenfalls in einer **Abdomen-Leeraufnahme** oder besser noch in einem **CT** darstellen.

Wie wird ein Morbus Addison therapiert?

Im Vordergrund steht die **lebenslange** Substitution mit Gluco- und Mineralocorticoiden.

Bei **Erwachsenen** reichen meist täglich 30 mg **Hydrocortison** oder 37,5 mg **Cortisonacetat** in zwei Einzeldosen (⅔ morgens) und 0,1–0,2 mg eines **Mineralocorticoids** (z. B. Fludrocortison). Das Allgemeinbefinden, der Blutdruck und der Kaliumspiegel sind wichtige Beurteilungskriterien für eine adäquate Substitution.

Bei **Kindern** reichen meist täglich 15–20 mg/m²KO **Hydrocortison** in zwei bis drei Einzeldosen (⅔ morgens) und 0,1 mg/m²KO eines **Mineralocorticoids** (z. B. Fludrocortison), ebenfalls verteilt auf zwei bis drei Einzeldosen. Wegen der permanenten Gefahr einer **Wachstumsverzögerung** durch eine zu hohe Dosierung sollte bei Kindern ausschließlich das kurzwirkende und damit leichter dosierbare Hydrocortison verabreicht werden.

Neben der bei Kindern bestehenden Gefahr der Wachstumsretardierung gilt für jedes Lebensalter, ständig darauf zu achten, daß einem **streßbedingten Glucocorticoid-Mehrbedarf** rechtzeitig nachgekommen wird, um nicht in die lebensbedrohliche Addison-Krise zu geraten. So muß z. B. bei Fieber, intensiver körperlicher Arbeit, Dauerbelastungen (u. a. lange Flugstrecken), Operationen, Schwangerschaften, schweren Allgemeinerkrankungen und Unfällen die tägliche Glucocorticoiddosis bis auf das Fünffache der üblichen Menge angehoben werden. Der tägliche Mineralocorticoidbedarf bleibt hiervon jedoch unberührt! Diesbezüglich sollte lediglich empfohlen werden, eher **salzreich** zu essen. Bei Kindern hat sich darüber hinaus bewährt, an heißen Tagen zusätzlich täglich 1–5 g Kochsalz in drei Einzeldosen zu verabreichen.

Falls eine **Mykose** oder eine **Tuberkulose** Ursache der primären NNR-Insuffizienz ist, sollte eine gezielte Therapie eingeleitet werden, um möglicherweise eine weiter fortschreitende Destruktion der NNR aufzuhalten. Bei einem nachgewiesenen autoimmunologischen Geschehen fehlt dagegen eine kausalbezogene Therapie.

Welche Hormonbestimmungen sind als Therapiekontrolle notwendig?

Patienten mit Morbus Addison benötigen **zeitlebens** eine engmaschige ärztliche Überwachung, die vor allem neben dem Allgemeinbefinden das **Blutdruckverhalten** und den **Elektrolythaushalt** beinhaltet.

Hormonbestimmungen sind im allgemeinen entbehrlich, ansonsten eignet sich für die Beurteilung einer adäquaten Glucocorticoidsubstitution am besten die Bestimmung des **ACTH***, dessen Werte bei befriedigender Substitution prinzi-

---

* s. Praktische Hinweise

piell im Referenzintervall oder nur leicht darüber liegen sollen. Eindeutig erhöhte Werte weisen entweder auf eine ungenügende Dosierung oder aber auf eine unregelmäßige Tabletteneinnahme oder eine nicht adäquate tageszeitliche Verteilung der Einzeldosen hin. Zur Beurteilung der Mineralocorticoidsubstitution eignet sich bei Problempatienten die **PRA-Bestimmung***, deren Werte immer im mittleren bis oberen Referenzintervall liegen sollten.

Schließlich gehört bei der „idiopathischen" bzw. autoimmunologisch bedingten NNR-Insuffizienz nicht nur eingangs, sondern auch zur Therapiekontrolle die Überprüfung des übrigen Endokriniums sowohl hormonell als auch auf organspezifische Antikörper, um nicht die beginnende Insuffizienz eines weiteren endokrinen Organs im Rahmen einer Autoimmunpolyendokrinopathie zu übersehen (s.o.).

Addison-Krise

· *Definition* · *Ursachen* · *Symptome* · *Diagnostik* · *Therapie* ·

Wann spricht man von einer Addison-Krise?

Bei der Addison-Krise liegt eine akute, lebensbedrohliche NNR-Insuffizienz **unterschiedlicher** Genese vor. Der Begriff darf also nicht dahingehend falsch interpretiert werden, als ob es sich bei diesem Krankheitsbild ausschließlich um eine Komplikation des Morbus Addison handele.

Welche Ursachen kommen in Frage?

Die häufigste Ursache ist das **plötzliche Absetzen** einer längerfristigen, hochdosierten Glucocorticoidtherapie, durch die es zu einer beidseitigen NNR-Atrophie gekommen ist.

Eine **nachlässige Dauersubstitution** beim Morbus Addison sowie ein unberücksichtigt gebliebener **plötzlicher Mehrbedarf,** z. B. bei Fieber, intensiver körperlicher Arbeit, Dauerbelastungen (u.a. lange Flugstrecken), Operationen, Schwangerschaften, schweren Allgemeinerkrankungen und Unfällen, sind weitere Ursachen, die zur Addison-Krise führen können. Es kann sich aber auch um die dramatische Erstmanifestation einer bis dahin unerkannten **latenten NNR-Insuffizienz** handeln, wodurch die NNR einem aus oben genannten Gründen plötzlich auftretenden Mehrbedarf an Cortisol nicht mehr nachkommen kann. Eine weitere Ursache der Addison-Krise kann auch ein bei septischen Prozessen ablaufender **NNR-Infarkt** sein. Es handelt sich dann um einen Teilaspekt des **Waterhouse-Friderichsen-Syndroms,** das vor allem bei Kleinkindern vorkommt. Schließlich können auch **Einblutungen** in die NNR unter inadäquater Antikoa-

---

* s. Praktische Hinweise

gulanzientherapie sowie bei Nebennierenvenenthrombosen eine Addison-Krise auslösen.

Bei welchen klinischen Symptomen muß an eine Addison-Krise gedacht werden?

Typisch ist ein **plötzlicher, perakuter Krankheitsbeginn** mit heftigen Kopfschmerzen, Bauchbeschwerden, Übelkeit, schwerem Erbrechen, Durchfällen und Muskelschwäche. Es kommt zum krisenhaften Blutdruckabfall, zum Kreislaufkollaps und schließlich zum Koma.

Im Rahmen des **Waterhouse-Friderichsen-Syndroms** findet man zusätzlich hohes Fieber (Sepsis), eine Zyanose, generalisierte Krampfzustände, Petechien und Blutsugillationen sowie leichenfleckenartige Hautveränderungen.

Welche diagnostischen Möglichkeiten bestehen?

Die Verdachtsdiagnose wird meist aufgrund des dramatisch ablaufenden **klinischen** Geschehens gestellt. Darüber hinaus kann ein beim Patienten gefundener Notfallausweis mit Hinweisen über eine NNR-Insuffizienz oder eine orale Antikoagulanzientherapie diagnostisch ebenso hilfreich sein wie eine entsprechende Angabe durch die Angehörigen.

Zur **laborchemischen** Routine gehört die Bestimmung der Glukose, Elektrolyte und Blutgase, des Hämatokrits, Harnstoffs und Kreatinins. Außerdem sind beim Verdacht auf ein Waterhouse-Friderichsen-Syndrom Blutkulturen abzunehmen.

Können Hormonbestimmungen zur Abklärung einer Addison-Krise beitragen?

Die Addison-Krise verlangt ein schnelles und pragmatisches intensivmedizinisches Handeln (s. u.), so daß Hormonanalysen wegen ihres Zeitaufwandes keine aktuelle diagnostische Bedeutung besitzen. Trotzdem sollte vor Therapiebeginn Blut auch zur Bestimmung von ACTH, Cortisol und Aldosteron abgenommen werden, um im Nachherein die Diagnose zu bestätigen und um prognostische Schlußfolgerungen ziehen zu können.

Wie wird eine Addison-Krise therapiert?

Neben intensivmedizinischen Maßnahmen zur Beherrschung der hypotonen Dehydratation sind sofort bolusartig 100 mg **Hydrocortison** i. v. zu verabreichen, danach per infusionem ca. 300 mg über 24 Stunden. Bei Hypoglykämien sind Infusionen mit 10–20% Glukose notwendig, eventuell kombiniert mit Insulin, um bei einer Hyperkaliämie den Kaliumspiegel zu senken. Bei Hyponatriämien wird Na$^+$ als NaCl-Infusion ersetzt. Dem Salzverlust wird außerdem mit Mineralocorticoiden begegnet, zunächst i.v., später oral. Bei Fieber ist zusätzlich ein **Breitbandantibiotikum** notwendig.

Nebennierenmark
Allgemeine Endokrinologie

· Anatomisch-funktionelle Einheit · Katecholamin-Synthese · Freisetzung ·
· Abbau · Wirkung · Symptome des Katecholaminexzesses · Diagnostik ·

Welche anatomisch-funktionelle Gliederung findet man im Nebennierenmark (NNM)?

Das NNM besteht überwiegend aus **chromaffinen Zellen,** die in Strängen und Ballen angeordnet sind und von zahlreichen **Blutsinus** umgeben werden. Histochemisch lassen sich zwei Arten von chromaffinen Zellen unterscheiden, von denen die einen **Adrenalin,** die anderen **Noradrenalin** synthetisieren, speichern und an die Blutsinus abgeben.

Neben den chromaffinen Zellen und Blutsinus sind präganglionäre **sympathische Nervenfasern** das dritte wichtige Strukturelement des NNM. Sie bilden ein dichtes Fasernetz, das mit den chromaffinen Zellen in enger räumlicher Verbindung steht und für die nervale Stimulation der Adrenalin- und Noradrenalinfreisetzung sorgt.

Welche Hormone werden vom NNM synthetisiert, gespeichert und an die Blutbahn abgegeben?

Wie in **Abb. 28** vereinfacht dargestellt, werden in den chromaffinen Zellen des NNM aus Tyrosin über mehrere enzymatisch gesteuerte Zwischenschritte die beiden Katecholamine **Noradrenalin (NA)** und **Adrenalin (A)** synthetisiert, wobei die Umwandlung von Dopamin zu Noradrenalin in den sog. granulierten Bläschen erfolgt. Die adrenalinbildenden chromaffinen Zellen haben im Zytoplasma zusätzlich das Enzym Phenyläthanolamin-N-Methyltransferase, das aus den Bläschen austretendes Noradrenalin zu Adrenalin methyliert. Adrenalin wird dann von den granulierten Bläschen erneut aufgenommen und gespeichert. Während Noradrenalin auf gleiche Weise auch außerhalb des NNM in den Ganglienzellen des sympathischen Nervensystems gebildet wird, ist Adrenalin fast ausschließlich ein Produkt des NNM, da nur dort ein Großteil der chromaffinen Zellen die zuvor genannte N-Methyltransferase besitzt, deren Aktivität im übrigen sehr stark vom Cortisol abhängt. Mengenmäßig wird von den beiden Katecholaminen im NNM mit einem Anteil von **80%** ganz überwiegend **Adrenalin** gebildet. Die Speicherung erfolgt, wie schon angedeutet, in den granulierten

Nebennierenmark – Allgemeine Endokrinologie 229

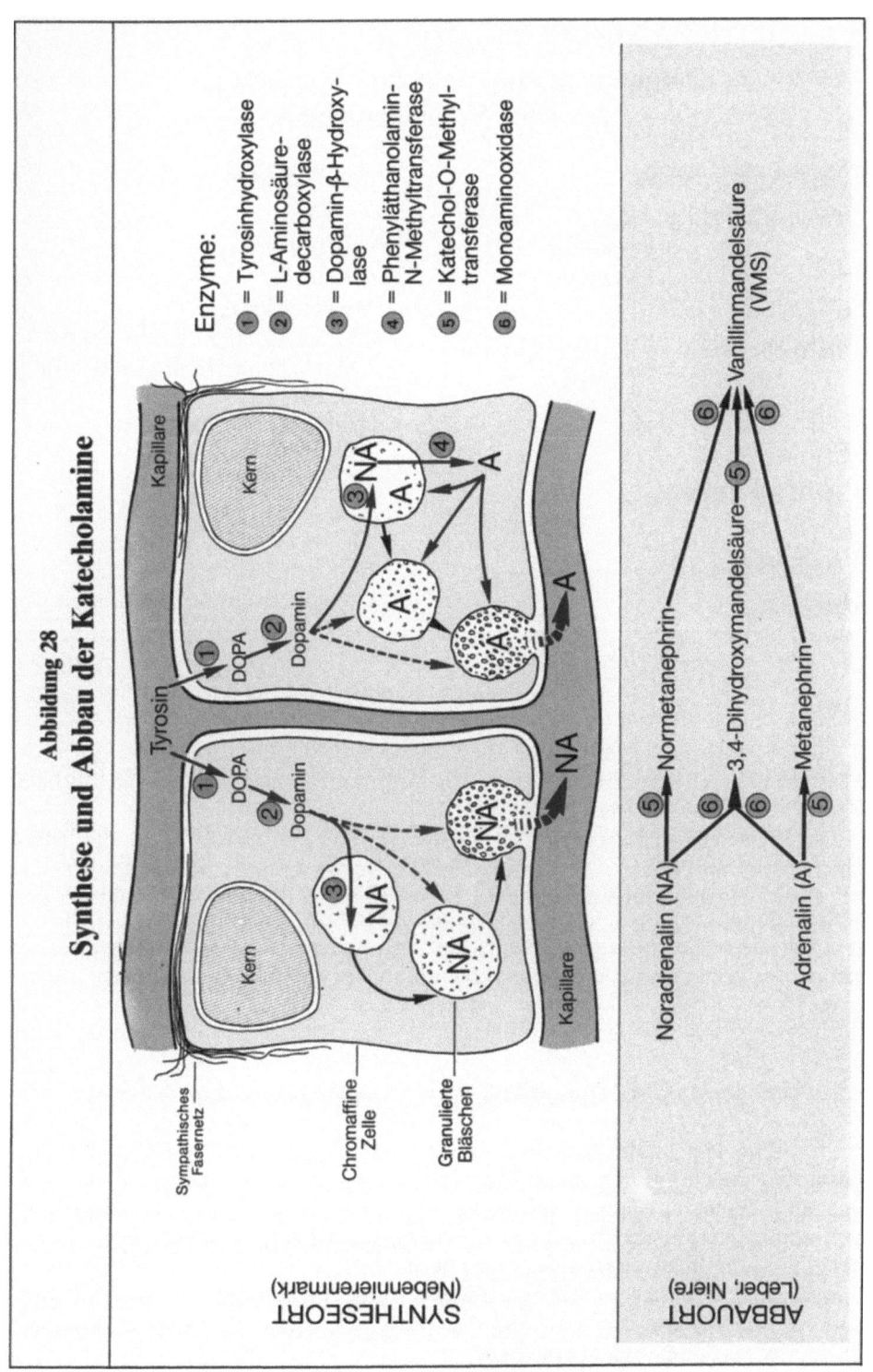

Abbildung 28
Synthese und Abbau der Katecholamine

Tabelle 47
Stimuli der Katecholamin-Freisetzung aus dem Nebennierenmark

Physiologische Stimuli		Pharmakologische Stimuli
Emotionaler Streß	– Angst – Isolation – Examen	Nikotin Histamin Bradykinin Angiotensin II
Physischer Streß	– Schwere Erkrankung – Geburt – Hypoxie – Kälte	Tetramethylammonium (TMA) Dimethylphenylpiperazin (DMPP) Lobelin Carbachol Pilocarpin
Physische Belastung	– Sport – Orthostase	
Hypoglykämie		
Hypotonie		

Bläschen der chromaffinen Zellen, der Konzentrationsgradient zum übrigen Zytoplasma wird auf 10:1 geschätzt.

Die **Freisetzung** (Exozytose) von Adrenalin und Noradrenalin aus den Bläschen erfolgt durch Reize des sympathischen Nervensystems, wobei der Mechanismus im einzelnen noch nicht geklärt ist, wie auch die übrige Regulation des Katecholaminhaushaltes noch viele Fragen offen läßt. Bekannt sind jedoch seit längerem die wichtigsten physiologischen und pharmakologischen **Stimuli** hinsichtlich der Freisetzung beider Katecholamine. Sie sind in **Tabelle 47** zusammengefaßt.

Wie werden die Katecholamine abgebaut und ausgeschieden?

Wie in **Abb. 28** schematisch dargestellt, werden Adrenalin und Noradrenalin durch die Catechol-0-Methyltransferase und Monoaminooxidase enzymatisch abgebaut. Dabei entstehen als Zwischenprodukte unter anderem **Meta-** und **Normetanephrin,** als Endprodukt die **Vanillinmandelsäure (VMS).** Der Abbau erfolgt vornehmlich in der Leber und Niere.

Im **Urin** werden nur ca. 5% der Katecholamine unverändert als Noradrenalin bzw. Adrenalin etwa im Verhältnis 4:1 ausgeschieden, ca. 20% als Metanephrine, der restliche Anteil als VMS.

Nur der **geringere Teil** des zirkulierenden Noradrenalins wird jedoch **abgebaut** und ausgeschieden. Der **Großteil** wird unverändert aus der Zirkulation in die sympathischen Nervenendigungen **zurückgeholt** und gespeichert, dies vor allem in der Milz und im Herzen.

Welche physiologische Rolle spielen die Katecholamine?

Tabelle 48 faßt die wichtigsten peripheren Wirkungen der Katecholamine zusammen.

Insgesamt ähnelt die Wirkung der einer **Steigerung des Sympathikotonus.** Es kommt durch Antreibung des Kreislaufs und durch Mobilisierung von Brennstoffen bei gleichzeitiger Stillegung von Darm und Harnblase zur Erhöhung der Arbeitsbereitschaft sowie zur gesteigerten Fähigkeit für Angriffs- und Fluchtaktionen. In **Ruhe** und bei **normaler Belastung** wird der Organismus vornehmlich durch den Sympathikotonus bzw. durch das von den sympathischen Nervenendigungen freigesetzte **Noradrenalin** konditioniert. Erst in **Notfallsituationen** und bei starker Belastung bestimmen dann die aus dem NNM vermehrt ausgeschütteten Katecholamine, und zwar vor allem **Adrenalin,** die Leistungsbereitschaft des Organismus.

Die Katecholamin-Wirkung wird vermittelt durch **Bindung** von Adrenalin bzw. Noradrenalin an **zellmembranständige** Strukturen, die sog. α- und β-**Rezep-**

Tabelle 48
Physiologische Wirkung der Katecholamine

	NA	A
Peripherer Gefäßwiderstand	↑↑	↔
Systolischer Blutdruck	↑↑	↑
Diastolischer Blutdruck	↑↑	↔
Herzfrequenz	↓	↑↑
Herzminutenvolumen	↔	↑↑
Bronchokonstriktion	↑	↓↓
Darmmotilität	↓	↓↓
Harnblasentonus	↓	↓
Grundumsatz (O_2-Verbrauch)	↑	↑↑
Glukoneogenese	↑	↑↑
Lipolyse	↔	↑↑
Leukozytopoese	↑	↑
Bewußtseinshelligkeit	↔	↑

NA = Noradrenalin; A = Adrenalin
↑↑ = starke Zunahme; ↑ = Zunahme; ↔ = kein Einfluß; ↓ = Abnahme

toren. Hierdurch wird intrazellulär vermehrt zyklisches AMP gebildet, was wiederum zur Stimulation organspezifischer Enzymaktivitäten führt. Hierbei sind die qualitativen und/oder quantitativen Unterschiede zwischen der Adrenalin- und Noradrenalinwirkung zurückzuführen auf quantitative Unterschiede im Besatz der einzelnen Organe mit den zuvorgenannten α- und β-Rezeptoren sowie auf Unterschiede in der Bindungsaffinität der Rezeptoren zu Adrenalin und Noradrenalin. So vermittelt Noradrenalin seine Effekte vornehmlich über die α-, Adrenalin dagegen über die β-Rezeptoren.

Bei welchen klinischen Symptomen muß an eine gestörte NNM-Funktion gedacht werden?

Dauerhypertonus, wiederholte **Blutdruckkrisen** und andere **vegetative Irritationen** (vor allem Kopfschmerzen, Schweißausbrüche, Herzklopfen) sind typische Symptome für eine **vermehrte** Katecholaminausschüttung. Sie werden beim Phäochromozytom näher beschrieben (s. u.; **Tabelle 49**).

Tabelle 49
Klinische Symptome des Phäochromozytoms

Dauerhypertonie (75%)		Hochdruckkrisen (25%)
	90%	Kopfschmerzen
Kopfschmerzen		
Übermäßiges Schwitzen	70%	Herzklopfen ± Tachykardie
		Übermäßiges Schwitzen
		Blässe (Gesicht)
		Nervosität, Angstgefühl
Herzklopfen ± Tachykardie	50%	Tremor
		Nausea, Erbrechen
		Schwäche, Erschöpfung
Blässe (Gesicht)	30%	Thoraxschmerz
Nervosität, Angstgefühl		
Tremor		
Nausea ± Erbrechen	20%	
Sehstörungen		
Dyspnoe		
Schwäche, Erschöpfung		
Abdominalschmerz		Abdominalschmerz
Gewichtsverlust	15%	Gewichtsverlust

Dagegen ruft der **Ausfall** des NNM kein eigenständiges Krankheitsbild hervor, da entlang des sympathischen Grenzstranges ausreichend Noradrenalin zur Verfügung gestellt werden kann. Es gibt jedoch sehr seltene Erkrankungen (z. B. Broberger-Zetterström-Syndrom; idiopathische orthostatische Hypotonie), bei denen unter anderem auch eine insuffiziente Adrenalinausschüttung aus dem NNM vorzuliegen scheint.

Welche diagnostischen Maßnahmen sind für die Abklärung einer NNM-Funktionsstörung wichtig?

Diagnostisch relevant ist fast ausschließlich die Frage nach einem Katecholaminexzeß. Für dessen Abklärung können neben einer sorgfältigen **Anamnese** und **körperlichen Untersuchung** sinnvoll sein:

Hormonbestimmungen. Adrenalin, Noradrenalin und die **VMS im 24-Stunden-Urin*** gehören zur **Basisdiagnostik**, für manche Autoren auch die **Metanephrine***. Darüber hinaus kann in bestimmten Fällen die Bestimmung von **Adrenalin** und **Noradrenalin** im **Plasma*** notwendig werden, nach Möglichkeit im Rahmen eines **Clonidin-Tests***. Wegen der hohen Auflösung bildgebender Verfahren (s. u.) muß nur noch ganz selten zur Tumorsuche eine etagenweise Blutentnahme aus der Vena cava inferior und superior zur Bestimmung von Adrenalin und Noradrenalin erwogen werden, sinnvollerweise dann ergänzt durch eine sich nach der Blutentnahme anschließenden selektiven Nebennierenvenographie.

Bildgebende Verfahren. Ist laborchemisch ein Katecholaminexzeß nahezu gesichert, so wird mit der **Sonographie** und **Computertomographie (CT)** fast immer ein NNM-Tumor zu finden sein. Nur wenn dies nicht gelingt, sollte sich eine NNM-**Szintigraphie** anschließen, neuerdings gegebenenfalls auch eine **Kernspintomographie (NMR)**. Findet man trotz Einsatz aller technischen Möglichkeiten keinen NNM-Tumor, so muß nach einer extraadrenal liegenden chromaffinen Geschwulst gesucht werden. In diesem Zusammenhang muß jedoch vor jeder Art von chirurgischer Exploration gewarnt werden, da sie lebensgefährliche Blutdruckkrisen provozieren kann und deshalb als absolut kontraindiziert gilt.

---

* s. Praktische Hinweise

Nebennierenmark
Spezielle Endokrinologie

Phäochromozytom

· Definition · Häufigkeit · Symptome · Multiple endokrine Adenomatose (MEA) · Hormondiagnostik · Sonstige Diagnostik · · Therapie · Therapiekontrolle ·

Was versteht man unter einem Phäochromozytom und wie häufig ist es?

Als Phäochromozytom wird ein meist benigner, **katecholaminproduzierender chromaffiner Tumor** bezeichnet, der in 90% aller Fälle im NNM lokalisiert ist, rechts häufiger als links. Es handelt sich fast immer um einen Solitärtumor, nur in etwa 10% wächst das Phäochromozytom multipel, wobei dann meist beide Nebennieren betroffen sind. Nur 10% aller Phäochromozytome liegen extraadrenal, teils solitär, teils multipel, mit bevorzugter Lokalisation in den aortalen Bifurkationsparaganglien. Als Altersgipfel gilt die 3. bis 5. Lebensdekade. Schließlich zeigen etwa 10% der chromaffinen Geschwülste malignes Wachstum. Sie werden dann auch als Phäochromoblastom bezeichnet.

Das Phäochromozytom ist bei **Erwachsenen nicht ganz selten,** etwa 0,5 bis 0,7% aller neu diagnostizierten Hypertoniefälle sollen phäochromozytombedingt sein. Im **Kindesalter** dagegen ist es **sehr selten.**

Bei welchen klinischen Symptomen muß an ein Phäochromozytom gedacht werden?

Die wesentlichen klinischen Symptome sind in **Tabelle 49** zusammengefaßt. Sie sind unmittelbar auf den Katecholaminexzeß zurückzuführen bzw. Auswirkungen des Hochdrucks.

Kardinalbefunde sind entweder ein **Dauerhypertonus** oder aber ein normaler Blutdruck mit immer wieder in unregelmäßigen Abständen und ohne Vorboten auftretenden **Hochdruckattacken.** Diese treten bei etwa 75% der Patienten mindestens einmal pro Woche auf, beim Rest sogar täglich. Die Krise dauert meist weniger als 15 Minuten, ganz selten länger als eine Stunde. Ausgelöst wird sie z.B. durch Lagewechsel, Massagen in der Nierengegend, seelischen und körperlichen Streß, Temperaturänderungen, Dehnung der Harnblase und auch durch diagnostische Verfahren. Schließlich kann sich die Attacke auch auf einen Dauerhypertonus aufpfropfen.

Klinisch bemerkenswert ist außerdem die Tatsache, daß bei etwa 7% der Phäochromozytompatienten eine **multiple endokrine Adenomatose (MEA)** vorkommt. Es handelt sich hierbei um die gleichzeitige tumoröse Erkrankung mehrerer endokriner Organe. Besonders häufig ist die Koexistenz von Phäochromozytom, medullärem Schilddrüsenkarzinom und Inselzelltumor (MEA, Typ II).

Somit können zur Phäochromozytom-Symptomatik weitere, für die mitbetroffenen Organe typische Symptome hinzutreten bzw. es sollte immer nach diesen gefahndet werden.

Welche Hormonbestimmungen sind für die Abklärung eines Phäochromozytoms wichtig?

Immer sollte eine klare, aus **Anamnese** und **körperlichem Befund** hervorgegangene Indikation erkennbar sein, damit nicht unnötig viele der aufwendigen und immer noch mit Problemen behafteten Hormonanalysen durchgeführt werden. Als eine solche **Indikation** gilt **(1)** ein schwerer Hypertonus mit **diastolischen** Werten > 120 mm Hg, **(2)** eine ätiologisch unklare und therapierefraktäre Hypertonie, **(3)** eine mit hypertonen Krisen einhergehende Symptomatik, die für einen Katecholaminexzeß typisch ist **(Tabelle 49)**, **(4)** ein Hypertonus, der auf Antihypertensiva paradoxerweise ansteigt oder **(5)** wenn in der Familie ein Phäochromozytom oder ein endokrin aktiver Tumor bzw. eine multiple endokrine Adenomatose vorliegt (s. o.).

In diesen Fällen empfiehlt es sich, wie in **Abb. 29** skizziert, die **VMS** sowie **Adrenalin** und **Noradrenalin** im **24-Stunden-Urin*** zu bestimmen. Sind diesbezüglich **alle** Ergebnisse wiederholt unauffällig, kann mit immerhin 90%iger Sicherheit davon ausgegangen werden, daß kein Phäochromozytom vorliegt. Ob die von manchen Autoren empfohlene zusätzliche Bestimmung der **Metanephrine*** diese relativ hohe diagnostische Aussagekraft (Spezifität) tatsächlich noch weiter verbessern kann, muß deshalb bezweifelt werden.

Wird das klinische Bild nicht vom Dauerhypertonus, sondern von **Hochdruckattacken** geprägt, so sollte sich die Urin-Sammelperiode auf den Zeitraum während der Attacke und die anschließenden zwei Stunden beschränken. Sicherer ist jedoch in diesen Fällen, während der Krise oder auch noch kurz danach **Adrenalin** und **Noradrenalin** im **Plasma*** zu bestimmen, wobei ein Phäochromozytom im allgemeinen mit deutlich erhöhten Werten einhergeht (fünf- bis zehnfach über dem Referenzintervall).

Ansonsten hat die Bestimmung der Plasma-Katecholamine nur für die **Nachweis**diagnostik größere Bedeutung, insbesondere bei nicht eindeutigen Urinwerten, wobei möglichst der **Clonidin-Test*** durchgeführt werden sollte **(Abb. 29)**. Darüber hinaus kann die Katecholaminbestimmung im Plasma noch in besonders unklaren Fällen von Bedeutung sein, wenn nämlich eine Tumorsuche durch eine etagenweise Blutentnahme aus der Vena cava inferior bis hoch zur superior als ultima ratio versucht werden muß.

Schließlich haben die Adrenalin- und die Noradrenalin- gegenüber der VMS- und Metanephrin-Bestimmung den grundsätzlichen Vorteil, daß an Hand beider Werte schon gewisse Rückschlüsse auf die **Tumorlokalisation** erlaubt sind. Macht nämlich bei insgesamt erhöhten Ausscheidungswerten der Adrenalinanteil mehr als 20% beider Katecholamine aus, so spricht dies für ein Phäochromozytom im NNM, weil nur dort die Methylierung von Noradrenalin zu Adrenalin erfolgen kann. Ist andererseits fast nur Noradrenalin erhöht, muß besonders an ein extraadrenales Phäochromozytom gedacht werden.

Abbildung 29
Hormondiagnostik beim Verdacht auf Phäochromozytom

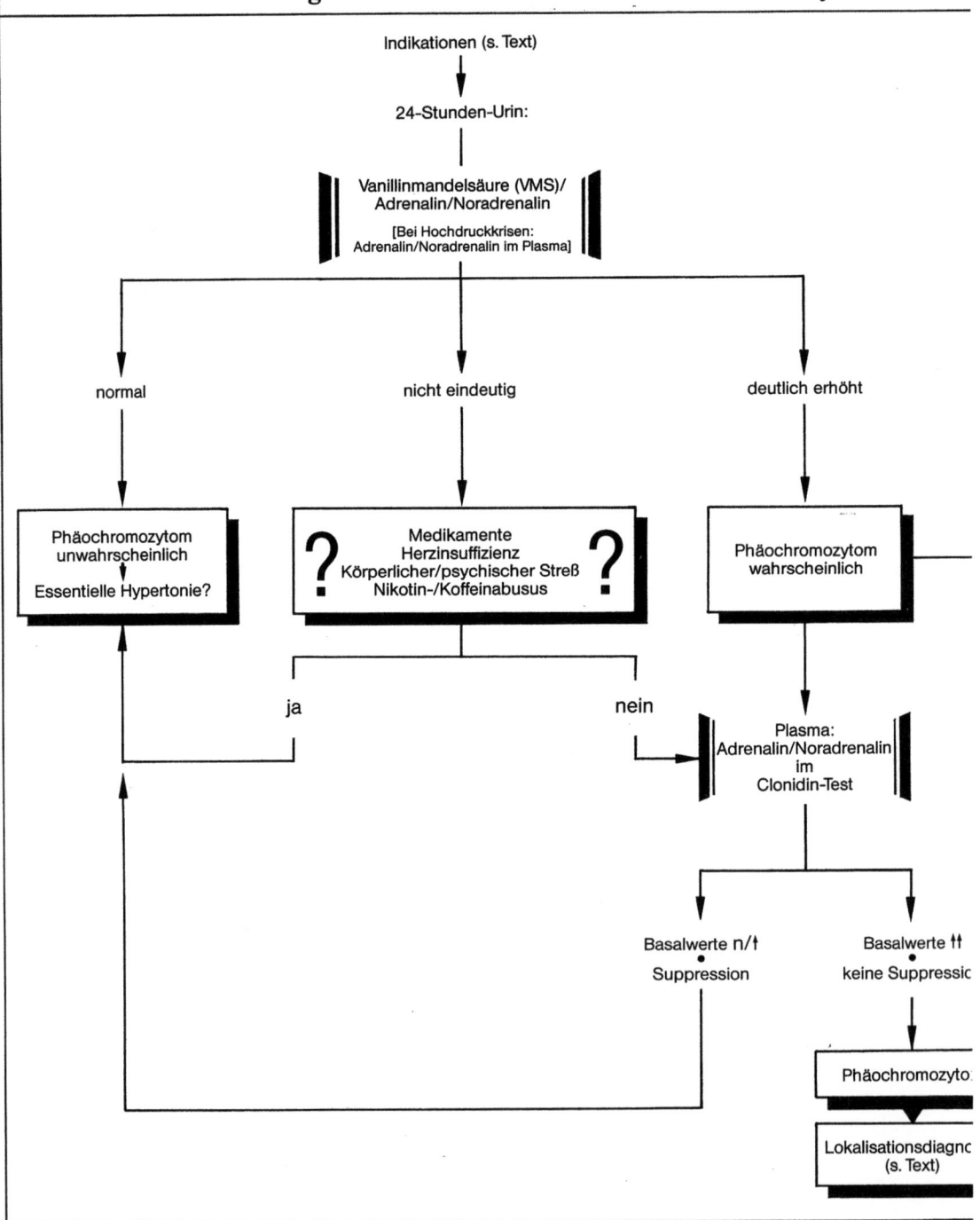

Welche Einflußgrößen müssen bei der Hormondiagnostik berücksichtigt werden?

In der überwiegenden Zahl gesicherter Phäochromozytomfälle ist die Ausscheidung der Katecholamine so deutlich erhöht, daß sie durch Einflußgrößen oder Störfaktoren praktisch nie imitiert werden kann. Bei grenzwertigen oder wenig plausiblen Laborbefunden dagegen muß nach Einflußgrößen und Störfaktoren gefahndet werden **(Abb. 29)**. Dies gilt insbesondere für **Medikamente** (z. B. bestimmte Antihypertensiva, Vasokonstriktoren, Sympathomimetika, Narkotika, Barbiturate, Sedativa, MAO-Inhibitoren), die deshalb gegebenenfalls mindestens eine Woche vor der Kontrolluntersuchung abgesetzt werden sollten. Bezüglich der Antihypertensiva ist dies jedoch oft klinisch nicht vertretbar, bei α- und β-Blockern sowie Thiaziden aber auch nicht notwendig!

Weiterhin ist zu berücksichtigen, daß auch die **essentielle Hypertonie** und die **Herzinsuffizienz** mit mäßiggradig vermehrter Katecholaminfreisetzung einhergehen können, ebenso wie **Streßsituationen, Nikotin- und Koffeinabusus.**

Welche diagnostischen Maßnahmen gehören neben der Katecholaminbestimmung zur Abklärung eines Phäochromozytoms?

An erster Stelle steht die **Lokalisationsdiagnostik** mittels **bildgebender** Verfahren, die sich auf das gesamte Abdomen erstrecken muß. Mit der **Sonographie** und dem **CT** gelingt die Darstellung des Tumors in über 90% der Fälle, wobei sich herausgestellt hat, daß eine Korrelation zwischen Tumorgröße und Katecholaminkonzentration im Plasma nicht besteht.

Gelingt mit den genannten Methoden keine Tumordarstellung, so muß sich bei weiterhin dringendem Verdacht gegebenenfalls eine **Szintigraphie** mit 131-J-Metajodobenzylguanidin anschließen. Darüber hinaus bleibt letztlich nur noch die **Katheterisierung** der Vena cava inferior, die etagenweise Blutentnahme zur Katecholaminbestimmung sowie die selektive Darstellung der Nebennierenvenen (Venographie). Alle invasiven Untersuchungen sollten hierbei unter Blokkade der α-Rezeptoren erfolgen, um prophylaktisch einer lebensgefährlichen Blutdruckkrise zu begegnen. Inwieweit die **Kernspintomographie** in Problemfällen zur Verbesserung der Lokalisationsdiagnostik beiträgt, muß abgewartet werden.

Sobald ein Phäochromozytom feststeht, muß mit den üblichen diagnostischen Mitteln nach einem **Diabetes mellitus** und nach **Gallensteinen** gefragt werden, da beide Erkrankungen gehäuft beim Phäochromozytom vorkommen. Dies gilt auch für die diagnostische Abklärung der bereits erwähnten **multiplen endokrinen Adenomatose** (MEA).

Schließlich kann die Phäochromozytom-Symptomatik der einer **Hyperthyreose** ähneln, so daß auch diese durch geeignete Analysen (TSH; gegebenenfalls TRH-Test) auszuschließen ist.

Wie wird ein Phäochromozytom therapiert?

Jedes lokalisierte Phäochromozytom sollte **operativ** entfernt werden, nachdem präoperativ der Blutdruck mit einem irreversibel wirkenden α-Rezeptorenblocker (z. B. Phenoxybenzamin) normalisiert und zur Vermeidung von Tachyarrhythmien gleichzeitig ein β-Rezeptorenblocker (z. B. Propanolol) gegeben wurde.

Für die **symptomatische Dauertherapie** inoperabler, multipler oder maligner Tumoren sowie in der Schwangerschaft eignet sich die Kombination von α- und β-Rezeptorenblockern. Eine lokale Nuklidtherapie mit 131-J-Metajodobenzylguanidin kann ebenfalls in Erwägung gezogen werden. **Hochdruckkrisen** (auch intra operationem) lassen sich am besten mit der intravenösen Verabreichung eines reversiblen α-Rezeptorenblockers (z. B. Phentolamin) beherrschen.

Welche Hormonbestimmungen sind als Therapiekontrolle notwendig?

Neben der sorgfältigen Kontrolle des postoperativen **Blutdruckverhaltens** ist in regelmäßigen Abständen die **Katecholaminausscheidung** zu kontrollieren. Normalisieren sich der Blutdruck und die Ausscheidungswerte nicht, ist an ein kontralaterales Adenom oder an ein extraadrenal liegendes, noch nicht entdecktes Phäochromozytom zu denken.

Praktische Hinweise

Dieser Abschnitt enthält praktische Hinweise für die einzelnen, alphabetisch geordneten **Hormonbestimmungen** sowie für die einzelnen, ebenfalls alphabetisch geordneten **Funktionstests**. Die angegebenen Referenzintervalle sind in etwa die in den Laboratorien der Autoren gültigen „Normalbereiche". Da diese methodenabhängig sind, kann immer nur das Referenzintervall des Labors gelten, in dem die Bestimmung durchgeführt wurde. Zur Stabilität des zu bestimmenden Analyts liegen häufig keine systematischen Untersuchungen vor. Die Angaben beruhen deshalb oft auf den Erfahrungswerten der Autoren.

Hormonbestimmungen

ACTH (Corticotropin)

Vorbereitung/Probennahme. Streß vermeiden. Uhrzeit notieren. Blutentnahme venös in vorgekühltes, EDTA-beschichtetes (Heparin auch möglich) Probengefäß aus Kunststoff. Kein Glas benutzen.

Probe. Sofort abkühlen (Gefäß in Eis), dann zentrifugieren (möglichst in Kühlzentrifuge) und Plasma tieffrieren ($-20\,°C$).

Probenmenge. 1–5 ml Plasma, methodenabhängig.

Stabilität. Bei Raumtemperatur sehr schneller proteolytischer Abbau, bei $-20\,°C$ mehrere Tage stabil.

Lagerung/Versand. Nur in tiefgefrorenem ($-20\,°C$) Zustand.

Referenzintervalle. Bis 37 ng/l (morgens), bis 20 ng/l (abends).

Umrechnungsfaktoren. 1 ng/l = 0,22 pmol/l; 1 pmol/l = 4,54 ng/l.

Anmerkungen. 1. Bestimmung im Rahmen einer Ausschlußdiagnostik entbehrlich. Cortisol hierfür geeigneter und billiger. **2.** Erhebliche Spontanschwankungen möglich. **3.** Beurteilung nur sinnvoll zusammen mit Cortisolbestimmung aus gleicher Probe.

ADH (Antidiuretisches Hormon; Vasopressin)

Vorbereitung/Probennahme. Patient nüchtern. Möglichst 30 min vor Probennahme venösen Zugang legen und Patienten in entspannter Rückenlage ohne äußere Streßeinwirkung ruhen lassen. Uhrzeit notieren. Blutentnahme venös in vorgekühltes EDTA-beschichtetes (Heparin auch möglich) Probengefäß aus Kunststoff. Kein Glas benutzen.

Probe. Sofort abkühlen (Gefäß in Eis), dann zentrifugieren (möglichst in Kühlzentrifuge) und Plasma tieffrieren (−20 °C).

Probenmenge. 4 ml Plasma.

Stabilität. Bei Raumtemperatur sehr schneller proteolytischer Abbau, bei −20°C mehrere Tage stabil.

Lagerung/Versand. Nur in tiefgefrorenem (−20°C) Zustand. Ohne vorherige Extraktion ist eine längere Lagerung nicht möglich.

Referenzintervall. 2,0–8,0 ng/l.

Umrechnungsfaktoren. 1 ng/l = 0,92 pmol/l; 1 pmol/l = 1,086 ng/l.

Anmerkungen. 1. Für die Ausschlußdiagnostik eines ADH-Mangels entbehrlich. **2.** Hierfür Bestimmung der Serum- und Urin-Osmolalität vor und nach mehrstündigem Dursten meist aussagekräftiger und billiger (s. Text).

Adrenalin/Noradrenalin (Katecholamine) im Urin

Vorbereitung/Probennahme. Gegebenenfalls Einflußgrößen (s. Text) notieren und mehrere Tage vor Probennahme minimieren. **24-Stunden-Urin:** Sammelperiode beginnt **nach** dem Morgenurin (Uhrzeit notieren) und endet **mit** dem Morgenurin des darauffolgenden Tages (gleiche Uhrzeit). Während der Sammelperiode Streß sowie Nikotin- und Koffeinabusus vermeiden. Sammelgefäß (Kunststoff oder Glas) vorab mit 20 ml 6N HCl versehen.

Probe. Die spontan gelassenen Urinportionen im Sammelgefäß gut mit der vorgelegten 6N HCl durchmischen und kühl lagern (Kühlschrank).

Probenmenge. Ca. 10 ml (methodenabhängig) aus sorgfältig durchmischter 24-Stunden-Gesamtmenge. Gesamtmenge notieren.

Stabilität. Bei pH < 3 und −20 °C 3–4 Monate stabil. Bei höherem pH, höherer Raumtemperatur und bei Zutritt von Luftsauerstoff leicht oxidierbar.

Lagerung/Versand. Probe auf pH 2–3 einstellen. In tiefgefrorenem (−20°C) Zustand lagern (portioniert in 5 ml Fraktionen). Bei sofortigem Versand und kurzfristiger Versanddauer (wenige Stunden) Kühlung ausreichend.

Referenzintervalle
  Erwachsene: Adrenalin: bis 20 µg/24 h
                  Noradrenalin: bis 70 µg/24 h
  Kinder: Bis zum 6. Lebensjahr betragen die Ausscheidungswerte nur ca. 30–50% der bei Erwachsenen.

Umrechnungsfaktoren
  Adrenalin: 1 µg = 5,5 nmol; 1 nmol = 0,18 µg
  Noradrenalin: 1 µg = 5,9 nmol; 1 nmol = 0,17 µg

Anmerkungen. 1. Bestimmung hat für die Ausschlußdiagnostik einen hohen Stellenwert. **2.** Nach Möglichkeit drei aufeinanderfolgende 24-Stunden-Urine analysieren. **3.** Keine einzelnen Spontanurinproben einsenden, da die Katecholaminausscheidung einem Tagesrhythmus unterworfen ist und **konzentrations**bezogene Referenzintervalle nicht immer vorliegen.

Adrenalin/Noradrenalin (Katecholamine) im Blut

Vorbereitung/Probennahme. Gegebenenfalls Einflußgrößen (s. Text) notieren und mehrere Tage vor Probennahme minimieren. Entnahmezeit notieren. Patient nüchtern. Mindestens 30 min vor Probennahme venösen Zugang legen und Patient in entspannter Rückenlage ohne äußere Streßeinwirkung ruhen lassen. Blutentnahme venös in vorgekühlten, EGTA (Antikoagulans) und GSH (Antioxidans) enthaltenen Vacutainer. Falls spezieller Vacutainer nicht vorrätig, Blut mit normaler Spritze entnehmen und sofort in vorgekühltes, mit EGTA/GSH (ca. 20 µg/ml Blut; Heparin [20 IE/ml Blut] auch möglich) versehenes Zentrifugenröhrchen umfüllen.

Probe. Vorsichtig durchmischen (nicht schütteln) und sofort abkühlen (Gefäß in Eis), dann zentrifugieren (möglichst in Kühlzentrifuge), Plasma sorgfältig abhebern (jede Restkontamination mit Erythrozyten bzw. Hämoglobin vermeiden) und tieffrieren ($-20\,°C$).

Probenmenge. 2 ml Plasma.

Stabilität. In tiefgefrorenem ($-20\,°C$) Zustand 3–4 Monate, bei Raumtemperatur nur 1–2 Stunden stabil.

Lagerung/Versand. Nur in tiefgefrorenem Zustand.

Referenzintervalle
  Erwachsene: Adrenalin: 30–90 ng/l
                       Noradrenalin: 130–475 ng/l
  Kinder: Die Noradrenalinkonzentration ist ca. 50% niedriger als bei Erwachsenen.

Umrechnungsfaktoren
  Adrenalin: 1 ng/l = 0,0055 nmol/l; 1 nmol/l = 183 ng/l
  Noradrenalin: 1 ng/l = 0,0059 nmol/l; 1 nmol/l = 169 ng/l

Anmerkungen. 1. Im Rahmen einer Ausschlußdiagnostik entbehrlich. **2.** Auf Standardisierung der gesamten präanalytischen Phase unbedingt achten.

Aldosteron im Urin

Vorbereitung/Probennahme. Drei Tage vor Urinsammlung Elektrolythaushalt ausgleichend bilanzieren (tägliche Gabe von mindestens 12 g Kochsalz und 1 g Kalium). Gegebenenfalls Einflußgrößen (s. Text) notieren und mehrere Tage vor Probennahme minimieren. **24-Stunden-Urin:** Sammelperiode beginnt **nach** dem Morgenurin (Uhrzeit notieren) und endet **mit** dem Morgenurin des darauffolgenden Tages (gleiche Uhrzeit). Während der Sammelperiode Bettruhe einhalten. Sammelgefäß (Kunststoff oder Glas) vorab mit Borsäure-Tabletten (12 g) oder 1 ml Eisessig versehen.

Probe. Die einzelnen Urinportionen im Sammelgefäß gut mit der vorgelegten Borsäure bzw. dem Eisessig durchmischen und kühl lagern (Kühlschrank).

Probenmenge. Ca. 20 ml (methodenabhängig) aus sorgfältig durchmischter 24-Stunden-Gesamtmenge. Gesamtmenge notieren.

Stabilität. Bei pH 5–7 und gekühlt mehrere Tage, in tiefgefrorenem Zustand (−20 °C) mehrere Monate stabil.

Lagerung/Versand. In tiefgefrorenem Zustand (portioniert in 10 ml Fraktionen) lagern. Nur bei sofortigem Versand und kurzfristiger Versanddauer (innerhalb 24 Stunden) Kühlung nicht notwendig.

Referenzintervall. 3,5–20 µg/24 h.

Umrechnungsfaktoren. 1 µg = 2,77 nmol; 1 nmol = 0,36 µg.

Anmerkungen. 1. Nachgewiesen wird das in vitro durch Säurehydrolyse freigesetzte, als C18-Glucuronid ausgeschiedene Aldosteron. **2.** Die Bestimmung im 24-Stunden-Urin ist einer basalen Aldosteronbestimmung im Serum unter ambulanten Bedingungen vorzuziehen. **3.** Natrium und Kalium im 24-Stunden-Urin und im Serum sind bei der Befundinterpretation mit zu berücksichtigen.

Aldosteron im Blut

Vorbereitung/Probennahme. Drei Tage vorher Elektrolythaushalt ausgleichend bilanzieren (tägliche Gabe von mindestens 12 g Kochsalz und 1 g Kalium). Gegebenenfalls Einflußgrößen (s. Text) notieren und mehrere Tage vorher minimieren. Am Tag der Blutentnahme nach Möglichkeit mindestens 2–3 Stunden vorher horizontal ruhen und jede orthostatische Belastung vermeiden. Probennahme morgens zwischen 8 und 10 Uhr (Uhrzeit notieren), nüchtern, venös in beliebiges Probengefäß.

Probe. Zentrifugation bei Raumtemperatur.

Probenmenge. 2 ml Serum oder Plasma.

Stabilität. Bei Raumtemperatur etwa 2–3 Tage, in tiefgefrorenem (−20 °C) Zustand über Monate stabil.

Lagerung/Versand. Am besten in tiefgefrorenem Zustand (−20 °C) lagern. Kühlschrank-Lagerung nur für ein paar Tage zu empfehlen. Bei sofortigem Versand und kurzfristiger Versanddauer (innerhalb 48 Stunden) Kühlung nicht notwendig.

Referenzintervall. 20–115 ng/l.

Umrechnungsfaktoren. 1 ng/l = 2,77 pmol/l; 1 pmol/l = 0,36 ng/l.

Anmerkungen. 1. Auf eine strenge Standardisierung der präanalytischen Phase ist zu achten, da sonst der Basalwert von Gesunden bis auf das Dreifache über dem Referenzintervall liegen kann. **2.** Eine stationäre Diagnostik, einschließlich geeigneter Funktionstests (z. B. vor und nach Orthostase; vor und nach Furosemidgabe) und einer gleichzeitigen Bestimmung der Plasma-Renin-Aktivität (PRA), ist anzustreben. **3.** Abnahmebedingungen für PRA beachten. **4.** Natrium und Kalium im 24-Stunden-Urin und im Serum sind bei der Befundinterpretation mit zu berücksichtigen.

Cortisol im Blut

Vorbereitung/Probennahme. Gegebenenfalls Corticoidmedikation und Einnahme von Östrogenen (z. B. Kontrazeptiva) notieren und mehrere Tage vorher absetzen. Streß vermeiden. Morgens zwischen 8 und 10 Uhr (Uhrzeit notieren), venös in beliebiges Probengefäß.

Probe. Zentrifugation bei Raumtemperatur.

Probenmenge. 1 ml Serum oder Plasma.

Stabilität. Bei Raumtemperatur mehrere Tage, tiefgefroren (−20 °C) mindestens 10 Jahre stabil.

Lagerung/Versand. Am besten tiefgefroren (−20 °C) lagern. Versand bei Raumtemperatur möglich.

Referenzintervalle. 70–250 µg/l (morgens), bis 60 µg/l (nachts, 24 Uhr).

Umrechnungsfaktoren. 1 µg/l = 2,76 nmol/l; 1 nmol/l = 0,362 µg/l.

Anmerkungen. 1. Wegen Spontanschwankungen und ausgeprägter Tagesrhythmik ist für die Ausschlußdiagnostik eines Hyper- bzw. Hypocortisolismus ein Funktionstest (Dexamethason-Hemmtest bzw. ACTH-Test) besser. **2.** Östrogen-Einnahme führt oft zu erhöhten Cortisolspiegeln, da im Blut neben dem freien vor allem das an das Cortisol-bindende Globulin (CBG) gebundene Cortisol gemessen wird und der CBG-Gehalt im Blut unter Östrogeneinwirkung erhöht ist. **3.** Die Zeitdauer des vorherigen Absetzens einer Corticoidmedikation hängt von der Art der Medikation ab. Bei einer Substitutionstherapie mit Hydrocortison etc. sind es 2 Tage, bei einer höher dosierten Pharmakotherapie dagegen nicht selten 7 Tage und mehr.

Cortisol im Urin

Vorbereitung/Probennahme. Gegebenenfalls Corticoidmedikation notieren und mehrere Tage vorher absetzen. **24-Stunden-Urin:** Sammelperiode beginnt

nach dem Morgenurin (Uhrzeit notieren) und endet **mit** dem Morgenurin des darauffolgenden Tages (gleiche Uhrzeit). Sammelgefäß (Kunststoff oder Glas) ohne Zusätze.

Probe. Die spontan gelassenen Urinportionen können bei Raumtemperatur gesammelt werden.

Probenmenge. Ca. 5 ml aus sorgfältig durchmischter 24-Stunden-Gesamtmenge. Gesamtmenge notieren.

Stabilität. Bei Raumtemperatur mehrere Tage, tiefgefroren (−20°C) mehrere Monate stabil.

Lagerung/Versand. Lagerung im Kühlschrank über mehrere Tage möglich, am besten jedoch tiefgefroren (−20 °C). Versand bei Raumtemperatur möglich.

Referenzintervall. Bis 110 µg/24 h.

Umrechnungsfaktoren. 1 µg = 2,76 nmol; 1 nmol = 0,362 µg.

Anmerkungen. 1. Gemessen wird das freie, d. h. nicht glucuronisiert ausgeschiedene Cortisol. **2.** Zur Ausschlußdiagnostik eines Hypercortisolismus geeignet. Hat die 17-OHCS-Bestimmung verdrängt. **3.** Bezüglich Zeitdauer des vorherigen Absetzens einer Corticoidmedikation: siehe 3. Anmerkung bei Cortisolbestimmung im Blut.

11-Desoxycorticosteron (DOC)/11-Desoxycortisol (Substanz S)

Vorbereitung/Probennahme: Analoges Vorgehen wie bei Cortisolbestimmung (s. dort).

Probe. Zentrifugation bei Raumtemperatur.

Probenmenge. 5 ml Plasma oder Serum (methodenabhängig).

Stabilität. Wie Cortisol.

Lagerung/Versand. Wie Cortisol.

Referenzintervalle
11-Desoxycortisol: 0,5–2,5 µg/l, methodenabhängig
11-Desoxycorticosteron: 10–50 ng/l, methodenabhängig

Umrechnungsfaktoren
11-Desoxycortisol: 1 µg/l = 2,89 nmol/l; 1 nmol/l = 0,346 µg/l
11-Desoxycorticosteron: 1 ng/l = 3,03 pmol/l; 1 pmol/l = 0,330 ng/l

Anmerkung. Da die Bestimmungen in nur wenigen Labors durchgeführt werden, vor Probennahme weitere Details vom Labor erfragen.

DHEA-S (Dehydroepiandrosteron-Sulfat)

Vorbereitung/Probennahme. Keine besonderen Vorkehrungen notwendig, aber gegebenenfalls Corticoidmedikation notieren. Blutentnahme venös in beliebiges Probengefäß.

Probe. Zentrifugation bei Raumtemperatur.

Probenmenge. 1 ml Serum oder Plasma.

Stabilität. Bei Raumtemperatur mehrere Tage, tiefgefroren ($-20\,°C$) mehrere Monate stabil.

Lagerung/Versand. Am besten tiefgefroren ($-20\,°C$) lagern. Versand bei Raumtemperatur möglich.

Referenzintervalle
- **Frauen:** Reproduktionsphase: bis ca. 2,3 mg/l
- Menopause: bis ca. 1,2 mg/l
- **Männer:** bis ca. 2,5 mg/l
- **Kinder:** bis 0,1 mg/l (bis 6.–8. Lebensjahr). Während der Adrenarche schneller Anstieg auf etwa 1 mg/l, während der Pubertät Anstieg auf Erwachsenenwerte.

Umrechnungsfaktoren. 1 mg/l = 2,57 µmol/l; 1 µmol/l = 0,39 mg/l.

Anmerkungen. 1. Unerläßlich für die Abklärung einer Androgenisierung der Frau sinnvollerweise zusammen mit Testosteron- und 17α-Hydroxyprogesteron-Bestimmung (s. dort). **2.** Unerläßlich für die Abklärung einer adrenalen Pseudopubertas praecox (v. a. 3β-Hydroxysteroiddehydrogenase-Mangel). **3.** Bei Männern nur im Rahmen der Differentialdiagnostik eines adrenalen Tumors indiziert. **4.** Beim DHEA-S entfallen im Gegensatz zum DHEA weitgehend die Einflußgrößen Tageszeit und Zyklusphase. **5.** Angaben über Referenzintervalle sehr unterschiedlich von Labor zu Labor.

FSH (Follitropin)

Vorbereitung/Probennahme. Keine besonderen Vorkehrungen notwendig. Alter, Geschlecht und gegebenenfalls Zyklusphase (letzter Menstruationsbeginn) sowie Medikamenteneinnahme (Kontrazeptiva, Sexualsteroide) notieren. Blutentnahme venös in beliebiges Probengefäß.

Probe. Zentrifugation bei Raumtemperatur.

Probenmenge. 1 ml Serum oder Plasma.

Stabilität. Bei Raumtemperatur mindestens 14 Tage, tiefgefroren ($-20\,°C$) wahrscheinlich mehrere Monate stabil.

Lagerung/Versand. Am besten tiefgefroren ($-20\,°C$) lagern, mehrfaches Auftauen möglich. Versand bei Raumtemperatur möglich.

Referenzintervalle (Bezugsstandard WHO 2. IRP 78/549)
Frauen:	Follikelphase:	2–10 IU/l
	Ovulationsphase:	10–20 IU/l
	Lutealphase:	2– 8 IU/l
	Menopause:	über 20 IU/l
Männer:	bis 50 Jahre:	2– 8 IU/l
	über 50 Jahre:	bis ca. 10 IU/l
Kinder:	präpuberal:	bis ca. 2 IU/l

Neugeborene: Relativ hohe Werte, die in den ersten Lebensmonaten kontinuierlich auf die präpuberal relativ niedrigen Konzentrationen abfallen.

Anmerkungen. 1. Schon der einzelne basale FSH-Wert hat einen hohen diagnostischen Stellenwert (s. Text). **2.** Bestimmung auch im 24-Stunden-Urin möglich, aber primär nicht zu empfehlen.

Gastrin

Vorbereitung/Probennahme. Absolute Nahrungskarenz von 12 Stunden einhalten. Kalziumhaltige Antazida 24 Stunden vorher absetzen. Blutentnahme venös, in Probengefäß (Kunststoff oder Glas) ohne Zusatz (Antikoagulanzien stören mehr oder weniger je nach Bestimmungsmethode).

Probe. Sofort abkühlen (Gefäß in Eis), dann zentrifugieren (möglichst in Kühlzentrifuge) und Serum tieffrieren (−20 °C).

Probenmenge. 2 ml Serum.

Stabilität. Bei Raumtemperatur nur wenige Stunden, bei 2–4 °C wenige Tage, bei −20 °C dagegen über Wochen stabil.

Lagerung/Versand. Nur in tiefgefrorenem (−20 °C) Zustand (portioniert in 1 ml Fraktionen) lagern. Bei sofortigem Versand und kurzfristiger Versanddauer (24 Stunden) ist Raumtemperatur möglich.

Referenzintervalle. Bis 100 ng/l. In höherem Alter: bis 300 ng/l.

Umrechnungsfaktoren. 1 ng/l = 0,477 pmol/l; 1 pmol/l = 2,1 ng/l.

Anmerkungen. 1. Lipämie und stärkere Hämolyse stören. **2.** Nach proteinreicher Nahrung gelten Werte bis 300 ng/l als normal. **3.** Referenzintervall und Umrechnungsfaktoren beziehen sich auf Gastrin-I-17.

Gesamtöstrogene im Urin

Vorbereitung/Probennahme. Schwangerschaftswoche und gegebenenfalls Einnahme vor allem von Glucocorticoiden, aber auch von anderen Medikamenten (z.B. Antibiotika, Diuretika) notieren. **24-Stunden-Urin:** Sammelperiode beginnt **nach** dem Morgenurin (Uhrzeit notieren) und endet **mit** dem Morgenurin des darauffolgenden Tages (gleiche Uhrzeit). Sammelgefäß (Kunststoff oder Glas) ohne Zusätze oder mit 1 ml Eisessig versehen.

Probe. Die spontan gelassenen Urinportionen können bei Raumtemperatur gesammelt werden.

Probenmenge. Ca. 50 ml aus sorgfältig durchmischter 24-Stunden-Gesamtmenge. Gesamtmenge notieren.

Stabilität. Wenn mit Eisessig angesäuert wurde, bei Raumtemperatur über Wochen stabil. Ohne Zusätze nur gekühlt (2–4°C) ca. eine Woche, tiefgefroren (−20 °C) wahrscheinlich mehrere Monate stabil.

Lagerung/Versand. Lagerung im Kühlschrank über mehrere Tage möglich, angesäuert auch bei Raumtemperatur, am besten jedoch tiefgefroren (−20°C). Bei sofortigem Versand und kurzfristiger Versanddauer Raumtemperatur möglich, ansonsten gekühlt und angesäuert versenden.

Referenzintervalle

Schwangere:		s. **Abb. 22**
Frauen:	Perimenstruell:	5–20 µg/24 h
	Ovulationspeak:	45–90 µg/24 h
	Lutealphase:	20–70 µg/24 h
	Menopause:	2–15 µg/24 h
Kinder:	Präpuberal:	bis 5 µg/24 h
Männer:		bis 25 µg/24 h

Umrechnungsfaktoren (auf der Basis des Östriols)
1 µg = 3,47 nmol; 1 nmol = 0,288 µg

Anmerkungen. 1. Bestimmung ist weitgehend entbehrlich geworden durch Östradiol- bzw. Östriolbestimmung im Serum (s. dort). Wird vereinzelt noch für die Beurteilung der fetoplazentaren Funktion herangezogen (s. Text). **2.** Erfaßt werden Östriol, Östradiol und Östron. **3.** Im Urin Schwangerer beträgt der Östriolanteil mehr als 80%, so daß die alleinige Bestimmung der Östriolausscheidung für die Beurteilung der fetoplazentaren Funktion den gleichen diagnostischen Stellenwert wie die Gesamtöstrogene besitzt.

GH (Somatotropin; STH; Wachstumshormon)

Vorbereitung/Probennahme. Nach Möglichkeit 3–4 Tage vorher alle zentralnervös wirkenden Medikamente absetzen (s. u. a. **Tabelle 10**). Nahrungskarenz über 10–12 Stunden. Streß vermeiden. Blutentnahme (Uhrzeit notieren) am ruhenden Patienten, venös in Probengefäß (Kunststoff oder Glas) ohne Zusatz.

Probe. Zentrifugation bei Raumtemperatur.

Probenmenge. 1 ml Serum.

248 Praktische Hinweise

Stabilität. Bei Raumtemperatur etwa 4 Tage, gekühlt (2–4 °C) mindestens 8 Tage, tiefgefroren (–20 °C) über mehrere Monate stabil.

Lagerung/Versand. Nur in tiefgefrorenem Zustand lagern. Bei sofortigem Versand und kurzfristiger Versanddauer ist Raumtemperatur möglich.

Referenzintervall. Bis 4 µg/l.

Umrechnungsfaktoren
1 µg/l ≈ 2 µU/l (Bezugsstandard WHO 1. IRP 66/217)
1 µg/l ≈ 45,5 pmol/l; 1 pmol/l ≈ 0,022 µg/l

Anmerkungen. 1. Basale GH-Bestimmung hat wegen zahlreicher Einflußgrößen (s. Text) einen sehr geringen diagnostischen Stellenwert. Das o. g. **Referenzintervall** kann deshalb auch nur als **grober Anhalt** dienen. **2.** Lediglich bei basalen GH-Werten unter 1 µg/l und über 10 µg/l ist ein autonomer GH-Exzeß (Akromegalie, Gigantismus) bzw. ein GH-Mangel (GH-bedingter Minderwuchs) ausgeschlossen. **3.** Alle übrigen Ergebnisse sowie die Nachweisdiagnostik bedürfen je nach Fragestellung der Durchführung geeigneter Funktionstests (s. dort).

HCG (Humanes Choriongonadotropin)

Vorbereitung/Probennahme. Keine besonderen Vorkehrungen notwendig. Bei Verlaufskontrollen klinische Fragestellung angeben (Schwangerschaft, trophoblastischer Tumor, postoperativer Verlauf, Zytostatikatherapie). Blutentnahme venös in beliebiges Probengefäß.

Probe. Zentrifugation bei Raumtemperatur.

Stabilität. Bei Raumtemperatur mehrere Tage, tiefgefroren (–20 °C) wahrscheinlich mehrere Monate stabil.

Lagerung/Versand. Am besten tiefgefroren (–20 °C) lagern. Versand bei Raumtemperatur möglich.

Referenzintervalle (Bezugsstandard WHO 1. IRP 75/537)
Männer/Frauen (nicht schwanger): bis 2 IU/l
Schwangere: s. **Abb. 22**

Anmerkungen. 1. Für die Beurteilung einer intakten Schwangerschaft ist der Verlauf der HCG-Konzentration im Serum in 3–4tägigem Abstand aussagekräftiger als die Höhe eines einzelnen HCG-Wertes. **2.** Bei lebender Extrauteringravidität sind die HCG-Werte deutlich erniedrigt und im Verlauf fallend. **3.** Nach erfolgreicher Entfernung eines HCG-produzierenden Tumors fällt die HCG-Konzentration in den ersten zwei Tagen dramatisch ab und beträgt nach wenigen Wochen < 2 IU/l. **4.** Für die Erstdiagnose „schwanger" ist der qualitative HCG-Nachweis im Urin (sog. Schwangerschaftstest) ausreichend. **5.** Die Bezeichnung „β-HCG-Bestimmung" ist irreführend, da nicht nur die freie β-Kette des HCG, sondern vor allem das intakte HCG-Molekül (α- und β-Kette) erfaßt wird.

HPL (Humanes plazentares Laktogen)

Vorbereitung/Probennahme. Keine besonderen Vorkehrungen notwendig, aber Schwangerschaftswoche notieren. Blutentnahme (Uhrzeit notieren) venös in beliebiges Probengefäß.

Probe. Zentrifugation bei Raumtemperatur.

Probenmenge. 1 ml Serum oder Plasma.

Stabilität. Bei Raumtemperatur mehrere Tage, gekühlt (2–4°C) mindestens 7 Tage, tiefgefroren (−20°C) wahrscheinlich mehrere Monate stabil.

Lagerung/Versand. Lagerung am besten tiefgefroren (−20 °C), Versand bei Raumtemperatur möglich.

Referenzintervall. Schwangere: s. **Abb. 22**.

Umrechnungsfaktor. 1 mg/l ≈ 1 mU/l (Bezugsstandard WHO IRP 73/545).

Anmerkungen. 1. Ab 20. Schwangerschaftswoche für die Beurteilung der Plazentafunktion (Konzentration korreliert mit Plazentavolumen) wertvoll. **2.** Serielle Bestimmung erforderlich, zu Beginn täglich, ab 4. Tag 2mal wöchentlich. Blutentnahme möglichst zur gleichen Uhrzeit. **3.** In sehr seltenen Fällen niedriges oder fehlendes HPL trotz intakter Schwangerschaft möglich.

17α-Hydroxyprogesteron (17-OHP)

Vorbereitung/Probennahme. Gegebenenfalls Corticoidmedikation und Zyklusphase (letzter Menstruationsbeginn) notieren. Blutentnahme morgens zwischen 8 und 10 Uhr (Uhrzeit notieren), venös in beliebiges Probengefäß.

Probe. Zentrifugation bei Raumtemperatur.

Probenmenge. 0,5–1 ml Serum oder Plasma (abhängig von erwarteter Konzentration).

Stabilität. Bei Raumtemperatur mehrere Tage, tiefgefroren (−20°C) mehrere Monate stabil.

Lagerung/Versand. Am besten tiefgefroren (−20 °C) lagern, Versand bei Raumtemperatur möglich.

Referenzintervalle (morgens)
Frauen: Follikelphase: 0,2–1,0 µg/l
Lutealphase: 0,5–3,5 µg/l
Männer: bis 2,0 µg/l
Neugeborene: 2,0–8,0 µg/l. In den ersten zwei Lebensmonaten Abfall auf unter ca. 3,5 µg/l, nach weiteren zwei Monaten auf unter ca. 1,5 µg/l.
Kinder: 0,5–1,5 µg/l
Fruchtwasser: 3. Trimenon: 0,4–1,0 µg/l

Umrechnungsfaktoren. 1 µg/l = 3,0 nmol/l; 1 nmol/l = 0,33 µg/l.

Anmerkungen. 1. Höchster diagnostischer Stellenwert für AGS-Abklärung (21-Hydroxylasemangel). **2.** Bei Frauen sollte die frühe Follikelphase für die Blutentnahme gewählt werden. **3.** Bei unbehandeltem AGS nur morgens stets erhöhte Werte, nachmittags und abends entnommene Proben können bei Nichtbeachtung der Probennahmezeit als „normal" fehlinterpretiert werden (ausgeprägter zirkadianer Rhythmus). **4.** Unter Corticoidtherapie sind Konzentrationen bis 4,0 µg/l tolerabel. **5.** Bei zu starker Suppression besteht die Gefahr einer Corticoidüberdosierung. **6.** Sehr seltene AGS-Formen (s. Text) zeigen unauffällige Werte. **7.** Beachte auch ACTH-Test zur Diagnostik milder AGS-Formen.

Insulin

Vorbereitung/Probennahme. Morgens, nüchtern, venös in Probengefäß aus Kunststoff ohne Zusatz oder mit EDTA-Beschichtung (Heparin stört methodenabhängig).

Probe. Baldige Zentrifugation bei Raumtemperatur, Hämolyse unbedingt vermeiden.

Probenmenge. 1 ml Serum oder EDTA-Plasma.

Stabilität. Bei Raumtemperatur nur etwa 6 Stunden, bei 2–4 °C etwa eine Woche, tiefgefroren (−20 °C) mindestens 14 Tage stabil. Sehr empfindlich gegen wiederholtes Einfrieren und Auftauen.

Lagerung/Versand. Nur in tiefgefrorenem (−20 °C) Zustand lagern. Bei sofortigem Versand und kurzfristiger Versanddauer in jedem Fall für Kühlung sorgen, besser jedoch Probe tiefgefroren versenden.

Referenzintervall. Bis 20 mU/l (Bezugsstandard WHO 66/304).

Umrechnungsfaktoren
1 mU ≈ 0,037 µg; 1 µg ≈ 27 mU
1 µg/l ≈ 172 pmol/l; 1 pmol/l ≈ 0,006 µg/l

Anmerkungen. 1. Für die Diabetes-Diagnostik und bei Insulintherapie absolut entbehrlich (nur wissenschaftlich interessant). **2.** Lediglich von diagnostischem Wert bei der Abklärung hypoglykämischer Zustände (z. B. Insulinom) im Rahmen eines entsprechenden Funktionstests (z. B. Hungerversuch) unter gleichzeitiger Messung der Glukosekonzentration.

Katecholamine: siehe unter ***Adrenalin/Noradrenalin***

LH (Lutropin)

Vorbereitung/Probennahme. Keine besonderen Vorkehrungen notwendig. Alter, Geschlecht und gegebenenfalls Zyklusphase (letzter Menstruationsbeginn) sowie Medikamenteneinnahme (Kontrazeptiva, Sexualsteroide) notieren. Blutentnahme venös in beliebiges Probengefäß.

Probe. Zentrifugation bei Raumtemperatur.

Probenmenge. 1 ml Serum oder Plasma.

Stabilität. Bei Raumtemperatur mindestens 14 Tage, tiefgefroren ($-20\,°C$) wahrscheinlich mehrere Monate stabil.

Lagerung/Versand. Am besten tiefgefroren ($-20\,°C$) lagern, mehrfaches Auftauen möglich. Versand bei Raumtemperatur möglich.

Referenzintervalle (Bezugsstandard WHO 1. IRP 68/40)
Frauen:	Follikelphase:	3 – 15 IU/l
	Ovulationsphase:	20 – 50 IU/l
	Lutealphase:	5 – 10 IU/l
	Menopause:	20 –100 IU/l
Männer:	bis 50 Jahre:	2 – 10 IU/l
	über 50 Jahre:	bis ca. 15 IU/l
Kinder:	Präpuberal:	bis ca. 2 IU/l
Neugeborene:	Relativ hohe Werte, die in den ersten Lebensmonaten kontinuierlich auf die puberal relativ niedrigen Konzentrationen abfallen.	

Anmerkungen. 1. Ein einzelner basaler LH-Wert hat keinen diagnostischen Stellenwert. Zusätzliche Hormonbestimmungen sind je nach Fragestellung notwendig (s. Text). **2.** Gefahr falsch hoher LH-Werte bei sehr hohen HCG-Konzentrationen (Schwangerschaft; trophoblastische Tumoren). **3.** Bestimmung auch im 24-Stunden-Urin möglich, aber primär nicht zu empfehlen.

Metanephrine (gesamt)

Vorbereitung/Probennahme, Probe, Probenmenge, Stabilität und **Lagerung/Versand:** Siehe Adrenalin/Noradrenalin im Urin.

Referenzintervalle
Erwachsene: bis 1 mg/24 h
Kinder: ca. 50% der Erwachsenenwerte

Umrechnungsfaktoren (auf der Basis des Normetanephrins)
1 mg = 5,5 µmol; 1 µmol = 0,18 mg

Anmerkung: Kann für die Ausschlußdiagnostik eines Phäochromozytoms herangezogen werden.

Östradiol (E₂)

Vorbereitung/Probennahme. Keine besonderen Vorkehrungen notwendig. Gegebenenfalls Zyklusphase (letzter Menstruationsbeginn) und Medikamenteneinnahme (Kontrazeptiva, Sexualsteroide) notieren. Blutentnahme venös in beliebiges Probengefäß.

Probe. Zentrifugation bei Raumtemperatur.

Probenmenge. 1 ml Serum oder Plasma.

Stabilität. Bei Raumtemperatur mehrere Tage, tiefgefroren ($-20\,°C$) mindestens 10 Jahre stabil.

Lagerung/Versand. Am besten tiefgefroren ($-20\,°C$) lagern. Versand bei Raumtemperatur möglich.

Referenzintervalle
Frauen:	Follikelphase:	30–300 ng/l
	Ovulationsphase:	300–600 ng/l
	Lutealphase:	über 130 ng/l
	Menopause:	bis ca. 15 ng/l
Männer:		10–35 ng/l
Kinder:	präpuberal:	bis ca. 15 ng/l

Umrechnungsfaktoren. 1 ng/l = 3,7 nmol/l; 1 nmol/l = 0,27 ng/l.

Anmerkungen. 1. Ein einzelner Östradiolwert hat keinen diagnostischen Stellenwert. Für die Beurteilung sind je nach Fragestellung zusätzliche Informationen über die Zyklusphase und über die Symptomatik der Patientin ebenso notwendig wie zusätzliche Hormonbestimmungen und eine Follikulometrie (s. Text). **2.** Bei Kindern steigt die Östradiolkonzentration parallel zum Pubertätsstadium auf Erwachsenenwerte an.

Östriol (E₃)

Vorbereitung/Probennahme. Schwangerschaftswoche und gegebenenfalls Corticoidmedikation notieren und letztere möglichst mehrere Tage vorher absetzen. Blutentnahme morgens zwischen 8 und 10 Uhr (Uhrzeit notieren), venös in beliebiges Probengefäß.

Probe. Zentrifugation bei Raumtemperatur.

Probenmenge. 1 ml Serum oder Plasma.

Stabilität. Bei Raumtemperatur mehrere Tage, tiefgefroren ($-20\,°C$) mindestens 10 Jahre stabil.

Lagerung/Versand. Am besten tiefgefroren ($-20\,°C$) lagern, Versand bei Raumtemperatur möglich.

Referenzintervalle. Schwangere: s. **Abb. 22**

Umrechnungsfaktoren. 1 µg/l = 3,47 nmol/l; 1 nmol/l = 0,288 µg/l.

Anmerkungen. 1. Ab 28. Schwangerschaftswoche für die Beurteilung der fetoplazentaren Funktion wertvoll. **2.** Serielle Bestimmung notwendig, zu Beginn täglich, ab 4. Tag 2 mal wöchentlich. **3.** Dem HPL diagnostisch überlegen, da auch die fetale Funktion erfaßt wird. Trotzdem sinnvoll, beide Kenngrößen gleichzeitig zu bestimmen. **4.** Bei Diabetikerinnen engmaschige Verlaufsbeurteilung immer indiziert. **5.** Ob nur der freie Anteil oder das Gesamtöstriol bestimmt wird, hängt vom Methodenspektrum des jeweiligen Labors ab. Diagnostischer Stellenwert etwa gleich.

Parathormon (PTH)

Vorbereitung/Probennahme. Morgens (Uhrzeit notieren), nüchtern, venös in beliebiges Probengefäß. Bei Bestimmung des intakten PTH-Moleküls nur EDTA-beschichtetes Probengefäß nehmen.

Probe. Bei Bestimmung des C-terminalen PTH-Fragments (53–84) Zentrifugation bei Raumtemperatur möglich, ansonsten Probe möglichst sofort abkühlen (Gefäß in Eis) und kühl zentrifugieren (Kühlzentrifuge), bei Bestimmung des intakten PTH-Moleküls (1–84) Plasma sofort tieffrieren.

Probenmenge. 5 ml Serum oder Plasma.

Stabilität. C-terminales PTH-Fragment drei Tage bei Raumtemperatur stabil, mittregionales PTH-Fragment (44–68) wahrscheinlich ähnlich stabil, während intaktes PTH sehr instabil ist. Bei −20 °C sind das intakte PTH und alle Fragmente wahrscheinlich mehrere Wochen stabil.

Lagerung/Versand. Nur in tiefgefrorenem (−20 °C) Zustand lagern. Bei sofortigem Versand und kurzfristiger Versanddauer (24 Stunden) ist für die Bestimmung des C-terminalen bzw. mittregionalen PTH-Fragments Raumtemperatur möglich, besser ist jedoch Kühlung (2–4 °C). Bei der Bestimmung des intakten PTH Versand nur tiefgefroren.

Referenzintervalle
C-terminales PTH-Fragment: 0,1–1,5 µg/l
Mittregionales PTH-Fragment: ca. 80–300 ng/l
Intaktes PTH: bis 55 ng/l

Umrechnungsfaktoren. 1 ng/l = 0,106 pmol/l; 1 pmol/l = 9,4 ng/l.

Anmerkungen. 1. Befundinterpretation nur unter Berücksichtigung der Kalzium-, alkalischen Phosphatase-, anorganischen Phosphat- und Kreatinin-Werte möglich. **2.** Die Nachweismethode des jeweiligen Labors muß bekannt sein. **3.** Die Umrechnungsfaktoren basieren auf einem PTH-Molekulargewicht von 9.400 Dalton.

Plasma-Renin-Aktivität (PRA)

Vorbereitung/Probennahme. Drei Tage vorher Elektrolythaushalt ausgleichend bilanzieren (tägliche Gabe von mindestens 12 g Kochsalz und 1 g Kalium). Gegebenenfalls Einflußgrößen (s. Text) notieren und mehrere Tage vorher minimieren. Am Tag der Blutentnahme nach Möglichkeit mindestens 2–3 Stunden vorher horizontal ruhen und jede orthostatische Belastung vermeiden. Probennahme morgens zwischen 8 und 10 Uhr (Uhrzeit notieren), nüchtern, venös in vorgekühltes, mit EDTA (0,6 ml einer 3%igen EDTA-Lösung oder 10 mg Na_2EDTA/10 ml Blut) versehenem Probengefäß aus Kunststoff. Kein Heparin als Antikoagulans.

Probe. Vorsichtig durchmischen und sofort abkühlen (Gefäß in Eis), dann in Kühlzentrifuge zentrifugieren, Plasma unbedingt kühl halten (2–4 °C) oder sofort tieffrieren (−20 °C). Hämolytisches und lipämisches Plasma verwerfen.

Probenmenge. 1 ml, bei gleichzeitiger Bestimmung von Aldosteron, 5 ml Plasma.

Stabilität. Bei 2–4 °C mehrere Tage, bei −20 °C wahrscheinlich mehrere Wochen stabil. Raumtemperatur ist weniger wegen der Instabilität des Renin- (und Angiotensinogen-) Moleküls, als vielmehr wegen der bei Raumtemperatur ablaufenden katalytischen Umwandlung von endogenem Angiotensinogen zu Angiotensin I zu vermeiden.

Lagerung/Versand. Nur in tiefgefrorenem Zustand.

Referenzintervall. 0,5–3,0 µg Angiotensin I/l · h (bei pH 7,4).

Umrechnungsfaktoren. 1 µg = 0,77 nmol; 1 nmol = 1,3 µg.

Anmerkungen. 1. Auf strenge Standardisierung der präanalytischen Phase ist zu achten, da sonst der Basalwert von Gesunden bis auf das Doppelte über dem Referenzintervall liegen kann. **2.** Eine stationäre Diagnostik einschließlich geeigneter Funktionstests (z. B. vor und nach aktiver Orthostase; vor und nach Furosemidgabe) und gleichzeitiger Bestimmung der Aldosteronkonzentration (aus gleicher Probe möglich) ist anzustreben. **3.** Natrium und Kalium im 24-Stunden-Urin und im Serum sind bei der Befundinterpretation mit zu berücksichtigen. **4.** Gemessen wird das durch Renin katalytisch aus Angiotensinogen entstandene Angiotensin I, welches der Reninkonzentration proportional ist.

Pregnantriol im Urin

Vorbereitung/Probennahme. Gegebenenfalls Corticoidmedikation notieren. **24-Stunden-Urin:** Sammelperiode beginnt **nach** dem Morgenurin (Uhrzeit notieren) und endet **mit** dem Morgenurin des darauffolgenden Tages (gleiche Uhrzeit). Sammelgefäß (Kunststoff oder Glas) ohne Zusätze.

Probe. Die spontan gelassenen Urinportionen können bei Raumtemperatur gesammelt werden.

Probenmenge. 20 ml Urin aus sorgfältig durchmischter 24-Stunden-Gesamtmenge. Gesamtmenge notieren.

Stabilität. Bei Raumtemperatur mehrere Tage, tiefgefroren ($-20\,°C$) über Jahre stabil.

Lagerung/Versand. Lagerung im Kühlschrank (2–4 °C) über mehrere Tage möglich, am besten jedoch tiefgefroren ($-20\,°C$). Versand bei Raumtemperatur möglich.

Referenzintervalle
Erwachsene:	bis ca. 3,5 mg/24 h
Schulkind (vor der Pubertät):	bis 0,5 mg/24 h
Kleinkind:	bis 0,2 mg/24 h
Säugling (ab 2. Lebensmonat):	bis 0,1 mg/24 h

Umrechnungsfaktoren. 1 mg = 3,0 µmol; 1µmol = 0,337 mg.

Anmerkungen. 1. Hat für die AGS-Ausschlußdiagnostik und Therapiekontrolle (bei korrekter Sammelperiode!) einen ähnlich hohen diagnostischen Stellenwert wie die 17α-Hydroxyprogesteron-Bestimmung im Blut. **2.** Nicht zu verwechseln mit dem Pregnandiol.

Progesteron

Vorbereitung/Probennahme. Keine besonderen Vorkehrungen notwendig. Zyklusphase (letzter Menstruationsbeginn) und Medikamenteneinnahme (Kontrazeptiva, Sexualsteroide) notieren. Blutentnahme venös in beliebiges Probengefäß.

Probe. Zentrifugation bei Raumtemperatur.

Probenmenge. 1 ml Serum oder Plasma.

Stabilität. Bei Raumtemperatur mehrere Tage, tiefgefroren ($-20\,°C$) wahrscheinlich mehrere Monate stabil.

Lagerung/Versand. Am besten tiefgefroren ($-20\,°C$) lagern. Versand bei Raumtemperatur möglich.

Referenzintervalle
Follikelphase:	bis 1,6 µg/l
Mittlere Lutealphase:	12–35 µg/l

Umrechnungsfaktoren. 1 µg/l = 3,2 nmol/l; 1 nmol/l = 0,31 µg/l.

Anmerkungen. 1. Ein einzelner Progesteronwert hat keinen diagnostischen Stellenwert. Für die Beurteilung sind je nach Fragestellung zusätzliche Informationen über die Zyklusphase und über die Symptomatik der Patientin ebenso notwendig wie zusätzliche Hormonbestimmungen und eine Follikulometrie (s. Text). **2.** Das Führen einer Basaltemperaturkurve erleichtert die Interpretation von Progesteronwerten. **3.** Die Bestimmung kann in Einzelfällen zur Beurteilung einer Frühschwangerschaft von Wert sein (s. Text).

Prolaktin

Vorbereitung/Probennahme. Sorgfältige Medikamentenanamnese (s. u. a. **Tabelle 4**) und gegebenenfalls mehrere Tage vorher fragliche Medikamente absetzen. Streß vermeiden. Blutentnahme nicht in der Zeit von 18 Uhr abends bis 8 Uhr morgens und nicht kurz nach dem Aufwachen bzw. nach Mahlzeiten, ansonsten jede Tageszeit möglich (Uhrzeit notieren), venös in beliebiges Probengefäß.

Probe. Zentrifugation bei Raumtemperatur.

Probenmenge. 1 ml Serum oder Plasma.

Stabilität. Bei Raumtemperatur mindestens 14 Tage, tiefgefroren ($-20\,°C$) wahrscheinlich mehrere Monate stabil. Mehrfaches Auftauen möglich.

Lagerung/Versand. Lagerung am besten tiefgefroren ($-20\,°C$), Versand bei Raumtemperatur möglich.

Referenzintervalle
Frauen: bis ca. 17 µg/l
Männer: bis ca. 10 µg/l

Umrechnungsfaktoren
1 µg/l ≈ 32,5 mIU/l; 1 mIU/l ≈ 0,03 µg/l (Bezugsstandard WHO 1. IRP 75/504)
1 µg/l ≈ 43 pmol/l; 1 pmol/l ≈ 0,02 µg/l

Anmerkungen. 1. Bei grenzwertigem Ergebnis Bestimmung wiederholen. **2.** Steigt in der Schwangerschaft kontinuierlich an (bis ca. 300 µg/l). **3.** Patienten mit Niereninsuffizienz haben erhöhte Werte.

Renin-Aktivität: siehe unter *Plasma-Renin-Aktivität (PRA)*

Somatomedin C

Vorbereitung/Probennahme. Keine besonderen Vorkehrungen notwendig. Bei Kindern Alter notieren. Blutentnahme venös in Probengefäß (Kunststoff oder Glas) ohne Zusatz oder mit EDTA-Beschichtung.

Probe. Baldige Zentrifugation bei Raumtemperatur.

Probenmenge. 2 ml Serum oder EDTA-Plasma.

Stabilität. Bei Raumtemperatur nur ca. 4 Stunden stabil, tiefgefroren ($-20\,°C$) wohl mehrere Wochen. Sehr empfindlich gegen wiederholtes Einfrieren und Auftauen.

Lagerung/Versand. Nur in tiefgefrorenem ($-20\,°C$) Zustand lagern und versenden.

Referenzintervalle
  Erwachsene: 0,4–2,0 U/ml (methodenabhängig)
  Kinder: 0,1–6,0 U/ml (altersabhängig ansteigend, mit höchsten Werten in der Pubertät).

Anmerkungen. 1. Wegen problemloser Probennahme (s. o.) von zunehmender diagnostischer Bedeutung. Reicht allein für den Nachweis eines GH-Exzesses oder -mangels jedoch nicht aus. **2.** Somatomedin C ist identisch mit dem Insulin-like growth-factor (IGF-1).

Somatotropin: siehe unter *GH*

Testosteron

Vorbereitung/Probennahme. Nach Medikamenteneinnahme fragen (z. B. Dexamethason, Anabolika, Östrogene, Cyproteron, Spironolacton, Drogen, Diazepam) und nach Möglichkeit fragliche Medikamente mehrere Tage bis Wochen vorher absetzen. Blutentnahme morgens zwischen 8 und 10 Uhr (Uhrzeit notieren), venös in beliebiges Probengefäß.

Probe. Zentrifugation bei Raumtemperatur.

Probenmenge. 1 ml Serum oder Plasma.

Stabilität. Bei Raumtemperatur mehrere Tage, tiefgefroren ($-20\,°C$) mindestens 10 Jahre stabil.

Lagerung/Versand. Am besten tiefgefroren ($-20\,°C$) lagern. Mehrfaches Auftauen möglich. Versand bei Raumtemperatur möglich.

Referenzintervalle (morgens)
  Männer: 3,5–9,0 µg/l
  Frauen: Reproduktionsphase: bis 0,5 µg/l
  Menopause: bis 1 µg/l
  Kinder: präpuberal: bis 0,4 µg/l

Umrechnungsfaktoren. 1 µg/l = 3,47 nmol/l; 1 nmol/l = 0,29 µg/l.

Anmerkungen. 1. Zur Beurteilung der inkretorischen (endokrinen) Hodenfunktion wichtigste Meßgröße. **2.** Beim Mann zeigt die Testosteronkonzentration eine signifikante, diagnostisch zu berücksichtigende Tagesrhythmik mit Höchstwerten in den Morgenstunden. **3.** Bei Frauen spiegelt die Bestimmung aus **Mischblut** von drei in Abständen von 20 min entnommenen Proben den tatsächlichen durchschnittlichen Testosteronspiegel besser wider als die Bestimmung aus einer einzelnen Probe. **4.** Bei Frauen mit grenzwertigem Testosteronbefund kann die Bestimmung des nicht proteingebundenen Testosterons (sog. freies Testosteron) möglicherweise besser einen Androgenexzeß erkennen, da allein das freie Testosteron biologisch wirksam ist. **5.** Werte im Referenzintervall während der Follikelphase schließen erhöhte Testosteronkonzentrationen periovulatorisch bzw. mittluteal nicht aus. 6. Die obere Grenze des Referenzintervalls bei Frauen wird von Labor zu Labor sehr unterschiedlich angegeben, sollte aber generell nicht höher als 0.5 µg/l sein!

Thyroxin (T_4) / Trijodthyronin (T_3)

Vorbereitung/Probennahme. Keine besonderen Vorkehrungen notwendig, aber unbedingt Medikamenteneinnahme notieren (z. B. Kontrazeptiva, Antiepileptika, Anabolika, Corticoide, Azetylsalizylsäure in hohen Dosen, Phenylbutazon, Heparin, Amiodaron). Blutentnahme venös in Probengefäß beliebiger Art.

Probe. Zentrifugation bei Raumtemperatur.

Probenmenge. 1 ml Serum oder Plasma.

Stabilität. Bei Raumtemperatur mindestens 14 Tage, tiefgefroren ($-20\,°C$) wahrscheinlich mehrere Monate stabil.

Lagerung/Versand. Am besten tiefgefroren ($-20\,°C$) lagern. Versand bei Raumtemperatur möglich.

Referenzintervalle
    Kinder/Erwachsene: Gesamt-T_4 (TT_4): 50–120 µg/l
                                  Gesamt-T_3 (TT_3): 0.8–2.0 µg/l
    Neugeborene: In den ersten Lebensmonaten liegt die mittlere TT_4-Konzentration um ca. 50%, die mittlere TT_3-Konzentration um ca. 20% höher.

Umrechnungsfaktoren
    T_4: 1 µg/l = 1,29 nmol/l; 1 nmol/l = 0,78 µg/l
    T_3: 1 µg/l = 1,54 nmol/l; 1 nmol/l = 0,65 µg/l

Anmerkungen. TT_4: **1.** Für die Ausschlußdiagnostik einer Schilddrüsenfunktionsstörung entbehrlich, für die Nachweisdiagnostik und Therapiekontrolle wichtig. **2.** Einflußgrößen (z. B. Schwangerschaft, Lebererkrankungen, Medikamente) können zur Erhöhung oder Erniedrigung des Thyroxin-bindenden Globulins (TBG) führen bzw. T_4 kompetitiv vom TBG verdrängen und somit entsprechende Veränderungen der TT_4-Konzentration nach sich ziehen. Deshalb ist bei der Nachweisdiagnostik von Funktionsstörungen zur Vermeidung von Fehlinterpretationen immer die sog. freie Hormonfraktion (FT_4) mit zu beurteilen (direkt mittels FT_4-RIA oder indirekt mittels FT_4-Index).
TT_3: **1.** Seine Bestimmung kann bei der Abklärung hyperthyreoter Funktionsstörungen Bedeutung haben. **2.** Für die Diagnostik hypothyreoter Funktionsstörungen entbehrlich. **3.** Beachte „Low-T_3-Syndrom".

TSH (Thyrotropin)

Vorbereitung/Probennahme. Keine besonderen Vorkehrungen notwendig, gegebenenfalls lediglich Medikamenteneinnahme notieren. Blutentnahme venös in Probengefäß beliebiger Art.

Probe. Zentrifugation bei Raumtemperatur.

Probenmenge. 1 ml Serum oder Plasma.

Stabilität. Bei Raumtemperatur mindestens 8 Tage, tiefgefroren ($-20\,°C$) wahrscheinlich mehrere Monate stabil.

Lagerung/Versand. Am besten tiefgefroren ($-20\,°C$) lagern, mehrfaches Auftauen möglich. Versand bei Raumtemperatur möglich.

Referenzintervalle (Bezugsstandard WHO 1. IRP 68/38)
 Kinder/Erwachsene: 0,1–3,0 mU/l
 Neugeborenen-Screening: bis 20 mU/l

Anmerkungen. 1. Die neuen, sehr sensitiven Nachweismethoden für TSH haben für die **Ausschlußdiagnostik** einer Schilddrüsenfunktionsstörung den höchsten Stellenwert. **2.** Durch sie hat der TRH-Test an Bedeutung verloren (s. dort). **3.** Zum **Nachweis** einer hyper- bzw. hypothyreoten Stoffwechsellage gehört zusätzlich die Bestimmung der peripheren Schilddrüsenhormone (TT_4 und TT_3 bei Hyperthyreose; TT_4 bei Hypothyreose) einschließlich einer Meßgröße für die nicht proteingebundene, sog. freie T_4-Konzentration (FT_4-RIA oder FT_4-Index). **4.** Diagnostische Problemfälle sind Schwerstkranke, multimorbide Patienten und Greise, bei denen ein erniedrigter basaler TSH-Wert nicht von vornherein als Schilddrüsenfunktionsstörung gewertet werden darf.

Vanillinmandelsäure (VMS)

Vorbereitung/Probennahme. Siehe Adrenalin/Noradrenalin im Urin. Zusätzlich drei Tage vor Urinsammlung auf brenzkatechinaminhaltige Nahrungs- und Genußmittel verzichten, d. h. vor allem auf Bananen, Vanille, Schokolade, Kaffee und Tee (Gefahr falsch hoher Werte). Darüber hinaus sind nitrofurantoinhaltige Medikamente drei Tage vorher abzusetzen (Gefahr falsch niedriger Werte).

Probe. Siehe Adrenalin/Noradrenalin im Urin.

Probenmenge. Ca. 20 ml (methodenabhängig) aus sorgfältig durchmischter 24-Stunden-Gesamtmenge. Gesamtmenge notieren.

Stabilität/Lagerung/Versand. Siehe Adrenalin/Noradrenalin im Urin.

Referenzintervalle
 Erwachsene: bis 10,8 mg/24 h. Bei **Kindern** ca. 50%, bei **Säuglingen** und **Kleinkindern** ca. 20% der Erwachsenenwerte.

Umrechnungsfaktoren. 1 mg = 5,0 µmol; 1 µmol = 0,2 mg.

Anmerkungen. 1. Bestimmung hat sich unter standardisierter Bedingung für ein gezieltes Screening (Ausschlußdiagnostik) bewährt. **2.** Nach Möglichkeit drei aufeinanderfolgende 24-Stunden-Urine analysieren. **3.** Keine einzelnen Spontanurinproben einsenden, da die VMS-Ausscheidung einem Tagesrhythmus unterworfen ist und **konzentrations**bezogene Referenzintervalle nicht immer vorliegen.

Wachstumshormon: siehe unter *GH*

Funktionstests

ACTH-Test (Cortisol-Stimulation)

Durchführung. a) Für erste Blutentnahme venösen Zugang legen, dabei Vorbereitung/Probennahmebedingungen für Cortisol- (gegebenenfalls auch 17α-Hydroxyprogesteron-)Bestimmung beachten (s. dort), **b)** 250 µg ACTH 1-24 (z.B. Synacthen) als Bolus i.v., **c)** nach 30, 60 und 90 min (bei grobem Screening reicht 60-Minuten-Wert) weitere Blutentnahmen.

Interpretation. Ein Cortisolanstieg nach 60 min um mehr als 100 µg/l (280 nmol/l) ist normal. Ist der Anstieg abgeschwächt oder fehlt er, so spricht dies für eine NNR-Insuffizienz.

Anmerkungen. 1. Zur Ausschlußdiagnostik einer **NNR-Insuffizienz** am besten geeignet. **2.** Eine Differenzierung zwischen primärer und sekundärer NNR-Insuffizienz gelingt nur durch den „**Langtest**", von dem mehrere Versionen bekannt sind. Ambulant am bequemsten durchführbar ist eine Behandlung mit 1 mg Synacthen-Depot i.m./die über 3 Tage. Am 4. Tag erfolgt dann ein „Kurztest" wie oben beschrieben. Fehlt unter diesen Bedingungen ein Cortisolanstieg, ist eine primäre NNR-Insuffizienz gesichert. Bei sekundärer NNR-Insuffizienz dagegen erfolgt ein deutlicher Cortisolanstieg. **3.** Der „Kurztest" (oder mit einem ACTH-Depot) wird auch im Rahmen der **AGS-Diagnostik** benutzt, wobei statt Cortisol das 17α-Hydroxyprogesteron (17-OHP) bestimmt wird. Hiermit gelingt der Nachweis eines Late-onset-AGS bzw. die Aufdeckung eines „cryptic"-AGS. Ein Anstieg des 17-OHP um mehr als 2.5 µg/l gilt als sicherer Hinweis auf einen 21-Hydroxylasemangel. **4.** Zur AGS-Ausschlußdiagnostik (21-Hydroxylasemangel) sollte bei Frauen die frühe Follikelphase gewählt werden. **5.** Der ACTH-Test wird als **Heterozygoten-Test** bezeichnet, wenn er dazu dient, über die 17-OHP-Bestimmung die symptomlosen, heterozygoten AGS-Genträger in der Bevölkerung herauszufinden (s. Text). **6.** Zur Unterscheidung vom klassischen ACTH-Test (Cortisol-Stimulation) werden in der Praxis häufig generell alle ACTH-Tests, die zur Überprüfung der 17-OHP-Stimulation dienen, als Heterozygoten-Test bezeichnet, was nicht korrekt ist, da es sich bei der Diagnostik von Patienten mit milden AGS-Formen um homozygote Merkmalsträger handelt. **7.** Bei den übrigen, sehr viel selteneren AGS-Enzymdefekten (z.B. 11-Hydroxylase, 3β-Hydroxysteroiddehydrogenase) muß die Stimulierbarkeit anderer Präkursoren (11-Desoxycortisol/11-Desoxycorticosteron bzw. DHEA-S) geprüft werden.

Arginin-Test (GH-Stimulation)

Durchführung. a) Venösen Zugang legen, dabei Vorbereitung/Probennahmebedingungen für GH-Bestimmung beachten (s. dort) und Patienten 30 min ruhen lassen, **b)** erste Blutentnahme für GH-Basalwert, **c)** 0,5 g/kgKG (maximal

30 g/Pat.) Arginin-Hydrochlorid als 10%ige Lösung über 30 min infundieren, **d)** 30, 60, 90 und 120 min nach Infusions**beginn** weitere Blutentnahmen.

Interpretation. Ein maximaler GH-Stimulationswert über 10 µg/l schließt einen klassischen GH-Mangel aus, nicht jedoch einen relativen GH-Mangel bei der konstitutionellen Entwicklungsverzögerung (s. Schlaftest). Ein maximaler GH-Wert unter 5 µg/l spricht für einen kompletten, zwischen 5 und 10 µg/l für einen partiellen GH-Mangel.

Anmerkungen. 1. Arginin-Hydrochlorid stimuliert gleichzeitig die Insulinsekretion mit nachfolgendem Glukoseabfall im Blut, was von zusätzlichem diagnostischen Interesse sein kann. **2.** Wegen der 10–20%igen Rate falsch positiver (pathologischer) Ergebnisse (z. B. bei Adipositas, Unterernährung) wird die Durchführung eines zweiten definitiven Funktionstests im Rahmen der Nachweisdiagnostik eines vermuteten GH-Mangels gefordert. **3.** Nebenwirkungen sind nicht bekannt.

Bewegungstest (GH-Stimulation)

Durchführung. a) Erste Blutentnahme, dabei Vorbereitung/Probennahmebedingungen für GH-Bestimmung beachten (s. dort), **b)** etwa 20 min lang körperlich anstrengende, bis zur Schweißgrenze führende Betätigung (z. B. Treppenlaufen, Fahrradergometer), **c)** 10 min ruhen lassen, **d)** zweite Blutentnahme 30 min nach erster.

Interpretation. Ein maximaler GH-Stimulationswert über 10 µg/l schließt einen klassischen GH-Mangel aus, einen relativen GH-Mangel bei der konstitutionellen Entwicklungsverzögerung dagegen nur in ca. 30% der Fälle (s. Schlaftest). Stimulationswerte unter 10 µg/l verlangen weitere Tests (s. Anmerkungen).

Anmerkungen. 1. Er gehört zu den physiologischen GH-Provokationstests und gilt wegen seiner einfachen Durchführung und geringen Patientenbelastung als bevorzugter Screening-Test bei Verdacht auf einen GH-Mangel. **2.** Wegen der 10–20%igen Rate falsch positiver (pathologischer) Ergebnisse muß in solchen Fällen der vermutete GH-Mangel durch zwei definitive Tests (z. B. Arginin-Test, Insulin-Hypoglykämie-Test) bestätigt werden.

Clomiphen-Test (LH/FSH-Stimulation)

Durchführung a) Ausschluß einer Schwangerschaft, **b)** erste Blutentnahme, dabei Vorbereitung/Probennahmebedingungen für Bestimmung von LH, FSH, Testosteron (♂)/Östradiol (♀) beachten, **c)** an 10 (♂) bzw. 5 (♀) aufeinanderfolgenden Tagen 100 mg (♂) bzw. 50 mg (♀) Clomiphen per os, **d)** am 11. (♂) bzw. 6. (♀) Tag zweite Blutentnahme.

Interpretation. Bei Frauen gilt ein Mindestanstieg von LH/FSH und Östradiol um das doppelte des jeweiligen Basalwertes als normal, bei Männern ein Mindestanstieg von LH um 30%, von FSH um 22% und von Testosteron um 25%.

Anmerkungen. 1. Test hat mehr Bedeutung für wissenschaftliche Fragen als für die Routinediagnostik (s. Text). **2.** Er kann zur Nachweis- und Ausschlußdiagnostik eines endogenen GnRH-Mangels herangezogen werden. **3.** Clomiphen als Antiöstrogen hemmt die suppressive Wirkung der endogenen Östrogene auf die GnRH-Sekretion. Dies führt im Normalfall zum Anstieg der GnRH-Sekretion und nachfolgend zum Anstieg von LH, FSH sowie Testosteron (♂) bzw. Östradiol (♀). **4.** Bei Frauen kann der Test therapeutisch zur Ovulationsauslösung genutzt werden.

Clonidin-Test (GH-Stimulation)

Durchführung. a) Für erste Blutentnahme venösen Zugang legen, dabei Vorbereitung/Probennahmebedingungen für GH-Bestimmung beachten (s. dort), **b)** 0,15 mg/m^{2}KO Clonidin per os, **c)** nach 30, 60, 90 und 120 min (andere empfehlen noch nach 150 und 180 min) weitere Blutentnahmen.

Interpretation. Ein maximaler Stimulationswert über 10 µg/l schließt einen klassischen GH-Mangel aus, nicht jedoch einen relativen GH-Mangel bei der konstitutionellen Entwicklungsverzögerung (s. Schlaftest). Ein maximaler GH-Wert unter 5 µg/l spricht für einen kompletten, zwischen 5 und 10 µg/l für einen partiellen GH-Mangel.

Anmerkungen. 1. Wegen der 10–20%igen Rate falsch positiver (pathologischer) Ergebnisse wird die Durchführung eines zweiten definitiven Funktionstests im Rahmen der Nachweisdiagnostik eines GH-Mangels gefordert. **2.** Clonidin senkt den Cortisolspiegel, so daß bei entsprechender Symptomatik (Blutdruckabfall, Pulsanstieg, Müdigkeit, Schweißausbruch) ACTH oder ein Glucocorticoid injiziert werden sollte. **3.** Testablauf unter ständiger Blutdruckkontrolle und unter Vermeidung orthostatischer Belastungen. **4.** Clonidin wird als Suppressor der Katecholaminfreisetzung in der Phäochromozytomdiagnostik genutzt (s. dort).

Clonidin-Test (Katecholamin-Suppression)

Durchführung. a) Venösen Zugang legen, dabei Vorbereitung/Probennahmebedingungen für Adrenalin/Noradrenalin-Bestimmung beachten (s. dort) und Patienten 30 min ruhen lassen, **b)** erste Blutentnahme für Adrenalin/Noradrenalin-Basalwert, **c)** 0,3 mg Clonidin per os (bei Patienten mit Volumenmangel nur 0,1–0,15 mg), **d)** nach 60, 180 und 240 min weitere Blutentnahmen.

Interpretation. Eine fehlende Suppression erhöhter Adrenalin/Noradrenalin-Basalwerte nach 240 min spricht für eine autonome Katecholaminsekretion.

Ansonsten kommt es zu einem Abfall um mehr als 50% gegenüber den Basalwerten.

Anmerkungen. 1. Auf die Vorbereitung/Probennahmebedingungen für die Adrenalin/Noradrenalin-Bestimmung ist unbedingt zu achten. **2.** Testablauf unter ständiger Blutdruckkontrolle und unter Vermeidung orthostatischer Belastungen.

Cortisol-Tagesprofil

Durchführung. a) Erste Blutentnahme um 8 Uhr, dabei Vorbereitung/Probennahmebedingungen für Cortisolbestimmung beachten (s. dort), **b)** zweite Blutentnahme um 18 Uhr.

Interpretation. Ein Abfall des 18-Uhr-Wertes gegenüber dem 8-Uhr-Wert um mehr als 50% ist normal. Je geringer der Abfall, um so mehr besteht der Hinweis eines autonomen Hypercortisolismus.

Anmerkungen. 1. Auf die Vorbereitung/Probennahmebedingungen für die Cortisolbestimmung ist unbedingt zu achten (s. dort). **2.** Eine aufgehobene Tagesrhythmik kann schon dann für einen autonomen Hypercortisolismus sprechen, wenn der 8-Uhr-Wert noch im oberen Referenzintervall liegt. **3.** Das Tagesprofil ist dem Dexamethason-Hemmtest diagnostisch unterlegen. **4.** Neben dem ambulant bequem durchführbaren Test (8, 18 Uhr) hat sich stationär ein Tagesprofil mit Blutentnahmen um 8, 12, 16, 20, 24 und 4 Uhr bewährt.

CRH-Test (ACTH-Stimulation)

Durchführung. a) Venösen Zugang legen, dabei Vorbereitung/Probennahmebedingungen für ACTH- und Cortisolbestimmung beachten (s. dort) und Patient nach Möglichkeit zwei Stunden ruhen lassen, **b)** erste Blutentnahme für ACTH- und Cortisol-Basalwert, **c)** 100 µg (andere empfehlen 50 µg) CRH als Bolus i.v., **d)** nach 15, 30, 60 und 90 min weitere Blutentnahmen.

Interpretation. Normalerweise und bei einer hypothalamisch bedingten, sog. tertiären NNR-Insuffizienz (s. Text) wird ein deutlicher Anstieg der ACTH- und Cortisol-Basalwerte erwartet. Sehr starke Anstiege sind für den Morbus Cushing typisch. Fehlt ein Anstieg, so liegt in Abhängigkeit von den Ausgangswerten entweder ein Cushing-Syndrom, eine sekundäre NNR-Insuffizienz oder ein ektopes ACTH-Syndrom vor (s. Text).

Anmerkungen. 1. Der Test ist für die Basisdiagnostik entbehrlich, in unklaren Fällen aber für die Differentialdiagnose eines gesicherten ACTH-Mangels bzw. ACTH-Exzesses wertvoll. **2.** Er eignet sich zur Beurteilung des Therapieerfolges nach der Operation von Hypophysen- bzw. NNR-Tumoren sowie zur Erkennung der wieder einsetzenden endogenen ACTH- und Cortisol-Sekretion nach iatrogenem Cushing-Syndrom (s. Text). **3.** Als Nebenwirkung kann sich ein kurzfristiges Hitzegefühl (Flush) einstellen.

Dexamethason-Hemmtest (Cortisol-Suppression)

Durchführung. a) Erste Blutentnahme zwischen 8 und 9 Uhr, dabei Vorbereitung/Probennahmebedingungen für Cortisolbestimmung beachten (s. dort), **b)** am gleichen Tag um 23 Uhr 1 mg (manche empfehlen 2 mg) Dexamethason per os, **c)** am darauffolgenden Morgen zwischen 8 und 9 Uhr zweite Blutentnahme.

Interpretation. Eine Suppression unter 30 µg/l (< 80 nmol/l) ist normal, höhere Werte nach Dexamethason sprechen für einen autonomen Hypercortisolismus.

Anmerkungen. 1. Zur Ausschlußdiagnostik eines autonomen Hypercortisolismus am besten geeignet. **2.** Bei ungenügender Suppression mit 1 oder 2 mg Dexamethason sollte sich ein ambulant in gleicher Weise durchführbarer Hemmtest mit 8 mg Dexamethason (einmal abends um 23 Uhr per os) anschließen, um zwischen Morbus Cushing und Cushing-Syndrom zu differenzieren (s. Text).

Furosemid-Test (PRA-/Aldosteron-Stimulation)

Durchführung. a) Für erste Blutentnahme venösen Zugang legen, dabei Vorbereitung/Probennahmebedingungen für Plasma-Renin-Aktivitäts-(PRA-) bzw. Aldosteron-Bestimmung beachten (s. dort), **b)** 40 mg Furosemid (z. B. 1 Ampulle Lasix) als Bolus i.v., **c)** nach 60 min (ohne besondere Ruhebedingungen) zweite Blutentnahme.

Interpretation. Ein Anstieg der basalen PRA bzw. der Aldosteronkonzentration um das 2- bis 4fache ist normal. Fehlender PRA-Anstieg bei niedrigem Basalwert spricht für einen primären Hyperaldosteronismus, **wenn** der basale Aldosteronwert erhöht ist und entweder nach Furosemidgabe paradoxerweise abfällt (aldosteronproduzierendes Adenom) oder weiter ansteigt (idiopathische adrenale Hyperplasie). Eine supprimierte PRA bei normaler Aldosteronkonzentration und -antwort findet man bei einem Viertel der essentiellen Hypertonien. Hohe basale und stimulierbare Aldosteron- und PRA-Werte sprechen für einen sekundären Hyperaldosteronismus (z. B. Ödemkrankheiten, Nierenarterienstenose).

Anmerkungen. 1. Der Test ist kontraindiziert bei bestehender Hypokaliämie. **2.** Er liefert für die Ausschlußdiagnostik eines primären Hyperaldosteronismus unter ambulanten, oft nicht standardisierten Bedingungen die aussagekräftigsten Resultate. **3.** In der Klinik ist der Orthostase-Test (s. dort) zu bevorzugen, insbesondere wenn es um die Nachweisdiagnostik eines primären Hyperaldosteronismus geht. **4.** Einige Zentren kombinieren den Furosemid- mit dem Orthostase-Test.

Gestagen-Test (Entzugsblutung)

Durchführung. a) Ausschluß einer Schwangerschaft, **b)** an 10 aufeinanderfolgenden Tagen orale Einnahme eines Gestagenpräparates (z.B. täglich 2 × 1 Tablette Prothil 5).

Interpretation. Ein positives Ergebnis liegt vor, wenn innerhalb von 2–4 Tagen eine Entzugsblutung auftritt (s. Text).

Anmerkungen. 1. Bei negativem Ergebnis sollte sich ein Östrogen-Gestagen-Test anschließen (s. dort). **2.** Die notwendige Gesamtdosierung einzelner Gestagenpräparate ist unterschiedlich und richtet sich nach der präparatespezifischen Transformationsdosis. Beim Unterschreiten kann es zu falsch negativen Ergebnissen kommen. **3.** Die einmalige Gabe der Gesamtdosis wird ebenfalls praktiziert.

GHRH-Test (GH-Stimulation)

Durchführung. a) Venösen Zugang legen, dabei Vorbereitung/Probennahmebedingungen für GH-Bestimmung beachten (s. dort) und Patienten 30 min ruhen lassen, **b)** erste Blutentnahme für GH-Basalwert, **c)** 1 µg/kgKG GHRH als Bolus i.v., **d)** nach 15, 30, 45, 60, 90 und 120 min weitere Blutentnahmen.

Interpretation. Ein GH-Anstieg nach 30 bis 60 min auf über 10 µg/l ist normal. Bei nicht ausreichendem GH-Anstieg liegt eine primär hypophysäre Störung vor oder die Hypophyse ist durch fehlendes endogenes GHRH aus dem Hypothalamus nicht ausreichend aktiviert.

Anmerkungen. 1. Ein hypothalamisch bedingter mangelhafter GH-Anstieg liegt vor, wenn es nach Gabe von GHRH über mehrere Tage (Priming) doch noch zu einem GH-Anstieg über 10 µg/l kommt. **2.** Nebenwirkungen bestehen in milden Hautrötungen und/oder in metallischen Geschmacks- oder Geruchssensationen.

Glukagon-Propanolol-Test (GH-Stimulation)

Durchführung. a) Venösen Zugang legen, dabei Vorbereitung/Probennahmebedingungen für GH-Bestimmung beachten (s. dort), **b)** orale Gabe von 1 mg/kgKG (maximal 40 mg/Patient) Propanolol zwei Stunden vor Glukagon-Gabe, **c)** erste Blutentnahme für GH-Basalwert unmittelbar vor Glukagon-Gabe, **d)** 0,1 mg/kgKG Glukagon i.m., **e)** nach 30, 60, 90, 120, 150 und 180 min weitere Blutentnahmen.

Interpretation. Ein maximaler Stimulationswert über 10 µg/l schließt einen klassischen GH-Mangel aus, nicht jedoch einen relativen GH-Mangel bei der konstitutionellen Entwicklungsverzögerung (s. Schlaftest). Ein maximaler GH-Wert unter 5 µg/l spricht für einen kompletten, zwischen 5 und 10 µg/l für einen partiellen GH-Mangel.

Anmerkungen. 1. Rate falsch positiver (pathologischer) Ergebnisse geringer als beim Insulin-Hypoglykämie-Test. **2.** Weiterer Vorteil gegenüber Insulin-Hypoglykämie-Test: geringere Gefahr einer ausgeprägten Hypoglykämie, keine Azidose. Nachteil: langer Testablauf. **3.** Pathologisches Ergebnis muß durch einen weiteren definitiven Test bestätigt werden. **4.** Als Glukagon- bzw. Propanolol-Test bekannt, wenn Glukagon oder Propanolol allein gegeben wird.

GnRH-Test (LH-/FSH-Stimulation)

Durchführung. a) Für erste Blutentnahme venösen Zugang legen, dabei Vorbereitung/Probennahmebedingungen für LH/FSH-Bestimmung beachten (s. dort), **b)** bei Männern 100 µg, bei Frauen 25 µg, bei Kindern 25 µg (andere empfehlen 25–50 µg/m²KO) als Bolus i.v., **c)** nach 30 min zweite Blutentnahme für LH-Bestimmung, **d)** nach 45 min dritte Blutentnahme für FSH-Bestimmung.

Interpretation. Bei Männern und bei Kindern im Pubertätsalter gelten ein LH- und ein FSH-Anstieg um mindestens das Doppelte des jeweiligen Basalwertes als normal. Bezüglich FSH wird 30 min nach GnRH-Applikation ein normaler Stimulationsfaktor von mindestens 1,3 gefordert. Bei geschlechtsreifen Frauen hängen der LH- und der FSH-Stimulationswert von der Zyklusphase ab:

Follikelphase: LH: $\geq$ 20 IU/l, FSH: 5–10 IU/l
Ovulationsphase: LH: $\geq$ 40 IU/l, FSH: 5–15 IU/l
Lutealphase: LH: $\geq$ 30 IU/l, FSH: 5–10 IU/l

Anmerkungen. 1. Bei erhöhten LH/FSH-Basalwerten ist ein GnRH-Test meistens entbehrlich. **2.** Test hat nur für die spezielle Differenzierung zwischen hypothalamisch und hypophysär bedingten Hypogonadismusformen größere diagnostische Bedeutung. **3.** Test vor allem gut geeignet zur Differenzierung zwischen konstitutioneller Entwicklungsverzögerung (LH/FSH-Anstieg nachweisbar) und hypogonadotropem Hypogonadismus (LH/FSH-Anstieg nicht nachweisbar). **4.** Bei negativem Ergebnis (fehlendem Anstieg) sollte der Test immer nach einwöchiger pulsatiler GnRH-Gabe wiederholt werden, um definitiv zwischen hypothalamisch (LH/FSH-Anstieg dann nachweisbar) und hypophysär (LH/FSH-Anstieg auch dann nicht nachweisbar) bedingtem Hypogonadismus zu unterscheiden. **5.** Neben LH und FSH sollten aus der ersten Blutprobe auch Testosteron (♂) bzw. Östradiol (♀) bestimmt werden (s. dort). **6.** Bei Kindern mit Frühreife steigen LH und FSH unter GnRH-Applikation an, wenn eine zentrale Ursache vorliegt (Pubertas praecox vera). Hingegen fehlt der Anstieg, wenn die Sexualhormone aus anderer Ursache erhöht sind (Pseudopubertas praecox). **7.** Bezüglich GnRH-Applikationsmenge und Blutentnahmezeiten bestehen unterschiedliche Auffassungen. Bei Kindern sind in jedem Fall die Blutentnahmen häufiger und über einen längeren Zeitraum notwendig.

HCG-Test (Leydigzell-Funktionstest)

Durchführung. **a)** Morgens erste Blutentnahme, dabei Vorbereitung/Probennahmebedingungen für Testosteronbestimmung beachten (s. dort), **b)** 5000 U/m^{2}KO HCG i. m., **c)** nach drei Tagen erneute Blutentnahme.

Interpretation. Ein Testosteronanstieg je nach Alter des Patienten auf pubertäre bzw. Erwachsenenwerte (> 1 bzw. > 5 µg/l) sichert eine normale Leydigzellfunktion.

Anmerkungen. 1. Für die Ausschlußdiagnostik einer Hodenfunktionsstörung entbehrlich. **2.** Dient vor allem zur Differentialdiagnose zwischen Anorchie (fehlender Testosteronanstieg) und Kryptorchismus (Testosteronanstieg, wenn auch oft nur mäßig). **3.** Ist gänzlich unklar, ob testikuläres und/oder ovarielles Gewebe vorliegt, kann statt des HCG-Tests ein **Gonadenstimulationstest** durchgeführt werden, wobei während des gesamten Testablaufs die NNR durch Dexamethason (4 × 0,25–0,5 mg/die) supprimiert wird. Es erfolgt zunächst eine HMG-Gabe über 5 Tage (2 × 2 Amp./die) und nach dreitägiger Pause eine HCG-Gabe (250–1000 IU/die) ebenfalls über 5 Tage. Vor und nach Applikation von HMG bzw. HCG werden gleichzeitig Östradiol und Testosteron bestimmt. Dieser Test ist nicht nur zur Aufdeckung der Art des gonadalen Gewebes (Ovar, Hoden, Ovotestes), sondern auch zur Diagnose eines Testosteronbiosynthesedefektes geeignet.

Heterozygoten-Test: siehe unter ACTH-Test

HMG-Test (Ovarstimulationstest)

Durchführung. **a)** Morgens erste Blutentnahme, dabei Vorbereitung/Probennahmebedingungen für Östradiolbestimmung beachten (s. dort), **b)** HMG (LH/FSH = Humegon, Pergonal) 2 × 2 Amp./die i. m. über 5 Tage, **c)** danach zweite Blutentnahme.

Interpretation. Ein signifikanter Östradiolanstieg je nach Alter der Patienten auf pubertäre bzw. Erwachsenenwerte (> 40 bzw. > 60 ng/l) sichert das Vorhandensein von endokrin aktivem Ovarialgewebe.

Anmerkungen. 1. Entbehrlich für die Ausschlußdiagnostik einer Ovarfunktionsstörung. **2.** Dient dem Nachweis von ovariellem Gewebe bei Verdacht auf eine gonadale Aplasie oder bei Individuen mit zwittrigem Genitale. **3.** Ist gänzlich unklar, ob testikuläres und/oder ovarielles Gewebe vorliegt, kann statt des HMG-Tests ein **Gonadenstimulationstest** mit HMG und HCG durchgeführt werden (s. Anmerkungen beim HCG-Test).

Insulin-Hypoglykämie-Test (GH-Stimulation)

Durchführung. a) Venösen Zugang legen, dabei Vorbereitung/Probennahmebedingungen für GH-Bestimmung beachten (s. dort) und Patienten 30 min ruhen lassen, **b)** erste Blutentnahme für GH-Basalwert und Glukose-Nüchternwert, **c)** 0,1 U/kgKG Altinsulin als Bolus i.v., **d)** nach 20, 30, 60, 90 und 120 min weitere Blutentnahmen für GH- und Glukose-Bestimmung.

Interpretation. Ein maximaler Stimulationswert über 10 µg/l schließt einen klassischen GH-Mangel aus, nicht jedoch einen relativen GH-Mangel bei der konstitutionellen Entwicklungsverzögerung (s. Schlaftest). Ein maximaler GH-Wert unter 5 µg/l spricht für einen kompletten, zwischen 5 und 10 µg/l für einen partiellen GH-Mangel.

Anmerkungen. 1. Eine Befundinterpretation ist nur möglich, wenn die Glukosekonzentration im Blut auf mindestens 50% des Ausgangswertes bzw. unter 40 mg/dl (2,22 mmol/l) abfällt. **2.** Diagnostisch der aussagekräftigste pharmakologische GH-Provokationstest mit einer Rate von nur ca. 10% falsch positiver (pathologischer) Ergebnisse. **3.** Jeder nicht ausreichende GH-Anstieg muß durch einen zweiten definitiven Test (z.B. Arginin-Test) abgeklärt werden. **4.** Wegen der Gefahr schwerer Hypoglykämien (Schweißausbruch, Bewußtlosigkeit, Müdigkeit) müssen kurzfristig Glukosebestimmungen und gegebenenfalls eine schnelle Substitution mit 20%iger Glukose gewährleistet sein. **5.** Die je nach Fragestellung zusätzlich durchgeführten Cortisolbestimmungen weisen auf eine sekundäre oder tertiäre NNR-Insuffizienz hin (z.B. im Rahmen eines Panhypopituitarismus), wenn ein Cortisolanstieg bei niedrigem Ausgangswert ausbleibt.

Lysin-Vasopressin-Test (ACTH-/Cortisol-Stimulation)

Durchführung. a) Venösen Zugang legen, dabei Vorbereitung/Probennahmebedingungen für ACTH- und Cortisol-Bestimmung beachten und Patient nach Möglichkeit zwei Stunden ruhen lassen, **b)** erste Blutentnahme für ACTH- und Cortisol-Basalwert. **c)** 6 U/m²KO (maximal 10 U/Patient) Lysin-Vasopressin i.m., **d)** nach 10, 20, 30 und 60 min (andere empfehlen zusätzlich noch 90 min) weitere Blutentnahmen.

Interpretation. Normalerweise und unter Umständen auch bei einer hypothalamisch bedingten, tertiären NNR-Insuffizienz (s. Text) wird ein deutlicher Anstieg des ACTH (auf 75–250 ng/l) und des Cortisols (auf 200–300 µg/l) erwartet. Sehr starke Anstiege sind für den Morbus Cushing typisch. Fehlt ein Anstieg, so liegt in Abhängigkeit von den Ausgangswerten entweder ein Cushing-Syndrom, eine sekundäre NNR-Insuffizienz oder ein ektopes ACTH-Syndrom vor (s. Text).

Anmerkungen. 1. Der Test ist für die Basisdiagnostik entbehrlich. **2.** Er hat zudem mit der Einführung des CRH-Tests (s. dort) an Bedeutung verloren. **3.** Als Nebenwirkung tritt in der Regel starke Hautblässe (Vasokonstriktion) auf, gelegentlich gefolgt von Übelkeit und Schwindel. Seltener wird über Bauchschmerzen und Defäkationsdrang geklagt.

Metoclopramid-Test (Prolaktin-Stimulation)

Durchführung. a) Vorbereitung/Probennahmebedingungen für Prolaktinbestimmung beachten (s. dort) und Patienten nach Möglichkeit 30 min ruhen lassen, **b)** erste Blutentnahme für Prolaktin-Basalwert, **c)** 10 mg Metoclopramid (z. B. Paspertin) als Bolus i. v., **d)** nach 25 min zweite Blutentnahme.

Interpretation. Bei einem Basalwert im Referenzintervall gilt ein Stimulationswert bis 200 µg/l (6500 mIU/l) als normal. Bei einem Basalwert im Referenzintervall spricht ein Stimulationswert in der Lutealphase von >200 µg/l für eine latente Hyperprolaktinämie. Sind Basal- und Stimulationswert erhöht, so spricht man von einer manifesten Hyperprolaktinämie.

Anmerkungen. 1. In der frühen Follikelphase ist der Stimulationswert normalerweise niedriger als zu späteren Zyklusphasen. **2.** Aus Standardisierungsgründen sollte der Test nach Möglichkeit immer in der Lutealphase durchgeführt werden. **3.** Als diagnostische Alternative steht der TRH-Test (s. dort) zur Verfügung (s. Text).

Metopiron-Test (ACTH-Stimulation)

Durchführung. a) Erste Blutentnahme um 8 Uhr, dabei Vorbereitung/Probennahmebedingungen für ACTH-Bestimmung beachten (s. dort), **b)** um 24 Uhr des gleichen Tages 2 g Metopiron (8 Kapseln a 0,25 g Metyrapon) per os, **c)** am darauffolgenden Morgen um 8 Uhr zweite Blutentnahme.

Interpretation. Ein ACTH-Anstieg um mindestens das Doppelte des Basalwertes gilt als normal, wobei der Stimulationswert im allgemeinen >50 ng/l ist. Ein fehlender Anstieg bei niedrigem bzw. nicht meßbarem ACTH-Basalwert und nachgewiesenem Hypocortisolismus spricht für einen hypothalamisch bedingten ACTH-Mangel (sog. tertiäre NNR-Insuffizienz).

Anmerkungen. 1. Der Test ist für die Basisdiagnostik entbehrlich. **2.** Zudem hat er durch den CRH-Test (s. dort) an Bedeutung verloren. **3.** Eine primäre NNR-Insuffizienz muß vorher durch einen ACTH-Test ausgeschlossen worden sein, da sonst die Gefahr einer Addison-Krise besteht. **4.** Metyrapon hemmt die 11β-Hydroxylase der NNR, womit eine der letzten Schritte der Cortisolsynthese, d. h. unter anderem die Umwandlung von 11-Desoxycortisol in Cortisol, blockiert wird. Der konsekutive Abfall des Cortisolspiegels führt bei intaktem Regelkreis Hypothalamus-Hypophyse-NNR zum ACTH-Anstieg und dadurch zum Anstieg des 11-Desoxycortisols (Substratstau). Anstelle oder zusammen mit ACTH ist deshalb auch Desoxycortisol als Test-Meßgröße geeignet, wobei ein Anstieg um mindestens das Doppelte des Basalwertes als normal gilt.

Oraler Glukosetoleranz-Test (GH-Suppression)

Durchführung. a) Morgens venösen Zugang legen, dabei Vorbereitung/Probennahmebedingungen für GH-Bestimmung beachten (s. dort) und Patient 30 min ruhen lassen, b) erste Blutentnahme für GH-Basalwert und Glukose-Nüchternwert, c) Erwachsene 100 g, Kinder 1,75 g/kgKG (aber nicht mehr als 75 g) Glukose, gelöst in ca. 300 ml Wasser oder Tee, per os über 5 min, d) nach 30, 60 und 120 min (bei grobem Screening reicht 60-Minuten-Wert) weitere Blutentnahmen für GH- und Glukose-Bestimmung.

Interpretation. Ein Abfall des GH-Wertes unter 1 µg/l ist normal. Bei Akromegalie/Gigantismus kein signifikanter Abfall (Werte nach Glukosebelastung meist über 5 µg/l) oder sogar paradoxer Anstieg.

Anmerkungen. 1. Test besitzt hohen diagnostischen Stellenwert für Ausschluß/Nachweis einer autonomen GH-Sekretion (GH-Exzeß). **2.** Gleichzeitige Glukosebestimmung dient zur Überprüfung der Kohlenhydrattoleranz. **3.** Test bei manifestem Diabetes mellitus nicht sinnvoll, da falsch positive (pathologische) Ergebnisse möglich. **4.** Paradoxe GH-Anstiege unter anderem bei schwerer Niereninsuffizienz, Lebererkrankung und Unterernährung möglich.

Orthostase-Test (PRA-/Aldosteron-Stimulation)

Durchführung. a) Für erste Blutentnahme venösen Zugang legen, dabei Vorbereitung/Probennahmebedingungen für basale Plasma-Renin-Aktivitäts- (PRA-) bzw. Aldosteron-Bestimmung beachten (s. dort), b) orthostatische Belastung und Bewegung, c) nach 3–4 Stunden zweite Blutentnahme.

Interpretation. Wie beim Furosemid-Test (s. dort).

Anmerkungen. 1. Der Test hat große differentialdiagnostische Bedeutung und keine Kontraindikationen. **2.** Er hilft insbesondere zwischen aldosteronproduzierendem Adenom (APA) und idiopathischer adrenaler Hyperplasie (IAH) zu unterscheiden, indem ein paradoxer Abfall des basal erhöhten Aldosteronwertes nach Orthostase für ein APA spricht, während es bei der IAH zu einem um mehr als 30%igen Anstieg gegenüber dem Basalwert kommt. **3.** Zusätzlich zum Aldosteron sollte nach Möglichkeit 18-OH-Corticosteron (18-OH-B) bestimmt werden, dessen Konzentration bei einem APA nach Orthostase meist über 1 µg/l, bei einer IAH dagegen meist unter 1 µg/l liegt. **4.** Einige Zentren kombinieren den Orthostase- mit dem Furosemid-Test.

Östrogen-Gestagen-Test (Entzugsblutung)

Durchführung. a) Ausschluß einer Schwangerschaft, b) 20 Tage lang (1.–20. Testtag) 60 µg Ethinylöstradiol (z. B. 3 × 1 Tablette Progynon C) täglich oral, c) vom 11.–20. Testtag zusätzlich täglich ein Gestagenpräparat (z. B. täglich 2 × 1 Tablette Prothil 5).

Interpretation. Ein positives Ergebnis liegt vor, wenn innerhalb einer Woche eine Entzugsblutung auftritt (s. Text).

Anmerkungen. 1. Bei Sterilitätsfragen sollte der Östrogentest mit einer Hysteroskopie kombiniert werden, um Synechien auszuschließen. **2.** Die notwendige Gesamtdosis einzelner Gestagenpräparate ist unterschiedlich und richtet sich nach der präparatespezifischen Transformationsdosis. Beim Unterschreiten kann es zu falsch negativen Ergebnissen kommen. **3.** Der Östrogentest sollte einem negativen Gestagentest (s. dort) nachgeschaltet sein.

Schlaf-Test (GH-Stimulation)

Durchführung. a) Stationäre Aufnahme mit Legen eines venösen Zuganges 24 Stunden vor der eigentlichen Testnacht zur Eingewöhnung in die besondere Atmosphäre (ruhiges, abgedunkeltes Zimmer), **b)** Blutentnahmen zur GH-Bestimmung nach dem Einschlafen alle 20 min über mindestens 5½ Stunden.

Interpretation. GH-Spitzen über 10 µg/l sprechen gegen einen klassischen GH-Mangel. Das GH-Flächenintegral unter der GH-Sekretionskurve von 5½ Stunden erlaubt zusätzlich unter Berücksichtigung des Pubertätsstadiums die Beurteilung eines möglichen relativen GH-Mangels bei konstitutioneller Entwicklungsverzögerung. Die Flächenintegrale sind bei konstitutioneller Entwicklungsverzögerung etwa 50% kleiner als bei Normalpersonen gleichen Pubertätsstadiums.

Anmerkungen. 1. Gilt als diagnostisch aussagekräftigster physiologischer GH-Provokationstest. **2.** Allen anderen Tests diagnostisch überlegen, um einen relativen GH-Mangel bei konstitutioneller Entwicklungsverzögerung zu diagnostizieren.

TRH-Test (TSH-Stimulation)

Durchführung
Intravenös: a) Leichtes Frühstück einnehmen zur Minimierung von Nebenwirkungen, **b)** venösen Zugang legen und erste Blutentnahme für TSH-Basalwert (s. dort), **c)** 200 µg (andere empfehlen 400 µg) TRH als Bolus (bei Kindern: 7 µg/kgKG), **d)** nach 30 min zweite Blutentnahme.
Nasal: a) Leichtes Frühstück einnehmen zur Minimierung von Nebenwirkungen, **b)** in jedes Nasenloch ein Sprühstoß (insgesamt 2 mg TRH; bei Kindern nur ein Sprühstoß), **c)** nach 30 min zweite Blutentnahme.

Interpretation (für beide Durchführungsformen). Ein TSH-**Anstieg** (Delta-TSH) um 2,5–20 mU/l gilt als normal („positives" Ergebnis). Ein Delta-TSH <2,5 mU/l („negatives" Ergebnis) spricht meistens für eine hyperthyreote, ein Delta-TSH von > 20 mU/l („überschießendes" Ergebnis) praktisch immer für eine hypothyreote Stoffwechsellage. Aber schon ein stimulierter TSH-Wert >18 mU/l ist für eine präklinische Hypothyreose verdächtig, auch wenn das

Delta-TSH < 20 mU/l beträgt. Ein Delta-TSH < 2 mU/l ist auch für die vergleichsweise sehr seltene sekundäre Hypothyreose typisch.

Anmerkungen. 1. Durch die Entwicklung sehr sensitiver TSH-Nachweismethoden hat der TRH-Test zwar an Bedeutung verloren, ist aber (noch) nicht generell entbehrlich geworden. **2.** Er ist immer noch wertvoll bei grenzwertigen TSH-Basalwerten (0,1–0,3 bzw. 3,0–4,0 mU/l), um sog. Grenzhyperthyreosen bzw. präklinische Hypothyreosen zu erfassen. **3.** Ein negatives Testergebnis bei niedrig-normalem TSH-Basalwert findet sich bei jedem 5. bis 6. klinisch euthyreoten Kropfpatienten aus Strumaendemiegebieten. **4.** Diagnostische Problemfälle sind Schwerstkranke, multimorbide Patienten und Greise, bei denen ein negatives Testergebnis nicht von vornherein als Schilddrüsenfunktionsstörung gewertet werden darf (sog. „Low-" oder „Nonresponder"). **5.** Die Gabe von Corticoiden, L-Dopa, Salizylaten und Bromocriptin kann zu einem negativen Testergebnis führen. **6.** Eine Test-Wiederholung bei negativem Ergebnis sollte erst nach zwei Wochen erfolgen. **7.** Der orale TRH-Test (40 mg oral, TSH-Bestimmung vor sowie 3–5 Stunden nach Einnahme) wird von der Sektion Schilddrüse der Deutschen Gesellschaft für Endokrinologie nicht empfohlen. **8.** TRH stimuliert auch die **Prolaktinsekretion,** so daß der Test zu deren Überprüfung eingesetzt werden kann. Er besitzt aber zur Frage einer latenten Hyperprolaktinämie eine geringere Aussagekraft als der Metoclopramid-Test (s. dort).

Sachverzeichnis

Aberrationen, geschlechtschromosomale 167
ABP siehe androgenbindendes Protein
ACTH **44–52,** 197, 223
   Bestimmung (praktische Hinweise) 239
   Exzeß (siehe auch Morbus Cushing) 46–49, 51–52
   Mangel (siehe auch NNR-Insuffizienz, sekundäre) 46–47
   Sekretion, Regulation **44–46,** 186
      Übersicht 45
   Suppression, Glucocorticoidmedikation 50–51
ACTH-Syndrom siehe ektopes ACTH-Syndrom
ACTH-Test **50,** 156, 162, 193, **218, 222**
   praktische Hinweise 261
Addison-Krise 216, 217, 219, 221, **225–228**
ADH 80–87
   Ausschüttung, inappropriate siehe SIADH
   Bestimmung (praktische Hinweise) 239–240
   Mangel siehe Diabetes insipidus
   Sekretion, Regulation 80
      Übersicht 81
   Sekretionsstörung, Diagnostik 82
Adipositas 12, 24, 158, **196,** 197
Adipsie 7
Adrenalin (siehe auch Katecholamine) 228–236
Adrenalin-Bestimmung siehe Katecholamine
Adrenarche 28, 30
Adrenogenitales Syndrom siehe AGS
AFP 178, 179
   Konzentrationsverlauf (Schwangerschaft) 174
AGS 212–220
   Amenorrhoe 143, 145
   Definition 212
   Häufigkeit 212
   Hirsutismus 158, 160, 192
   17α-Hydroxyprogesteron 42, 162
   Pseudohermaphroditismus femininus 170
   Pseudopubertas praecox 40
   Sterilität, weibliche 156
AGS, angeborenes 212–220
   Enzymdefekte 212, 216–217
      Übersicht 214–215

Formenkreis (Übersicht) 214–215
   Heterozygoten-Test 218
   Hormonbestimmungen 193, 217–218
   Klinik 212, 214–215
      Übersicht 214–215
   Konduktoren 218
   Late-onset-AGS 162, **216,** 217, 220
   pränatale Diagnostik 218–219
   Therapie 219–220
AGS, erworbenes 212, 218
Akne 17, 146, 163, 220
Akromegalie **55–60,** 66, 116
   Hormonbestimmungen 58–59
   Symptome (Übersicht) 56
   Therapie 59
Akromegaloide 57
Aldosteron (siehe auch Hyperaldosteronismus)
   Bestimmung 206, 223
      praktische Hinweise 241–243
   Renin-Angiotensin-System **187,** 208
      Übersicht 188
   Sekretion, Regulation 186, **187**
      Pharmaka-Beeinflussung (Übersicht) 203
   Wirkungen 187
Aldosteronmangel 193
   Übersicht 190–191
Alopezie, androgenetische 135, 158, 161, 220
Alpha-Fetoprotein siehe AFP
Amenorrhoe
   AGS 216
   hypergonadotrope, LH/FSH-Quotient 148
   hypogonadotrope, LH/FSH-Quotient 148
   Intersexualität 167, 169, 170
   Leistungssport 146
   LH/FSH-Mangel 21
   Pille 146
   Schwangerschaftstest 139
   Über-/Untergewicht 147
Amenorrhoe, primäre **142–145,** 167
   Definition 142
   Häufigkeit 142
   Hormonbestimmungen 144–145
   Therapie 145

Untersuchungen 143–144
  Übersicht 136–137
  Ursachen (Übersicht) 143
Amenorrhoe, sekundäre 142, **145–149**, 152
  Definition 142
  Häufigkeit 142
  Hormonbestimmungen 148
  Therapie 149
  Untersuchungen 147
    Übersicht 136–137
  Ursachen 145–146
    Übersicht 146
Anabolika 74
Androgenbindendes Protein 89, 90, 93
Androgendefizit siehe Androgenmangel
Androgene (siehe auch Testosteron)
  AGS 192, 216, 219
  Aromatisierung 126
  Rückkoppelung, negative 21
  Wachstum 60
Androgenexzeß
  Amenorrhoe 145, 147
  Hirsutismus 158
  Hyperprolaktinämie 17
  NNR-Karzinom 196
  ovarieller 134
Androgenisierung (siehe auch Hirsutismus) 134, 146, 220
  Symptome (Übersicht) 135
Androgenmangel siehe Hypogonadismus, männlicher
Androgenresistenz 93, **170**, 172
Androstendion
  Aromatisierung 122, 125
  Synthese, NNR 186, 187
Angiotensin 187
  "Converting enzyme" 187
Anorchie 119
Anorexia nervosa 132, 147, 209–210
Anosmie 23
Anovulation, LH/FSH-Quotient 148
Anovulatorischer Zyklus 155
Antiandrogene 43
  Hirsutismus 163
Antidiuretisches Hormon siehe ADH
Antimüllersches Hormon (AMH) 167, 170
Arginin-Test 73
  praktische Hinweise 261–262
Aromatisierung (Androgene) 125
Arrhenoblastom 164
Asthenozoospermie 14, 110, 111
Aufwachtemperatur siehe Basaltemperatur
Augenmotilitätsstörungen 7
Augenuntersuchungen **9**, 103, 141
Autoimmunadrenalitis 223
Autoimmunpolyendokrinopathie 223, 226
Azoospermie 103, 105

Barorezeptoren 80, 81
Barr-Körper 103, 142
Bartter-Syndrom 209, 210
Basaltemperatur **139–141**, 155, 156, 162
Bauchhoden siehe Kryptorchismus
Bewegungstest 72, 73
  praktische Hinweise 262
Blasenmole 175, 176
Blutdruck, Regulation 187, 188
Broberger-Zetterström-Syndrom 233
Bromocriptin siehe Dopaminagonisten
Bronchialkarzinom, ektopes
  ACTH-Syndrom 48, 51
Bulimie 7

Carbenoxolon 203
Chiasma-Syndrom 9
Chorionepitheliom 175
  HCG 164, 176
Chromaffine Zellen 228
Chromosomenanalyse 103, 142, 171
Clomiphen 157
Clomiphen-Test 25
  praktische Hinweise 262–263
Clonidin-Test 73, 233, 235
  praktische Hinweise 263–264
Conn-Syndrom siehe Hyperaldosteronismus, primärer
Corpus albicans 122
Corpus luteum 122, 126
Corpus-luteum-Insuffizienz 134, 141, 152, **155**
  prämenstruelles Syndrom 152
Corpus-luteum-Phase siehe Lutealphase
Corpus rubrum 122
Corticoid-Dauertherapie, ACTH-Mangel 46
Corticoliberin siehe CRH
Corticotropin siehe ACTH
Cortisol
  Bestimmung 42, **50**, 196, **222**
    praktische Hinweise 243–244
  Biosynthese 44, 183
  Rückkoppelung, negative 46, 186
  Schwellendosis 195
  Sekretion, Regulation 186
    Übersicht 45
  Tagesrhythmik 186
  Wirkungen 186
  Übersicht 184–185
Cortisolexzeß siehe Hypercortisolismus
Cortisolmangel siehe NNR-Insuffizienz
Cortisol-Tagesprofil 196
  praktische Hinweise 264
CRH 2, 3, 44–46
  Sekretion 44–46
CRH-Test 3, 49, 50, 197
  praktische Hinweise 264
Cryptic AGS 162, 212, 216

Cushing-Symptomatik 49
  Hormonbestimmungen 48, 196, 197
  Übersicht 189
Cushing-Syndrom **47–48**, 149, 189, 191,
  194–201
  Adipositas 196
  Definition 194
  Hormonbestimmungen 48, 196–197
    Übersicht 198–199
  Inzidenz 194
  Lokalisationsdiagnostik 200, 201
  Medikamentenanamnese 200
  Symptome 47, 195
    Übersicht 189
  Therapie 201
  Ursachen 194–195
Cushing-Syndrom, iatrogenes **51**, 163, 194, **195**, 221
  Schwellendosis 51, 195
Cyproteronacetat 163

Dehydroepiandrosteron(sulfat)
  siehe DHEA(-S)
Desmolasemangel 215
11-Desoxycorticosteron 214, 215, 217, 218
  Bestimmung (praktische Hinweise) 244
11-Desoxycortisol 170, 214, 217, 218
  Bestimmung (praktische Hinweise) 244
Dexamethason-Hemmtest **49**, 52, 148, 156, 193, **196–197**
  endogene Depression 200
  praktische Hinweise 265
DHEA 28, 139, 160
  Biosynthese, NNR 186, 187
DHEA-S
  AGS 193, 217, 218
  Bestimmung (praktische Hinweise) 245
  Biosynthese 186, 187
  Hirsutismus 160, 163
  Hyperprolaktinämie 17
  Ovarfunktion, gestörte 139, 144, 148, 155
  Pubertas praecox 42
  Tumoren 121, 165, 197
DHT 21, 91, **92**, 170
Diabetes insipidus (centralis) 7, 74, **82–85**, 210
  ADH-Bestimmung 85
  Diagnostik 83
  Hormonbestimmungen 85
  Symptome 82, 83
  Therapie 85
  Ursachen 83
    Übersicht 6
Diabetes insipidus renalis 82
Diabetes mellitus 56, 116, 237
  Polyurie 83, 84
5α-Dihydrotestosteron siehe DHT
Diuretika 209, 210

Dopamin 3, **11**, 75
Dopaminagonisten 17–18, 59, 115, 117
Durstfieber 83
Durstversuch 84, 85
Durstzentrum 80, 81
Dysfunktion, hypothalamische 131, 132, 150

Echter Zwitter siehe Hermaphroditismus verus
Eireifungsphase siehe Follikelphase
Ejakulationsstörungen 110, 111
Ejakulatuntersuchungen 114, 115
Ektopes ACTH-Syndrom 47, **48**, **194**, 197, 201
  Hormonbestimmungen 49, 197
    Übersicht 198–199
  Progredienz 48
  Therapie 52
Emotionale Deprivation 5, 21, 33, 71
Empty-Sella-Syndrom **5**, 8
Endometriose 147, 150
Endometriumbiopsie 141
Entwicklungsverzögerung, konstitutionelle 67, 68
Entzugsblutung siehe Östrogen-Gestagen-Test
Epiphysenfugen, Verknöcherung 30, 32, 41, 64, 66
Erektile Dysfunktion siehe Impotenz
Escape-Phänomen, Hyperaldosteronismus 202
Eumenorrhoe 152
Eunuchoidismus (siehe auch Hypogonadismus) 23, 24, 93, 109
  Symptome (Übersicht) 96
  Hormonbestimmungen (Übersicht) 100–101
Exophthalmus 78
Extrauteringravidität 175, 176
  HCG-Bestimmung 176

Feminisierung 39, 109, 121
  Hormonbestimmungen (Übersicht) 100–101
Fertile Eunuchen 24
Fertilitätsstörung, männliche siehe Infertilität
Fertilitätsbehandlung bei sekundärem Hypogonadismus 26
Fertilitätsprognose 151, 152
Fetoplazentare Einheit 173, **177**, 178
α-Fetoprotein siehe AFP
Follikelphase 126–128
Follikelreifung 126
Follikel-stimulierendes Hormon siehe FSH
Follikulometrie 139, **141**, 156, 157
Follitropin siehe FSH
Freies Cortisol, Urin 49, 197, 198
  Bestimmung (praktische Hinweise) 243–244
Frühreife siehe Pubertas praecox (vera)
FSH (siehe auch LH/FSH) **19–28**
  Bestimmung (praktische Hinweise) 245–246
  Follikelreifung 126
  Hodenfunktion, gestörte 102, 109, 112

Intersexualität 167, 170, 171
Menstruationszyklus (Übersicht) 130
Ovarfunktion, gestörte 137, 144, 148, 155, 162
  Sekretion, Regulation 19, 21
  Übersicht 20
  Spermatogenese 89, 93
  Zyklussteuerung 126–131
Spermatozoendichte 112
tubuläre Insuffizienz 106
FSH-Sekretion, pulsatile 129
Furosemid-Test 204–206, 210
  praktische Hinweise 265

Galaktorrhoe 9, 14, 15
Gastrin 58
  Bestimmung (praktische Hinweise) 246
Gelbkörperphase siehe Lutealphase
Gelbkörperschwäche siehe Corpus-luteum-Insuffizienz
Genitalentwicklung 166, 167
Geruchssinn siehe Riechstörung
Gesamtöstrogen-Bestimmung, Urin 139, 178
  praktische Hinweise 246–247
Geschlechtsentwicklung
  siehe Genitalentwicklung
Gesichtsfeldausfälle **7, 9,** 22, 47, 56
Gesichtsfeldkontrolle siehe Augenuntersuchungen
Gestagene, Wirkungen (Übersicht) 124, 125
Gestagen-Test 139, 144, 148
  praktische Hinweise 266
GH 9, **53–60,** 74, 75
GH-Bestimmung (siehe auch GH) **57,** 66, 72
  praktische Hinweise 247–248
  Therapiekontrolle 60
GH-Exzeß (siehe auch Akromegalie) 57, 59, 65
  Häufigkeit 55
  Ursachen 55
GH-Funktionstests 72–73
GH-Mangel (siehe auch Minderwuchs, hypophysärer) 67, 72, 73
  Funktionstests 72–73
  Häufigkeit 55
  Symptome (Übersicht) 71
  Therapie 74
  Ursachen 55
  Übersicht 6
GH-Provokationstests siehe GH-Funktionstests
GH-Sekretion 53, 60
  Medikamenteneinfluß (Übersicht) 58
  Regulation (Übersicht) 54
GHRH 53, 55, 60, 71, 74
  Sekretion 53, 54
  Mangel 71
GHRH-Test 3, 73
  praktische Hinweise 266

Gigantismus siehe Hochwuchs, hypophysärer
Glucocorticoide siehe Cortisol
Glucocorticoidexzeß siehe Hypercortisolismus
Glucocorticoidmedikation 50–51, 194, 219, 225
  Morbus Addison 225
  Schwellendosis 195
Glukagon-Propanolol-Test 73
  praktische Hinweise 266–267
Glukose, GH-Sekretion 53–54
GnRH 2, 3, 19
GnRH-Agonisten 43
GnRH-Mangel 23, 24
GnRH-Nasenspray 119–120
GnRH-Sekretion 19, 21, 28, 128
  Regulation (Übersicht) 20
GnRH-Test 25, 37, 42
  Hodenfunktion, gestörte 102, 114
  Maldescensus testis 119
  Mikropenis 171
  Ovarfunktion, gestörte 137, 148
  praktische Hinweise 267
GnRH-Therapie, pulsatile 26, 38, 157
Gonadendysgenesie 134, 142, 172
  gemischte 169
  reine 167
Gonadenstimulation 37
  HVL-Gonaden-Achse (Übersicht) 20
Gonadoliberin siehe GnRH
Gonadotropinbehandlung 157
Gonadotropine siehe LH/FSH
Gonadotropinmangel siehe LH/FSH-Mangel
Gonadotropinom 40
Gonadotropin Releasing-Hormon siehe GnRH
Gonadotropin-Sekretion
  siehe LH/FSH-Sekretion
Granulosazellen 122, 123, 126
Granulosazelltumor 164
Gynäkomastie (siehe auch Pubertätsgynäkomastie) **96,** 109, 112, 121
  Hormonbestimmungen (Übersicht) 100–101
  Ursachen 96–97, 102
  Übersicht 97
Gynatresien 143, 144

Hairless women 95, 170
HCG 43, 91, 75
  Bestimmung (praktische Hinweise) 248
  Hodentumor 120, 121
  Ovarialtumor 164, 165
  Schwangerschaft 173–177
  Konzentrationsverlauf 174
HCG-Test **37,** 38, 171, 172
  Hypogonadismus 105, 109
  Kryptorchismus, bilateraler 119
  praktische Hinweise 268

HCG/HMG-Therapie 24, 26
Heißhunger siehe Bulimie
Hermaphroditismus verus 166, **169**
Heterozygoten-Test 218
Hirsutismus 146, 147, **158–163**, 192, 195, 216, 217, 220
  Definition 158
  Häufigkeit 158
  Hormonbestimmungen 160–162
    Übersicht 161
  Therapie 162–163
  Untersuchungen 160–161
    Übersicht 161
  Ursachen 158, 159
    Übersicht 159
Hirsutismus, idiopathischer 159
HLA-Typisierung 193, 218
HMG siehe LH/FSH
HMG-Test 170, 172
  praktische Hinweise 268
HMG-Therapie 26, 38, 157
Hochdruck siehe Hypertonie
Hochwuchs 24, 55, 62, **63–66**
  Ätiologie (Übersicht) 64–65
  Definition 63
  Formenkreis 63
    Übersicht 64–65
  Hormonbestimmungen 65–66
  Leitsymptome (Übersicht) 64–65
  Therapie 66
Hochwuchs, eunuchoider 96, 102
Hochwuchs, hypophysärer 55, 64
Hoden
  Gliederung, anatomisch-funktionelle 89
    Übersicht 90
  Hormonsekretion 89–91
  Spermatogenese 92–93
Hodenatrophie 107
Hodenbiopsie 103
Hodenektopie 117, 120
Hodenfunktionsstörungen (siehe auch Hypogonadismus, männlicher)
  Hormonbestimmungen 102
    Übersicht 98–99
  Intersexualität 167
  Krankheitsbilder (Übersicht) 94–95
  Symptome 93
    Übersicht 96
  Untersuchungen 102–103
    Hormonwerte (Übersicht) 94–95
  Ursachen 93
    Übersicht 94–95
Hodenhochstand siehe Maldescensus testis
Hodentumor 40, 42, 97, 103, **120–121**
  Symptomatik, Therapie 121
Hodenvolumen 29, 30
Hormonelle Überlappung 40

Hormonsekretion, neuro-endokrine
  Regulation 3–5
HPL 9, 53
  Bestimmung (praktische Hinweise) 249
  Schwangerschaft 173, 177
    Konzentrationsverlauf 174
  Wachstumsretardierung, intrauterine 178
Humanes Choriongonadotropin siehe HCG
Humanes plazentares Laktogen siehe HPL
HVL-Adenome **5–9**, 21, 46, 51, 55, 200
  Diagnostik siehe Hypophysendiagnostik
HVL-Hormone 3
  Übersicht 2
HVL-Insuffizienz **22–23**, 46, 47, 55, 77, 192
  partielle 7
  Symptomatik 23
HVL-Stimulationstests, Indikationen 17, 25, 49, 50, 58, 79, 102, 137
11-Hydroxyandrostendion 186
11-Hydroxylasemangel 216–217, 218
  Hormonwerte 214, 217
  Klinik 214, 216–217
21-Hydroxylasemangel 42, 212, 217, 218
  Hormonwerte 214, 217
  Klinik 214, 216
17α-Hydroxyprogesteron **42**, 162, 170, 172, 223
  AGS-Diagnostik 193, 217, 220
  Bestimmung (praktische Hinweise) 249–250
  Fruchtwasser 218
  Heterozygoten-Test 261
  Schwangerschaft 173, 175, 176
Hydroxyprolin 59
3β-Hydroxysteroiddehydrogenasemangel 42, 217, 218
  Hormonwerte 215, 217
  Klinik 215, 217
Hyperaldosteronismus, primärer 191, **202–208**
  Definition 202
  Häufigkeit 202
  Hormonbestimmungen 203–206
    Übersicht 204–205
  Kalium 203, 206
  Lokalisationsdiagnostik 207
  Stufendiagnostik 206
    Übersicht 204–205
  Symptome 202–203
    Übersicht 192
  Therapie 207–208
  Ursachen 202
Hyperaldosteronismus, sekundärer 189, 190, **208–211**
  Definition 208
  Hormonbestimmungen 210–211
    Übersicht 204–205
  Medikamente 208
    Übersicht 203
  Symptome 208, 210

Übersicht 209
Therapie 211
Ursachen 209
Hyperandrogenämie (siehe auch Androgen-
 exzeß) 17, **145–147**, 149, 157
  Amenorrhoe 145, 146–147
  Sterilität 151
Hypercortisolismus **47–49,** 51, 156, 189,
 194–201
  Hormonbestimmungen 48, **49,** 193, **196–199**
  Übersicht 198–199
  Symptome 47
  Übersicht 189
Hyperkaliämie 222
Hypermenorrhoe 152
Hyperparathyreoidismus 58, 59
Hyperpigmentierung 47, 48, 195, 221
Hyperprolaktinämie 11–18
  Adipositas 12
  Amenorrhoe 145, 146
  Hypogonadismus, männlicher 102, **107**
  Hypothyreose 145, 146
  pathophysiologische Folgen 14
  Pharmaka-induziert 12
  Übersicht 13
  Prolaktinbestimmung 14–16
  Prolaktinom 14
  Sterilität 150, 151
  Streß 12
  Symptome 14
  Übersicht 15
  Therapie **17–18,** 115, 117, 157
  Ursachen 11–14
  Übersicht 12
Hypersomatotropismus siehe GH-Exzeß
Hyperthekosis 132, 134, 158, 162
Hyperthermie 7
Hyperthyreose 77, 116, 237
  Schwangerschaft 180–181
  Symptome (Übersicht) 78
Hypertonie 202, 234, 237, **209–211,**
 216–217
  AGS (Übersicht) 214–215
  Plasma-Renin-Aktivität (Übersicht) 211
Hypertrichosis 158, 160
Hypoaldosteronismus, isolierter 191
Hypocortisolismus siehe Cortisolmangel
  Hormondiagnostik (Übersicht) 224
Hypogonadismus **22–26,** 33, 37, **93–103,**
 104–109, 118, 134
  Gynäkomastie 96–97
  Hormonbestimmungen 24–25, 26, 109,
   137–139
  Symptome 21
  Übersicht 22
  Therapie 26
  Untersuchungen 25, 108, 136–137

Hypogonadismus, hypergonadotroper
 siehe Hypogonadismus, primärer
Hypogonadismus, hypogonadotroper
 siehe Hypogonadismus, sekundärer
Hypogonadismus, männlicher (siehe auch
 Hodenfunktionsstörungen) 93–96, 118
  Definition 93, 104
  Formenkreis (Übersicht) 94–95
  Hormonbestimmungen 24–25, 102, 109
  Übersicht 98–99
  Krankheitsbilder (Übersicht) 94–95
  Medikamente 107–108
  primärer 104–109, 114
   Krankheitsbilder 105–106
  sekundärer 22–26
   Syndrome 23–24
  Symptome 23, **93**
  Übersicht 22, 96
  tertiärer 104
  Therapie 26, 109, 115
  Untersuchungen 25, 102–103, 108
  Ursachen 23, 93
  Übersicht 6, 94–95
Hypogonadismus, normogonadotroper **104,**
 134
Hypogonadismus, weiblicher siehe
 Ovarfunktionsstörungen
Hypokaliämie 202, 206, 210
Hypomenorrhoe 152
Hypophysenadenome siehe HVL-Adenome
Hypophysendiagnostik 8–9
Hypophysenhinterlappen 79–82
 Gliederung, anatomisch-funktionelle 79
Hypophysenstielläsion 5, 12, 21, 56, 58, 71
Hypophysenvorderlappen siehe HVL
Hyposmie 23
Hyposomatotropismus siehe GH-Mangel
Hypospadie 171
Hypothalamische Hormone 1–3
 Übersicht 2
Hypothalamus 1–3
Hypothalamus-HVL-Achse,
 Funktionsstörungen 5–9
  Ursachen 5
  Übersicht 6
  Symptome 7
Hypothermie 7
Hypothyreose 40, 116, 144, 148
 HVL-Insuffizienz 23
 Hyperprolaktinämie 12, 16
 Schwangerschaft 180, 181
 Sterilität 151, 157
 Symptome (Übersicht) 77
Hypothyreose, sekundäre 75, 77–79
 Inzidenz 77
Hypothyreose, tertiäre 77, 79
Hypothyreosescreening 78

Idiopathische adrenale Hyperplasie 202, 204–207
Impotentia coeundi 104, 116
Impotentia generandi 104, 116
Impotenz 104–105, **116–117,** 121, 195
  Definition 116
  Hormonbestimmungen 117
  Therapie 117
Infertilität, männliche 110–115
  Definition 110
  Hormonbestimmungen 112–114
  Hypogonadismus 104
  Übersicht 94–95
  Nikotingenuß 112
  Untersuchungen 112–115
  Übersicht 113
  Ursachen 110–112
  Übersicht 111
  Therapie 114–115
Infertilität, weibliche siehe Sterilität
Inhibin **19–21,** 93, **126–127**
Insulin 58
  Bestimmung (praktische Hinweise) 250
Insulin-Hypoglykämie-Test 73
  praktische Hinweise 269
Insulinom 58
Intersexualität 93, **166–172**
  Definition 166
  Formenkreis 167–170
  Übersicht 168
  Geschlechtsentwicklung 166–167
  Geschlechtszuweisung 172
  Hormonbestimmungen 171
  Hormonsubstitution 172
  Hypospadie 171
  Krankheitsbilder 167–170
  Übersicht 168
  Untersuchungen 171

Kallikrein-Präparate 109
Kallmann-Syndrom **23,** 94–95, 103
Kardiomegalie 56
Katecholamine (siehe auch Adrenalin, siehe auch Noradrenalin)
  Abbau 229, 230–231
  Ausscheidung 237
  Bestimmung 233, 237
    praktische Hinweise 240–241
  Freisetzung 230
  Synthese 228, 229
  Wirkungen (Übersicht) 231
Katecholaminexzeß (siehe auch Phäochromozytom) 233, 234
  Stufendiagnostik 236
  Einflußgrößen 237
  Symptome 234
  Übersicht 232

17-Ketosteroid-Bestimmung 197
Kinderlosigkeit siehe Infertilität, siehe Sterilität
Kleinwuchs siehe Minderwuchs
Klimakterium
  männliches 104–105
  weibliches 131
Klinefelter-Syndrom 33, **105,** 167
  Übersicht 94–95
Klitorishypertrophie 144, 158, 160, 170, 217
  AGS (Übersicht) 214–215
Knochenalter 30, 39, 43, 44, **66, 67,** 171
  Akzeleration 41
  Röntgenatlas 61
  Übersicht 63
  Wachstumsprognose 61
Knorpelwachstum 60
Konzeptionswahrscheinlichkeit
  siehe Fertilitätsprognose
Kopfschmerzen 7, 22, 47
Körperproportionen 112
  Übersicht 62
Kraniopharyngeom **5, 7,** 21, 46, 51, 55, 71, 83
Kryptorchismus 106, 118, 119

Laktation 9
  Abstillen 9
Längenalter **43,** 44, 61
Late-onset-AGS 162, 163, **212,** 216, 217, 218
  ACTH-Test 217, 218
  Androgenisierung 220
  Heterozygoten-Test 218
    praktische Hinweise 261
  Sterilität 216
Laurence-Moon-Biedl-Bardet-Syndrom 24
Laxantienabusus 209, 210
Leberzirrhose 97, 107, 110
Leydigzellen **89–91,** 106
Leydigzell-Funktionstest siehe HCG-Test
Leydigzellinsuffizienz 105
Leydigzelltumor 40, **120**
LH (siehe auch LH/FSH) 19–28
  Bestimmung (praktische Hinweise) 251
  Hodenfunktion, gestörte 102, 109, 112
  Intersexualität 167, 170, 171
  Menstruationszyklus (Übersicht) 130
  Ovarfunktion, gestörte 137, 144, 148, 156, 162
  Sekretion, Regulation 19, 21
  Übersicht 20
  Testosteronproduktion, Hoden 89–91
  Zyklussteuerung 126–131
LH-Anstieg, fetaler 91
LH/FSH (siehe auch FSH, siehe auch LH) 37, 40, 42, 44, 52
  Hypogonadismus, männlicher
    (Übersicht) 94–95

LH/FSH-Exzeß 21
LH/FSH-Mangel 21–25, 38, 137–138
  Symptome 21–22
LH/FSH-Quotient 25, 137, **148**
  Amenorrhoe 144, 148
  Anovulation 148
LH/FSH-Sekretion
  pulsatile 129
  Regelsystem 19–20
  Störungen 21, 24, 25, 131, 138
    Ursachen (Überblick) 6
LH-Mangel, isolierter 24
LH-Sekretion, Östradioleinfluß 127
LH-Sekretion, pulsatile 129
Liberine 1–2
Libidoverlust 14, **22, 93,** 121, 195
Liliputaner siehe Minderwuchs
Low-Renin-Hypertension 204–206, **211**
Lutealphase 126, **128,** 152, 155
Lutealinsuffizienz siehe Corpus-luteum-Insuffizienz
Luteinisierendes Hormon siehe LH
Luteom 158
Lutropin siehe LH
Lysin-Vasopressin-Test 49, 50
  praktische Hinweise 269–270

Magersucht siehe Anorexia nervosa
Maldescensus testis 117–120
  Definition 117
  Formenkreis (Übersicht) 118
  Frühbehandlung 119
  Häufigkeit 118
  Hodenkrebs 119
  Hormonbestimmungen 118–119
  Spermatogenesestörungen 119
Mayer-Rokitansky-Küster-Syndrom 141, **143,** 144
McCune-Albright-Syndrom **40,** 43
MEA siehe multiple endokrine Adenomatose
Mehrlingsschwangerschaft 179
  Hormonwerte 177
Menarche **29–30,** 39, 41
  prämature, isolierte 41
Menopause 131
Menorrhagie 152
Menstruationszyklus, Hormonprofile 130, 131
Metanephrine 229, 230, 233, 235
  Bestimmung (praktische Hinweise) 251
Metoclopramid-Test **16,** 139, 148, 156
  praktische Hinweise 270
Metopiron-Test 50
  praktische Hinweise 270
Metrorrhagie 152
Mikropenis 171
Milchabgabe, Oxytozin 80
Milchproduktion, Prolaktin 9

Minderwuchs (siehe auch GH-Mangel) 23, 24, 41, 43, 47, 52, **55, 67–74,** 102, 167, 219
  Definition 67
  Formenkreis 67
  Übersicht 68–70
  konstitutionelle Entwicklungsverzögerung 67
  Untersuchungen 67
  AGS (Übersicht) 214–215
Minderwuchs, familiärer 67
Minderwuchs, hormoneller (Übersicht) 68
Minderwuchs, hypophysärer 55, 67, **71–74**
  Häufigkeit 67
  Hormonbestimmungen 72–74
    Funktionstests 72–73
  Symptome 71–72
  Übersicht 71
  Therapie 74
  Ursachen 71
Minderwuchs, psychogener, psychosozialer 61, 71
Minderwuchs, primordialer 67, 68
Mineralocorticoide
  (siehe auch Aldosteron) 183, 186
Mineralocorticoidexzeß, Symptome (Übersicht) 192
Mineralocorticoidmangel 192
Mineralocorticoidmedikation 219, 225–226, 228
Minirin (DDAVP) 84, 85
Mondgesicht 47, 48
Morbus Addison siehe NNR-Insuffizienz, primäre
Morbus Cushing (siehe auch ACTH-Exzeß) **47–48,** 116, 158, **194–195,** 197
  Hormonbestimmungen 48–49, 196–197
  Übersicht 198–199
  Inzidenz 47
  Lokalisationsdiagnostik 51
  Medikamentenanamnese 200
  Symptome 47, 195
  Übersicht 189
  Untersuchungen 51
  Ursachen 48
Multiple endokrine Adenomatose 58, 59, 234, 237
Mykosen 221

Nebennierenmark siehe NNM
Nebennierenrinde siehe NNR
Nebennierenvenenkatheterisierung 193, 207, 237
Nebennierenvenographie 193, 201
Nelson-Syndrom 47, 48, 49
  Hormonbestimmungen 48
Nelson-Tumor 48, 51
  Therapie 53

Neugeborenen-Hypothyreosescreening
 siehe Hypothyreosescreening
Neurohormone 79
 antidiuretisches Hormon 80
Neurohypophyse 79
Neurosekretion 79
Niereninsuffizienz 107, 110
NNM 228–233
 Gliederung, anatomisch-
  funktionelle 228
 Katecholaminfreisetzung (Übersicht)
  230
 Katecholaminsynthese 228–230
NNM, Ausfall 233
NNM, Phäochromozytom 232, 234–238
 Symptome (Übersicht) 232
NNM-Tumor, Diagnostik 233, 237
NNR 183–194
 Androgene 187
 Gliederung, anatomisch-funktionelle 183
 Hormonsekretion 183–189
  HVL-NNR-Achse (Übersicht) 45
NNR, Funktionsstörungen 189–194
 Formenkreis (Übersicht) 190–191
 Hormonbestimmungen 193
  Befunde (Übersicht) 190–191
 Kaliumbestimmung 193
 Klinik (Übersicht) 190–191
NNR-Adenom (siehe auch Cushing-
 Syndrom) **194**, 195, 199, 200
 Therapie 201
NNR-Infarkt 226
NNR-Insuffizienz, iatrogene 50–51
 Cortisolsubstitution 44, 52
NNR-Insuffizienz, primäre 40, 47, 116, 148,
 191–192, 221–223
 Definition 221
 Diagnostik 193, 222–223
 Hormonbestimmungen 222–223
 Übersicht 224
 Therapie 225–226
 Ursachen 221
NNR-Insuffizienz, sekundäre (siehe auch
 ACTH-Mangel) **23**, 46, **47**, 191–192
 Hormonbestimmungen 48, 50
 Übersicht 224
 Lokalisationsdiagnostik 51
 Symptomatik 47
 Therapie 52
 Untersuchungen 51
NNR-Karzinom 194, **196**, 199–200
 Androgenexzeß 196
 Therapie 201
NNR-Szintigraphie 193, 201, 207
Noduläre Hyperplasie (NNR) 194–195, **197**,
 199
 Therapie 201
Noonan-Syndrom 106

Noradrenalin (siehe auch
 Katecholamine) **228–236**
Noradrenalin-Bestimmung
 siehe Katecholamine
Normetanephrin 229, 230

Ödemkrankheiten 208, 210
 Übersicht 209
17-OHCS-Bestimmung 49, 197, 223
17-OHP siehe 17α-Hydroxyprogesteron
Oligomenorrhoe 152, 155
Oligophrenie 24
Oligozoospermie 14, 103, **110**, 195
 Ursachen (Übersicht) 111
Oraler Glukosetoleranz-Test **57**, 60, 66
 praktische Hinweise 271
Orchidektomie 121
Orchidopexie 120
Orthostase-Test **204–206**, 207, 210
 praktische Hinweise 271
Osmolalität 80–81, 84
Osmorezeptoren 80–81
Osteoporose 17, 109, 145, 201
Östradiol
 Bestimmung 139
  praktische Hinweise 252
 Biosynthese 91, 122
 Menstruationszyklus (Übersicht) 130
 Rückkoppelung, negative 19, 21
 Schwangerschaft 175
 Wirkungen 125–126
  Übersicht 124–125
 Zyklussteuerung 128–131
Östriol 173, 177, 178
 Bestimmung (praktische Hinweise) 252–253
 Konzentration, Schwangerschaft 174
 Tagesprofil 177
Östrogene 75, 121, **122–126**, 187
 Hochwuchstherapie 66
 Wirkungen 125–126
 Übersicht 124–125
Östrogenexzeß 96
Östrogen-Gestagen-Test 139
 praktische Hinweise 271–272
Östrogen-Gestagen-Therapie 26, 38, 145, 149,
 165, 172
Östrogenmangel 21, 144, 148
Östrogensynthese 91, 125
Ovar
 Funktionsstörungen (Übersicht) 132–133
 Gliederung, anatomisch-funktio-
  nelle 122–123
 Zyklus 126–131
Ovar, Hormone
 Biosynthese 122–123, 125
 Sekretion, zyklische 126
 Wirkungen (Übersicht) 124–125

Ovarfunktion 28, **122,** 128
  LH/FSH 19-20
  Prolaktin 128
Ovarfunktionsstörungen
  Anamnese 136
  anovulatorischer Zyklus 155
  Diagnostik 136-142
  Gelbkörperschwäche 134, 155
  Hirsutismus 160
  Hormonbestimmungen 137-139
  Hyperprolaktinämie 14, 17
  Krankheitsbilder (Übersicht) 132-133
  LH/FSH-Mangel 21
  Menstruationsintervall 152
  prämenstruelles Syndrom 152
  Symptome 134-135
    Übersicht 135
  Untersuchungen (Übersicht) 136-137
  Ursachen 131-134
    Übersicht 132-133
Ovarialinsuffizienz (siehe auch
  Ovarfunktionsstörungen) 144
  FSH-Wert 137
Ovarialtumor, hormonaktiver 164-165
Ovarstimulationstest siehe HMG-Test
Ovotestis 169
Ovulation 122, **128,** 141
  LH-Ausschüttung (Übersicht) 127
Ovulationsauslöser 26, 157
Ovulationsphase 126, 128
Oxytozin 80
  Mangel 82

Panhypopituitarismus
  (siehe auch HVL-Insuffizienz) 22
Parathormon 58, 60
  Bestimmung (praktische Hinweise) 253
Pasqualini-Syndrom 24
Pendelhoden 120
Perimenopause 131
Perimetrie (siehe auch
  Augenuntersuchungen) 25, 51
Phäochromozytom 234-238
  Definition 234
  Diabetes mellitus 237
  Gallensteine 237
  Hormonbestimmungen 235, 237
    Übersicht 236
  Lokalisationsdiagnostik 235, **237**
  Symptome 232, 234
    Übersicht 232
  Therapie 238
PIF siehe Dopamin
Placenta praevia 176
Plasma-Renin-Aktivität 193, **203-206,** 208,
  210, **217, 220,** 223, 226
  AGS (Übersicht) 214-215

  Bestimmung (praktische Hinweise) 254
  Hyperaldosteronismus-Diagnostik
    (Übersicht) 204-205
  Hypertonie (Übersicht) 211
  NNR-Funktionsstörungen
    (Übersicht) 190-191
Plazentares Laktogen siehe HPL
Plethora 47
Pollution 30
Polydaktylie 24
Polydipsie 7, 82, **83-84**
Polymenorrhoe 152
Polyphagie 24
Polyurie 82, 83
  Differentialdiagnose (Übersicht) 84
Polyzystisches Ovar-Syndrom 132, **134,** 141,
  147, **158,** 162
  LH/FSH-Quotient 162
Postpartale Hypophysennekrose 7
  Sheehan-Syndrom 22
Postkoitaltest 103, 156
Postmenopause 131
Post-partum-Thyreoiditis 181
Post-pill-Amenorrhoe 146
Potenzverlust (siehe auch Impotenz) 14, 93, 121
PRA siehe Plasma-Renin-Aktivität
Prader-Willi-Syndrom 24
Prämenopause 131
Prämenstruelles Syndrom 14-15, 134, **152**
  Symptome (Übersicht) 135
Pregnantriolausscheidung 217, 220
  Bestimmung (praktische Hinweise) 254-255
Primordialfollikel 122
Progesteron 19, 122, **125,** 126, **128, 131,** 139, 155
  Bestimmung (praktische Hinweise) 255
  Menstruationszyklus (Übersicht) 130
  Schwangerschaft 173, 175, 176
  Temperatursprung 125-126
  Wirkungen 125-126
    Übersicht 124-125
Prolaktin (siehe auch Hyperprolaktinämie) **9,**
  53, 121, **128**
  Sekretion, Regulation (Übersicht) 10
Prolaktinbestimmung 25, 107, 109, 137, 148, 155
  diagnostische Aussagekraft 14-16
  praktische Hinweise 256
Prolaktinhemmer siehe Dopaminagonisten
Prolaktinom 13, **14,** 16, 50, 149
  Therapie 18
Prolaktinsekretion 9-11
Prolaktinspiegel siehe Hyperprolaktinämie
Prolaktostatin 2, 3, 11
Prostaglandine 128
  Bartter-Syndrom 210
Pseudo-Cushing-Syndrom 195, 200
Pseudohermaphroditismus femininus 166
  AGS 170

Pseudohermaphroditismus masculinus 106, 166, **170**
  Androgenresistenz 170
Pseudopubertas praecox (siehe auch Pubertas praecox) **39–42**, 121, 164
  AGS 216
  Inzidenz 40
  Ursachen 40
  Übersicht 34–35
Pseudo-Turner siehe Noonan-Syndrom
Psychogene Polydipsie 83
Psychosoziales Umfeld 131, 147
  Ovarfunktion, gestörte (Übersicht) 136
PTH siehe Parathormon
Pubarche **28**, 29, **30**, 41
  prämature, isolierte 41
Pubertas praecox (vera) 22, **39–44**, 134, 192
  Anamnese 42
  Überblick 36–37
  Hormonbestimmungen 42–43
  Inzidenz 40
  Knochenalter 41, 43
  Längenalter 41, 43
  Symptome 41
  Therapie 43–44
  Untersuchungen 42
  Übersicht 36–37
  Ursachen 40
  Übersicht 34–35
  Wachstumsschub, prämaturer 41
Pubertas praecox, idiopathische 40
Pubertas tarda **32–39**, 134, 143, 144
  Anamnese 33
  Übersicht 36–37
  Definition 32
  Hormonbestimmungen 33, 37–38
  Inzidenz 33
  Knochenalter 38
  Untersuchungen 33, 38
  Übersicht 36–37
  Ursachen 33
  Übersicht 34–35
  Wachstumskurve 38
  Therapie 38–39
Pubertät 19, **26–32**, 91, 119, 122, 169
  Auslösung 26–28
  GnRH-Sekretion 28
  männliche 30–32
  Stadien 32
  Störungen (Übersicht) 34–35
  Veränderungen, seelische 30, 32
  weibliche 28–30
Pubertät, ausbleibende (siehe auch Pubertas tarda) 23, **33**, 38, 134
  Therapie 38–39
  Ursachen (Überblick) 34–35
Pubertät, frühnormale 39

Pubertät, Wachstumsschub
  mittlerer 28, 30
  puberaler 29, 32
Pubertätsgynäkomastie (siehe auch Gynäkomastie) **32**, 102
Pubertätsstadien 32
  Hormonwerte (Übersicht) 31
Pubertätsstörungen 32–44
  Krankheitsbilder (Übersicht) 34–35
  Ursachen (Übersicht) 34–35
Pubes 28, 29, 30, 187
Pumpenbehandlung siehe HMG-Therapie

5α-Reduktasemangel 170
Regelblutung, erste siehe Menarche
Regelanomalien **152**, 195, 216, 217
Reifenstein-Syndrom 170
Reifung, verzögerte siehe Pubertas tarda
Renin 187
Reninsekretion, Pharmakabeeinflussung (Übersicht) 203
Renin-Angiotensin-System 187
  Übersicht 188
Retinitis pigmentosa 24
Riechprobe 25, **103**
Riechstörung 3, **23**, 25, 102
Riesenwuchs siehe Hochwuchs
Risikoschwangerschaft 177
Russel-Silver-Syndrom 74

Salzverlustsyndrom **216**, 217, 222
  AGS (Übersicht) 214–215
  Plasma-Renin-Aktivität 217, 220
  Therapie 219
Scheinzwitter siehe Pseudohermaphroditismus
Schilddrüse, Schwangerschaft 179–182
Schilddrüsenhormone siehe T3, T4
Schlaf-Wach-Rhythmus 7, 46, 53
  Prolaktinsekretion 11
Schlaf-Test 72, 73
  praktische Hinweise 272
Schwangerschaft 173–182
  AFP 174, 178–179
  diagnostische Maßnahmen 176
  fetoplazentare Einheit 173, **177**, 178
  HCG 175
  Hormonbestimmungen 176–178
    Frühschwangerschaft 176
    Risikoschwangerschaft 177
    Spätschwangerschaft 177–178
Schwangerschaft, Schilddrüse 179–182
  Hormonwerte 181
  Hyperthyreose 180, 181
  Hypothyreose 180, 181
  Post-partum-Thyreoiditis 181
  Strumaprophylaxe 179
  thyreostatische Therapie 180

Thyroxinsubstitution 180
TRH-Test 181
Schwangerschaftstest 139, 145, 148, **175**
Schwartz-Bartter-Syndrom siehe SIADH
Schweißneigung 56
Seborrhoe 17, 146, **161,** 163
Sekundärbehaarung, Pubertät 29, 30
Sertolizellen 89–90, 92–93
Sheehan-Syndrom 22, 23
SIADH 82, **86–87**
   Ursachen 86
   Übersicht 87
Simmond'sche Krankheit 22
Sims-Huhner-Test 103, 156
Sinus-cavernosus-Syndrom 7
Skelettalter siehe Knochenalter
Somatoliberin (siehe auch GHRH) 2, 3
Somatomedin C, Bestimmung **59,** 60, 72
   praktische Hinweise 256–257
Somatomedin-C-Spiegel, Suppression 66
Somatomedine **53,** 60
Somatostatin 2, **3, 53–55,** 60, 75
Somatostatin-Analoge 59
Somatotropes Hormon siehe GH
Somatotropin siehe GH
Spätreife siehe Pubertas tarda
Spermatogenese 19, 24, **89, 92,** 102
   Übersicht 90
Spermatozoendichte, FSH 112
Spermiogramm 103, 114
   Übersicht 115
Stammfettsucht 47, 48, **196**
Statine 1
Sterilität, weibliche 17, **149–157,** 169
   AGS 156, 216
   anovulatorischer Zyklus 155
   Basaltemperaturkurve 156
   Corpus-luteum-Insuffizienz 152, 155
   Definition 149
   Fragebogen, anamnestischer 153–154
   Hirsutismus 160
   Hormonbestimmungen 155–156
   Konzeptionswahrscheinlichkeit 151
   Nikotingenuß 151
   Postkoitaltest 156
   prämenstruelles Syndrom 152
   unerklärbare 150
   Untersuchungen 151–152
   Ursachen (Übersicht) 150
   Zervixindex 156
STH siehe GH
Stimmbruch 32
Stimulationstests, HVL 17, 25, 49, 50, 58, 79, 102, 137
Streaks siehe Streifengonaden
Streifengonaden 166, 167, 169
   Intersexualität (Übersicht) 168

Striae rubrae 196
Struma, Schwangerschaft 179–180
Struma ovarii 164
Supermänner siehe XYY-Syndrom
Syndrom der inappropriaten ADH-Sekretion siehe SIADH
Syndrom der verschwundenen Testes 119

T3 75, 76, 181
T3-Bestimmung, praktische Hinweise 258
T4 42, 75, 76, 79, 181
T4-Bestimmung, praktische Hinweise 258
Temperatursprung 125, 126, **141**
Testikeldeterminierender Faktor 166
Testikuläre Feminisierung 143, **170**
Testosteron
   Bestimmung (praktische Hinweise) 257–258
   Biosynthese 19, **89–91,** 122, 123, 125, 186, 187
   Hypogonadismus, männlicher (Übersicht) 94–95
   Substitution 26, 38, 39, 109, 117
   Wirkungen 92
Thekazellen 122, 123, 126
Thelarche **28,** 41
   prämature, isolierte 41
Thyroliberin siehe TRH
Thyrotropin siehe TSH
Thyroxin siehe T4
TRH 1, 2
TRH-Mangel 77
TRH-Sekretion 11, 40, **75**
   Regulation (Übersicht) 76
TRH-Test 1, 79
   praktische Hinweise 272–273
   Schwangerschaft 181
Trinkfaulheit 24
Trijodthyronin siehe T3
TSH **75–79,** 181
   Bestimmung (praktische Hinweise) 259
   Mangel 75
   Sekretion, Regulation 75, 76
Tuberkulose 221
Tubuläre Insuffizienz, Hoden 104, 105–106
   Diagnose 106
   Klinik 106
Turner-Syndrom 33, 134, 166, **167**
   Anomalien 167
   Übersicht 169
   Formenkreis Intersexualität (Übersicht) 168

Übergewicht, Ovarfunktion 147
Untergewicht, Ovarfunktion 147

Vaginalabstrich 141
Vanillinmandelsäure siehe VMS
Varikozele 105, 110, **112**

Vasopressin siehe ADH
Virilisierung (siehe auch Virilismus)
  AGS 170, 216, 217, 219
  Gonadendysgenesie, gemischte 169
  NNR-Karzinom 196
  Pubertas praecox 39, 40, 41
Virilismus 158–163
  Definition 158
  Häufigkeit 158
  Therapie 162–163
  Ursachen 158–159
    Übersicht 159
VMS 230, 233, 235
  Bestimmung (praktische Hinweise) 259–260
  Katecholaminstoffwechsel (Übersicht) 229
  Phäochromozytomdiagnostik
    (Übersicht) 236

Wachstum
  Aufholwachstum 74
  Beurteilungskriterien 61
  Faktoren, hormonelle 60
  Faktoren, nicht-hormonelle 61
  GH-Sekretion (Übersicht) 54
Wachstumshormon siehe GH
Wachstumsschub, puberaler 29, 32
Wachstumsstörungen
  Abklärung (Übersicht) 62–63

GH-Bestimmung 66, 72
Hochwuchs 63–66
Minderwuchs 67–74
Waterhouse-Friderichsen-Syndrom 226, 227

XO-Gonadendysgenesie
  siehe Turner-Syndrom
XYY-Syndrom 106

Zentraler Cushing siehe ACTH-Exzeß,
  siehe Morbus Cushing
  Definition 48
Zervixindex **141**, 155, 156
Zollinger-Ellison-Syndrom 58
Zona fasciculata, NNR 183
Zona glomerulosa, NNR 183
Zona reticularis, NNR 183
Zwergwuchs siehe Minderwuchs
Zwitter, echter siehe Hermaphroditismus verus
Zyklus, weiblicher 126–131
  Blutungsrhythmus 152
  Follikelphase 126–128
  GnRH-Freisetzung 128
  Hormonprofile (Übersicht) 130
  Lutealphase 126
  Ovulation, Auslösung 128
  Ovulationsphase 126
  Störungen (Übersicht) 132–133

MIX
Papier aus verantwortungsvollen Quellen
Paper from responsible sources
FSC® C105338

If you have any concerns about our products,
you can contact us on
ProductSafety@springernature.com

In case Publisher is established outside the EU,
the EU authorized representative is:
**Springer Nature Customer Service Center GmbH
Europaplatz 3, 69115 Heidelberg, Germany**

Printed by Libri Plureos GmbH
in Hamburg, Germany